高等学校专业教材
四川大学精品立项教材

轻化工程分析检测

林 炜　肖远航　戴 红　主编

中国轻工业出版社

图书在版编目（CIP）数据

轻化工程分析检测 / 林炜，肖远航，戴红主编. --北京：中国轻工业出版社，2025.3. --ISBN 978-7-5184-5200-2

Ⅰ．TQ02-34

中国国家版本馆CIP数据核字第2024TC8852号

责任编辑：杜宇芳　　责任终审：腾炎福
文字编辑：刘梓萱　　责任校对：刘小透　晋　洁　　封面设计：锋尚设计
策划编辑：杜宇芳　　版式设计：致诚图文　　　　　　责任监印：张　可

出版发行：中国轻工业出版社（北京鲁谷东街5号，邮编：100040）

印　　刷：三河市万龙印装有限公司

经　　销：各地新华书店

版　　次：2025年3月第1版第1次印刷

开　　本：787×1092　1/16　印张：20.25

字　　数：490千字

书　　号：ISBN 978-7-5184-5200-2　定价：68.00元

邮购电话：010-85119873

发行电话：010-85119832　010-85119912

网　　址：http://www.chlip.com.cn

Email：club@chlip.com.cn

版权所有　侵权必究

如发现图书残缺请与我社邮购联系调换

230793J1X101ZBW

前　言

"轻化工程"（Light Chemical Engineering）是1998年教育部对普通高等学校本科专业目录进行第四次全面修订后，国内首次出现的高校工科本科专业名称。该专业是由原属教育部和轻工系统学校的皮革工程、制浆造纸工程和纺织化学与染整工程这三个工科专业合并而成，之后又加入了添加剂化学与工程方向，以此在这个新专业内部形成同一教学平台四个专业方向的格局，并保留了面向行业办专业的特色。

四川大学轻化工程专业皮革工程方向起源于1921年燕京大学设立的国内首个制革学系，2010年入选教育部第一批"卓越工程师教育培养计划"，2012年入选教育部"高等学校本科教学质量与教学改革工程"之"专业综合改革试点"，2019年获批"国家级一流专业"建设点，是四川省品牌专业、国家级特色专业。

"皮革分析检测"一直是轻化工程专业皮革方向的一门必修课程，最早可追溯到1976年、由成都工学院（现四川大学前身）高分子系皮革专业开设的"皮革物性分析检测"和"皮革化学分析检测"两门课程。2004年因教学计划改革需要，这两门课合并为"轻化工分析检验"；为了更加突出专业特色，于2016年更名为现行的"皮革分析检验"课程。在该课程开设的近40年内，出现了多本与之配套的相关教材，历经了1988年版《皮革理化分析》（中国轻工业出版社），1999年版《皮革成品理化检验》（中国轻工出版社），2006年版《皮革生产过程分析》（中国轻工业出版社），2018年版四川大学精品立项教材《皮革生产及成品分析检测》（四川大学出版社）的编写出版，它们为支撑课程的建设和发展、培养学生的分析检测能力做出了重要贡献。

近年，随着世界范围对健康和环境问题的日益重视以及现代分析检测技术的发展，各个国家和组织相继出台了系列法律、法规，将皮革生产过程以及成品中可能涉及的风险化学品列入限制物质管控清单；随之亦新增或更新了系列与化学品含量或成品物化性能分析检测相关的标准及规范性文件。另一方面，以生物质资源替代化石资源，进而转化为新能源、新材料领域的研究和产业化正快速发展。面向生物质新兴产业，轻化工程专业建设也顺势而为，学科内涵不断拓展、人才培养体系面临重建，而其中的一个重要抓手就是教材建设。基于此，为了培养适应行业和产业发展需求、掌握前沿分析检测技术、具有国际视野和创新意识，能适应产业转型的轻工类专业技术人才，本编写团队在2018年版《皮革生产及成品分析检测》的基础上，更新了皮革生产及成品分析检测相关的国家与行业标准方法，扩充了生物质原材料之植物纤维的结构与成分分析等方面的内容，引入了包括电感耦合等离子体发射光谱仪、色度色差仪在内的多种现代仪器分析检测方法，增加了与检测皮革防污性能、阻燃性能以及皮革中受限物质如二甲基甲酰胺和多环芳烃等含量相关的最新标准和方法。

本书共设置8章：第1章介绍了分析检测的重要性、相关基础知识与标准方法；第2

章阐述了皮革生产原材料与生物质原材料结构和成分的分析检测；第3章讲解了皮革加工过程中所产生的工业废水的分析检测；第4~6章重点介绍了皮革理化性质与成品革中限量化学物质的分析检测；第7章、第8章分别对皮革防霉性能以及观感的分析检测进行了讲解；最后是附录部分，涵盖了皮革加工过程及成品分析检测相关的试剂配制方法、皮化材料与成品革相关的最新国家和行业标准等内容，方便读者查阅。本书既可作为轻化工程皮革方向和生物质技术与工程专业本科生的教材，也可供有关生产、科研单位的分析工作人员参考阅读。

编者借此机会感谢四川大学轻工科学与工程学院生物质与皮革工程系老师和同学们的支持、理解、鼓励和帮助！在编写过程中，何有节教授、吴尖辉博士、陈慧副教授、许维星副教授、唐余玲副教授、王春华副教授和我课题组的研究生们结合自己的研究、教学和实践经历提供了很有价值的改进意见！感谢学院和四川大学教务处的立项支持！感谢全国皮革工业标准化技术委员会秘书处在国家/行业标准的核校方面给予的帮助！感谢使用此书作为教科书或参考书的教师和同学们！鉴于编者水平有限，书中难免会出现错漏之处，敬请读者批评指正，不胜感激！

编者

目 录

第1章 绪论 ··· 1
  1.1 分析检测 ··· 1
  1.2 分析检验室基本知识 ··· 5
  1.3 分析检测实验室安全管理和使用 ································· 34
  1.4 分析标准 ··· 46

第2章 原材料分析检测 ·· 53
  2.1 皮革生产用水分析检测 ··· 53
  2.2 石灰中有效氧化钙含量和硫化钠有效成分的测定 ········· 60
  2.3 脱毛浸灰液中钙及硫离子分析 ···································· 63
  2.4 蛋白酶活力的测定 ··· 65
  2.5 铬鞣剂分析 ·· 70
  2.6 甲醛含量分析 ·· 76
  2.7 皮革加脂剂分析 ··· 77
  2.8 皮革的微观结构观察 ·· 82
  2.9 植物纤维的微观结构观察与组分测定 ························· 92

第3章 工业废水的分析 ·· 110
  3.1 水样的采集 ··· 110
  3.2 色度的测定 ··· 111
  3.3 pH 的测定 ··· 113
  3.4 电导率的测定 ·· 114
  3.5 总硬度的测定 ·· 116
  3.6 悬浮物的测定 ·· 117
  3.7 溶解性固体总量的测定 ·· 118
  3.8 钙和镁量的测定 ·· 119
  3.9 酸度的测定 ··· 121
  3.10 氨氮的测定 ··· 122
  3.11 硝酸盐的测定 ·· 123
  3.12 亚硝酸盐的测定 ·· 124
  3.13 溶解氧（DO）的测定 ··· 125
  3.14 化学需氧量（COD）的测定 ··································· 128
  3.15 生化需氧量（BOD）的测定 ··································· 132
  3.16 铬含量的测定 ·· 135
  3.17 硫化物含量的测定 ··· 136
  3.18 氯化物含量的测定 ··· 138

1

3.19 硫酸盐的测定 …………………………………………………………… 140
3.20 磷酸盐的测定 …………………………………………………………… 141
3.21 硅酸的测定 ……………………………………………………………… 142

第4章 皮革物理—机械性能的分析检验 …………………………………… 144

4.1 皮革成品部位的划分 …………………………………………………… 144
4.2 取样和批样 ……………………………………………………………… 145
4.3 物理性能测试用试样的空气调节 ……………………………………… 149
4.4 厚度的测定 ……………………………………………………………… 151
4.5 抗张强度的测定 ………………………………………………………… 153
4.6 伸长率的测定 …………………………………………………………… 157
4.7 撕裂强度的测定 ………………………………………………………… 160
4.8 粒面强度和伸展高度的测定——崩裂试验 …………………………… 161
4.9 耐折牢度的测定 ………………………………………………………… 163
4.10 底革耐折牢度的测定 …………………………………………………… 165
4.11 颜色坚牢度的测定 ……………………………………………………… 166
4.12 皮革涂层黏着牢度测定方法 …………………………………………… 177
4.13 收缩温度的测定 ………………………………………………………… 178
4.14 密度的测定 ……………………………………………………………… 182
4.15 吸水性的测定 …………………………………………………………… 183
4.16 透气性的测定 …………………………………………………………… 184
4.17 透水汽性的测定 ………………………………………………………… 187
4.18 防水性的测定 …………………………………………………………… 190
4.19 皮革软度测量 …………………………………………………………… 193
4.20 汽车座垫革的性能的测定 ……………………………………………… 194
4.21 皮革防污性能的测定 …………………………………………………… 204
4.22 皮革阻燃性能的测定 …………………………………………………… 206

第5章 皮革的化学分析 ……………………………………………………… 209

5.1 概述 ……………………………………………………………………… 209
5.2 试样的制备 ……………………………………………………………… 209
5.3 水分及其挥发物的测定 ………………………………………………… 210
5.4 二氯甲烷萃取物的测定 ………………………………………………… 212
5.5 硫酸盐总灰分和硫酸盐水溶物灰分的测定 …………………………… 214
5.6 水溶物、水溶无机物、水溶有机物的测定 …………………………… 215
5.7 含氮量和皮质的测定 …………………………………………………… 218
5.8 鞣透度、革质及结合鞣质的计算 ……………………………………… 223
5.9 三氧化二铬含量的测定 ………………………………………………… 224
5.10 三氧化二铝含量的测定 ………………………………………………… 227
5.11 甲醛含量的测定 ………………………………………………………… 230
5.12 硫酸盐含量的测定 ……………………………………………………… 231

5.13　氯化物含量的测定 ………………………………………………………… 231
　　5.14　pH 的测定 ……………………………………………………………………… 232
　　5.15　合成鞣剂中鞣质含量的测定（QB/T 38406—2019）……………………… 233
第6章　成品革中化学限量物质的分析 …………………………………………… 236
　　6.1　皮革及其制品中禁用偶氮染料的测定 ………………………………………… 236
　　6.2　致敏性分散染料的测定 ………………………………………………………… 240
　　6.3　致癌染料的测定 ………………………………………………………………… 243
　　6.4　皮革及其制品中游离甲醛的测定 ……………………………………………… 245
　　6.5　皮革及其制品中含氯苯酚的测定 ……………………………………………… 247
　　6.6　皮革及其制品中六价铬含量的测定 …………………………………………… 249
　　6.7　重金属含量的测定 ……………………………………………………………… 252
　　6.8　有机锡化合物的测定 …………………………………………………………… 255
　　6.9　邻苯二甲酸酯及其盐的测定 …………………………………………………… 257
　　6.10　可挥发性化学物质（VOC）的测定 …………………………………………… 259
　　6.11　氯化石蜡的测定 ………………………………………………………………… 261
　　6.12　全氟辛烷磺酰基化合物的测定 ………………………………………………… 263
　　6.13　富马酸二甲酯含量的测定 ……………………………………………………… 264
　　6.14　二甲基甲酰胺含量的测定 ……………………………………………………… 266
　　6.15　防霉剂含量的测定 ……………………………………………………………… 268
　　6.16　多环芳烃含量的测定 …………………………………………………………… 271
第7章　皮革防霉性能的分析检测 ………………………………………………… 274
第8章　皮革成品的观感检验 ……………………………………………………… 277
　　8.1　皮革材质鉴别 …………………………………………………………………… 277
　　8.2　皮革成品缺陷的测量和计算 …………………………………………………… 281
附录 ……………………………………………………………………………………… 284
　　附录一　常用标准溶液的配制 ……………………………………………………… 284
　　附录二　常用近似溶液的配制 ……………………………………………………… 295
　　附录三　常用指示剂 ………………………………………………………………… 296
　　附录四　部分皮革及毛皮成品国家与行业标准（摘录）………………………… 298
　　附录五　部分皮化材料轻工行业标准（摘录）…………………………………… 310
参考文献 ………………………………………………………………………………… 315

第1章 绪 论

1.1 分析检测

1.1.1 分析检测是国民经济和社会生产力的重要组成部分

化学在推动人类社会生产、生活进步以及可持续发展进程中发挥着极为关键的作用。分析检测作为化学领域的重要组成部分,与生产生活的各个环节紧密交织,息息相关。无论是水资源的质量评估、大气环境的监测、食品药品的安全把控、纺织衣物的材质分析、临床医疗的诊断化验、司法刑侦的证据检验,还是各类材料的性能检测、矿物冶金的成分鉴定等,都离不开分析检测提供的定性、半定量及定量的分析结果。

分析检测的社会实践性表现在用途的广泛性上。其中,工业企业生产部门是其最大应用领域,其次是研发部门的实验室、海关及进出口商品检验机构、政府部门、司法部门和需要生物医学分析的医院等。面对如此广泛的应用,每天进行的分析次数不计其数,并在国民生产总值(Gross National Product,GNP)中占相当大的份额。分析检测错误将对经济和社会带来诸多负面影响,例如,可能导致工厂因产品质量问题倒闭,员工失业,生产场地受限,产品废弃处理及管理成本增加,甚至因生产事故引发员工频繁更替等。这些影响可从法律和经济层面进行评估,凸显了分析检测准确性的重要意义。

在企业生产与商检等日常应用分析中,分析检测对 GNP 的贡献相对容易直接衡量。然而,随着社会的持续进步与人类知识水平的不断提升,众多复杂的社会实践问题不断涌现,分析检测在解决这些问题过程中对 GNP 的贡献往往难以直接估量。许多人常常片面地将分析检测仅仅看作一种技术手段,认为分析检测人员只是数据的生产者与提供者,或者仅仅期望他们能提供高精度的数据服务。但实际上,在多专业协同解决问题的团队中,分析检测人员扮演着更为关键的角色。他们不仅要精准确定分析任务,精心设计分析方案,还要向非分析化学专业的团队成员深入阐释分析结果的社会意义,进而推动社会问题的有效解决。以下通过两个实例来进一步阐述分析检测的社会实践性及其对 GNP 的贡献。

案例 1-1 某仓库发生不明原因的失火事件。侦查中发现一块易燃但无明火的木块,其燃烧后的灰分能保持同原木块相同的颜色、形状,因此隐蔽性好,不易引起警觉。安全部门联合林木部门的专家和分析检测专家组成一个团队,剖析该材料,以查明来源。分析检测人员检测出木块中含有大量酯类物质,因而易于点燃并维持暗燃;同时,还检测出含有大量硫酸,表明可能含有硫酸酯类物质。灰分的定性定量分析结果表明,灰分组成与原种木材的灰分组成存在显著差异,灰分中增多的铝、铁用于支撑灰分保持形状,同时调节灰分颜色与未燃木块保持一致,便于隐蔽。林木部门查明该木材的树种在世界各地的分布情况,指出木材中纤维素酯化的工艺条件,以及充入铝盐、铁盐的工艺方法。由此可以断定,这是敌对组织特制的纵火材料。公安部门排查了发案规律及树种来源并作出来源判断,加强了防范措施,消除了多次隐患。

案例 1-2 某企业订购的货物从国外海运到中国,在开箱时发现锈蚀,收货方认为是海水侵入所致,船方应当负责,运输方则认为是雨水淋入所致,应由仓库负责,诉诸仲裁。这时,导致锈蚀的"祸水"已经蒸发干涸。分析检测人员提出的方案是:用去离子水浸渍锈蚀物,测定浸渍液中钠、钾、钙、镁及氯化物的浓度。测定结果表明,浸渍液中钠、钾、钙、镁、氯化物的比例与海水组成的文献值十分接近,而与雨水成分显著不同。因此,解释锈蚀原因不是雨淋。分析检测为仲裁提供了技术支持。

由此看来,分析检测远远不只是接收样品、分析测定、报告数据。在很多有分析检测人员参与的社会实践中,往往面临无现成经验可循、无标准方法可依的困境。这就要求分析检测人员充分发挥自身的专业经验、学识、技能,灵活地应对任务,与团队中其他成员共同解决面临的问题。

1.1.2 分析检测在企业生产中的地位和作用

1.1.2.1 生产流程

工业生产是国民经济的主要组成部分之一。对于一个企业,分析检测是确保生产正常运行的不可或缺的一个环节或部门,在企业质量保证体系认证中,分析测试与生产工艺同等纳入质量体系的管理。企业生产流程可用图 1-1 表示。

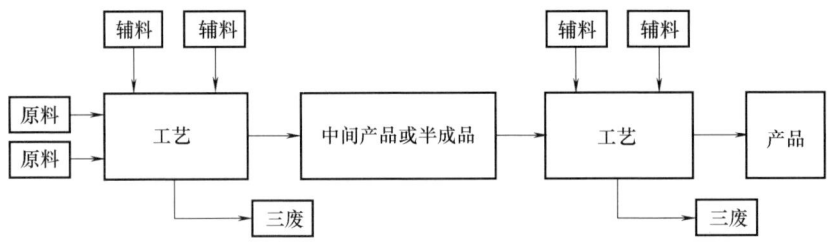

图 1-1 企业生产流程示意图

在生产流程中的每一个环节,包括原料、辅料、废料、中间产品和最终产品,都需要分析检测人员的参与,生产工艺也需要通过分析检测来确保生产顺利和正常进行。

1.1.2.2 分析检测在工业生产中的作用

(1) 确保产品合格。质量管理体系的建立与认证,最终目的是确保生产的正常运行和流入市场的产品的质量,保障用户的利益。从企业利益来说,分析检测对产品按规格指标进行分析测试鉴定,对产品分级,禁止不合格产品流入市场,避免退货,有利于树立企业和产品的信誉,确保稳定的利润和员工就业稳定。例如,在当前市场环境下,不法商家以次充好现象时有发生,对购入的主要原材料、辅料进行复验显得尤为重要,只有确保投料合格,才能从源头上保障产品质量。

(2) 监控生产工艺条件,确保生产正常顺利运行。为了确保生产正常顺利进行,配合工艺流程理想的分析测试方法要求:①快速,最好是在线、实时分析,以便发现工艺条件的偏差及时调整处置;②准确度、精密度满足工艺调控的需要;③分析测试项目针对工艺的关键问题。通过对生产工艺条件的精准监控,分析检测能够及时发现潜在问题,调整工艺参数,避免生产事故,提高生产效率和产品质量。

（3）确保三废排放符合国家或地方政府的排放标准。皮革生产中产生的废气、废水、废渣的排放须符合政府制订颁布的法规所规定的标准。企业分析实验室必须对本企业的三废排放物进行监测，确保排放符合法规标准，并经得起环保部门的监督检查。这不仅仅是避免排放超标罚款，更重要的是树立企业遵纪守法的良好信誉和企业文明生产的良好形象。

（4）保障生产劳动环境安全。生产车间现场的粉尘浓度、溶剂蒸气浓度、酸雾气溶胶浓度及各种相关的毒害物质浓度等卫生条件影响生产人员的健康。政府制订了许多法规和国家标准规定生产现场的安全卫生条件。企业的分析实验室对生产环境工艺卫生的监测是保障工人安全文明生产的重要工作。监测的项目还包括温度、噪声、射线等环境物理因素。通过监测和改善生活环境，能提高员工工作效率，减少因健康问题导致的人力损失。

（5）开发新产品，新工艺。制革行业为在市场竞争中立足并保持优势，需要投入科研力量开发新产品、新工艺。这包括降低成本、提高产量、改进产品质量等方面的研究，以及剖析同行产品、把握技术趋势等活动。这些科研活动离不开分析检测工作者的参与和协作。例如，在铬鞣剂的研发过程中，从传统的自制铬鞣液到现在的粉状铬鞣剂，以及高吸收铬鞣助剂的开发，都需要分析检测来研究铬在皮革中的渗透和结合分布情况。此外，许多新材料的剖析也需要先定性确定主要成分，再定量测定，研究其结构和分布特性。因此，分析检测可为企业创新发展提供了技术支持，推动企业不断进步。

1.1.3 皮革分析检测的特点

皮革分析检测的对象是多种多样的，分析检测的对象不同，分析检测的要求也就不同。但一般来说，在符合生产所需准确度的前提下，分析快速，测定简便，以及易于重复等是对皮革分析检测的普遍要求。所以在实际的皮革分析中，首先必须注重以下几个方面：

（1）正确采样。皮革分析检测的主要目的是测定大量工业物料（往往是以千、万吨计算）的平均组成。但是实际进行分析的物料仅为其中的很小一部分。

（2）制备分析溶液。皮革分析检测的化学反应一般在溶液中进行，但有些物料却不易溶解。因此，在分析之前必须对物料进行适当的处理，制备成分析溶液。

（3）排除干扰杂质。皮革生产用物料的组成是复杂的，大多含有各种杂质。因此，在选择分析方法时，必须考虑到杂质的影响，在样品的预处理和分析过程中应设法消除杂质的影响。

（4）分析方法准确快速。皮革分析检测对测定结果有一定的准确度要求，同时对于生产过程的分析，特别是车间生产控制分析，完成分析的速度也极为重要。

（5）配合使用分析检验方法。在分析实践中，有时需要把化学、物理、物理化学等分析检验方法配合使用，取长补短，才能达到准确的分析结果。

1.1.4 皮革分析检测方法的分类

皮革分析检测中所用的分析方法按定量分析的原理可分为：化学分析法、仪器分析法、物理分析法和物理化学分析法；按其在皮革生产上所起的作用及完成分析测定的时间不同可分为标准分析法和快速分析法。

（1）标准分析法。标准分析法的结果是进行工艺计算、财务核算及评定产品质量的依据。因此，要求有较高的准确度。此种方法主要用于测定原料、辅助原料、半成品、成品的化学组成，也常用于校核和仲裁分析。

标准分析方法通常是从不同的分析方法中选择出来的一种较准确可靠的方法，是由国务院标准化行政主管部门统一管理，各国务院有关行政主管部门分工管理本部门、本行业的。标准包括国家标准、行业标准、地方标准、团体标准、企业标准。国家标准分为强制性标准、推荐性标准，行业标准和地方标准均为推荐性标准。标准分析方法不是固定不变的，随着科学技术的发展，旧的方法不断被新的方法所代替，新的标准颁布后，旧的标准随即作废。

标准分析方法都应注明允许误差（或称公差）。公差的数值是将多次分析数据经过数理统计处理而确定的。在生产实践中是判断分析结果合格与否的依据，两次平行测定的数据之差在规定公差绝对值两倍以内均认为有效，否则就叫作"超差"，必须重新测定。

（2）快速分析法。快速分析法的主要作用是控制生产工艺过程中的关键部位。要求迅速取得分析数据，以了解生产工艺是否正常，准确度只需满足生产要求即可。快速分析多用于中间控制分析。

1.1.5 皮革分析检测学习的内容及要求

皮革分析检测是在无机化学、有机化学、物理化学、分析化学、仪器分析等基础课及专业基础课的基础上，开设的专业课程，学习的内容有制革过程原材料分析检验、制革工业废水的分析、皮革毛皮成品的物理力学性能分析检验、皮革毛皮成品的化学性能分析、皮革毛皮成品的观感检验等。主要介绍各种分析指标的分析原理、方法、操作步骤以及分析检测中所特用仪器的结构和使用方法。分析方法以标准分析法为主，快速分析方法为辅。

皮革生产与成品分析检测是一门实践性很强的课程，实验是教学的重点，通过实验教学培养学生良好的实验习惯、严谨的工作作风、实事求是的科学态度、不断创新的开拓精神以及高度的责任感和质量第一的思想。同时皮革分析检测又是以分析化学、化学分析、仪器分析、物理化学等学科为其理论基础，所以要真正提高学生分析问题、解决问题的能力，熟练掌握操作的基本技能，要求学生在实验前要认真进行预习和准备，了解分析测定方法的基本原理，找出实验的关键，掌握基本的操作技能和仪器的使用方法。实验过程中，正确掌握基本操作、培养良好的实验习惯是获取准确数据的必要条件，因此必须以高标准严格要求自己。要认真进行操作，注意观察实验现象，及时正确记录实验数据。实验后及时进行总结、思考和问题分析，认真完成实验报告。

思 考 题

1. 皮革分析检测的任务及其作用是什么？
2. 皮革分析检测的特点有哪些？
3. 皮革分析检测的方法按其在工业生产上所起的作用及完成分析测定的时间不同应如何分类？各分析方法的特点是什么？
4. 我国现行的标准主要有哪几种？
5. 如何正确记录实验数据？

1.2 分析检验室基本知识

在化学分析检测领域，分析检验室的有效运作依赖于对多方面知识和技能的掌握。从质量控制到仪器设备的正确使用，从试剂选择到实验操作规范，每一个环节都对最终的分析结果准确性和可靠性起着关键作用。本章将全面介绍分析检验室的基本知识，包括质量控制、仪器设备、实验用水、玻璃仪器、分析操作、试剂与溶液配制以及环境意识等内容，旨在为相关人员提供系统的理论指导和实践参考，确保分析检测工作的科学性和准确性。

1.2.1 分析化学实验室质量控制与保证

随着科学技术的发展，分析检测技术已越来越广泛地应用于各领域。由于近代分析检测仪器使用的复杂性，痕量分析应用的普遍性，以及对实验室提供的分析检测质量要求的严格性，从而对分析检测质量赋予明确的含义，即数据质量、分析检测方法质量、分析检测体系质量，并实施分析检测质量控制与质量保证。

分析检测实验室的确定，意味着分析检测系统的确定，而分析检测体系质量是分析检测系统 6 个参数误差的综合体现。

（1）分析检测人员素质。分析检测人员的知识、技术、经验是决定分析检测误差的关键因素，因此要把分析检测误差降至最低，分析检测人员必须知识面广而新、分析检测技术熟练、实践经验丰富。这是现代分析检测实验室向未来分析检测人员提出的要求，每个同学都应当以此为目标。

（2）分析检测试样。采样、制样是分析检测结果的主要误差，也是一项专门技术，要依据已颁布的采样标准采样、制样，制取具有代表性、均匀性、稳定性的样品。

（3）分析检测方法。分析检测方法、分析检测过程、被测样品被认为是分析测定的三要素，也是分析检测结果的主要误差来源。分析检测方法分为标准方法、试行方法、仲裁方法、现场方法、法定方法等。根据分析检测要求、实验室条件选择不同的分析检测方法。在选择分析检测方法时，应综合考虑下述因素。

① 分析检测要求。根据送样单位提出的准确度、索取分析结果时间、支付分析费用的要求选择分析检测方法。当送样者不能明确回答一些要求时，应根据样品来源、分析数据用途来选择分析检测方法。

② 样品的组分、含量。根据样品的有机、无机组分，共存素及其含量决定选取有机、无机、化学、仪器不同分析检测方法。

③ 分析检测方法的主要技术参数

a. 分析检测方法的准确度、精密度。根据方法的准确度或精密度将分析检测方法划分为 6 个等级，见表 1-1。

表 1-1　　　　　　　　　　分析检测方法的等级

等级	准确度或精密度	分析检测方法名称	实例
A	优于 0.01%	最高准确度或精密度方法	精密库仑法

续表

等级	准确度或精密度	分析检测方法名称	实例
B	0.01%~0.1%	高准确度或精密度方法	称量分析法
C	0.1%~1%	中准确度或精密度方法	滴定分析法
D	1%~10%	低准确度或精密度方法	仪器分析法
E	10%~35%	半定量方法	痕量分析法
F	>35%	定性方法	超微量分析法

目前对于复杂样品分析检测可能达到的准确度见表1-2。常量和微量组分测定准确度是完全不同数量级的，不应当只是化学分析法的0.20%，应扩展到微量分析的1%~10%。

表1-2　　　　　　　　被测组分含量与分析检测准确度水平

被测组分含量/(g/g)	>10^{-2}	10^{-3}	10^{-5}	10^{-7}	<10^{-7}
准确度水平/%	<5	10	15	20	<25

b. 分析检测方法的灵敏度和检出下限。分析检测方法灵敏度是仪器分析法的主要技术参数，它将物理信号与浓度联系起来，一般用工作曲线斜率表示。分析检测方法检出下限是在一定置信概率下，能检出被测组分的最小含量（或浓度）。选择不同的仪器分析方法时，均应考虑方法的灵敏度和检出下限。

c. 分析检测方法的选择性。根据先定性后定量程序，参照仪器法的定性结果，考虑共存元素干扰，依据方法的选择性而选择不同的分析方法。

d. 分析检测方法的经济效益。分析检测速度、成本是分析方法经济效益应考虑的内容，综合考虑分析样品所耗工时，核算人工费、仪器费、药品费是必要的，应在符合送样单位要求的前提下获取最大经济效益。

e. 分析检测方法的毒性。分析检测人员应具有环境意识，尽量采用毒性小、对环境污染小的分析检测方法，这是现代分析实验室应考虑的问题，对不得不使用的有毒化学品应进行三废处理。

（4）分析检测实验室供应水平。实验室供应的蒸馏水质量、试剂质量、分析用器皿质量，以及容器的洗涤、仪器的校准、标准曲线绘制与校准等分析测定过程涉及的实验室供应水平直接影响分析检测结果的可靠性，标志着分析检测体系质量，而实现体系质量控制还需要分析检测人员具备选择水、试剂、容器的知识和能力。

（5）分析检测实验室环境条件。空气、人员和仪器设备玷污是痕量分析误差的主要来源，为此，保持分析检测实验室一定的空气清洁度和稳定的湿度、温度、气压是获取可靠分析检测结果的环境条件。GB/T 25915.1—2021根据粒子浓度，对空气洁净度进行ISO等级划分，如表1-3所示。

表1-3　　　　　　　　按粒子浓度划分的空气洁净度ISO等级

ISO等级数 N	大于或等于关注粒径的粒子最大允许浓度/(个/m³)[a]					
	0.1μm	0.2μm	0.3μm	0.5μm	1μm	5μm
1	10[b]	d	d	d	d	e
2	100	24[b]	10[b]	d	d	e

续表

ISO 等级数 N	大于或等于关注粒径的粒子最大允许浓度/(个/m³)[a]					
	0.1μm	0.2μm	0.3μm	0.5μm	1μm	5μm
3	1000	237	102	35[b]	[d]	[e]
4	10000	2370	1020	352	83[b]	[e]
5	100000	23700	10200	3520	832	[d,e,f]
6	1000000	237000	102000	35200	8320	293
7	[c]	[c]	[c]	352000	83200	2930
8	[c]	[c]	[c]	3520000	832000	29300
9[g]	[c]	[c]	[c]	35200000	8320000	293000

注：[a] 本表中的所有浓度都是累积的，例如ISO5级，0.3μm所对应的10200个粒子包括所有粒径大于或等于该粒径的粒子。
　　[b] 这些浓度需大量采样才能用于分级。
　　[c] 表格这一区域因粒子浓度太高，浓度限值不适用。
　　[d] 受采样和统计方法的制约，在粒子浓度低时不适用于分级。
　　[e] 粒径大于1μm的低浓度粒子在采样系统可能有损耗，此粒径不适合分级之用。
　　[f] ISO5级中此粒径可采用大粒子M描述符，但至少要结合另一个粒径一起使用。
　　[g] 该级别只适用于动态。

通常痕量分析中，样品蒸发和转移操作应在100号清洁空气中进行。要使空气清洁度达100号标准，实验室空气进口处应安装高效空气过滤器，墙壁涂抗蚀环氧树脂漆，工作台面、地面均应做洁净处理，如覆盖特氟隆或聚乙烯板，密封窗防尘进入等建立超净实验室，购置超净工作台。

（6）标准物质的应用。标准物质具良好均匀性、稳定性和制备再现性，有准确确定的特性量值。其应用可使不同时空测量纳入统一系统，在多种情况下使用，如校准仪器、评价方法准确度、作工作标准、用于合作实验、监视校正数据漂移、考核评价分析质量、作监控标准和技术仲裁依据。实施对分析系统各因素的控制，包括实验室内和实验室间质量控制，即为分析质量控制。质量保证是确保测定结果准确可靠且提高工效、降低成本，包括对分析全过程质量控制和结果质量评价，是技术与管理工作，使实验室管理科学化。

1.2.2　分析天平

分析天平是分析工作中最基本、最常用也是最重要的设备，各实验室都设有专用的天平室。为了保证分析天平能正常工作，天平室及天平台必须满足下面的要求。

（1）天平室应设在阴面，避免阳光直射，并配有遮光的窗帘。

（2）天平室应远离空压机、鼓风机等震动较大的设备，天平台应铺设弹性橡胶等防震材料。

（3）天平室要保持清洁干燥，温度最好在20～24℃，相对湿度65%～75%。

（4）天平室及每台天平要有专人负责，并备有使用及维修记录。

1.2.2.1　机械分析天平

机械分析天平是根据杠杆原理设计的，已经应用了上百年，在分析工作中做出了不可泯灭的贡献，现在随着科学技术的飞速发展，已逐渐被电子天平取代。有关机械分析天平的知识，许多专业书籍中都有详细叙述，这里不再重复。

1.2.2.2 电子分析天平

电子分析天平与机械分析天平相比，结构更简单，功能更丰富。机械分析天平只能称量，还要人工加减砝码并记录数据。电子分析天平由于采用了传感器技术和微电脑技术，不仅能自动称量、自动显示称量结果，还能自动校准、自动去皮重、数据输出打印等，因此操作简单快速、读数精度高，使分析工作速度加快、质量提高。电子天平按称量范围可分为以下几种。

（1）常量电子天平。称量范围 100~200g。

（2）半微量电子天平。称量范围 20~100g。

（3）微量电子天平。称量范围 3~50g。

（4）超微量电子天平。称量范围 2~5g。

我们常说的分析天平应当是这几种天平的总称，用得最多的是前两种。

1.2.2.3 电子天平的使用与维护

（1）电子天平在安装使用前，要检查运输时的锁定螺丝，送电前一定要拆除，否则会损坏天平。

（2）使用前要检查天平的水平仪，调整底部螺丝使天平处于水平状态。

（3）电子天平的电源应远离其他的强电设备，并有良好的接地。

（4）使用前要预热 30min，越是精度高的天平，需要的预热时间越长。经常使用的天平，可以不停电。

（5）天平使用前要进行校正。按说明书的方法用内置砝码或外置砝码校正。

（6）称量时不要超载，被称物体要轻拿轻放，避免冲击。热的物体要冷却至室温；腐蚀性、挥发性物质要放在称量瓶中。不允许称量带磁性的物体。

（7）待天平稳定后再读数。如果需要去除皮重时，按"去皮"或者"清零"键；需要打印时，按"打印"键。

（8）称量结束时，清理称盘，关好天平门。

（9）应防止过多地使用自动校准，避免机械加码部件磨损。

1.2.3 实验室用水

在分析工作中，不论洗涤仪器、溶解样品还是配制试剂，都离不开水。一般天然水和自来水中常含有氯化物、碳酸盐、硫酸盐、泥沙及少量有机物等杂质，影响分析结果的准确度。因此，作为分析用水必须经过净化，达到国家标准中规定的实验室用水标准后，才能用于分析。

1.2.3.1 实验室用水规格

国家标准 GB/T 6682—2008 中详细规定了分析实验室用水规格和试验方法。

分析实验室用水的外观应为无色透明的液体。制备实验室用水的原水应为饮用水或适当纯度的水。分析实验室用水共分三个级别：一级水、二级水和三级水。

一级水：基本上不含有溶解或胶态离子杂质及有机物。它可以用二级水经过石英设备蒸馏或离子交换混合床处理后，再经 0.2μm 微孔滤膜过滤来制取。一级水用于有严格要求的分析试验，包括对颗粒有要求的试验，如高压液相色谱用水。

二级水：可能含有微量的无机、有机或胶态杂质。可用多次蒸馏或离子交换等方法制取。二级水用于无机痕量分析等试验，如原子吸收光谱分析用水。

三级水：用于一般化学分析试验，可以用蒸馏、离子交换等方法制取。

分析实验室用水的规格如表1-4所示。实际工作中，要根据具体工作的不同要求选用不同等级的水。对有特殊要求的实验室用水，需要增加相应的技术条件和检验方法。例如，配制碱标准溶液时，需要使用无二氧化碳的水。

表1-4　　　　　　　　　　　　　　分析实验室用水的规格

指标名称	一级水	二级水	三级水
pH范围(25℃)	—	—	5.0~7.5
电导率(25℃)/(mS/m)≤	0.01	0.1	0.50
可氧化物质含量(以O计)/(mg/L)≤	—	0.08	0.4
吸光度(254nm,1cm光程)≤	0.001	0.01	—
蒸发残渣含量(105℃±2℃)/(mg/L)≤	—	1.0	2.0
可溶性硅含量(以SiO_2计)/(mg/L)≤	0.01	0.02	—

注：① 由于在一级水、二级水的纯度下，难于测定其真实的pH，因此对一级水和二级水的pH不作规定。② 一级水、二级水的电导率，必须用新制备的水在线测定。否则，水一经储存，由于容器中可溶成分的溶解，或由于吸收空气中的二氧化碳以及其他杂质而引起电导率改变。对于最后一步是采用蒸馏方法制得的一级水，由于在蒸馏过程中水与空气直接接触，其电导率会增高，因此，可根据其他指标及制备工艺来确定其级别。③ 由于在一级水的纯度下，难于测定可氧化物质和蒸发残渣，对其限量不作规定，可用其他条件和制备方法来保证一级水的质量。

1.2.3.2　实验室用水的制备方法

制备实验室用水，应选饮用水或其他比较纯净的水作为原料。

（1）蒸馏法。蒸馏法是目前实验室中广泛采用的制备实验室用水的方法。将原料水加热蒸馏就得到蒸馏水。由于绝大部分无机盐类不挥发，所以蒸馏水中除去了大部分无机盐类，适用于一般的实验室工作。

目前使用的蒸馏器，小型的多用玻璃制造，较大型用铜制成。由于蒸馏器的材质不同，带入蒸馏水中的杂质也不同。用玻璃蒸馏器制得的蒸馏水含有较多的Na^+、SiO_2^-等离子。用铜蒸馏器制得的蒸馏水通常含有较多的Cu^{2+}等。蒸馏水中通常还含有一些其他杂质，如：二氧化碳及某些低沸点易挥发物，随着水蒸气进入蒸馏水中；少量液态水呈雾状飞出，直接进入蒸馏水中；微量的冷凝器材料成分也能带入蒸馏水中。因此，一次蒸馏水只能作一般的分析用。

制取蒸馏水的蒸馏速度不可太快，可采用不沸腾蒸发法。采取增加蒸馏次数、弃去头尾等方法，都可提高蒸馏水的纯度。同时蒸馏水的储存方法也很重要，要储存在不受离子污染的容器，如有机玻璃、聚乙烯或石英容器中。

在实验室中制取二次蒸馏水，可用硬质玻璃或石英蒸馏器，先加入少量高锰酸钾的碱性溶液，目的是破坏水中的有机物。蒸馏时弃去最初的四分之一，收集中段馏出液。接收器上口要安装碱石棉管，防止二氧化碳进入而影响蒸馏水的电导率。

某些特殊用途的水要用银、铂、聚四氟乙烯等特殊材质的蒸馏器。

（2）离子交换法

① 交换原理。将作为原料的自来水或一次蒸馏水，流过预先处理好的H^+型阳离子交换树脂，则水中的金属离子（Me^{n+}）与树脂上的H^+进行交换，金属离子留在树脂上，同

时 H^+ 与水中的阴离子生成酸而流出式（1-1）。

$$nR\text{-}SO_3^-H^+ + Me^{n+}Cl_n^- = (R\text{-}SO_3^-)_n Me^{n+} + nHCl \tag{1-1}$$

含有阴离子的水再流过预先处理好的 OH^- 型阴离子交换树脂，则阴离子与树脂上的 OH^- 交换，阴离子留在树脂上，OH^- 与 H^+ 结合成水流出式（1-2）。

$$R\equiv N^+OH^- + HCl = R\equiv N^+Cl^- + H_2O \tag{1-2}$$

经这样处理过的水，除去了绝大部分阴阳离子，因此称为去离子水。去离子水的纯度很高，但仍含有微生物和一些有机杂质。

② 操作方法。用离子交换树脂制备纯水的方法，有单床法、复床法及混合床法三种。单床法是只通过一种树脂，除去一种离子。如为了某种特殊用途，将蒸馏水通过阳离子交换树脂，即可得到不含金属阳离子的水。复床法是将阴离子与阳离子交换树脂串联起来，水中的阴、阳离子先后都被除去，得到高纯度的去离子水。混合床是把阴阳两种离子交换树脂混合装在一根交换柱中，水中的阴阳离子同时被除去。三种方法中，混合床法的交换能力最强，制得水的质量也高。

1.2.3.3 实验室用水的检验方法

用玻璃电极和酸度计测定溶液的 pH，其原理及详细操作步骤略。

(1) 电导率测定

① 仪器

a. 用于测定一、二级水的电导仪，要配备电极常数为 $0.01\sim0.1cm^{-1}$ 的"在线"电导池，并具有自动温度补偿功能。若电导仪不具备温度补偿功能，可安装"在线"热交换器，使测量时水温控制在 $25℃±1℃$。或记录水的温度，按式（1-3）进行换算。

b. 用于三级水测定的电导仪，应配备电极常数为 $0.1\sim1cm^{-1}$ 的电导池，并具有自动温度补偿功能。若电导仪不具备温度补偿功能，可装恒温水浴，使待测水样温度控制在 $(25±1)℃$。或者记录水温，按式（1-3）进行换算：

$$\sigma_{25} = a(\sigma_t - \sigma_{p \cdot t}) + 0.00548 \tag{1-3}$$

式中　σ_{25}——25℃时各级水的电导率（mS/m）；

　　　σ_t——温度为 t（℃）时各级水的电导率（mS/m）；

　　　$\sigma_{p \cdot t}$——温度为 t（℃）时理论纯水的电导率（mS/m）；

　　　a——换算系数；

0.00548——25℃时理论纯水的电导率（mS/m）。

$\sigma_{p \cdot t}$ 和 a 可从理论纯水的电导率和换算系数表中查出。

② 测定步骤

a. 按电导仪说明书要求安装调试仪器。

b. 一、二级水的测定。将电导池连接在水处理装置的流动出水口处，调节水的流速，消除净管道及电导池内的气泡，即可进行测量。

c. 三级水的测定。取 400mL 水样于三角瓶中，插入电导池后即可进行测量。

③ 结果计算。当实测的各级水样不是 25℃时，其电导率按式（1-3）计算。

④ 注意事项。测量用的电导仪和电导池应定期进行检定。

(2) 可氧化物质限量试验

① 测定原理。高锰酸钾是强氧化剂，用消耗高锰酸钾的量（也就是用来氧化这些可

氧化物质消耗的氧量）来表示可氧化物质的含量。

② 试剂。硫酸溶液：20%溶液；高锰酸钾标准溶液：$c(1/5KMnO_4)=0.01mol/L$；量取10.00mL $c(1/5KMnO_4)=0.10mol/L$ 的高锰酸钾标准溶液于100mL容量瓶中，并稀释至刻度。

③ 测定步骤。测定二级水时，量取1000mL注入烧杯中，加入5.0mL硫酸溶液，混匀；测定三级水时，量取200mL注入烧杯中，加入1.0mL硫酸溶液，混匀。

在上述已酸化的试液中，分别加入1.0mL高锰酸钾标准溶液，混匀。盖上表面皿，加热至沸并保持5min，溶液的粉红色不得完全消失。

④ 结果计算

a. 对于二级水，消耗的氧量 ρ（mg/L）按式（1-4）计算：

$$\rho = \frac{0.01 \times 1.0 \times 8}{1000} \times 1000 = 0.08 (mg/L) \tag{1-4}$$

b. 对于三级水，消耗的氧量 ρ（mg/L）按式（1-5）计算：

$$\rho = \frac{0.01 \times 1.0 \times 8}{200} \times 1000 = 0.40 (mg/L) \tag{1-5}$$

(3) 吸光度的测定

① 测定原理。大多数有机化合物在紫外区254nm处有吸收，在此波长下测定吸光度能反映出水中有机物的含量。

② 仪器。紫外可见分光光度计：工作波长必须包括254nm；石英吸收池：厚度1cm、2cm。

③ 测定步骤

a. 按说明书要求开启紫外分光光度计，调节波长至254nm等待仪器稳定。

b. 将水样分别注入1cm和2cm吸收池中，以1cm吸收池中水样为参比，测定2cm吸收池中水样的吸光度。如果仪器的灵敏度不够时，可适当增加吸收池的厚度，测得吸光度后，再换算成1cm时的吸光度与标准比较。

(4) 蒸发残渣的测定

① 测定原理。将水样蒸发后，称量残渣的量，主要是可溶的无机盐类杂质。

② 仪器。旋转蒸发器：配备500mL蒸馏瓶；电热烘箱：温度可控制在（105±2）℃；玻璃蒸发皿：100mL。

③ 测定步骤

a. 量取1000mL二级水或500mL三级水，将水样分几次加入旋转蒸发器的蒸馏瓶中，在水浴上减压蒸发（避免蒸干），待水样最后蒸发至约50mL时停止加热。

b. 将上述预浓集的水样，转移至一个已在（105±2）℃恒重的玻璃蒸发皿中。再用5~10mL水样分2~3次冲洗蒸馏瓶，将洗液与预浓集水样合并，在水浴上蒸干，并在（105±2）℃的烘箱中烘至恒重。计算残渣质量不得大于1.0mg。

(5) 可溶性硅的测定

① 测定原理。在稀硫酸溶液中，硅酸能与钼酸铵定量反应，生成硅钼杂多酸（硅钼黄）。在草酸存在下，用对甲氨基酚硫酸盐将硅钼黄还原成硅钼蓝，根据硅钼蓝的颜色与标准样品进行比较。

② 试剂。二氧化硅标准溶液：含 SiO_2 0.01mg/mL。称取 1.000g 二氧化硅，置于铂坩埚中，加 3.3g 无水碳酸钠，混匀。在 1000℃ 高温炉中加热至完全熔融，冷却后溶于水，移入 1000mL 容量瓶中，稀释至刻度。此标准溶液浓度为 1.0mg/mL，保存在聚乙烯瓶中。吸取上述标准溶液 1.00mL 于 100mL 容量瓶中，稀释至刻度。转移至聚乙烯瓶中，此溶液现用现配；钼酸铵溶液：50g/L。称取 5.0g 钼酸铵 $[(NH_4)_6Mo_7O_{24}4H_2O]$，加水溶解，加入 20.0mL 20% 的硫酸溶液，稀释至 100mL。摇匀后移至聚乙烯瓶中，如发现有沉淀时应弃去，重新配制；草酸溶液：50g/L。称取 5.0g 草酸，溶于水并稀释至 100mL。移至聚乙烯瓶中；对甲氨基酚硫酸盐（米吐尔）：2g/L。称取 0.2g 对甲氨基酚硫酸盐，溶于水，加 20.0g 焦亚硫酸钠，溶解并稀释至 100mL。摇匀并移至聚乙烯瓶中，避光保存，有效期两周。

③ 测定步骤

a. 水样测定。量取 520mL 一级水或 270mL 二级水，注入铂皿中。在防尘条件下，亚沸蒸发至约 20mL 时，停止加热冷至室温。加 1.0mL 钼酸铵溶液，混匀后放置 5min。加 1.0mL 草酸溶液，混匀后放置 1min。然后加 1.0mL 对甲氨基酚硫酸盐溶液，摇匀，转移至 25mL 比色管中，稀释至刻度，在 60℃ 水浴中保温 10min。目视观察，试液的颜色不得深于标准。

b. 标样的配制。吸取 0.50mL 二氧化硅标准溶液，置于 25mL 比色管中，加入 20mL 水样后，加 1.0mL 钼酸铵溶液，下面的操作与水样完全相同。

④ 结果计算

a. 一级水中的二氧化硅含量 ρ_1（mg/L）按式（1-6）计算：

$$\rho_1 = \frac{0.01 \times 0.5}{500} \times 1000 = 0.01 (mg/L) \tag{1-6}$$

b. 二级水中的二氧化硅含量 ρ_2（mg/L）按式（1-7）计算：

$$\rho_2 = \frac{0.01 \times 0.5}{250} \times 1000 = 0.02 (mg/L) \tag{1-7}$$

⑤ 注意事项

a. 由于离子交换水中含有胶体状态的硅酸，所以配制试剂时最好用蒸馏水。另外玻璃容器壁上也能溶解一些硅酸，所以试剂都应保存在聚乙烯瓶中。

b. 在配制标样时加入 20mL 水样，因此在测定水样时要多取 20mL。

1.2.4 定量分析用玻璃仪器与洗涤技术

定量分析用一般玻璃仪器和量器类玻璃仪器化学成分如表 1-5 所列。

表 1-5　　　　　　一般玻璃仪器和量器类玻璃仪器化学成分　　　　　　单位：%

化学成分	SiO_2	Al_2O_3	B_2O_3	Na_2OK_2O	CaO	ZnO
一般玻璃仪器	74	4.5	4.5	12	3.3	1.7
量器类玻璃仪器	73	5	4.5	13.2	3.8	0.5

这类仪器均为软质玻璃，具有很好的透明度，一定的机械强度和良好的绝缘性能，与硬质玻璃相比（SiO_2 79.1，B_2O_3 12.5），热稳定性、耐腐蚀性差。

1.2.4.1 定量分析常用玻璃仪器

(1) 称量瓶。称量瓶为带有磨口塞的玻璃小瓶，用于在天平上精确称量基准物或样品，其规格以外径×高表示，分为扁型和高型两种，其规格见表1-6。扁型用作测定水分或在烘箱中烘烤基准物，高型用于称量。在称量时盖紧磨口塞，以防止瓶内试样吸收空气中的水分。磨口塞应保持原配，不要盖紧塞子在烘箱中烘，以免打不开。

表1-6　　　　　　　　　　　　称量瓶规格

形状	容量/mL	瓶高/mm	直径/mm
扁型	10	25	35
	15	25	40
	30	30	50
高型	10	40	25
	20	50	30

(2) 干燥器。烘干后的基准物、试样或灼烧后的沉淀，必须冷却到室温才能称量。为防止在冷却过程中吸收空气中的水分，必须放在干燥器中冷却。

干燥器是具有磨口盖的器皿。下部放干燥剂，常用的是变色硅胶或无水氯化钙（变色硅胶是掺有钴盐的硅胶，干燥时为蓝色，吸湿后变为粉红色。如吸水失效可在烘箱中于110℃烘干后又复现蓝色）。干燥器中有一块带孔的白瓷板（或玻璃板），孔上可放坩埚，其余部分可放称量瓶。干燥器的规格有直径为150mm、180mm、210mm等，颜色为无色或棕色。

(3) 洗瓶。盛纯水或洗涤液供洗涤用，这里要特别指出，使用纯水淋洗玻璃仪器时应通过洗瓶压出细流进行洗涤。市售洗瓶一般为塑料制品，规格容量为250mL、100mL。

(4) 试剂瓶。试剂瓶一般是指带有磨口玻璃塞的细口瓶，分无色和棕色两种，规格种类多，2L以上的大储液瓶常为广口瓶。见光易分解的试剂及标准溶液应存放在棕色试剂瓶中，如$KMnO_4$、$AgNO_3$、$Na_2S_2O_3$、KI溶液等。储存碱性溶液如NaOH、Na_2CO_3溶液应改用橡皮塞或用塑料瓶，以免因溶液腐蚀玻璃而打不开磨口塞。

应注意试剂瓶不能加热，一般不能用试剂瓶配制溶液，只能作为储存溶液用。倒出溶液时应从标签的对面方向倾倒，以免不慎沾污标签。试剂配好后应立即贴上标签标明试剂名称、浓度、配制日期。标签大小应相称，位置居于瓶的中上部。

目前市售试剂瓶中另一大类为塑料制品，耐酸碱腐蚀、质轻，为一般实验室常用，容量规格500mL、1000mL。

(5) 表面皿。表面皿为凹面玻璃片，其用途为盖烧杯、蒸发皿及漏斗等，所选表面皿直径要略大于所盖的容器。盖容器时表面皿的凹面应向下。这样，在定量分析用烧杯处理样品时，飞溅的液滴或冷凝物会聚凝在表面皿的凹面底部，可用洗瓶吹入原容器，使其不致丢失。表面皿不能用火直接加热。

表面皿有直径为45mm、60mm、75mm、90mm、100mm、120mm等规格。

(6) 烧杯。用于盛放基准物质、配制溶液、溶解样品、沉淀样品与滴定样品等。加热时应置于石棉网上。要注意选择适当规格的烧杯。烧杯、表面皿、玻璃棒应配套使用。用于进行沉淀的烧杯，杯壁不应有划痕。

当用烧杯做水浴加热时，应放去离子水，避免在杯壁结垢，破坏透明度。溶解样品搅拌时，要注意垂直玻璃棒的正确搅拌操作，不要任意碰壁出现划痕。

（7）锥形瓶和碘量瓶。锥形瓶用于滴定分析，盛放基准物或待测液用，常与表面皿配套使用。

碘量瓶为带有磨口塞的特制锥形瓶，用于碘量法测定或其他挥发性物质的定量分析。由于瓶口可以水封，防止碘挥发，基本为碘量法专用。

锥形瓶、碘量瓶规格为容量 50mL、100mL、250mL、500mL、1000mL 等。

（8）研钵。厚玻璃、瓷、玛瑙等不同质料制成，用于研磨固体试剂及样品，内底及杵均匀磨砂。使用时不可烘烤。规格为直径 70mm、90mm、105mm。

（9）漏斗。漏斗分短颈和长颈两种。用于称量分析的漏斗一般用长颈漏斗（图 1-2），直径 6~7cm，具有 60°圆锥角，颈的直径应小些（3~6mm），以便于在颈内保留水柱，由于水柱的重力吸引加快过滤的速度。出口处呈 45°角。短颈漏斗用作一般过滤。

漏斗规格：长颈口径 50mm、60mm、75mm，颈长 150mm，锥体 60°；短颈口径 50mm、60mm，颈长 90mm、120mm，锥体 60°。

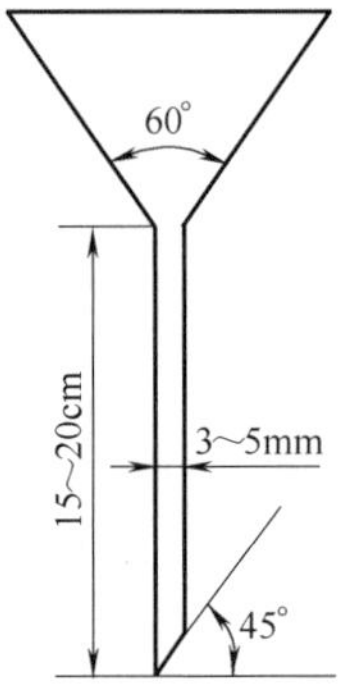

（10）分液漏斗。萃取、分离、富集、制备加液用，其中萃取、分离用分液漏斗为梨形、短颈，制备加液用分液漏斗为圆形、长颈。活塞均需原配。不可加热。规格为容量 50mL、100mL、250mL、500mL、1000mL。

（11）砂芯玻璃漏斗（细菌漏斗、微孔玻璃漏斗）。过滤沉淀或去除微生物杂质。过滤器滤板用玻璃粉末高温烧结而成，按微孔细度分为 6 个等级，各有不同用途，见表 1-7。砂芯漏斗需与抽滤泵、抽滤瓶配套，用于抽滤。

（12）抽滤瓶、抽气玻璃泵。抽滤砂芯玻璃漏斗与砂芯玻璃坩埚均需与抽气玻璃泵、抽滤瓶配套使用。抽气玻璃泵上端接自来水龙头，侧端接抽滤瓶，射流造成负压抽滤，抽滤瓶接收滤液。不同规格的抽滤泵抽滤能力不同。抽滤瓶规格为容量 250mL、500mL、1000mL、2000mL。

图 1-2 长颈漏斗

表 1-7　　　　　　　　　　砂芯过滤器规格

滤板牌号 （编号）	孔径/μm	用途	滤板牌号 （编号）	孔径/μm	用途
P40（G1）	20~30	滤除大颗粒沉淀及胶状颗粒	P4（G4）	3~4	滤除液体中细小或极细小沉淀
P16（G2）	10~15	滤除大颗粒沉淀及气体洗涤	（G5）	1.5~2.5	滤除较大杆菌及酵母
P10（G3）	4.5~9	滤除细小沉淀	P1.6（G6）	1.5 以下	滤除 1.4~0.2μm 病菌

（13）砂芯玻璃坩埚。称量分析法中用于抽滤后烘干至恒重。

（14）吸收管。吸收管用于溶液吸收法采集气体样品。

（15）冷凝管。冷凝管用于冷凝蒸馏出的液体，回馏欲测样品。蛇形管与直形管适用于冷凝低沸点液体蒸气，球形管适用于回馏样品。冷凝沸点在 140℃ 以上的液体蒸气可用空气冷凝管。冷凝管全长为 320mm、370mm、490mm 等。

（16）比色管。比色管用于比色分析，规格有容量 10mL、25mL、50mL、100mL 等。

(17) 比色皿。比色皿用于光度分析,有玻璃、石英两种质料。容量规格有 0.5cm、1.0cm、2.0cm、3.0cm、5.0cm,微量比色皿 0.1mm 及毛细管吸收池盛放微升试液。

(18) 凯氏烧瓶。用于溶解有机物和氮含量测定,容量有 50mL、100mL、300mL、500mL。

(19) 标准磨口组合仪器。有机分析制取及分离样品用,其规格为上口内径(mm)/磨面长度(mm):φ(10/19)、φ(14.5/23)、φ(19/26)、φ(24/29)等。

(20) 医用注射器与微量进样器。微量进样器也称微升注射器,是进行微量分析尤其是气相色谱分析实验必备的进样工具,常用规格有 1μL、5μL、10μL、25μL、50μL、100μL 等。

医用注射器是进行气体分析的取样工具,容量多用 100mL。

1.2.4.2 定量分析常用玻璃仪器洗涤技术

仪器洗涤是分析者学习定量分析的第一项基本操作,它是一项技术性工作。定量分析用仪器洗净程度直接关系分析结果的精密度、准确度。

(1) 玻璃仪器洗净标准。洗净标准是当洗净仪器倒置时,内壁均匀地被水润湿,不挂水珠。做到这点必须遵守正确的洗涤步骤。

(2) 洗涤步骤。洗涤的一般步骤是:先用水冲洗可溶性物质并用毛刷刷去表面黏附的尘土,然后蘸去污粉或洗衣粉刷洗,用自来水冲去去污粉或洗衣粉之后,再用去离子水淋洗,最后检查仪器内壁是否被水均匀润湿,不挂水珠,即仪器洗净。

(3) 洗涤剂种类、配制及选用

① 洗涤剂的选用

a. 最常用的清洗剂有肥皂、洗衣粉、去污粉、洗液、有机溶剂等。

b. 肥皂、洗衣粉、去污粉等一般用于可以用刷子直接刷洗的玻璃仪器。

c. 洗液多用于不便用刷子洗刷的玻璃仪器,即精密的或较难洗的玻璃仪器,也用于洗涤长久不用的玻璃仪器和刷子刷不到的污垢。用洗液洗涤玻璃仪器,是利用洗液本身与污物起化学反应,将污物洗去。

d. 有机溶剂可用于洗涤有油垢的玻璃仪器,如氯仿、乙醚等可洗除油垢。

② 常用洗液配制及使用

铬酸洗液:20g $K_2Cr_2O_7$(工业纯),溶于 40mL 热水中,冷却后,在搅拌下缓慢加入 360mL 浓的工业硫酸。却冷后移入试剂瓶中,盖塞保存。新配制的铬酸洗液呈暗红色油状液,具有极强的氧化力、腐蚀性,去除油污效果极佳。使用过程中应避免稀释,防止对衣物、皮肤腐蚀。$K_2Cr_2O_7$ 是致癌物,对铬酸洗液的毒性应当重视,尽量少用、少排放。当洗液呈黄绿或绿色时,表明已经失效,应回收后统一处理,不得任意排放。

a. 过硫酸铵无铬洗液。46g $(NH_4)_2S_2O_8$ 溶于 200mL 浓硫酸溶液中,可作为铬酸洗液的替代物。

b. 碱性高锰酸钾洗液。4g $KMnO_4$ 溶于 80mL 水,加入 40% NaOH 溶液至 100mL。由于六价锰有强的氧化性,此洗液可清洗油污及有机物。析出的 MnO_2 可用草酸、浓盐酸、盐酸羟胺等还原剂除去。

c. 碱性乙醇洗液。2.5g KOH 溶于少量水中,再用乙醇稀释至 100mL;或 120g NaOH

溶于150mL水中，用95%乙醇稀释至1L。主要用于去油污及某些有机物沾污。

d. 盐酸、乙醇洗液。盐酸和乙醇按1+1体积比混合，是还原性强酸洗液，适用于洗去多种金属氧化物及金属离子的沾污。比色皿常用此洗液洗涤。

e. 乙醇—硝酸洗液。对难于洗净的少量残留有机物，可先于容器中加入2mL乙醇，再加10mL浓HNO_3，在通风柜中静置片刻，待激烈反应放出大量NO_2后，用水冲洗。注意用时混合，并注意安全操作。

f. 纯酸洗液。用1+1盐酸、1+1硫酸、1+1硝酸或等体积浓硝酸+浓硫酸均可配制，用于清洗碱性物质沾污或无机物沾污。

g. 草酸洗液。5~10g草酸溶于100mL水中，再加入少量浓盐酸。对除去MnO_2沾污有效。

h. 纯碱洗液。多采用10%以上NaOH、KOH或Na_2CO_3去除油污，可浸煮玻璃仪器，但在容器中停留时间不得超过20min，以免腐蚀玻璃。

i. 碘-碘化钾洗液。1g碘和2g KI溶于水中，加水稀释至100mL，用于洗涤$AgNO_3$沾污后分解产物Ag_2O。

j. 有机溶剂。有机溶剂如丙酮、苯、乙醚、二氯乙烷等，可洗去油污及可溶于溶剂的有机物。使用这类溶剂时，注意其毒性及可燃性。

（4）洗涤方法及几种定量分析仪器的洗涤

① 常规玻璃仪器洗涤方法。如前所述，应先用自来水冲洗1~2次除去可溶性物质沾污后，视其沾污程度、性质，分别采用洗衣粉、去污粉、洗涤剂、洗液洗涤或浸泡，用自来水冲洗3~5次冲去洗液，再用去离子水淋洗3次，洗去自来水。残留水分用pH试纸检查，应为中性。

② 成套组合专用玻璃仪器洗涤方法。如凯氏定氮仪，除洗净每个部件外，用前应将整个装置用热蒸汽处理5min。索氏脂肪提取器用乙烷、乙醚分别回流提取3~4h。

③ 要求特殊清洁的玻璃仪器的洗涤

a. 比色皿。比色皿应当用有机溶剂洗涤除去有机显色剂的沾污。通常用HCl-乙醇，洗涤效果好，必要时可用HNO_3浸洗，但避免用铬酸洗液等氧化性洗液浸泡。

b. 砂芯玻璃滤器。此类滤器使用前需用热的1+1盐酸浸煮除去砂芯孔隙间颗粒物，再用水、蒸馏水抽洗干净，保存在有盖的容器中。用后，根据抽滤沉淀性质不同，选用不同的洗液浸泡洗净。例如，AgCl用1+1氨水、$BaSO_4$用EDTA-氨水、有机物用铬酸洗液浸泡、细菌用浓H_2SO_4与$NaNO_3$洗液浸泡等。

c. 痕量分析用玻璃仪器。痕量元素分析对洗涤要求极高。一般所用玻璃仪器要在1+1HCl或1+1HNO_3浸24h，而新的玻璃仪器或塑料瓶、塑料桶浸泡时间更长达一周之久，还要在稀NaOH中浸泡一周，然后再依次用水、去离子水洗净。

d. 痕量有机物分析用玻璃仪器。痕量有机物分析所用玻璃仪器，通常用铬酸洗液浸泡，再用自来水、去离子水依次冲洗，最后用重蒸的丙酮、氯仿洗涤数次。

1.2.5 滴定分析常用仪器与滴定分析基本操作

在滴定分析中，经常要用到三种能准确测量溶液体积的玻璃仪器（称为容量分析仪器），这就是移液管、容量瓶和滴定管。这三种仪器的洗涤及正确使用是滴定分析最重要的基本操作，也是获得准确分析结果的必要条件。

1.2.5.1 移液管、吸量管洗涤方法与使用

移液管（或称无分度吸管）是用来准确移取一定体积的溶液的量器，它的中部直径较粗，两端细长，管的上端有一环形标线，表示在一定温度下（一般是20℃）移出液体的体积，该体积刻线在移液管中部膨大部分上。常用移液管的容积有5mL、10mL、25mL、50mL等。

吸量管（又称分度吸管）可用于移取不同体积的液体，管身直径均匀，刻有体积读数，常用的有0.1mL、0.5mL、1.0mL、2.0mL、5.0mL、10mL等，其准确度较移液管差。定量可调移液管用于仪器分析、化学分析取样和加液，由定位部件、容量调节指示、活塞、吸液嘴等部分组成，利用空气排代原理工作。

（1）洗涤方法。应洗涤至内壁不挂水珠。先用自来水冲洗一次，内壁应完全润湿不挂水珠，否则可用洗液洗，吸液方法同移液方法。用洗耳球吸取，吸取洗液至球部约1/5处，用右手食指按住管上口，放平旋转，使洗液布满全管片刻，将洗液放回原瓶。然后用水充分冲洗，再用蒸馏水洗涤内部3次，每次将纯水吸至上升到球部的1/5左右，方法同前。放净纯水后，可用一小块滤纸吸去管外及管尖的水。也可将有油污的移液管放入盛有洗液的大量筒或高型玻璃缸中浸泡15min到数小时。

（2）移取溶液方法。吹出管尖水分，用少量待移取溶液润洗内壁三次，以使管内液体浓度与试剂瓶中液体浓度相同。方法同上，所用溶液量每次为全管1/5左右。要注意先挤出洗耳球中空气再接在移液管上，并立即吸取，防止管内水分流入试剂。

吸移溶液时，左手持洗耳球，右手大拇指和中指拿住移液管上部。管尖插入溶液不要太浅或太深（太浅容易吸空，太深在管外附着溶液过多，转移时流到接收器中，影响吸液量的准确度），当液面上升至标线以上时，立即用右手食指堵住管口，提起移液管，使管尖接触其内壁，管身垂直，标线与视线在同一水平面，食指微微松动（为方便控制液面，食指应微潮湿而又不能太湿），使液面慢慢下降，直到弯月面下线与标线相切，立即按紧食指，使溶液不再流出。将锥形瓶倾斜，移液管管身垂直，管的末端靠在内壁上，放开食指，使溶液自然沿壁流下，溶液全部流尽后，停留15s，取出移液管。

移液管放出液体操作要点是：垂直、靠壁、液体全部流尽后停留15s。

（3）吸量管的使用方法（同上）。吸量管种类较多，应注意其使用方法不同。除上述量出式外，吸量管液体放出后，只需等候3s。"不完全流出式"吸量管要注意看清最低标线，不可将液体全部放完。"吹出式"吸量管则在放完液体后随即吹出尖口端残液。这几种吸量管多为分度吸管，准确度都较"慢流式"移液管差一些。

1.2.5.2 容量瓶

容量瓶是一种细颈梨形平底瓶，具有磨口塞，瓶颈上刻有环形标线，当液体充满至标线时，表示在瓶上标示的温度（一般为20℃）下，液体体积为容量瓶上的标称容量。这种容量瓶一般是量入式的量器，用"In"表示，用来测定注入量器内溶液的体积。常用容量瓶的规格有25mL、50mL、100mL、250mL、500mL、1000mL等，按精度分为一等、二等，容量瓶有无色、棕色两种。用容量瓶可以把精密称量的物质准确地配制成一定体积的溶液，或将溶液按一定比例准确地稀释，这个过程通常称为定容。容量瓶常和移液管联合使用。容量瓶磨口塞需原配，不可在烘箱中烘干。

(1) 检查与洗涤方法。使用前应先检查：①环形标线位置离瓶口不能太近；②是否漏水。试漏的方法是加自来水至标线附近，盖好瓶塞，一手用食指按住塞子，一手用指尖顶住瓶底边缘，倒立 2min，如不漏水，将瓶直立，转动瓶塞 180°后，再倒转试漏一次。

洗净的容量瓶也要求倒出水后，内壁不挂水珠，否则必须用洗涤液洗。可用合成洗涤剂液浸泡或用洗液浸洗。用洗液洗时，先控去瓶内水分，倒入约 10~20mL 洗液，转动瓶子使洗液布满全部内壁，然后放置数分钟，将洗液倒回原瓶。再依次用自来水、纯水洗净。洗涤应遵守"少量多次"的原则。如瓶内有污物，不能用硬毛刷刷，可用泡沫塑料制的刷子刷瓶颈，还可装入少许水及碎纸块，剧烈摇动去除污物。

(2) 容量瓶使用方法。用容量瓶配制溶液的操作，一般是先将样品称量在小烧杯（250mL 容量瓶用 50mL 或 100mL 烧杯）中，加入少量水或适当的溶剂使之溶解，必要时可加热。待全部溶解并冷却后，将溶液沿玻璃棒注入瓶中，倒完溶液后，将烧杯沿玻璃棒轻轻向上提，同时慢慢将烧杯直立，用洗瓶吹洗烧杯壁和玻璃棒五次，同上法将洗涤液转移至容量瓶中，每次用水约 10mL，完成定量转移。

加水稀释至体积为容量瓶的 3/4 时，用拇指和中指拿住瓶颈标线以上的地方，旋摇量瓶作初步混匀，此时不要盖上瓶塞倒转摇动。继续小心加入纯水，至近标线时，应等候 1~2min，待瓶壁水流下，用洗瓶或滴管滴加水至眼睛平视时弯月面下缘与环形标线相切为止。盖好瓶塞，以一只手食指压住瓶塞，另一只手手指托住瓶底边缘，将瓶倒转，振荡，再直立，如此反复至少十多次，混匀溶液。要注意定容时的溶液温度应当与室温相同。不宜在容量瓶中长期存放溶液，如保存溶液应转移到试剂瓶中，试剂瓶应预先干燥或用少量该溶液涮洗 3 次。

1.2.5.3 滴定管

滴定管是滴定时用来准确测量流出的操作溶液体积的量器，按其容积分为常量、半微量和微量滴定管。滴定管按容积分为常量 25mL、50mL、100mL，最常用的是 50mL，最小刻度是 0.1mL，可估到 0.01mL，测量溶液体积读数最大误差为 0.02mL。此外还有半微量、微量滴定管，容积为 10mL、5mL、4mL、3mL、2mL、1mL、0.5mL、0.2mL、0.1mL。精度为一等、二等。

滴定管按控制流出液方式区分，下端有玻璃活塞的称具塞滴定，常称酸式滴定管，而无活塞，用乳胶管连接尖嘴玻璃管，乳胶管内装有玻璃珠以控制液流的称无塞滴定管，常称碱式滴定管。酸式滴定管适用于装酸性、中性及氧化性溶液，不适于装碱性溶液，因为碱能腐蚀玻璃，时间一长，活塞便无法转动。碱式滴定管适用于装碱性溶液，凡能与橡皮管起作用的溶液，如 $KMnO_4$、$AgNO_3$、I_2 溶液等不应装入碱管。棕色滴定管用以装见光易分解的溶液。酸管的准确度比碱管稍高，除了不宜用酸管的溶液，一般均应用酸管。

(1) 滴定管的准备

① 检查。酸管检查活塞是否匹配，管尖是否完整，然后试漏。将清洗好的活塞芯和活塞套润湿（按规定是不涂油检查），旋紧关闭充水至最高标线，夹于滴定管架上，等待 30min，若漏水超过 2 小格时应停止使用，也可直立约 3min，仔细观察活塞周围及管尖有无水渗出。

碱管要选用直径合适的胶管和大小适中的玻璃球（过大，滴定时溶液流出比较费劲；过小，溶液要漏出），直立放置 2min，观察管尖是否漏水。

② 涂油。将滴定管平放于实验台上，用一小块滤纸将活塞和活塞套擦干，用无名指蘸少量凡士林（或真空油脂）在活塞孔两边沿圆周均匀各涂一薄层，注意活塞孔近旁不要涂太多。然后把活塞小心地插入活塞套内，向同一方向旋转几次，涂好油的活塞应呈透明状，无气泡和纹路，旋转灵活。顶住活塞，套上小胶圈，装入水并放水检验是否漏水或堵塞。

涂油的关键一是活塞必须干燥，二是掌握薄而均匀。涂油过少，润滑不够、容易漏水；涂油过多，容易把孔堵住。如果活塞孔被凡士林堵住，可以取下活塞，用细铜丝捅出。如果管尖被凡士林堵塞，可以将水充满全管，将出口管尖浸在一小烧杯热水中，温热片刻后，打开活塞，使管内水突然冲下，即可将熔化的油带出。

③ 洗涤。滴定管必须洗净至管壁完全被水润湿不挂水珠，否则，滴定时溶液沾在壁上，将影响容积测量的准确性。

用自来水冲洗滴定管，用特制的滴定管软毛刷（用泡沫塑料刷更好）蘸合成洗涤剂水刷洗，如用此法仍不能洗净，可用约 10mL 洗液润洗滴定管内壁或浸泡 15min。洗碱管时应去掉胶管，倒立于装洗液的瓶中，用洗耳球或连接抽气泵吸入洗液浸洗。用自来水充分洗净。最后用纯水涮洗 3 次，每次用水 5~10mL，双手水平持滴定管两端无刻度处，边转动滴定管边向管口倾斜，使水清洗全管，立起后从出口管放出。关闭活塞，将其余水从管口倒出，也可把全部水从下口放出。从管口倒出水时一定不要打开活塞，以免活塞上的油脂冲入管内沾污管壁。

④ 标准溶液淋洗。用标准溶液淋洗滴定管三次，洗法与用纯水洗相同。淋洗及装入标准溶液时应由瓶中直接倒入滴定管，不要通过烧杯、漏斗等其他容器，以免浓度变化。

⑤ 除气泡。调整刻度前应排除管尖气泡。对于酸管，可将活塞迅速打开，利用溶液的急流把气泡逐出。碱管可将管身倾斜约 30 度，左手两指将胶管稍向上弯曲，轻轻挤捏稍高于玻璃球处的胶管，使溶液从管口喷出，气泡即被带出。

（2）滴定管的读数。装满或放出溶液后必须等 1~2min，使附着在内壁的溶液流下后再进行读数。

读数时，可以夹在滴定管夹上，也可用右手拇指、食指和中指持液面上部无刻度处，使滴定管竖直，进行读数，不管用哪种方法，均应使滴定管保持垂直状态。眼睛应和液面弯月面最下缘在同一水平面上，如图 1-3（a）。对于深色溶液，读取弯月面下缘最低点，深色溶液如高锰酸钾等，最低点不易观察时可读两侧最高点，如图 1-3（b）。初读数与终读数应用同一标准。

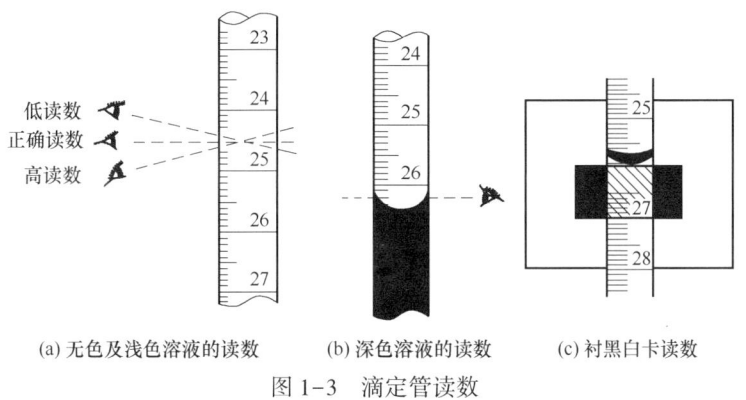

(a) 无色及浅色溶液的读数　　(b) 深色溶液的读数　　(c) 衬黑白卡读数

图 1-3　滴定管读数

为协助读数，可以用黑纸或黑白纸板作为读数卡，衬在滴定管背面，黑色部分在弯月面下约1mm处，读取弯月面（变成黑色）下缘最低点，如图1-3（c）。

（3）滴定操作。将标准溶液从滴定管逐滴加到被测溶液中去，直至由指示剂的颜色转变（或其他手段）指示滴定终点时，这个操作过程称为滴定。

滴定操作可以在锥形瓶或烧杯中进行，下衬白瓷板作背景。

① 将滴定管垂直夹在滴定管架上，滴定管下端伸入锥形瓶口约1cm，瓶底离瓷板约2~3cm。使用酸管时，左手无名指和小指向手心弯曲，轻轻抵着出水管口，拇指在管前，食指和中指在管后，控制活塞的转动，转动时应将活塞往里扣，不要向外用力，防止顶出活塞。适当旋转活塞的角度，即可控制流速。

使用碱管时，以左手拇指和食指向侧下方挤压玻璃球所在部位的胶管，使溶液从空隙处流出，无名指和小指夹住出口管，不使其摆动撞击锥形瓶。注意不能使玻璃球上下移动及由于挤捏球的下部造成管尖吸入气泡。

② 边摇边滴定。滴定前记录滴定管初读数，用小烧杯内壁碰去悬在滴定管尖端的液滴。滴定时右手持锥形瓶颈，边摇动，边滴加溶液，眼睛注意观察溶液颜色变化。滴定过程左手自始至终不能离开活塞，任溶液自流。

③ 滴定液加入速度及控制终点。溶液滴入速度不能太快，一般以每秒3~4滴为宜，不可呈液柱加入。接近终点时，应改变滴速，每加入一滴溶液应充分摇动几下，直到终点停止滴定，读取读数。

④ 每次滴定均应从刻度0开始，以使由于滴定管的刻度不够准确造成的系统误差可以抵消。

⑤ 滴定液所用的适宜体积为20~30mL，滴定管的读数误差为±0.02mL，当滴定液体积20mL时，误差为±0.1%，符合要求。如果滴定液体积过小，其误差将超过±0.1%，若体积过大，超过50mL，要用两管溶液，读数次数增为4次，反而增加了误差。

⑥ 在烧杯中滴定的操作方法。滴定管伸入烧杯1cm左右，管尖在左后方，右手持搅拌棒在右前方以圆周状搅拌溶液，不要接触烧杯壁及底。加半滴溶液时，用搅拌棒下端轻轻接触管尖悬挂液滴将其引下，放入溶液中搅拌，注意搅拌棒不要触及管尖。

（4）滴定管用后的处理。滴定管用毕，把其中剩余的溶液倒出弃去（不能倒回原瓶），用自来水清洗数次，然后用纯水充满滴定管，盖上滴定管帽，或用纯水洗净后倒置于滴定管夹上。碱溶液腐蚀玻璃，用完应立即洗净。滴定管长期不用时，酸管应在磨口塞与塞套之间加垫纸片，再以皮筋拴住，以防日久打不开活塞。碱管应取下乳胶管，拆出玻璃珠及管尖，洗净、擦干，施少量滑石粉，包好保存，以免胶管老化粘住。

1.2.5.4 容量仪器的校正

由于制造工艺的限制、试剂的侵蚀等原因，容量仪器的实际容积与它所标示的容积（标称容量）存在或多或少的差值，此差值必须符合一定标准（容量允差，参见JJG 196—2006《常用玻璃量器检定规程》规定）。根据JJG 196—2006《常用玻璃量器检定规程》规定，量器的容量允差见表1-8。量器按其精度（容量允差）的高低和流出的时间分为A级、A_2级和B级三种（过去分为上级、Ⅱ级），并在量器上标出。

表1-8　　　　　　　　　　　　　　量器的容量允差表　　　　　　　　　　　　　　单位：mL

名称	滴定管		无分度吸管		容量瓶	
标称容量	A级	B级	A级	B级	A级	B级
500	—	—	—	—	±0.25	±0.05
250	—	—	—	—	±0.15	±0.30
100	±0.10	±0.20	±0.08	±0.16	±0.10	±0.20
50	±0.05	±0.100	±0.050	±0.10	±0.05	±0.10
25	±0.04	±0.080	±0.080	±0.060	±0.03	±0.06
10	±0.025	±0.050	±0.020	±0.040	±0.02	±0.04
5	±0.010	±0.020	±0.015	±0.030	±0.02	±0.04

量器的准确度对于一般分析已经满足要求，但在要求较高的分析工作中则须进行校正。一些标准分析方法规定对所用量器必须校正，因此有必要掌握量器的校正方法。

容器内所能容纳的液体或气体体积称为容量。国际上规定涉及量器的容量时体积的单位是立方厘米（cm^3），毫升（mL）常作为立方厘米（cm^3）的代称使用。

容量仪器的校正在实际工作中通常采用绝对校正和相对校正两种方法。

（1）绝对校正。即衡量法（称量法），称量量器中所容纳或放出的水的质量，根据水的密度计算出该量器在20℃时的容积。

由质量换算成容积时，需对以下三个因素进行校正：

① 水的密度随温度而改变；
② 空气浮力对称量水质量的影响；
③ 玻璃容器的容积随温度而改变。

为便于计算，将此三项校正值合并而得到一个总校正值，列于表1-9中（引自常文保、李克安编《简明分析化学手册》）。

表1-9　　　　　　水的体积和质量换算表（供校准玻璃容量仪器体积用）

温度 t/℃	水所占的体积 V/(mL/g)	温度 t/℃	水所占的体积 V/(mL/g)
10	1.00161	23	1.00341
11	1.00169	24	1.00363
12	1.00177	25	1.00384
13	1.00186	26	1.00409
14	1.00196	27	1.00433
15	1.00207	28	1.00458
16	1.00220	29	1.00484
17	1.00236	30	1.00511
18	1.00250	31	1.00539
19	1.00267	32	1.00569
20	1.00283	33	1.00598
21	1.00301	34	1.00629
22	1.00321	35	1.00659

设 V_{20} 是玻璃量器在 20℃时所具有的容积。在 20℃称质量为 m_t 克的水，其单位质量所占体积为 V，则 V_{20}（mL）可根据式（1-8）计算得到。

$$V_{20} = m_t V \tag{1-8}$$

移液管、容量瓶、滴定管都可应用衡量法进行绝对校正。具体方法见有关实验。

（2）相对校正。在很多情况下，容量瓶和移液管配套使用，因此，二者的容积之间的比例关系是否正确比校正二者的绝对容积更为重要。例如，250mL 容量瓶的容积是否为 25mL 移液管所放出液体体积的 10 倍，可以用相对校正的方法来检验。即用移液管准确量取纯水 10 次，放入清洁、干燥的容量瓶中，观察液面最低点是否与环形标线相一致。

（3）温度改变时溶液体积的校正。上述容量器皿的校正，容积是以 20℃为标准的，即只是在 20℃时使用是正确的，但随着温度的变化，溶液密度改变，溶液的体积将发生改变。因此如果不是在 20℃使用，则量取溶液的体积亦需进行校正。

通常于 t_2℃配制的溶液，计算此溶液 20℃时的浓度，若使用时为 t_2℃，则将所使用溶液的体积换算为 20℃时应占的体积（如在同一温度下配制和使用，此项校正值将抵消）。表 1-10 列出了在不同温度下 1000mL 水或稀溶液换算到 20℃时，其体积（mL）的增减（ΔV）。

表 1-10　不同温度下 1000mL 水（或稀溶液）换算到 20℃时的体积校正值

温度 t/℃	水的体积校正值	0.1mol/L 溶液的体积校正值
5	+1.4	+3.0
10	+1.2	+2.0
15	+0.8	+1.0
20	0.0	0.0
25	−0.1	−1.3
30	−2.3	−3.0

1.2.6　称量分析基本操作

称量分析基本操作有沉淀技术、恒重技术，其中沉淀技术不仅用于分析测定，也用于各种材料制备及分离，恒重技术从根本上讲仍然是称量基本操作。

1.2.6.1　样品的溶解

准备好洁净的烧杯，配以合适的玻璃棒（其长度约为烧杯高度的一倍半）及直径略大于烧杯口的表面皿。称取一定量的样品，放入烧杯后，将溶剂顺器壁倒入或沿下端紧靠杯壁的玻璃棒流下，防止溶液飞溅。如溶样时有气体产生，可将样品用水润湿，通过烧杯嘴和表面皿间的缝隙慢慢注入溶剂，作用完后用洗瓶吹水冲洗表面皿，水流沿壁流下。如果溶样必须加热煮沸，可在杯口上放玻璃三角或挂三个玻璃勺，再在上面放表面皿。

1.2.6.2　沉淀

根据沉淀性质采用不同的沉淀操作。

（1）晶形沉淀。要求在热溶液中进行沉淀，将试液在水浴或电热板上加热后，一手持玻璃棒充分搅拌（勿碰烧杯壁及底），另一手拿滴管滴加沉淀剂，滴管口接近液面滴下，以免溶液溅出。滴加速度可先慢后稍快。

检查沉淀是否完全时，将溶液放置，待沉淀下沉后，沿杯壁向上层清液中加一滴沉淀剂，观察滴落处是否出现浑浊。如不出现浑浊即表示沉淀完全，否则应补加沉淀剂至检查沉淀完全为止。沉淀完全后，盖上表面皿，在水浴上陈化1h左右或放置过夜进行陈化。

（2）无定形沉淀。在热溶液中，用较浓的沉淀剂沉淀，加沉淀剂和搅拌的速度要快些，沉淀完全后，用热水稀释，趁热过滤，不必陈化。

1.2.6.3 过滤和洗涤

对于需要灼烧的沉淀常用滤纸过滤，而对于过滤后只需烘干即可称量的沉淀，可采用微孔玻璃坩埚（或漏斗）过滤。

（1）用滤纸过滤

① 选择滤纸。在称量分析中过滤沉淀应当采用"定量滤纸"。每张滤纸灼烧后的灰分在0.1mg以下，故又称"无灰滤纸"，小于天平的称量误差（0.2mg）。定量和定性滤纸规格见表1-11、表1-12。

表1-11 　　　　　定量滤纸（GB/T 1914—2017 化学分析滤纸）

项目		要求								
		优等品			一等品			合格品		
		201型	202型	203型	201型	202型	203型	201型	202型	203型
定量	g/m²	80.0±4.0			80.0±4.0			80.0±5.0		
分离性能	—	合格								
滤水时间	s	≤35	>35~70	>70~140	≤35	>35~70	>70~140	≤35	>35~70	>70~140
干耐破度(≥)	kPa	85	90	90	85	90	90	80	85	85
湿耐破度(≥)	mm水柱	130	150	200	210	140	180	120	140	180
抗碱性(≥)	%	95.0	95.0	95.0	95.0	95.0	95.0	93.0	93.0	93.0
灰分(≤)	%	0.009			0.010			0.011		
水抽提液pH	—	5.0~8.0								
D65亮度(≥)	%	85.0								
D65荧光亮度(≥)	%	0.5								
尘埃度(≤)	0.2mm²~0.3mm²	个/m²	70			80			90		
	>0.3mm²~0.7mm²		8			10			12		
	>0.7mm²		不应有			不应有			不应有		
交货水分	%	7.0±3.0								

表1-12 　　　　　定性滤纸（GB/T 1914—2017 化学分析滤纸）

项目		要求								
		优等品			一等品			合格品		
		101型	102型	103型	101型	102型	103型	101型	102型	103型
定量	g/m²	80.0±4.0			80.0±4.0			80.0±5.0		
分离性能	—	合格								

续表

项目			要求							
			优等品			一等品			合格品		
			101型	102型	103型	101型	102型	103型	101型	102型	103型
滤水时间		s	≤35	>35~70	>70~140	≤35	>35~70	>70~140	≤35	>35~70	>70~140
抗张强度(纵向)(≥)		N/m	1200	1500	1500	1200	1500	1500	1200	1500	1500
干耐破度(≥)		kPa	85	90	90	85	90	90	80	85	85
湿耐破度(≥)		mm 水柱	130	150	200	210	140	180	120	140	180
抗碱性(≥)		%	92.0	92.0	92.0	92.0	92.0	92.0	90.0	90.0	90.0
灰分(≤)		%	0.11			0.13			0.15		
水抽提液 pH		—	6.0~8.0								
D65 亮度(≥)		%	85.0								
D65 荧光亮度(≥)		%	0.5								
尘埃度(≤)	0.2mm²~0.3mm²	个/m²	70			80			90		
	>0.3mm²~0.7mm²		8			10			12		
	>0.7mm²		不应有			不应有			不应有		
交货水分		%	7.0±3.0								

还应根据沉淀的不同类型选用适当的滤纸：非晶形沉淀如 $Fe(OH)_3$、$Al(OH)_3$ 等不易过滤，应选用孔隙大的快速滤纸，以免过滤太慢；粗大的晶形沉淀如 $MgNH_4PO_4$ 等，可用中速滤纸；细晶形沉淀，如 $BaSO_4$、CaC_2O_4 等因易穿透滤纸，应选用最紧密的慢速滤纸。选择滤纸直径的大小应与沉淀量相适应（沉淀应装到相当于滤纸圆锥高度的 1/3~1/2）。此外，滤纸的大小还应与漏斗相适应，滤纸应比漏斗上沿低约 1cm。

② 漏斗。应选用长颈漏斗以便形成水柱，加快过滤速度。漏斗锥体角为 60°，出口处为 45°，颈的直径要小些，约为 3mm，以利于保留水柱。

③ 滤纸的折叠。折叠滤纸的手要先洗净擦干。首先把滤纸沿直径对折，再对折成一直角，锥顶不能有明显折痕。折好的滤纸呈圆锥体后，放入漏斗。此时，滤纸锥体的上缘应与漏斗密合，漏斗为 60°角，滤纸锥体角应稍大于 60°。为此第二次再对折时不要把两角对齐，而向外错开一点。为保证滤纸与漏斗密合，第二次对折时不要折死，先放入漏斗中试，可以稍稍改变滤纸的折叠度，直到与漏斗密合，再把第二次的折边折死（滤纸尖角不要叠，以免破裂）。把圆锥体三层厚的外层撕去一角（留后面有用）使滤纸的边缘更好地紧贴漏斗壁，然后将此滤纸放入漏斗内。漏斗边缘应比滤纸上缘高出 0.5~1cm，滤纸三层的一边应放在漏斗口短的一边。用洗瓶吹水润湿全部滤纸，用干净手指轻压滤纸，以逐去滤纸与漏斗间的气泡，加水至滤纸上口，水流尽后，颈中仍有水柱，这样过滤时漏斗颈内才能充满滤液，使过滤速度加快。如水柱做不成，可以用手指堵住漏斗下口，稍稍掀起滤纸多层的一边，用洗瓶向滤纸和漏斗间的空隙内加水，直到漏斗颈及锥体的一部分被水充满，然后慢慢放开下面堵住出口的手指，并随着水柱往下流时，立即按紧滤纸，此

时水柱即可形成。如果仍不能保持水柱或水柱不连续,则表示滤纸没有完全贴紧漏斗壁,或是因为漏斗颈不干净,必须重新放置滤纸或重新清洗漏斗。如还不能形成水柱,可能是漏斗颈太粗,应更换漏斗。

(2) 用微孔玻璃坩埚(或漏斗)过滤。有些沉淀不能与滤纸一起灼烧,否则易被碳还原,如氯化银沉淀。有些沉淀不需要灼烧,只需要干燥即可称重,如丁二肟镍沉淀,也不能用滤纸过滤,因滤纸烘烤后,质量会改变,影响分析结果。在这种情况下,应用微孔玻璃坩埚(或漏斗)来过滤。在定量分析中,一般用 P_4 过滤细晶形沉淀(相当于慢速滤纸),用 P_{10} 过滤一般的晶形沉淀(相当于中速滤纸)。

应用微孔玻璃坩埚过滤时,一般用抽滤法。在抽滤瓶口配一个橡皮垫圈,插入坩埚,瓶侧的支管用橡皮管与玻璃抽水泵相连,进行减压过滤。过滤结束时,应先去掉抽滤瓶上的胶管,然后关闭水泵,以免水倒吸入抽滤瓶中。

微孔玻璃坩埚使用前,一般先用酸(盐酸或硝酸)处理,然后用水抽洗干净,烘干备用。这种坩埚耐酸力强,但耐碱力差,不适于过滤强碱溶液,也不能用强碱来处理。用过的玻璃坩埚应立即用适当的洗涤液洗净,用纯水抽洗干净后烘干备用。

微孔坩埚可在 105~180℃ 下烘干。测定时,空的微孔坩埚应在烘干沉淀的温度下烘至恒重。沉淀的转移和洗涤方法与滤纸过滤相同。

(3) 沉淀的过滤。过滤和洗涤要一次完成,不能间断,否则沉淀干涸黏结后,很难完全洗净。

过滤前,先洗净烧杯,以承接滤液,滤液可用作其他组分的测定。有时滤液可弃去,但考虑到过滤过程中万一沉淀渗滤或滤纸破裂,需要重新过滤,故应该用洗净的烧杯接取滤液。为防止滤液外溅,应将漏斗颈的下端与烧杯内壁相靠。

过滤时,为避免沉淀堵塞滤纸的空隙,影响过滤速度,一般先采用倾泻法过滤。倾斜静置烧杯,待沉淀下降后,将玻璃棒与烧杯嘴贴紧,下端对着滤纸三层一边,尽可能接近,但不能接触滤纸,将上层清液顺玻璃棒倾入漏斗中,加入溶液不应过满,以充满滤纸的 2/3 为宜,以免少量沉淀因毛细作用越过滤纸上缘,造成损失。

暂停倾注时,应沿玻璃棒将烧杯嘴往上提,逐渐使烧杯直立,然后将玻璃棒移入烧杯。这样才能避免留在棒端及烧杯嘴上的液体流至烧杯外壁。玻璃棒放回烧杯时,勿将清液搅浑,也不要靠在烧杯嘴处,以防沾上沉淀。在过滤刚开始时就要检查滤液是否透明,如有浑浊,应查明原因消除之。

(4) 沉淀的洗涤和转移。洗涤沉淀时,既要除去吸附在沉淀表面的杂质,又要防止溶解损失。

根据沉淀的性质和沉淀反应的要求,洗涤液有三种。

① 晶形沉淀一般用冷的沉淀剂稀溶液作洗涤液,这样可以少沉淀溶解的量(如果沉淀剂是不挥发性物质,就不能用沉淀剂液作洗涤液)。

② 胶状沉淀用热的含少量电解质(如铵盐)的水溶液作洗涤液,可防止胶溶。

③ 易水解的沉淀用有机溶剂作洗涤液。

洗涤沉淀一般是先在原烧杯中用倾泻法洗涤,沿杯壁四周加入 10~20mL 洗涤液,用玻璃棒搅拌,静置,待沉淀沉降后倾注。如此重复 4~5 次,每次应尽可能使洗涤液流尽。

转移沉淀时,加入少量洗涤液,将溶液搅浑,立即将沉淀连同洗涤液一起转移到滤纸上，至大部分沉淀转移后，最后少量沉淀的转移方法是左手持烧杯，用食指按住横搁在烧杯口上的玻璃棒，玻璃棒下端比杯嘴长出 2~3cm，将烧杯斜置在漏斗上方，玻璃棒下端靠近滤纸的三层处，右手拿洗瓶，用洗瓶水吹洗烧杯内壁黏附有沉淀处及全部杯壁，直至洗净烧杯。杯壁和玻璃棒上可能还黏附有少量沉淀，可用玻璃棒头上卷一小片滤纸（原撕下的）呈淀帚状，抹下杯壁的沉淀，擦过的滤纸放入漏斗中。

沉淀转移到滤纸上后，再在滤纸上进行最后的洗涤。这时，可用洗瓶吹入洗涤液，从滤纸边缘开始向下螺旋形移动，将沉淀冲洗到滤纸底部，但不可将洗涤液直接冲至滤纸中央，以免沉淀外溅，反复几次，直至洗净。每次洗涤必须待前一次的洗涤液流尽后再加第二次洗涤液，这样洗涤的效果才好。

洗涤的次数在操作规程中一般都有明文规定，例如"洗涤 6~8 次"或"洗至流出液无某离子为止"。为了提高洗涤效果，应按照"少量多次"的原则进行洗涤。

1.2.6.4 沉淀的干燥和灼烧

沉淀的干燥和灼烧是在一个预先灼烧至恒重的坩埚中进行的。因此在沉淀的干燥和灼烧前，必须先准备好坩埚。

瓷坩埚可以耐高温灼烧。为了除去水分和某些可能在高温下发生变化的组分（氧化或挥发），空坩埚必须先灼至恒重。

（1）坩埚的准备。将瓷坩埚洗净，小火烤干，编号（可用含 Fe^{2+} 和 Co^{2+} 的墨水在坩埚外壁和盖上编号），然后在所需温度下，加热灼烧，灼烧可在煤气灯上或高温炉中进行。由于温度突升或突降，常使坩埚破裂，最好先将坩埚放入冷的炉膛中，再逐渐升高温度或者将坩埚已升至较高温度的炉膛口预热一下，第一次灼烧 30min（新坩埚需灼烧 1h）。从高温中取出坩埚时，应先切断电源，使高温炉降温（一般降至 300~400℃），取出的坩埚先放在瓷板上，在空气中冷却至不灼手时，移入干燥器中，将干燥器移至天平室，冷却至室温（一般 30min 或 40min），取出称量。

应该注意，当将热的坩埚放入干燥器时，应先将盖留一缝稍等几分钟再盖好，而且要前后推动稍稍打开 2~3 次，否则，过些时间，干燥器内的空气冷却下来，器内压力降低，有打不开盖的危险。

第二次在相同温度下灼烧 15~20min，冷却和称量。前后两称量的质量之差不大于 0.2mg（或 0.3mg），即可认为坩埚已达重，否则再灼烧一次，直至恒重。灼烧空坩埚的温度必须与灼烧沉淀的温度相同。

（2）沉淀的包裹。对于晶形沉淀，用顶端烧扁的玻璃棒将滤纸的三层部分挑起，再用洗净的手将滤纸和沉淀一起取出包好，最好包得紧紧，但不用手指压沉淀，将滤纸厚处朝上，有沉淀的部分朝下，放入坩埚中。

如为体积较大的胶体沉淀，可在漏斗中进行包裹，即用扁头玻璃棒将滤纸边挑起，向中间折叠，将沉淀全部覆盖住，再用玻璃棒将滤纸转移到坩埚中，滤纸的三层厚处朝上，有沉淀的部分朝下。

如漏斗上沾有细微沉淀，可用滤纸擦下，与沉淀包卷在一起。以上操作应勿使沉淀有任何损失。

（3）沉淀的烘干和滤纸的炭化、灰化。将泥三角置于铁环上，调好泥三角位置高低，将放有沉淀的坩埚斜放在泥三角上，坩埚口朝泥三角的顶角，把坩埚盖斜倚在口的中部。

煤气灯火焰应放在坩埚盖中心之下。用小火烘烤坩埚（热空气流反射至坩埚内部，水汽从上面逸出），使滤纸和沉淀慢慢干燥。这时温度不能太高，否则坩埚会因与水滴接触而炸裂。

待滤纸和沉淀干燥后，将煤气灯移至坩埚底部，稍微增大火焰，使滤纸炭化。防止滤纸着火，否则会使沉淀飞散而损失，如滤纸着火，可用坩埚盖盖住（切不可吹火），同时移去煤气灯，使火焰熄灭。

（4）沉淀的灼烧与恒重。当滤纸炭化后，可逐渐提高温度，并随时用坩埚钳转动坩埚，把坩埚内壁上的黑炭完全烧去。待滤纸灰化后，将坩埚垂直地放在泥三角上，盖上坩埚盖（留一小孔隙），于指定的温度（如800℃或900℃）下灼烧沉淀，或将坩埚放在高温炉中灼烧。

一般第一次在指定温度下灼烧15~20min，取下，放在空气中，待稍冷后，转入干燥器，冷却至室温（一般需30min）称量。然后在相同温度下再灼烧10~15min，同前冷却称量。前后两次称得的质量之差不大于0.2mg（或0.3mg）就算恒重。恒重的关键是坩埚及沉淀灼烧和冷却的温度及时间要求相同，即定温、定时。

1.2.7 化学试剂

实验室供应试剂的质量是分析实验室质量控制因素之一，直接影响分析结果的准确度。分析者应当对试剂分类、规格有所了解。分析测定时正确选用试剂，一方面保证测定结果的准确性，另一方面也符合经济效益的考虑，而不应盲目选用高纯试剂。

试剂规格是根据制备这些试剂时，由原料、设备和生产过程带来的杂质，以及该试剂的主要用途中有妨碍的杂质，分别规定的允许含量。试剂种类虽然很多，但可分为一般试剂、标准试剂、高纯试剂、具有特殊用途的专用试剂等。

1.2.7.1 试剂种类

（1）一般试剂。一般试剂是实验室普遍使用的试剂，指示剂也属一般试剂。一般试剂的级别、名称、标志、用途列于表1-13。

表1-13　　　　　　　　　一般试剂的级别、标志与用途

级别	中文名称	英文标志	标签颜色	主要用途
一级	优级纯	G.R	绿	精密分析用
二级	分析纯	A.R	红	一般分析用
三级	化学纯	C.P	蓝	一般化学实验用
四级	实验试剂	L.R	棕	一般化学实验和教学实验用

近年来，生化试剂大量使用，已另归一类，主要用于生物化学及生物、医学实验。

（2）标准试剂。标准试剂是衡量其他物质化学量的标准物质。标准试剂不是高纯试剂，而是严格控制主体含量的试剂。

（3）高纯试剂。高纯试剂的主体含量与优级纯相当，杂质含量比优级纯、标准试剂均低。高纯试剂多属于通用试剂，如HCl、$HClO_4$、Na_2CO_3、$NH_3·H_2O$、H_3BO_3等。

（4）专用试剂。专用试剂是指具有特殊用途的试剂，主要是各类仪器分析法所用试剂，如色谱分析标准试剂、紫外及红外光谱纯试剂、核磁共振波谱分析专用试剂等。

1.2.7.2 试剂的选用

根据分析结果准确度要求、所选方法灵敏度、选择性、分析成本等因素选择试剂级

别。例如，分析方法对 Fe^{3+} 要求高，在溶样、配制溶液时，应选用优级纯 HCl，因为 HCl 的各级试剂差别主要在 Fe^{3+} 杂质含量。通常滴定分析配制标准溶液时用分析纯试剂，仪器分析一般使用专用试剂或优级纯试剂，而微量、超微量分析应选用高纯试剂。

1.2.8 溶液配制

1.2.8.1 一般溶液的配制

一般溶液也称为辅助试剂溶液，用于控制化学反应条件，在样品处理、分离、掩蔽、调节溶液的酸碱性等操作中使用。这种溶液的浓度不像标准溶液那样严格准确，配制时试剂的质量可用上皿天平称量，体积可用量筒或量杯量取。配制这类溶液的关键是正确计算出应该称量溶质的质量，以及应该量取液体溶质的体积。

（1）质量分数。混合物中某一物质的质量与混合物的质量之比称为该物质的质量分数，单位为%，符号为 ω_B。在溶液中是溶质的质量与溶液的质量之比，如式（1-9）所示，即 100g 溶液中含有溶质的克数，如市售的 65%硝酸，表示在 100g 硝酸溶液中，含有 65g 纯 HNO_3 和 35g 水。

$$\omega_B = \frac{溶质的质量}{溶液的质量} \times 100\% \tag{1-9}$$

质量分数也可以表示为小数，如硝酸的质量分数为 0.65。

① 固体溶质。用固体溶质配制溶液时，只要计算出所需溶质的质量，用上皿天平称量，再求出溶剂的质量。若所配制溶液的总质量为 m，质量分数为 ω_B，所需溶质的质量为 m_B，则溶质的质量可由式（1-10）计算得到。

$$m_B = m\omega_B \tag{1-10}$$

② 液体溶质。用液体试剂为溶质配制质量分数浓度溶液，就是把浓溶液配制成稀溶液。由于溶质和溶剂都是液体，所以要计算出量取溶质和溶剂的体积。计算时要掌握一个要点，即稀释前与稀释后溶质的质量不变。

设所取浓溶液中含溶质 m_1，体积为 V_1，密度为 ρ_1，质量分数为 ω_{1B}，根据式（1-11）可计算得到 m_1。

$$m_1 = V_1 \rho_1 \omega_{1B} \tag{1-11}$$

设配制稀溶液中含溶质 m_2，体积为 V_2，密度为 ρ_2，质量分数为 ω_{2B}，根据式（1-12）可计算得到 m_2。

$$m_2 = V_2 \rho_2 \omega_{2B} \tag{1-12}$$

因为 $m_1 = m_2$，故而可以得到式（1-13）。

$$V_1 \rho_1 \omega_{1B} = V_2 \rho_2 \omega_{2B} \tag{1-13}$$

变换式（1-13）可得到式（1-14），进而可以计算出稀释溶液的体积 V_2。

$$V_2 = V_1 \rho_1 \omega_{1B} / \rho_2 \omega_{2B} \tag{1-14}$$

（2）体积分数。在化工技术中体积分数 φ_B 一般简单定义为物质 B 的体积与混合物体积之比，如式（1-15）所示，可以用百分数表示，也可以用小数表示。在溶液中是溶质的体积与溶液体积之比，即 100mL 溶液中含有溶质的毫升数。此浓度多用在液体有机试剂或气体分析中。

$$\varphi_B = \frac{溶质的体积}{溶液的体积} \times 100\% \tag{1-15}$$

(3) 质量浓度。质量浓度 ρ_B 定义为组分 B 的质量与混合物体积之比。在溶液中是指单位体积溶液所含溶质的质量，常用单位是 g/L、mg/mL、mg/L 或 μg/mL。

(4) 物质的量浓度溶液。每升溶液中所含溶质的物质的量，称为物质的量浓度，用 c_B 表示，单位是 mol/L。这里重要的是确定 c_B = 物质的量 (n_B)/液体的体积 (V) 的基本单元，基本单元确定后，应在浓度符号后面标明基本单元的化学式。如 $c(H_2SO_4)$ = 0.1mol/L 和 $c(1/2H_2SO_4)$ = 0.1mol/L 是完全不同的。前者每升溶液中含硫酸 9.8g；后者每升溶液中只含硫酸 4.9g。

配制这类溶液时，根据欲配制溶液体积、浓度及所选单元的摩尔质量，则可求出溶液中所含溶质的质量。如果是固体溶质，可根据式（1-16）计算出溶质的质量；如果是液体溶质，则式（1-17）求出相应的体积。

$$m_B = c_B \times \frac{V}{1000} \times M_B \tag{1-16}$$

$$V_B = \frac{m_B}{\rho_B \omega_B} \tag{1-17}$$

式中 m_B——应取溶质 B 的质量（g）；
  V_B——应量取液体溶质 B 的体积（mL）；
  c_B——欲配制溶质 B 的物质的量浓度（mol/L）；
  M_B——溶质 B 所选单元的摩尔质量（g/mol）；
  V——欲配制溶液体积（mL）；
  ρ_B——液体溶质 B 的密度（g/mL）；
  ω_B——液体溶质 B 的质量分数。

1.2.8.2 标准溶液的配制与标定

标准溶液是已知准确浓度的溶液，是用来测定产品纯度和杂质含量的必不可少的溶液，因此标准溶液的配制与标定是滴定分析法中最重要的工作。国家标准 GB/T 601—2016 对标准溶液的配制与标定作了详细严格的规定，工作中必须严格遵守规定，本节即按此标准加以说明。

最常用的标准溶液浓度是物质的量浓度，也有少数情况用滴定度或质量体积浓度。配制标准溶液前，要依据等物质的量反应规划确定其基本单元。

标准溶液的配制方法如下所述。

(1) 直接法。准确称取一定量基准化学试剂，溶解后移入一定体积的容量瓶中，加水至刻度，摇匀即可。根据基准试剂的质量和容量瓶体积计算出标准溶液的准确浓度。

直接法配制标准溶液必须使用基准试剂，基准试剂应具备四个条件：
① 纯度高，要求杂质含量在万分之一以下；
② 组成与化学式相符，若含有结晶水，其含量也应与化学式相符；
③ 性质稳定，干燥时不分解，称量时不吸潮，放置时不变质；
④ 易溶解，具有较大的溶解度。

基准试剂在储存过程中会吸潮，吸收二氧化碳，因此使用前必须经过烘干或灼烧处理。

(2) 标定法。首先用优级纯或分析纯试剂配制成接近于所需浓度的溶液，再用基准物测定其准确浓度,这个过程称为标定。或者用另一种标准溶液来测定所配溶液的浓度,这一过程称为比较。用基准试剂标定的方法准确度要高于比较法。

① 用基准物标定。称量一定量的基准物,溶解后用被标定的溶液滴定,按式(1-18)计算此标准溶液的准确浓度。

$$c_B = \frac{1000m}{M_B(V-V_0)} \tag{1-18}$$

式中 c_B——被标定溶液的物质的量浓度(mol/L);
  m——称取基准物的质量(g);
  M_B——基准物的摩尔质量(g/mol);
  V——滴定消耗被标定溶液体积(mL);
  V_0——空白消耗被标定溶液体积(mL)。

② 用已知浓度的标准溶液标定(比较法)。根据等物质的量反应规则,按式(1-19)计算被标定溶液的准确浓度。

$$c_B = \frac{c_A V_A}{V_B} \tag{1-19}$$

式中 c_B——被标定溶液的物质的量浓度(mol/L);
  c_A——已知标准溶液的物质的量浓度(mol/L);
  V_A——消耗已知标准溶液体积(mL);
  V_B——被标定溶液的体积(mL)。

(3) 配制标准溶液的一般规定

① 所用试剂的纯度应在分析纯以上。所用的水,在没有特殊要求时,应符合三级水的规格。

② 分析天平、滴定管、容量瓶及移液管必须定期校正。

③ 标准溶液的浓度均指20℃时的浓度,在标定和使用时,如温度有差异应按不同浓度标准溶液的温度校正值进行校正。由于热胀冷缩,在低于20℃时读取的体积要小于20℃时的体积,所以校正值为正;高于20℃时体积变大,校正值为负。表中的数值是每升标准溶液的校正值,应用时要根据消耗的体积进行换算。

④ 标准溶液的有效期一般为两个月。

⑤ 依据GB/T 601—2016标定标准溶液时,要执行四平行、两对照的规定。即一个人做4个平行样,两个人共做8个样。每人四平行测定结果极差的相对值(极差与浓度平均值的比值,%)不得大于重复性临界极差[$C_rR_{95}(4)$]的相对值(重复性临界极差与浓度平均值的比值,%)的0.15%,两人共8次平行测定结果极差的相对值不得大于重复性临界极差[$C_rR_{95}(8)$]的相对值的0.18%。

取两人八平行测定结果的平均值为测定结果。在运算过程中保留五位有效数字,浓度值报出结果取四位有效数字。

1.2.9 分析人员的环境意识

化学工业发展带来文明进步的同时,也引发了环境污染问题。自20世纪80年代起,能源、资源与环境污染问题凸显,大气臭氧层空洞、二氧化碳温室效应、酸雨等问题备受关注,"人类拥有一个地球""要与自然协调发展"成为共识。在此背景下,分析检测人员应认识到现代分析实验室应无污染,自身需具备环保知识,树立环境意识。

1.2.9.1 了解化学物质毒性,正确使用和储存

在分析实验室里储存着种类繁多的化学试剂,在科研开发中有可能去合成新的化学物质。作为具有环境意识的分析人员,应当查阅手册,对所使用的化学试剂、新合成化学物质所用的原料及产品的毒性有所了解,以便确定实验室是否具备条件使用、合成、储存这些化学物质。

储存化学药品时,尤其要注意毒物的相加、相乘作用。例如盐酸和甲醛,本来盐酸是实验室常用化学试剂,具有挥发性,但将两种化学试剂储存在一个药品柜中,就会在空气中合成 10^{-9} 数量级氯甲醚,而氯甲醚是致癌物质。

1.2.9.2 了解有毒化学品新的名单及危害分级

随着环境科学、职业医学、工业毒理学的技术进步,对现存的和新合成的化学药品毒性研究日益深入,有毒化学品新的名单在不断填充。因此现代分析实验室人员应及时掌握这一信息,了解化合物毒性的新观点、新认识,在常规分析及科研开发中做好中毒预防对环境保护至关重要。

表 1-14 所列致癌化学物质是国际癌症研究中心(CIRC)公布的。表 1-15 列出的是我国环境部、工业和信息化部、卫生计生委联合制定的《优先控制化学品名录》名单。

表 1-14　　　　　　　　　　　对人类致癌的化学物质

序号	名称	序号	名称
1	4-氨基联苯	10	己烯雌酚
2	砷和某些砷化合物	11	地下赤铁矿开采过程*
3	石棉	12	用强酸法制造异丙醇过程*
4	金胺制造过程*	13	左旋苯丙氨酸氮芥(米尔法兰)
5	苯	14	芥子气
6	联苯胺	15	2-萘胺
7	N,N-双(2-氯乙基)-2-萘胺(氯萘吖嗪)	16	镍的精炼过程*
8	双氯甲醚和工业品级氯甲醚	17	烟炱、焦油的矿物油类*
9	铬和某些铬化物*	18	氯乙烯

注:*表示尚不能确切地指明可能对人类产生致癌作用的特定化合物。

表 1-15　　　　　　　　　　我国《优先控制化学品名录》名单

序号	名称 中文	名称 英文	CAS 登录号	综合危害分值
1	氯乙烯	Chloroethylene	75-01-4	3.184
2	甲醛	Formaldehyde	50-00-0	3.172
3	环氧乙烷	Ethylene Oxide	75-21-8	3.093
4	丙烯腈	Acrylonitrile	107-13-1	3.077
5	三氯甲烷	Chloroform	67-66-3	3.056
6	苯酚	Phenol	108-95-2	2.995
7	苯	Benzene	71-43-2	2.984
8	甲醇	Methanol	67-56-1	2.984

续表

序号	名称 中文	名称 英文	CAS 登录号	综合危害分值
9	四氯化碳	Carbon tetrachloride	56-23-5	2.963
10	乐果	Dimethoate	60-51-5	2.930
11	亚硝酸钠	Sodium nitrite	7632-00-0	2.899
12	四氯乙烯	Tetrachloroethylene	127-18-4	2.894
13	西维因	Carbaryl	63-25-2	2.884
14	除草醚	Nitrofen	1836-75-5	2.850
15	石棉	Asbestos	1331-21-4	2.834
16	汞	Mercury	7439-97-6	2.826
17	三氯乙烯	Trichloroethylene	79-01-6	2.806
18	1,1,2-三氯乙烷	1,1,2-Trichloroethane	79-00-5	2.777
19	丙烯醛	Acrolein	107-02-8	2.776
20	1,1-二氯乙烯	1,1-Dichloroethylene	75-35-4	2.774
21	甲苯	Toluene	108-88-3	2.759
22	二甲苯	Xylene	1330-20-7	2.749
23	五氯苯酚	Pentachlorophenol	87-86-5	2.700
24	砷化合物	Arsenic compounds	7440-38-2	2.673
25	苯胺	Aniline	62-53-3	2.662
26	氰化钠	Sodium cyanide	143-33-9	2.658
27	铅	Lead	7439-92-1	2.634
28	萘	Naphthalene	91-20-3	2.634
29	乙酸	Acetic acid	64-19-7	2.616
30	镉	Cadmium	7440-43-9	2.600
31	1,2-二氯乙烷	1,2-Dichloroethane	107-06-2	2.588
32	杀虫脒	Chlordimeform	6164-98-3	2.578
33	敌敌畏	DDV	62-73-7	2.564
34	2,3-二硝基苯酚	2,4-Dinitrophenol	51-28-5	2.555
35	二氯甲烷	Dichloromethane	75-09-2	2.538
36	乙苯	Ethylbenzene	100-41-4	2.513
37	对硫磷	Parathion	56-38-2	2.488
38	乙醛	Ethanal	75-07-0	2.487
39	1,1,2,2-四氯乙烷	1,1,2,2-Tetrachloroethane	79-34-5	2.481
40	液氨	Ammonia	7664-41-7	2.449
41	丙酮	Acetone	67-64-1	2.426
42	1,2-二氯苯	1,2-Dichlorobenzene	106-46-7	2.407
43	蒽	Anthracene	120-12-7	2.334
44	m-甲酚	m-Cresol	108-39-4	2.324
45	六氯苯	Hexachlorobenzene	118-74-1	2.315
46	邻苯二甲酸二丁酯	Dibutyl phthalate	84-74-2	2.217
47	邻苯二甲酸二辛酯	Dioctyl phthalate	117-84-0	2.182
48	溴甲烷	Methyl bromide	74-83-9	2.137
49	二硫化碳	Carbon disulfide	75-15-0	2.113
50	氯苯	Chlorobenzene	108-90-7	2.083
51	4-硝基苯酚	4-Nitrophenol	100-02-7	2.076
52	硝基苯	Nitrobenzene	98-96-3	2.055

1.2.9.3 对实验室三废进行简单的无害化处理

实验室所用化学药品种类多、毒性大,三废成分复杂,应分别进行预处理再排放或进行无害化处理。

(1) 实验室废水处理

① 稀废水处理。用活性炭吸附,工艺简单,操作简便。对稀废水中苯、苯酚、铬、汞均有较高去除率。

② 浓有机废水处理。浓有机废水主要指有机溶剂,焚烧法无害处理,建焚烧炉,集中收集,定期处理。

③ 浓无机废水处理。浓无机废水以重金属酸性废水为主,处理方法如下。

a. 水泥固化法。先用石灰或废碱液中和至碱性,再投入适量水泥将其固化。

b. 铁屑还原法。含汞、铬酸性废水,加铁屑还原处理后,再加石灰乳中和,也可投放 $FeSO_4$ 沉淀处理。

c. 粉煤灰吸附法。对 Hg^{2+}、Pb^{2+}、Cu^{2+}、Ni^{2+}、H^+(pH4~7)去除率达 30%~90%。粉煤灰化学成分 SiO_2、Al_2O_3、CaO、Fe_2O_3,具有多孔蜂窝状组织、固体吸附剂性能。

d. 絮凝剂絮凝沉降法。聚铝、聚铁絮凝剂能有效去除 Hg^{2+}、Cd^{2+}、CO^{2+}、Ni^{2+}、Mn^{2+} 等离子。

e. 硫化剂沉淀法。Na_2S、FeS 使重金属离子呈硫化物沉淀析出而除去。

f. 表面活性剂气浮法。常用月桂酸钠,使重金属沉淀物具有疏水性,上浮而除去。

g. 离子交换法。是一种处理重金属废水的重要方法。

h. 吸附法。活性炭价格高,利用天然资源硅藻土、褐煤、风化煤、膨润土、黏土制备吸附剂,价廉,适用于处理低浓度重金属废水。

i. 溶剂萃取法。常用磷酸三丁酯、三辛胺、油酸、亚油酸、伯胺等,操作简便。含酚废水多采用此法处理。萃取剂磷酸三丁酯可脱除高浓度酚,聚氨酯泡沫塑料吸附法处理高浓度含酚废水,去除率达 99%。表面活性剂 Spau-80 对酚的去除率也达 99%。

④ 废酸、废碱液处理。对废酸、废碱液,采用中和法处理后排放。

(2) 实验室废气处理。化学反应产生的废气应在排风机排入大气前做简单处理,如用 $NaOH$、$NH_3 \cdot H_2O$、Na_2CO_3、消石灰乳吸附 H_2S、SO_2、HF、Cl_2 等,也可用活性炭、分子筛、碱石棉或吸附剂负载硅胶、聚丙烯纤维吸附酸性、腐蚀性、有毒气体。

(3) 实验室废渣处理。化学处理,变废为宝。如烧碱渣制取水玻璃,盐泥制取纯碱、氯化铵,硫酸泥提取高纯硒,也可用蒸馏、抽提方法回收有用物质。对废渣无害化处理后,定期填埋或焚烧。

思 考 题

1. 电子天平的使用与维护需要注意哪些事项?
2. 分析实验室用水共分为几个级别?各个级别的实验室用水有何不同?
3. 按照国家标准,常用化学试剂的规格可分为哪几级?使用有何限制?
4. 配制标准溶液有哪些一般规定?
5. 如何配制和标定 0.1000mol/L 的硫代硫酸钠标准溶液?

6. 如何配制和标定乙二胺四乙酸二钠（EDTA）标准溶液？
7. 分析人员的环境意识包括哪几个方面？

1.3 分析检测实验室安全管理和使用

1.3.1 实验室的任务与职责

（1）建立原材料、半成品、产品的分析测试制度及三废排放物的分析测试制度。
（2）执行分析测试制度的规定，负责本企业的样品分析，提供分析报告。
（3）建立与本企业生产有关的分析标准技术文件档案。
（4）分析本企业三废排放物，配合企业环保部门控制排放物排放必须符合政府法规所规定的标准。
（5）进行产品的质量分析，总结影响产品质量的规律，反馈给生产管理部门。
（6）配合工艺管理部门进行生产工艺分析，总结影响生产顺利运行的规律。
（7）进行生产事故、产品质量事故分析，反馈给生产管理部门。
（8）配合新产品开发研制和新工艺试验。
（9）参与协作分析、仲裁分析等非本企业的分析任务。
（10）研究新的分析测试方法，改进老的分析测试方法。

1.3.2 实验室技术管理

管理通过制订和执行规章制度来实现的。分析检测实验室在技术管理方面须建立以下制度。

（1）编制质量管理手册确保分析测试工作的质量，接受计量认证。ISO 9000 体系中，分析测试与生产工艺同样需接受质量管理的认证。原国家技术监督局在 1990 年批准实施文件《中华人民共和国国家计量技术规范 JJG 1021-90 产品质量检验机构计量认证技术考核规范》，该文件详细规定了认证的内容和方法，制订分析测试质量管理手册的内容和要求，是轻化工分析实验室应遵守的根本法规。

（2）建立产品、中间产品、原材料以及三废排放物的分析检验制度。分析检验制度包括采样周期、采样方法、送样委托、样品接收、供复验或仲裁的保留样的量及保留时间，以及分析制度。

样品的送交与接收须填写"送样单"并说明分析测试要求，作为备案。对于不均匀试样、不稳定试样、贵重试样品以及剧毒、易燃易爆的样品，必须特别标明和交代。涉及法律取证的化学分析试样，尤其要明确注明送样人、包装、标签、收样人签收、样品的传递，以明责任。对不合制度规定的试样，实验室有权拒收。

（3）执行分析标准。用制度规定本企业试样分析所依据的方法标准。如没有相应的国家标准或部颁标准、行业标准可用时，企业应制订企业标准作为执行依据。当实际试样与方法标准所规定的情况有些不一致时，可作一定的修改、补充或简化，说明理由上报备案，然后执行。

执行标准要注意它的适用性。例如 GB/T 9728—2007、GB/T 9729—2007 测定微量硫酸盐、氯离子的通用方法，被测样水溶液必须无色透明澄清。对于有色溶液，例如测定高纯镍盐中的微量硫酸盐，这两个方法便不适用，必须研究开发新的分析方法作为企业标准执行。

当客户提出比国家标准更高更严格的要求时，也须审查分析方法的适用性。例如，医药级钛白粉现已取代淀粉作为药物的赋形剂。钛白粉中对人体有毒害的杂质元素的分析就成为必要。我国药典 2000 版中规定砷的指标是小于 $8\mu g/g$，但美国药典规定的指标是 $1\mu g/g$，我国药典规定的分析方法不适合出口产品的检验工作。又如，玩具是我国大宗出口的商品，由于儿童可能啃咬玩具，把玩具材料吞咽入体内，因此各国制订了玩具材料安全性的标准。我国国标 GB 6675.4—2014 规定了锑、砷、钡、镉、铬、汞 6 种有害元素的分析方法及安全限量，但欧洲标准化委员会（CEN）发布标准 EN 71-3：2019 规定了 Hg，Cd，As，Sb，Se，Pb，Cr，Bi 8 种有害元素的分析方法及安全限量。为了保证出口，必须执行 EN 71-3：2019 标准而不是我国国家标准。实际上，在涉及贸易的商检工作中，在没有适当的标准可执行时，由客户提供方法或要求客户提供方法是经常发生的。

（4）制订和执行分析技术规程。分析技术规程主要是执行分析标准的具体细节，以及大型精密仪器的操作规程。

（5）制订原始记录、分析报告审核制度。原始记录和报告审核制度能有效防止分析过程的运算错误。某些异常数据的出现常常警示仪器、试剂或操作中出现的问题和征兆，提醒及时采取措施。

（6）建立仪器设备维护保养制度。制订和执行仪器设备的正确使用和维护保养制度，是仪器量值传递准确统一的重要保证，也是延长仪器设备使用寿命的必要措施。分析人员自觉维护保养仪器设备是文明工作和责任心的体现。

由国家科学技术部统一管理的大型精密仪器的选购、验收、安装调试以及日常维护保养，都应该专人负责。仪器安置在没有腐蚀性气体侵害的室内。这类仪器还要建立技术档案，各种说明书、线路图、装箱单、安装调试验收记录、使用记录、检修记录等保存齐全。

仪器设备除日常"自检"外，还须周期性送请计量部门复验，复验结果决定继续使用，或降级使用，或待修，或停用。复验过的仪器设备贴有计量单位及检验日期的标志。

（7）技术文件的管理制度。技术文件包括：分析方法标准，产品规格标准；技术规程，各种制度章程；仪器说明书，图纸，送样记录；分析原始记录和数据，分析报告存底；专业期刊；技术总结、学术会议资料等。

管理制度包括登记、编号、签收、归档、借还手续等。

（8）安全文明工作制度。岗位责任制，出勤考勤制度，业绩考核制度，安全制度，仪器设备、毒品使用与保管、易燃品保管、腐蚀品保管、贵重器皿与特种器皿保管制度，以及工作场所的整洁要求等。

（9）技术培训及考核制度。分析测试人员的技术素质是分析实验室的灵魂和工作保证。技术素养包括学识、技能、经验、责任心和解决复杂问题的能力。

技术培训是提高分析测试人员的知识和技能的一种途径。出席相关学术会议、听学术专题报告或讲座，能收到与同行交流、相互启发的效果。

技术考核主要通过评价工作业绩进行。论文应考察是否结合本岗本职工作，解决工作中实际问题并有所创新。在当前社会条件下，反对走过场的形式主义培训与考核，反对在技术考核中以权谋私的腐败行为。

1.3.3 实验室的技术人员结构

一个规模较大的分析测试实验室中，技术人员包括主任、室主任、技术员、分析员几个层次，而规模较小的分析室可能只有室主任、分析员。各层次的技术人员的岗职分工不一定分明。主任、室主任很少脱产，通常兼做实样分析员的工作。秘书、资料员、维修工等辅助性工作也常常是兼职的，不独立设岗。

1.3.4 实验室仪器设备的管理和使用

1.3.4.1 实验室仪器设备的管理

在我国，仪器设备普遍实行分类管理制度和大型精密仪器设备的档案登记制度。

(1) 分类管理。仪器设备分如下几类。

大型精密仪器，指由国家科学技术部统一管理的大型精密仪器，有电子探针、离子探针、质谱仪、各种联用分析仪、X射线荧光光谱仪、X射线衍射仪、红外光谱仪、紫外分光光度计、原子吸收光谱仪、ICP光谱仪、ICP质谱仪、光电直读光谱仪、荧光光谱仪、激光拉曼光谱仪、核磁共振波谱仪、顺磁共振波谱仪、气相色谱仪、高效液相色谱仪、氨基酸分析仪、各类质谱仪、电子能谱仪、热分析仪、超速离心机、图像分析仪等。这类仪器的选购、验收、安装调试、日常维护保养，都应该专人负责。大型精密仪器安置在没有腐蚀性气体侵害的室内。这类仪器还要建立技术档案，说明书、线路图、装箱单、安装调试验收记录、使用记录、检修记录等都要归档保存齐全。这类仪器的单价较高，由经专门培训、考核的专人操作使用、维修和保养。

小型、低值的公用仪器，如天平、pH计、电导仪、计算机、亚沸蒸馏器、控温烘箱等。

特种器材和贵重器材，如铂坩埚、铂电极、铂蒸发皿、特种备件如石墨炉管、雾化器、ICP炬管等。这类器材由专人保管，贵金属制品还要立账卡，登记使用。

普通器材及消耗品。

(2) 建立仪器设备档案。每台大型精密仪器和设备要分别建立档案。档案包括编号、名称、规格型号、购置日期、附件及技术文件、价格、使用和保养人等。

使用说明书、维修说明书及中译本原件要存档，另以复印件流通使用。档案中还包括：日常使用记录、故障及损坏记录、维修记录、定期检定记录等。

特种器材和贵重器材建卡，包括名称、标记（如铂坩埚的编号标志）、规格、购置日期、价格、保管人等。卡片一式两份，由实验室主任和使用保管人分别保存。

(3) 制订仪器设备及特种器材、贵重器材的操作规程和上岗要求。

1.3.4.2 实验室仪器设备的使用

实验室常用器材主要包括加热装置、搅拌器、玻璃仪器、旋转蒸发器、压缩气体钢瓶、真空泵等，下面主要介绍其使用方法和注意事项等。

(1) 加热装置。为了加速化学反应，以及将产物蒸馏、分馏等，往往需要加热。但是考虑到大多数有机化合物包括有机溶剂都是易燃易爆物，所以在实验室安全规则中就规定禁止用明火直接加热（特殊需要除外）。为了保证加热均匀，一般使用热浴进行间接加热。作为传热的介质有空气、水、有机液体、熔融的盐和金属等,根据加热温度、升温的速度等需要,常用下列手段。

水浴:当加热的温度不超过100℃时,最好使用水浴加热较为方便。但是必须指出:当用到金属钾、钠的操作以及无水操作时,决不能在水浴上进行,否则会引起火灾或使实验失败;使用水浴时勿使容器触及水浴器壁及其底部。由于水浴的不断蒸发,适当时要添加热水,使水浴中的水面保持稍高于容器内的液面。电热多孔恒温水浴,使用起来较为方便。水浴锅使用方法如下:

① 向工作室水箱中注入适量洁净的自来水;
② 调温旋钮调至最低;
③ 接通电源,打开电源开关;
④ 设定需要加热的温度,此时显示屏上显示的是设定温度;
⑤ 开始加热,此时显示屏上显示的是工作室水箱内的实际温度,当设定温度高于探头测得的温度时,自动开启加热,加热指示灯亮;
⑥ 加热到所需温度时,加热会自动停止,加热指示灯灭;随着工作室水箱的热量散发,低于所需温度时,加热会重新开始。如此循环往复,使加热温度控制在一个很小的范围内;
⑦ 工作完毕,取出被加热器皿,将温度调至最小后切断电源。

注意事项:

① 加热前要检查工作室水箱内的水位,要保证水位至少高于加热管20cm。
② 加热时应随时关注水位情况,一旦水位低于最低线时,应及时补充适量的水。
③ 水浴锅应在通风良好、避免阳光直射的地方使用。
④ 高温加热时,不要直接接触仪器上部,以免烫伤。
⑤ 若水浴锅长时间不使用,应将工作室水箱中的水排净,用布擦干。
⑥ 定期清理工作室水箱内的水垢,以免影响加热。
⑦ 电线、插头等部件损坏时,应找专业人员维修。

常见故障及排除:

水浴锅的常见故障与排除方法见表1-16。

表1-16 水浴锅的常见故障与排除方法

常见故障	故障原因	排除方法
显示屏不亮	没有通电	检查电源是否接通、保险丝是否烧断、内部变压器是否烧坏、内部线头是否脱落,重新插好或更换部件
测量或设定时显示"000"	控制面板接触不良	检查控制面板是否接触良好,重新更换或焊接好
显示屏显示正常,加热管不加热	加热管或加热继电器损坏或接触不良	检查加热管是否烧坏、与加热管相连接的线是否脱落、控制加热继电器的触点是否烧坏,重新更换或维修
显示不稳定,数字乱动	线路板短路	检查工作室水箱是否有渗漏现象、线路控制板是否潮湿,重新紧固或晒干线路板

油浴:当加热温度在100~200℃时,宜使用油浴,优点是使反应物受热均匀,反应物的温度一般低于油浴温度20℃左右。油浴常用的油如下:

① 甘油。可以加热到 140~150℃，温度过高时则会炭化。

② 植物油。如菜籽油、花生油等，可以加热到 220℃，常加入 1% 的对苯二酚等抗氧化剂，便于久用。温度过高时会分解，达到闪点时可能会燃烧，所以使用时要小心。

③ 石蜡油。可以加热到 200℃ 左右，温度稍高并不分解，但较易燃烧。

④ 硅油。硅油在 250℃ 时仍较稳定，透明度好，安全，是目前实验室油浴中较为常用的油之一，但其价格较贵。

使用油浴加热时要特别小心，防止着火，当油浴受热冒烟时，应立即停止加热。油浴锅的温度不能过高，否则受热后有溢出的危险。使用油浴时要竭力避免可能引起油浴燃烧的因素。

加热完毕取出反应容器时，用铁夹夹住反应器离开油浴液面悬置片刻，待容器壁上附着的油滴完后，再用纸片或干布擦干器壁。

加热套：加热套是现今化学实验室最常用的直接加热设备，它具有轻便安全、加热均匀、效率高、无明火、不易碰坏玻璃仪器等优点。因此逐渐取代了酒精灯、煤气灯和电炉等加热器。

加热套采用耐高温的玻璃纤维为绝缘材料，可以长时间连续工作：高温时能连续工作 4~8h，低温时能连续工作 24h。加热套的规格通常以其容量为依据进行划分，即以其内部能容纳的最大器皿（通常为圆底烧瓶）的容积为准。常见的有 100mL、250mL、500mL、1000mL、2000mL、3000mL 和 5000mL。

加热套使用简单，接通电源后，打开电源开关，调节调压旋钮就可以调节输出功率，同时指示灯上的明暗变化也能粗略表示电压变化。

使用加热套的注意事项如下：

① 第一次使用时冒白烟是正常现象，待无白烟后即可正常使用。

② 加热套受潮后，由于会产生感应电，所以不能直接接触，加热几分钟使其干燥后就能正常使用。

③ 如非必须调温，应将调压旋钮置于固定位置，这样可延长其使用寿命。

④ 加热套功率很高，绝缘配件较其他仪器更易老化。因此使用加热套时一定要保证接地良好。

（2）搅拌器。搅拌器也是化学实验必不可少的仪器之一，它可使混合物混合得更加均匀，反应体系的温度更加均匀，从而有利于化学反应的进行特别是非均相反应。

搅拌的方法有三种：人工搅拌、电磁搅拌、机械搅拌。人工搅拌一般借助于玻璃棒，电磁搅拌是利用电磁搅拌器，机械搅拌则是利用机械搅拌器。

电磁搅拌器：电磁搅拌器是由磁场的变化使容器中转子发生转动，从而起到搅拌的效果。转子内核是磁铁，外部包裹着聚四氟乙烯，防止磁铁被腐蚀、氧化和污染反应体系。转子的外形有多种，如棒状、锥状和椭球状，各种形状还有大小的区别，依照形状和大小可以选择适用的各种容器（一般为平底容器）。电磁搅拌器通常可以调节搅拌速度，有的同时配有加热装置，可以在搅拌的同时进行电加热。

电磁搅拌器使用方法如下：

① 将装有液体和转子的器皿放在工作面顶板上。

② 接通电源，打开开关，指示灯亮。

③ 选择是否加热，打开加热开关，加热指示灯亮，则为加热状态。

④ 调节调速旋钮，达到所需转速。如果需要双向搅拌，将方向选择开关拨向"双向"，此时"双向"指示灯亮。

⑤ 工作完毕，将转速调至最小，关闭加热开关，关闭电源后切断电源。

⑥ 将工作面顶板擦拭干净，转子洗净晾干，放在干净的自封袋中。

常见故障及排除：

电磁搅拌器的常见故障与排除方法见表1-17。

表 1-17　　　　　　　　　电磁搅拌器的常见故障与排除方法

常见故障	故障原因	排除方法
整机无任何反应	没有通电	检查电源是否接通,保险丝是否烧坏。如已损坏,应及时更换
加热指示灯不亮,加热盘不工作	加热盘损坏	重新更换加热盘
转子乱跳	搅拌速度调节过快	从慢到快缓缓调速

机械搅拌器：当反应体系的黏度较大时，如制备黏合剂，或当反应体系量较多时，常常使用机械搅拌器。在进行乳液聚合和悬浮聚合时，也离不开机械搅拌，需要强力搅拌使单体相在分散介质中分散成微小液滴。

机械搅拌器由马达、搅拌棒和控速部分组成。其中搅拌棒有很多种形状，如锚式搅拌棒，常用于反应釜，用于工业生产的锚式搅拌棒还设计了多维立体的各类形状，以提高搅拌效率。活动叶片式搅拌棒是实验室中常用的搅拌棒，它可以方便地放入反应瓶中，搅拌时由于离心作用，叶片自动处于水平状态。这种搅拌棒常外包聚四氟乙烯，其经久耐用、易清洗，并且多做成叶片可活动的锚式结构，搅拌力度大，混合效果好。

马达和搅拌棒之间可以采用两种连接方式。一种是使用配套的金属连接头，连接时将连接头下部的螺栓旋紧即可；另一种是用橡胶管连接，可以连接各种搅拌棒，有的搅拌棒过细，还需要在橡胶管上用铁丝固定，这种连接的好处是在搭反应装置时不会由于不完全垂直而产生应力，致使搅拌棒折断。搅拌棒放入反应瓶中也需要连接密封件，该部件位于反应器的瓶口处，称为搅拌套管。它的类型也有多种，实验室常用的搅拌套管有磨口玻璃的搅拌套管、自制橡胶塞搅拌套管和聚四氟乙烯搅拌套管；在需要严格密封的场合还可以使用带液封的玻璃搅拌套管，或自制套管以提高密封效果，如在搅拌套管上加一段较长的与搅拌棒紧配的真空橡胶管，使搅拌棒刚好插入，并用少许凡士林等润滑。聚四氟乙烯搅拌套管的密封效果一般不是很好，可用于密封条件要求不高的场合，实验中也可在搅拌棒与搅拌套管的衔接位置缠上生料带以提高密封性。

机械搅拌器一般配有调速装置，没有调速装置的也可自配调速装置，较好的搅拌器可以准确显示搅拌速度。

机械搅拌器的使用方法如下：

① 正确放置装液器皿。

② 调整、校准搅拌棒在溶液中的深度并夹紧。

③ 接通电源，打开电源开关，指示灯亮。

④ 选择定时,将定时旋钮调至"定时"或"常开"的位置。

⑤ 调节调速旋钮,升到所需转速。

⑥ 工作完毕,将调速旋钮调到最小位置,定时器调为"0",关闭电源开关,切断电源。

⑦ 将搅拌棒洗净晾干,洗涤标准参照玻璃仪器洗涤要求。

常见故障及排除:

机械搅拌器的常见故障与排除方法见表1-18。

表1-18　　　　　　　　机械搅拌器的常见故障与排除方法

常见故障	故障原因	排除方法
整机无任何反应	没有通电	检查电源是否接通,保险丝是否烧坏。如已损坏,应及时更换
搅拌棒不转或调速无反应	控制板已坏	更换控制板

(3) 玻璃仪器。标准接口玻璃仪器是具有标准化磨口或磨塞的玻璃仪器。由于仪器口塞尺寸的标准化、系统化、磨砂密合,凡属于同类规格的接口,均可任意连接,各部件能组装成各种配套仪器。与不同类型规格的部件无法直接组装时,可使用转换接头连接。使用标准接口玻璃仪器,既可免去配塞子的麻烦,又能避免反应物或产物被塞子玷污的危险,并且口塞磨砂性能良好,使密合性可达较高真空度,对蒸馏尤其是减压蒸馏有利,对于涉及毒物或挥发性液体的实验较为安全。

标准接口玻璃仪器,均按国际通用的技术标准制造,当某个部件损坏时,可以选购。标准接口仪器的每个部件在其口塞的上或下显著部位均有烤印的白色标志,表明规格。常用的有10#、12#、14#、16#、19#、24#、29#、34#、40#等。

有的标准接口玻璃仪器烤印有两个数字,如10/30,10表示磨口大端的直径为10mm,30表示磨口的高度为30mm。

使用标准接口玻璃仪器应注意以下几点。

① 磨口塞应保持清洁,使用前宜用软布揩拭干净,但不能附上棉絮。

② 使用前在磨砂口塞表面涂少量凡士林或真空油脂,以增强磨砂口的密合性,避免磨面相互磨损,同时也便于接口的装拆。

③ 装配时,把磨口和磨塞轻轻地对旋连接,不宜用力过猛。但不能装得太紧,只要达到润滑密闭要求即可。

④ 用后应立即拆卸洗净,否则对接处可能会粘牢,以致拆卸困难。

⑤ 装拆时应注意相对的角度,不能在角度偏差时进行硬性装拆,否则极易造成破损。磨口套管和磨塞应该是由同种玻璃制成的。

玻璃仪器的干燥:有机化学实验室经常需要使用干燥的玻璃仪器,故要养成在每次实验后及时把玻璃仪器洗净并倒置使之晾干的习惯,以便下次实验时使用。干燥玻璃仪器的方法有下列几种。

① 自然风干。是指把已洗净的玻璃仪器置于干燥架上自然风干,这是常用而简单的方法。但必须注意,若玻璃仪器洗得不够干净时,水珠不易流下,干燥较为缓慢。

② 烘干。是指把已洗净的玻璃仪器由上层到下层放入烘箱中烘干。放入烘箱中干燥

的玻璃仪器，一般要求不带水珠，器皿口侧放。带有磨砂口玻璃塞的仪器，必须取出活塞才能烘干，玻璃仪器上附带的橡胶制品在放入烘箱前也应取下。烘箱内的温度保持在105℃左右，烘干时间约0.5h。待烘箱内的温度降至室温时才能取出，切不可把很热的玻璃仪器取出，以免骤冷使之破裂。当烘箱已工作时，不能往上层放入湿的器皿，以免水滴下落，使热的器皿骤冷而破裂。

③ 吹干。有时仪器洗涤后需要立即使用，可用气流干燥器或电吹风把仪器吹干。首先将水尽量晾干后，加入少量丙酮或乙醇摇洗并倾出，先通入冷风 1~2min，待大部分溶剂挥发后，再吹入热风至完全干燥为止，最后吹入冷风使仪器逐渐冷却。

（4）旋转蒸发器。旋转蒸发器是实验室广泛应用的一种蒸发仪器，适用于回流操作、大量溶剂的快速蒸发、微量组分的浓缩和需要搅拌的反应过程等。旋转蒸发器系统可以密封减压至 400~600mmHg；用热浴加热蒸馏瓶中的溶剂，加热温度可接近该溶剂的沸点；同时还可进行旋转，速度为 50~160r/min，使溶剂形成薄膜，增大蒸发面积。此外，在高效冷却器作用下，可将热蒸气迅速液化，加快蒸发速率。

工作原理：

旋转蒸发器主要用于医药、化工和生物制药等行业的浓缩、结晶、干燥、分离及溶媒回收。其原理为在真空条件下，恒温加热，使旋转瓶恒速旋转，物料在瓶壁形成大面积薄膜，高效蒸发。溶媒蒸气经高效玻璃冷凝器冷却，回收于收集瓶中，大大提高蒸发效率。特别适用于对高温容易分解变性的生物制品的浓缩提纯。

结构特点：

① 采用聚四氟乙烯和橡胶复合密封，能保持高真空度。
② 防爆旋转蒸发器采用高效冷凝器确保高回收率。
③ 可连续进料。
④ 水浴锅数字恒温控制。
⑤ 结构合理，用料讲究。机械结构大量采用不锈钢和铝合金件，玻璃件全部采用耐高温高硼玻璃。

（5）真空泵的分类

根据使用的范围和抽气效能可将真空泵分为以下三类。

① 一般水泵，压强可达 1.333~100kPa，为"粗"真空。
② 油泵，压强可达 0.133~133.3Pa，为"次高"真空。
③ 扩散泵，压强可达 0.133Pa 以下，为"高"真空。

在有机化学实验室里常用的减压泵有水泵和油泵两种，若不要求很低的压力，可用水泵。如果水泵的构造好且水压又高，抽空效率可达 1067~3333Pa。水泵所能抽到的最低压力理论上相当于当时水温下的水蒸气压力。例如，水温 25℃、20℃、10℃ 时，水蒸气的压力分别为 3192Pa、2394Pa、1197Pa。用水泵抽气时，应在水泵前装上安全瓶，以防水压下降，水流倒吸；停止抽气前，应先放气，然后关水泵。

若要求较低的压力，则要用油泵，好的油泵能抽到 133.3Pa 以下。油泵的好坏取决于其机械结构和油的质量，使用油泵时必须把它保护好。如果蒸馏挥发性较大的有机溶剂时，有机溶剂会被油吸收导致蒸气压增大，从而降低抽空效能；如果是酸性气体，则会腐蚀油泵；如果是水蒸气就会使油成乳浊液而抽坏真空泵。因此使用油泵时必须注意下列几点。

① 在蒸馏系统和油泵之间，必须装有吸收装置。

② 蒸馏前必须用水泵彻底抽去系统中有机溶剂的蒸汽。

③ 如能用水泵抽气，则尽量用水泵，如蒸馏物质中含有挥发性物质，可先用水泵减压抽降，然后改用油泵。

④ 减压系统必须保持密不漏气，所有橡皮塞的大小和孔道要合适，橡皮管要用真空用的橡皮管，磨口玻璃涂上真空油脂。

抽真空步骤及注意事项：

① 首先检查真空容器所处状态，是处于真空下还是处于大气下。这决定了两种启动真空设备的程序：第一种，真空状态下操作程序；第二种，大气状态下操作程序。注意：第一次启动要先打开总控电源，总控电源上三个灯表示三相电，三灯全亮表示正常。

② 如果容器处于低真空下，不能立即打开闸板阀以免引起真空油的回流。正确的操作步骤是先打开水龙头，然后打开机械泵（注：按下机械泵的启动键），同时打开真空计电源，观察真空计读数到达 30Pa 左右时，再打开分子泵（注：先按下总电源，然后按下启动键），看到分子泵的工作频率达到 50Hz 左右时方可打开闸板阀。

③ 如果容器处于大气下，首先要做的是检查大漏，即关闭容器大门和放气阀。然后打开水龙头、闸板阀、机械泵、真空计电源，观察真空计读数到达 30Pa 左右时，再打开分子泵（注：先按下总电源，然后按下启动键）。

④ 等到分子泵正常工作后（工作频率稳定在 450Hz），按下真空计中电离计单元的启动键对真空度进行观测。

⑤ 在真空达到时可以打开离子泵，此时先关闭分子泵处的闸板阀，但不要关闭分子泵，等到离子泵的电压达到 4000V 时（离子泵稳定工作后）再关掉分子泵、机械泵。

如果不需要维持真空时，先关掉真空计电源，然后需把离子泵的闸板阀关闭即可，不关闭离子泵，而是让离子泵处于工作状态保持其内部环境（注意：烘烤开关与离子泵不能同时打开，烘烤的目的是让离子泵更好地工作，需要时可先烘烤，关闭烘烤开关后再打开离子泵开关。一般不需要打开烘烤）。

1.3.5 化学试剂的管理

1.3.5.1 化学试剂的分级与规格

（1）常规化学试剂——按纯度分为四级

一级试剂，又称保证试剂，代号 GR（Guarantee Reagent），也称优级纯。

二级试剂，又称分析纯，代号 AR（Analytical Reagent）。瓶签以红色为标记。

三级试剂，又称化学纯，代号 CP（Chemical Pure）。瓶签以蓝色为标记。

四级试剂，又称实验试剂，代号 LR（Laboratory Reagent），也称工业试剂。瓶签以棕色为标记。

（2）特殊规格的试剂

高纯试剂，代号 EP（Extra Pure），包括"超纯""光谱纯""电子级"等名称。高纯试剂的规格通常由企业制订，没有国家统一标准。

光谱纯试剂，代号 SP（Spectral Pure），英国 Johnson Matthey 公司标记代号 Specpureo 指光谱上未出现杂质谱线或杂质峰，或仅有痕迹量杂质光谱信号的高纯试剂。通常附有质量鉴定书。

色谱纯试剂，代号 GC（Gas Chromatography）用于气相色谱的试剂和代号 LC（Liquid Chromatography）用于液相色谱的试剂。

生化试剂，代号 BR（Biochemical Reagent），标签咖啡色。

生物染色剂，代号 BS（Biological Stains），用于生物标本染色，标签玫瑰红色。

基准试剂，作为基准物质，用于标定标准溶液，标签深绿色。

指示剂，代号 Ind（Indicator）。

此外，美国化学会制订的试剂规格用 ACS（American Chemical Society）标记。德国 E. Merck 公司的超纯试剂标记为 Suprapur。

1.3.5.2 化学试剂的安全类别

就安全管理而言，化学试剂有爆炸品、易燃品、氧化剂、剧毒品、强腐蚀剂以及放射性试剂六类，属于危险品，在试剂瓶签上醒目注明。

（1）爆炸品。受撞击、摩擦、震动、高温时发生爆炸的试剂。如苦味酸、叠氮化合物、三硝基甲苯（TNT）、雷酸盐等。低温放置、轻拿轻放。

（2）易燃品。会发生自燃，或容易发生燃烧的试剂。易燃品不可与爆炸品、氧化剂一同存放。

易燃液体分三个等级：

一级易燃液体——闪点在 -4℃ 以下，如汽油、乙醚、丙酮、环氧乙烷、环氧丙烷等；

二级易燃液体——闪点在 -4℃ 至 21℃ 之间的液体，如酒精、甲醇、吡啶、甲苯、二甲苯、正丙醇、异丙醇、乙酸戊酯、丙酸乙酯等；

三级易燃液体——闪点在 21℃ 至 45℃ 之间的液体，如煤油、柴油、松节油等。

易燃固体分两个等级：

一级易燃固体——常温下自燃，或遇水时自燃，如钠、钾、黄磷等；

二级易燃固体——遇火时燃烧，如硫黄、赤磷、樟脑等。

（3）氧化剂（助燃剂）。在高温下释放出氧气，或遇酸释放出氧气，或与还原剂、有机物、硫黄、镁粉、锌粉、铝粉等混合时受撞击会发生爆炸。

氧化剂分如下三级：

一级氧化剂——与有机物或水作用时发生爆炸，如高氯酸、过氧化钠、氯酸钾等；

二级氧化剂——遇热或阳光曝晒时产生氧气助燃，如高锰酸钾、过氧化氢等；

三级氧化剂——高温下或遇酸时助燃或发生爆炸，如重铬酸钾、硝酸铅等。

（4）剧毒品。如氰化钾、氰化钠、三氧化二砷、氯化汞、乙腈及某些生物碱等。

（5）强腐蚀剂。试剂或蒸气对人体皮肤、黏膜、呼吸道、衣服以及其他物品有腐蚀性，如盐酸、硝酸、硫酸、氢氟酸、氯乙酸、溴、五氧化二磷、氢氧化钾、氢氧化钠、硫化钠等。

（6）放射性试剂。硝酸铀酰、醋酸铀酰锌、硝酸钍等。

1.3.5.3 化学试剂的存放

化学试剂的存放原则是：确保安全、方便使用。

（1）试剂存放在试剂柜中，不任意堆放。

（2）分类存放，如酸类、盐类、有机溶剂、贵重试剂等。

(3) 标签完好。标签受腐蚀或脱落时要补贴，至少须标明试剂名称、分子式（特别是结晶水要准确标明）、纯度等级。易变质的试剂要注明购置或配制日期。

(4) 低沸点的试剂保存在低温（零度左右）、通风条件下。

(5) 危险品须分库、分柜专人保管，并接受公安、消防部门的监督。配备的消防器材、安全过道以及库房建筑要符合消防要求。存放地有醒目告示发生紧急情况时的处置方法。

(6) 易燃液体的总存放量不得超过20L。

(7) 剧毒试剂及使用余量的存放柜实行双人双锁保管制度。使用时由2人共同进行。使用及储存都有专卡登记备查。剧毒试剂的申请采购、领用的审批手续按公安部门制订的制度执行。

(8) 贵重试剂由专人专柜或专箱（保险箱）保管。标签须完整，包括品名、浓度、数量、存放日期、存放人等。

(9) 标准溶液、标准参考物质由使用人专人保管，或使用小组保管。标签须包括品名（有的还要注明价态）、浓度、生产日期、有效期、保存要求、生产者等。实验室配制的标准溶液还须标明配制人、配制日期。

1.3.6 实验室安全使用规则

实验室中有很多电子仪器、玻璃仪器和化学药品等。此外，实验室属公共场所，来往的人员较多，稍有不慎就会发生事故，对人体或仪器造成伤害或损坏。因此实验室人员要严格遵守下列规则，以保证实验安全、有序、有效地进行。

(1) 实验前做好预习，充分了解实验内容和实验步骤，不得擅自修改实验方案。设计性实验的实验方案要提交教师审查，经过允许后方可开始实验。

(2) 实验室内要穿实验服或长衣长裤。禁止赤膊或穿短袖上衣以及短裤、拖鞋等。长发的同学要将头发扎起或盘起，衣物上的飘带等装饰品也要系好。

(3) 实验室禁止吸烟、进食、大声喧哗、到处乱跑等，以免伤害自己或他人。

(4) 实验操作中不允许离开。如果必须离开，需委托他人照管。

(5) 实验操作中需要用到有毒、有害或腐蚀性药品以及会产生有害气体的物品时，要在通风橱内进行，并戴好橡胶手套和防护眼镜。实验后及时洗手。

(6) 实验时严格按照实验方案取用药品，杜绝浪费。药品取用后放回原位。实验后的废弃物要倒到指定地点，按照实验室废弃物的处理方法进行销毁。

(7) 保持实验台的清洁、整齐。打碎的玻璃器皿及时处理并登记。仪器出现故障要立刻报告教师。

(8) 实验结束后及时清理仪器和实验台。值日生认真打扫实验室，确认煤气、水、电和门窗关好后方可离开实验室。

1.3.7 意外事故的紧急处理

实验室中危险的实验试剂很多，很容易对人体造成伤害。因不同危险源造成的伤害其急救方法也不尽相同，在伤害发生后采取正确的急救方法可以防止伤害扩大。以下是化学实验室一些意外事故的应急处理方法。

(1) 玻璃割伤。首先用消毒棉签或纱布将伤口清理干净,并用镊子小心取出伤口中的玻璃碎片,涂上碘酒,必要时可用创可贴或纱布包扎。如果伤口较深,血流不止时,可在伤口上部 10cm 处扎上止血带,用纱布包扎伤口,送往医院治疗。

(2) 一般烫伤或烧伤。用 90%~95%乙醇涂抹伤处,或用 3%~5%高锰酸钾溶液擦拭伤处直到皮肤变为棕色,再涂上凡士林或烫伤膏。若伤处起泡,不要弄破水泡,伤情严重者,用纱布包扎伤处后送往医院治疗。

(3) 强酸强碱灼伤。若酸碱浓度较低,可先用大量的清水冲洗,再用低浓度的弱碱或弱酸冲洗(酸性灼伤一般用2%的 $NaHCO_3$ 溶液,碱性灼伤用1%硼酸或2%乙酸溶液)。浓硫酸或干石灰等浓酸浓碱烧伤时,一定要先用干布擦拭干净后再参照稀酸稀碱的处理方法处理。

(4) 氢氟酸灼伤。氢氟酸(包括氟化物)具有强烈的腐蚀性,其不仅能腐蚀皮肤和组织,甚至能腐蚀骨骼,造成难以治愈的烧伤,所以使用时要极其注意。一旦被氢氟酸灼伤,应立即用大量清水冲洗 20min 以上,再敷上新配制的 20%MgO 甘油悬浮液。

(5) 溴灼伤。应立即用乙醇溶液冲洗,再用大量清水冲洗干净后,涂上甘油。

(6) 眼睛灼伤或进异物。眼睛灼伤后要用大量的清水冲洗,时间不少于 15min,如有必要应立即送往医院治疗。眼睛进异物后应及时取出,不要用手揉擦,可任其流泪使异物随泪水流出。

(7) 吸入毒气。应立即转移到通风处或室外,解开衣领呼吸新鲜空气。要对休克者进行人工呼吸,但不要使用口对口法,之后送往医院救治。

(8) 吞入毒物。毒物未咽下时要立即吐出,并用大量清水漱口。咽下毒物后要根据毒物性质采取措施:吞入刺激性或神经性毒物后要服用牛奶或鸡蛋清缓和,之用 5~10mL 稀的硫酸铜溶液加一杯温开水送服,再经催吐后送往医院治疗;误食酸或碱性毒物后,先喝大量的水,再饮牛奶或鸡蛋清,不能催吐;吞入重金属,要服用一些硫酸镁稀溶液,然后立即就医。

(9) 触电。应立即切断电源,采取人工呼吸对触电者进行急救。

1.3.8 实验室安全用电与灭火常识

1.3.8.1 实验室安全用电

25mA 交流电通过人体会导致呼吸困难,100mA 以上则会致死。因此,实验室人员应具备安全用电常识。在实验室用电要注意以下几点。

(1) 熟悉总电源开关位置,并知道如何切断总电源。

(2) 不用湿手接触电器,不用导电物(如铁丝等金属制品)试探电源插座内部,不用湿抹布擦拭带电仪器。

(3) 电器使用完毕应及时拔掉电源插头。不能用力拉拽电线,防止绝缘层受损而漏电。

(4) 损坏的电器应及时维修和更换。维修应找专业人员,即使是简单的维修也要在教师的指导下进行。

(5) 电炉和烘箱处于工作状态时要保持实验室有人。

1.3.8.2 实验室灭火常识

在化学实验中,经常遇到加热或使用低沸点有机溶剂(表 1-19)的情况。在进行这些实验操作时,稍有不慎,就会引发着火事故。

表 1-19　　　　　　　　　　常见低沸点有机溶剂的易燃性

名称	沸点/℃	闪点/℃ [a]	自燃点/℃ [b]	名称	沸点/℃	闪点/℃ [a]	自燃点/℃ [b]
石油醚	40~60	-45	240	二硫化碳	46	-30	100
乙醚	34.5	-40	180	苯	80	-11	—
丙酮	56	-17	538	甲苯	111	4.5	550
甲醇	65	10	430	乙酸	118	43	425
95%乙醇	78	12	400				

注：[a] 闪点是指液体的表面蒸气与空气混合后遇到明火时产生爆炸的最低温度。
　　[b] 自燃点是指其蒸气在空气中自燃的温度。

实验室常用灭火器材：现今的化学实验室一般应配备灭火毯、CO_2 灭火器和泡沫灭火器等灭火器材。CCl_4 灭火器因为毒性大，一般不采用。实验室常见的着火事故以及相应处理方法如下。

（1）有机溶剂在实验台燃烧。不能用水冲，要用灭火毯扑灭。

（2）碱金属及其氢化物等着火。用干燥的沙土覆盖灭火。严禁用水或 CO_2 灭火器灭火，否则会产生剧烈的爆炸。

（3）衣物着火。一般小火可用湿抹布或灭火毯。火势较大时，应就近用水龙头冲灭或就地卧倒打滚将火压灭，但要注意防止头发着火。

（4）反应体系着火。正在容器内反应的体系着火时较为危险，应立即用灭火毯包裹，不要用水灭火，防止玻璃容器炸裂造成反应物泄漏而扩大火势。

（5）电器着火。电器着火应立即切断电源并用 CO_2 灭火器灭火。切忌用水或泡沫灭火器，防止造成触电。

总之，在着火时要沉着冷静，根据不同的着火情况采取不同的灭火方法。如果火势过大无法扑灭，应立即拉响警报逃离火场，并拨打火警电话"119"等待处理。

思 考 题

1. 实验室的任务与职责有哪些？
2. 化学试剂是怎么分级的？
3. 就安全管理而言，化学试剂分为哪几类？
4. 化学试剂的存放原则是什么？

1.4　分析标准

皮革分析标准包括分析方法标准、分析仪器标准和标准物质，通常所说的"分析标准"狭义上指分析方法标准，亦称标准（分析）方法。

1.4.1　分析工作的标准化和标准的编制

标准化工作不仅仅在皮革分析领域，也是各行各业的技术管理工作。标准（含标准样品）是指农业、工业、服务业以及社会事业等领域需要统一的技术要求，是经济活动和社会发展的技术支撑，是国家基础性制度的重要方面。标准化在推进国家治理体系和治理能力现代化中发挥着基础性、引领性作用。

1.4.1.1 分析方法标准与分析仪器标准

分析方法标准和分析仪器标准是政府标准化组织机构对某项分析检验方法或某类分析仪器的规格性能所制订的统一规定的技术准则文件,是相关各方共同遵守的技术依据,以保证分析结果的准确性、重复性和再现性。

分析方法标准须满足以下要求:

(1) 在政府标准化管理机构领导和组织下进行,按规定的程序编制。

(2) 按规定格式编写。

(3) 方法的成熟性得到公认,方法的准确度和精密度可通过协作试验确定。

(4) 由政府标准化管理机构审批、发布施行。

1.4.1.2 标准的编制系统和编制程序

(1) 编制系统

① 国内管理架构

a. 国家级管理机构。国务院标准化行政主管部门在全国标准化工作中发挥主导作用,不仅制定政策与规划,还统筹协调各部门间的标准化事务,全面监督标准的制定与实施。国务院有关行政主管部门则立足本行业需求,制定行业标准,同时确保其与国家标准相互衔接、协调一致。

b. 地方级管理机构。县级以上地方人民政府标准化行政主管部门负责本区域标准化工作的整体规划与推进,组织实施标准化战略,强化标准实施的监督检查。而县级以上地方人民政府有关行政主管部门则专注于本区域内本部门、本行业标准的执行与管理,确保标准在地方层面得以有效落实。

c. 标准化技术委员会。制定推荐性标准时,需组建由各方利益相关者组成的标准化技术委员会,涵盖企业、科研机构、检测机构和消费者等。其职责为起草标准并进行技术审查,凭借成员的广泛代表性,保障标准充分体现各方面的诉求和见解。

② 国际参与交流机制。国家积极投身国际标准化活动,一方面参与国际标准制定,另一方面结合国内实际采用国际标准,推动中外标准的转化应用。同时,大力鼓励企业、社会团体和教育、科研机构等参与其中,以此提升我国在国际标准化舞台上的影响力与话语权,促进国际间的标准化合作与交流。

(2) 编制程序

① 标准立项阶段

a. 需求调研与评估。制定各类标准时,需深入调查有关行政主管部门、企业、社会团体、消费者和教育、科研机构等各方实际需求,全面了解期望与要求,严谨论证标准制定的必要性与可行性,确保项目实用且可行。

b. 立项申请与审批

强制性国家标准:国务院有关行政主管部门负责项目提出、起草、征求意见和技术审查,国务院标准化行政主管部门负责立项、编号与通报,同时对立项严格审查。其他主体也可提出立项建议,由相关部门决定。

推荐性国家标准:国务院标准化行政主管部门制定。

行业标准:国务院有关行政主管部门制定并报备案。

地方标准：省级或经批准的市级标准化行政主管部门制定，需报备案并通报。

② 标准起草阶段。根据标准类型选择，推荐性标准通常由标准化技术委员会起草，强制性标准可委托其或专家组承担，团队需具备专业与经验。广泛收集国内外相关标准、资料、成果与经验，为起草提供依据。结合需求与调研，起草涵盖适用范围、术语、技术要求、试验方法等内容的完整、合理且可操作的标准文本。

③ 征求意见阶段。起草中及时向相关部门、行业协会、企业等征求意见以完善草案。通过多种便捷方式向社会公开征求，确保反映各方利益。

④ 标准审查阶段。组织专家审查草案科学性、规范性、协调性与可行性，专家需具专业知识与经验。依审查意见修改，对重大分歧问题深入研究论证，保障草案质量。

⑤ 标准批准发布阶段。不同类型标准由相应主体批准发布。按规则编号，部分标准需备案或声明公开，强制性标准文本免费公开，推荐性标准文本国家推动公开。

⑥ 标准实施与监督阶段。企业按标准生产经营，公开执行标准信息，国家鼓励平台公开。相关部门依职责监督检查，建立反馈评估机制，定期复审标准，建立强制性标准实施情况统计报告制度。

⑦ 争议解决与违规处理阶段。部门间争议先协商，不成则由协调机制解决。违反《中华人民共和国标准化法》行为承担相应民事、行政或刑事责任，相关责任人员受处分。

1.4.1.3 文件的编写

标准方法文件的编写应遵循以下中华人民共和国国家标准《GB/T 1.1—2020 标准化工作导则 第1部分：标准化文件的结构和起草规则》的规定。

使用的术语必须规范化，对分析方法程序中各步骤和环节的表述文字要通顺确切，明确规定实验条件、计算方法、表达方式（包括单位），以及分析结果的判断准则（如平行测定、重复测定的允许差等）。已经废止不用的术语和单位、习以为常的口头术语和单位都不可使用。如"原吸""消光值""光密度""ppm""毫微米"等应表述为"原子吸收光谱法""吸光度""$\mu g/mL$"或"$\mu g/g$""mg/kg""纳米"等。

标准分析方法文件一般应包括如下内容：编号；方法发布日期及实施日期；引用的标准或文件、参考资料；方法适用范围；方法基本原理；仪器、试剂及规格；安全措施；详细方法步骤；计算；方法的准确度和精密度；说明或注释；起草单位、提出单位、批准单位、归口单位。

1.4.2 标准的等级

1.4.2.1 国际标准

由国际组织制订的标准，其中与分析化学有关的有：

ISO标准：国际标准化组织（International organization for Standardization）。

IUPAC标准：国际理论化学与应用化学联合会（International Union of Pure and Applied Chemistry）。

AOAC标准：公职分析化学家协会（Association of official Analytical Chemists）。

OIML标准：国际法定计量组织（International organization of Legal Metrology）。

WHO标准：世界卫生组织（World Health organization）制订的标准。

其他国际组织的名称和缩写有：

BIPM：国际计量局；IAEA：国际原子能委员会；ICRU：国际辐射单位和测量委员会；ICRP：国际辐射防护委员会；IDF：国际乳制品业联合会；IWO：国际葡萄和葡萄酒局；UNESCO：联合国科教文组织。

1.4.2.2 国家标准

(1) 中华人民共和国国家标准。代号 GB，是"国标"两字拼音 Guo Biao 的字首缩写。至 2024 年国家标准全文公开系统收录的现行有效强制性国家标准 2088 项，推荐性国家标准 43460 项，指导性技术文件 638 项，目前分为 40 类。它们包括 A. 综合；B. 农业、林业；C. 医学，卫生，劳动保护；D. 矿业；E. 石油；F. 能源，核技术；G. 化工，H. 冶金；J. 机械；K. 电工；L. 电子元件与信息技术；M. 通信，广播；N. 仪器仪表；P. 工程建设；Q. 建材；R. 公路水路运输；S. 铁路；T. 车辆；U. 船舶；V. 航空航天；W. 纺织；X. 食品；Y. 轻工、文化与生活用品；Z. 环境保护等。每个类别中又分若干小类，可通过《中国国家标准目录》检索。

(2) 美国国家标准。代号 ANSI，是美国国家标准学会（American National Standards Institute）的缩写。美国标准中大部分取自美国材料与试验协会（American Society for Testing and Materials，ASTM）制订的标准，经 ANSI 认可后同时作为美国国家标准。

(3) 英国国家标准。代号 BS，它是 British Standard 的缩写。英国标准由四方面来源组成：

① 由分析专业人员或研究组研究的，并已在工业中实际使用的方法。

② 由英国国家标准院技术委员会推荐的，在某些企业或用户中已使用的方法。

③ 由技术委员会通过协作试验确定或修改过的方法。

④ DISO 已颁布施行的方法。

(4) 德国国家标准。代号 DIN，它是 Deutsche Industrie Norm（德国工业标准）的缩写。我们摄影用的照相胶卷的速度"21 定""24 定"，就是采用了德国标准 DIN（定）。

(5) 日本工业标准。代号 JIS，它是 Japanese Industrial Standards 的缩写。

(6) 法国国家标准 NFO。

(7) 欧洲标准化委员会标准 CEN。

1.4.2.3 行业标准

(1) 按照《中华人民共和国标准化法》第十二条，对没有推荐性国家标准、需要在全国某个行业范围内统一的技术要求，可以制定行业标准。如冶金（YB），化工（HG，HGB），石油（SY，SYB），轻工（QB），煤炭（MT），农业（NY），医药（YY），商检（SN），环境保护（HJ）等。

(2) 有两个美国的协会级标准十分重要

① ASTM 标准。ASTM 是美国试验与材料协会的缩写，它拥有 2000 多个专业委员会，它制订的标准大部分被认可为美国国家标准，在国际上享有很高声誉。ASTM 标准以 Annual Book of ASTM Standards 形式出版，共 60 多卷。如 03.05 卷为金属及金属矿物化学分析法，03.06 卷为原子光谱及表面分析法，14.01 卷为分子光谱、质谱、色谱法等。

② EPA 标准。EPA 是美国环境保护总署（Environmental Protection Agency）的缩写。它制订的环境分析方法在国际上也享有很高声誉。

以上两种标准实际上被视为国际标准。

1.4.2.4 企业标准

当企业生产的产品或分析方法没有国家标准或行业标准可用时，企业应制订企业标准。国家也鼓励企业制订比国家标准更严格的企业标准。企业也可根据国家标准或行业标准制订企业的执行标准，或用部分改编的方法（如用原子吸收光谱法取代比色法测定金属元素）作为企业内部执行的标准。

1.4.2.5 地方标准

各省（区、市）可根据地方实际情况制订并公布施行地方性标准，如三废排放标准等。在工业分析中，一方面要强调采用标准分析方法的重要性，另一方面又要强调指出：标准分析方法所覆盖的范围十分有限，更多的分析问题是没有标准分析方法可依的非常规分析。再则，标准方法为了考虑到各方面都能够执行，常常不一定是最好的方法。在这些情况下，分析化学家运用他的专业知识、专业技能、专业智慧和专业经验常常是解决问题的基础。

1.4.3 标准物质

1.4.3.1 标准物质的定义

按照国际标准化组织（ISO）的定义，标准物质或标准参考物质是一个或多个特征量值已被准确地确定了的物质，用于校准（calibration，不是校正 correction）测量用的仪器、评价测量方法、测量试样量值。所谓特征量值，指化学组分，或物质性质如凝固点、电阻率、折射率等，或指某些工程参数如粒度、色度、表面光洁度等。

国内过去称标准物质为标准样品、标样、鉴定过的标准物质、参考物质等，现在按照《JJF 1005—2016 标准物质通用术语和定义》的规定，称为标准物质（Reference Material）或有证标准物质（Certified Reference Material）。

1.4.3.2 标准物质的特性

（1）质材均匀。对于固态的标准物质的制备，不是一件容易做到的事。

（2）性能稳定。在标准物质证书上附有的保存条件及有效期内性能稳定。注意区分保存期限和使用期限。在启封后，可能因化学、物理、生物的因素而影响它的稳定性。

（3）量值的准确性。证书载有量值的定值方法、定值结果标准值及不确定度。

（4）必须附有证书，内容包括标准物质名称、编号、简介、定值方法、标准值与不确定度、制备日期、有效期、储存条件、确保均匀性的最小取样量、有关注意事项等。

（5）有足够产量，可成批生产，可按规定精度重新制备以满足分析测试工作的需要。

（6）标准物质的生产须由国家主管单位授权。

1.4.3.3 标准物质等级

一级标准物质（Primary Reference Material）：ISO 命名代号 CRM（Certified Reference Material），美国国家标准院（前称美国国家标准局）命名代号 SRM（Standard Reference Material），我国国家技术监督局命名代号 GBW，是 Guojia Biaozhun Wuzhi（国家标准物质）的字头缩写。我国一级标准物质由中国计量测试学会标准物质专业委员会审查，由国家技术监督局批准发行，附有证书。

二级标准物质（Secondary Reference Material）：由科研院所、企业中经国家级计量认证的实验室研制的标准物质，报经主管部门审查批准、国家技术监督局备案。

基层实验室为节省经费开支和方便，可按照《GB/T 601—2016 化学试剂 标准滴定溶液的配制》和《GB/T 602—2002 化学试剂 杂质测定用标准溶液的配制》两个标准自行配制标准工作溶液。

1.4.3.4 标准物质的使用

（1）标准物质用途

① 校准分析仪器量值。如用标准砝码校准天平的称量误差。

② 评价新建分析方法的准确度。

③ 建立校准曲线（即工作曲线，也称标准曲线，但不可称校正曲线）。

④ 在分析测试质量保证体系中作考核样，评价分析人员和实验室的工作质量或用来建立质量控制图进行实验室内日常分析测试工作的质量管理。

⑤ 用作控制标样监控工作曲线的稳定性，控制漂移。

⑥ 技术仲裁时作为平行样验证测定过程的可靠性。

（2）标准物质的用法。选用标准物质考虑以下原则：

① 选用标样的基体组成尽可能与被测样一致或接近，按接近程度可分为四种情况。

a. 基体标准物质。基体组成完全相同，如电弧火花光源分析时所用于建立工作曲线的标准样品。

b. 模拟标准物质。基体与被测样相近，但并不完全匹配，如原子光谱分析中的水溶液标准溶液。

c. 合成标准物质。使用前按被测样组成人工配制的标准物质。

d. 代用标准物质。当没有合适的标准物质可用时，选用被测物含量相近的其他基体的标准物质作代用品。

② 标准物质中被测组成的浓度应当与被测试样中的被测组成浓度相近，或一套标准物质所建立的被测组分的工作曲线浓度范围能覆盖试样中被测组成的浓度。

③ 标准物质在物理形态和结构，化学形态或生物形态与被测样一致或接近。

④ 按标准物质的质保书要求使用。

1.4.4 我国现有国家标准物质

国家技术监督局批准的国家标准物质（GBW）和国家实物标准（GSB）已有很多品种。包括国家标准物质（详细的内容参见国家标准）国家实物标准，国家实物标准（GAB）后缀符号 G 表示化工类、Z 环保类、H 冶金类、A 综合类。

其中元素溶液国家实物标准 GSBG62000 系列，共 73 种金属元素和半金属元素，不包括氯化物、硝酸盐、硫酸盐等阴离子，除硅的浓度为 500μg/mL 外，其他元素溶液浓度都是 1000μg/mL。另外还有环境实物标准（GABZ 50000 系列）、钢铁实物标准、发射光谱分析实物标准、粉末实物标准和纯气体实物标准等。

标准物质中各元素定值的分析方法以英文缩写注明：

AAS：原子吸收光谱法；AFS：原子荧光光谱法；EAI：元素分析法；HAAS：氢化物发生原子吸收光谱法；HPLC：高效液相色谱法；ICP：电感耦合等离子体原子发射光谱法；ICP/AFS：电感耦合等离子体/原子荧光光谱法；ICPMS：电感耦合等离子体质谱法；

IDSSMS：同位素稀释火花质谱法；INAA：仪器中子活化分析法；IR：红外光谱法；Kj：凯氏定氮法；POL：极谱法；SF：荧光光谱分析法；SP：分光光度法；VOL：容量分析法；XRF：X射线荧光光谱法。

1.4.5 毛皮与制革标准

近年来随着人民生活水平的提高，对产品的质量要求也越来越高，为了进一步促进企业提高皮革生产和产品质量，中国轻工业联合会及皮革行业的研究与生产企业根据行业实际，及时把先进、成熟的科技成果转化为标准，使皮革生产的各个环节按标准进行生产，并不断强化标准在生产中的作用。按照制定标准的国家和部门来分，毛皮与制革标准分为国际标准和国内标准，其中国内标准又分为国家标准和行业标准；按照标准的种类来分，可分为管理标准、基础通用标准和产品标准；其中基础通用标准包括术语和定义、物理机械性能和化学性能测试方法；产品标准包括皮革、毛皮及其制品以及化工原材料的标准；管理标准包括工艺技术规范及工厂评价等。

思 考 题

1. 有哪些等级的标准？
2. 标准物质有哪些特征？
3. 标准物质有哪些用途？
4. 选用标准物质的原则是什么？
5. 常见的毛皮与皮革的标准有哪些？

第 2 章　原材料分析检测

2.1　皮革生产用水分析检测

2.1.1　皮革生产用水的质量要求

制革及毛皮工业生产过程中大部分工序都要用水。水的质量直接影响到半成品及成品的性能，所以检查水质是皮革分析检验中的重要项目之一。

纯净的水是无色、无味、无臭的液体，真正化学纯的水在自然界是不存在的。所有的天然水无论是地下水还是表面水或是雨水都或多或少含有多种杂质，其中对皮革生产影响最大的是一些可溶性盐类和细菌。这些可溶性盐类包括钙、镁的酸式碳酸盐、碳酸盐、硫酸盐及氯化物等。一般用硬度的大小来表示这些盐类的含量，此外水中的铁盐对皮革的质量也有影响。对水质要求较高的一些工序分述如下：

（1）浸水。浸水所用的水要清洁和稳定。清洁主要是指水中含菌少，悬浮物、杂质少，浑浊度低，含钙镁铁离子少，硬度低；水的稳定主要指水源稳定，防止水源变动而对制革工序的影响。

（2）脱脂。脱脂是指在一定条件下（温度、机械作用等）用碱类物（如纯碱等）和表面活性剂等脱脂剂或机械方法除去皮内外层脂肪的操作。毛皮在生产过程中进行脱脂时，脂肪和纯碱会发生皂化反应，使油脂分子的酯键断裂转变成溶于水的甘油和脂肪酸盐（$RCOOM$，肥皂）而达到脱脂的目的。此时所用的水，必须是硬度较小的水，因为肥皂在硬水中是不稳定的，它能和水中的钙镁盐类形成不溶性的钙皂和镁皂，附着在毛皮上较难洗涤，从而影响脱脂的效果。

（3）酶脱毛及软化。酶脱毛是指在一定条件下，酶作用于毛球、毛根鞘以及连接表皮与真皮的表皮基底层细胞，从而削弱了毛袋对毛根的挤压力和毛球底部与毛乳头顶部之间的连接力，即毛袋与毛干的联系，借助于机械作用来达到皮板与毛分离而脱毛的目的。在酶脱毛及软化的过程中，最好用细菌含量少、硬度较小的水。水中含有腐烂性细菌时使酶处理过程不易控制，易发生烂皮伤面危险；水的硬度能使操作液的 pH 发生变化，影响预先调节好的商品酶制剂的 pH，进而影响酶的活力，从而影响酶脱毛及软化的过程。

（4）鞣制。鞣制是指用鞣剂处理生皮而使其变成革的质变过程。鞣制所用的化学材料称为鞣剂。在制革工业中目前占主导地位的是铬鞣。铬鞣的过程中，最重要的分子配位体是水分子，因为鞣液的配制以及鞣制过程都是在以水为介质的环境中完成的。水的硬度不但影响水分子的配位作用，而且还影响操作液的 pH，进而影响鞣制过程。

植物鞣剂作为一种绿色环保型鞣剂，可部分替代铬鞣剂用于鞣制皮革。植物鞣质是含于植物体内的、能使生皮变成革的多元酚化合物，又称为单宁、植物多酚。植物鞣对水质要求较高，最好用软水并除去水中的铁盐。钙、镁与植物鞣生成不溶性沉淀，损失鞣质。

水中碳酸盐能消耗鞣液中部分有机酸而提高鞣液的pH，使鞣液颜色变深暗，并降低鞣制效果。为此加酸来补偿这个缺点。但生成的中性盐又能使部分鞣液凝聚，而损失鞣质。铁盐的存在对植物鞣也是有害的，因铁与鞣质结合生成鞣质的铁化合物，使鞣质损失，成革的颜色污暗，并不耐储存。

（5）染色。皮革的染色是指用染料溶液处理皮革，使皮革着色的过程。染色的目的是赋予皮革一定的颜色，皮革通过染色可改善其外观，以满足人们对时尚的要求，增加其商品的价值，适应各种用途的需要。在皮革染色的过程中，染色用水应满足这些要求：①无悬浮物，不含重金属盐；②暂时硬度小于8，永久硬度小于15；③pH为6~7。水中最常见的重金属盐是铁盐，这些铁盐能与染料结合使它们改变色调、鲜艳度甚至难以上染，所以要排除铁盐的存在。暂时硬度小于8，一般无碍于阴离子染料的染色，但碱性染料对水中钙、镁的碳酸盐很敏感，如染色用水硬度很大，就会形成不溶解的絮状沉淀，一方面引起染料损失，另一方面沉淀在革面上形成条痕或斑点，降低染色质量。在用酸性染料染色时，由于染液中酸量高，使水中碳酸盐硬度不起作用，但如含较高的硫酸盐硬度时，能使溶解的酸性染料钠盐变成钙盐而沉淀，使成革颜色不匀且生成污点。永久硬度只有过大时才有害，在较高的硬度下，多数阴离子染料变得难以溶解。染色用水的pH影响染料的溶解性、颜色的饱满性，因此要严格控制溶液的酸碱度。如在碱性的水中，阴离子染料则渗入铬鞣革较深，染色不浓厚；阳离子染料则因电离受到抑制而变得难溶或不溶了。

（6）加脂。加脂是用油脂或加脂剂处理皮革，使皮革吸收一定量的油脂而赋予皮革一定的物理、机械性能和使用性能的过程。加脂的目的就是通过化学和物理作用使油脂包裹在皮革纤维表面，在纤维之间形成一层具有润滑作用的油膜，使纤维分散，增加了纤维之间的相互可移动性，从而使皮革变得柔软、耐折，具有一定的使用性能。

加脂应用硬度较小的水，因钙、镁、铁的盐类均能与油脂生成不溶且黏的金属皂，污染革的粒面，妨碍整饰，并引起油脂损失。

（7）锅炉用水。水中各种硬度的盐类在蒸汽锅炉中经长期烧煮后都能生成锅垢，不仅浪费燃料，阻塞水管，且有发生锅炉爆炸的危险。因此，锅炉用水必须预先经过处理。

锅炉用水的pH应不低于7，若低于7则水中含有较多的二氧化碳，蒸发时能使锅壁及其装备生锈。此外锅炉用水还不应含油脂等不洁物。

2.1.2 水硬度的测定

水的硬度对制革影响较大。钙镁离子有利于细菌的繁殖，从而增加浸水过程中皮质的损失，能与某些表面活性剂生成不溶性沉淀，降低表面活性剂的性能，甚至以钙皂、镁皂形式存在毛皮上难以洗涤；钙镁离子还能与植物鞣剂生成沉淀，造成的鞣剂损失；与某些染料生成沉淀，影响染色；与油脂生成不溶性、发黏的金属皂，污染革面，妨碍整饰；使锅炉生成水垢等。总之，制革工业用水必须进行硬度的测定，以便选择较好的水质，或采用相应的措施。

水的硬度主要由于水中含有钙盐和镁盐，尽管其他金属离子如铁、铝、锰、锌等离子也会增加水的硬度，但一般含量甚少，测定工业用水总硬度时可忽略不计。因此，水的总硬度是指水中钙、镁离子的总浓度，其中包含碳酸盐硬度（也叫暂时硬度，即通过加热能以碳酸盐形式沉淀下来的钙镁离子）和非碳酸盐硬度（称永久硬度，即加热后不能沉淀下来的那部分钙镁离子)。

(1) 总硬度测定原理。在 pH 为 10 的 NH_3-NH_4Cl 缓冲溶液中,用 EDTA 溶液络合滴定钙离子和镁离子。滴定前,铬黑 T 作指示剂,与钙离子和镁离子生成紫红或紫色溶液。滴定时,游离的钙离子和镁离子首先与 EDTA 反应,然后跟指示剂铬黑 T 络合的钙离子和镁离子与 EDTA 反应,到达滴定终点时,EDTA 夺取 Mg-铬黑 T 络合物中的 Mg^{2+},形成 Mg-EDTA,游离出指示剂铬黑 T,溶液颜色由紫红色变为蓝色,由此判断滴定终点。进而计算出水中的钙镁总量,此方法引自国家标准分析方法《GB/T 7477—1987 水质 钙和镁总量的测定 EDTA 滴定法》,适用于饮用水、锅炉水、冷却水、地下水及没有严重污染的地表水。滴定过程反应如下:

(2) 测定仪器。分析天平,酸式滴定管(50mL,分刻度值 0.10mL),真空干燥箱,超纯水机。

(3) 测定试剂

① 铬黑 T 指示剂干粉。称取 0.5g 铬黑 T 与 100g 氯化钠充分混合,研磨后通过 40~50 目,盛放在棕色瓶中,紧塞。

② 铬黑 T 指示剂溶液。称取 0.5g 铬黑 T 溶于 100mL 三乙醇胺($C_6H_{15}NO_3$)溶液中,配好后盛放在棕色瓶中。为降低溶液的黏性,可用少量的乙醇代替三乙醇胺。

③ 10mmol/L 钙标准溶液。用分析天平称取 1.001g 无水碳酸钙($CaCO_3$)(称量前在 105~110℃ 条件下真空干燥 2h) 于 500mL 锥形瓶中,用水润湿,盖上表面皿。逐滴加入 1:1 盐酸 5mL 至碳酸钙全部溶解,避免滴入过量酸。加 200mL 水,煮沸数分钟赶除二氧化碳,冷至室温,加入数滴甲基红指示剂溶液,逐滴加入 3mol/L 氨水直至变为橙色,在容量瓶中定容至 1000mL。

④ EDTA 二钠盐标准溶液

a. 配制:将一份 EDTA 二钠二水化物在 80℃ 干燥 2h,放入干燥器中冷至室温,称取 3.725g 溶于水,在容量瓶中定容至 1000mL,盛放在聚乙烯瓶中。

b. 标定:用钙标准溶液标定 EDTA 二钠盐溶液。取 20.0mL 钙标准溶液稀释至 50mL。滴定方法同测定方法。

c. 计算:EDTA 二钠盐溶液的浓度 c_1(mmol/L)用式(2-1)计算。

$$c_1 = \frac{c_2 V_2}{V_1} \tag{2-1}$$

式中 c_2——钙标准溶液的浓度(mmol/L);

V_2——钙标准溶液的体积(mL);

V_1——标定中消耗的 EDTA 二钠盐溶液体积(mL)。

⑤ 缓冲溶液。可先将 16.98g 氯化铵溶于 143mL 氨水。另取 0.78g 硫酸镁($MgSO_4 \cdot 7H_2O$)和 1.179g EDTA 二钠二水合物($C_{10}H_{14}N_2O_8Na_2 \cdot 2H_2O$)溶于 50mL 水,加入 2mL 配好的氯化铵氨水溶液和 0.2g 左右铬黑 T 指示剂干粉。此时溶液应显紫红色,如出现天蓝色,应再加入极少量硫酸镁使变为紫红色。逐滴加入 EDTA 二钠盐溶液直至溶液由紫红转变为天蓝色为止(切勿过量)。将两溶液合并,加蒸馏水定容至 250mL。如果合并后,溶液又转为紫色,在计算结果时应减去试剂空白。

⑥ 2mol/L 氢氧化钠溶液。将 8g 氢氧化钠溶于 100mL 去离子水中。盛放在聚乙烯瓶中，避免空气中二氧化碳的污染。

（4）测定步骤

① 样品的制备。用干净的硬质玻璃瓶（或聚乙烯容器），采样时用水冲洗 3 次，再采集于瓶中。采集自来水及有抽水设备的井水时，应先放水数分钟，使积留在水管中的杂质流出，然后将水样收集于瓶中。水样采集后，应于 24h 内完成测定。否则，每升水样中应加 2mL 浓硝酸作保存剂（使 pH 降至 1.5 左右）。

② 测定。用移液管吸取 50.0mL 试样于 250mL 锥形瓶中，加 4mL 缓冲溶液和 3 滴铬黑 T 指示剂或 50~100mg 指示剂干粉，此时溶液应呈紫红或紫色，其 pH 应为 10.0±0.1。为防止产生沉淀，应立即在不断振摇下，从滴定管加入 EDTA 二钠盐溶液，开始滴定时速度宜稍快，接近终点时应缓慢滴定，并充分摇匀，最好每滴间隔 2~3s，溶液的颜色由紫红或紫色逐渐转为蓝色，在最后一点紫色刚消失，刚出现天蓝色时即为终点。记录消耗 EDTA 二钠盐溶液的体积。平行测定三次，计算水的总硬度，以 mmol/L 和度（°）两种方法标识分析结果。

（5）总硬度计算。钙和镁总量 c(mmol/L) 用式（2-2）计算。

$$c = \frac{c_1 V_1}{V_0} \tag{2-2}$$

式中　c_1——EDTA 二钠盐溶液的浓度（mmol/L）；

V_1——滴定中消耗 EDTA 二钠盐溶液钙溶液的体积（mL）；

V_0——试样体积（mL）。

每升水中含有 1mmol CaO 时，其硬度为 5.6°；1° = 10CaO mg/L。

（6）钙及镁硬度的分别测定及计算。取水样 100mL 于 250mL 锥形瓶中，加入 2mL 6mol/L NaOH 溶液摇匀，再加入 0.01g 钙指示剂，摇匀后用 0.005mol/L EDTA 标准溶液滴定至溶液由酒红色变为纯蓝色即为终点，平行测定三次，计算钙硬度。由总硬度和钙硬度求出镁硬度。

2.1.3　水中铁含量的测定

地下水和地面水都含有铁盐。地下水中的铁盐基本上是亚铁盐，地面水中的铁盐基本上是三价铁盐，另外输水管道的腐蚀也会增加供水中的铁含量。工业供水中的铁盐往往使产品质量降低，如：铁盐的存在对植物鞣的影响，因铁与鞣质结合生成鞣质的铁化合物，使鞣质损失，成革的颜色污暗，并不耐储存；它还是水垢的成分之一，所以需常测定并控制工业供水的铁含量。天然水中的铁含量一般很少，常用分光光度法测定，一种是采用 Fe^{3+} 直接与显色剂硫氰酸根结合，显色后进行测定；另一种是将 Fe^{3+} 还原成 Fe^{2+}，与邻菲罗啉结合后显色进行测定。此实验铁含量都在 0.5mg 以下。

2.1.3.1　硫氰酸根法（DZ/T 0064.24—2021）

（1）测定原理。在酸性溶液中，用硫氰酸钠或硫氰酸钾作显色剂，与 Fe^{3+} 结合成红色络合物，用分光光度计测出 Fe^{3+} 含量。其反应式如式（2-3）所示。

$$Fe^{3+} + nSCN^- = [Fe(SCN)_n]^{3-n} \quad (n = 1,2,3,4,5,6) \tag{2-3}$$

该络合物的组成受溶液酸度和 SCN^- 浓度影响。溶液酸度过大，则会使络合物的稳定性降低，配位数减少，络合物颜色不稳定；酸度过小，则会使 Fe^{3+} 发生水解，通常在 0.2~0.3mol/L HNO_3 溶液中进行测定。SCN^- 浓度足够大时能抑制络合物的水解，有利于形成稳定的高配位数的络合物，所以常加入过量的硫氰酸盐。

F^-、PO_4^{3-} 能与 Fe^{3+} 生成无色的稳定性很大的络合物，干扰分析测定，不过水样中这些物质极少，可忽略去不计。水样中的有色物质和悬浮物对测定结果有影响，应用消解法和过滤法预先除去。

Fe^{2+} 不与 SCN^- 发生显色反应。所以，测定水样的总铁含量时应加入氧化剂（如过硫酸铵），将 Fe^{2+} 氧化成 Fe^{3+}，再进行分析测定。反应式如式（2-4）所示。

$$2Fe^{2+}+S_2O_8^{2-}=2Fe^{3+}+2SO_4^{2-} \tag{2-4}$$

（2）测定仪器。751 型分光光度计。

（3）测定试剂。1∶1 盐酸溶液（V/V）；1∶1 硝酸溶液（V/V）；20%过硫酸铵溶液，用时配制；50%硫氰酸钠或硫氰酸钾，分析纯；硫酸铁铵，分析纯。

Fe 标准溶液的配制：准确称取 0.864g（分析纯，精确至 0.0002g）硫酸铁铵，用 1∶1 HNO_3 进行溶解，待样品完全溶解后，全部移入 1000mL 容量瓶中，用蒸馏水稀释至刻度摇匀，溶液中铁含量为 0.1g/L。

（4）测定步骤

① 最大吸收波长的确定。准确吸取 0.1g/L 标准溶液 1.0mL，移入 100mL 比色管中，加 1∶1HCl 4mL，摇匀。加入硫氰酸钠 2mL，稀释至刻度，摇匀，显色 2min，以去离子水做参比溶液。波长范围 450~600nm，用 1cm 比色皿在分光光度计上测定各波长的吸光度，以波长为横坐标，吸光度为纵坐标，绘制曲线图，求出该样品最大吸收波长为 480nm。

② 标准曲线的制作。准确吸取 0.1g/L 标准溶液 0、1.0、2.0、3.0、4.0、5.0、6.0mL 于 100mL 比色管中，分别加入 1∶1HCl 4mL 摇匀，加入 50%硫氰酸钠 2mL，用蒸馏水稀释至刻度，摇匀，显色 2min。

用 1cm 比色皿，以不加铁的试剂溶液为参比，在波长 480nm 处对各标准溶液，浓度从小到大的顺序进行吸光度测定。以铁含量为横坐标，吸收度为纵坐标，绘制标准曲线。

③ 水样中铁含量的测定。吸取水样 50mL，以下操作同工作曲线的绘制，同时用 50mL 蒸馏水代替水样做空白实验。以空白为参比，测定吸收度。

（5）计算。根据式（2-5）可计算得到水样中铁含量。

$$\rho = m/V \times 1000 \tag{2-5}$$

式中 ρ——水样中的铁含量（mg/L）；

m——从标准曲线上查得被测试液的铁含量乘以比色管定容体积（mg）；

V——为吸取水样的体积（mL）。

2.1.3.2 邻菲罗啉法（HJ/T 345—2007）

（1）测定原理。当 pH 为 2~9 时，Fe^{2+} 与邻菲罗啉形成稳定的橘红色络合物，如式（2-6）所示。

$$Fe^{2+}+3C_{14}H_8N_2 \rightarrow [Fe(C_{14}H_8N_2)_3]^{2+} \tag{2-6}$$

为避免 Fe^{2+} 水解或强酸分解该橘红色络合物，常用 pH 为 4~5 的缓冲溶液控制试液酸度。加入过量的邻菲罗啉有利于形成稳定的高配位数络合物。F^-、PO_4^{3-} 不影响测定，CO^{2+}，Ni^{2+}，Cu^{2+} 有干扰，但一般在水中极少，可忽略不计。水样中的有色物质和悬浮物对测定结果有影响,应用消解法和过滤法预先除去,溶液pH高于5时,Fe^{3+}会发生水解,不与邻菲罗啉络合,所以测定水样的铁含量时,应加入还原剂(盐酸羟胺),将Fe^{3+}还原为Fe^{2+},再进行测定。反应式如式(2-7)所示。

$$2Fe^{3+}+2NH_2OH \rightarrow 2Fe^{2+}+2H_2O+2H^++N_2\uparrow \qquad (2-7)$$

(2)测定仪器。751型分光光度计。

(3)测定试剂。0.5%邻菲罗啉;10%盐酸羟胺乙酸-乙酸铵;缓冲溶液(pH为4~5);硫酸铁铵标准溶液(配制同硫氰酸根法)。

(4)测定步骤

① 最大吸收波长的确定。用移液管准确吸取0.1g/L硫酸铁铵标准溶液1mL于50mL比色管中,加盐酸羟胺5mL,邻菲罗啉1mL,乙酸-乙酸铵缓冲溶液1mL,用水稀释至刻度,摇匀,显色5min,在分光光度计上找出其最大吸收波长510nm。

② 标准曲线的制作。用移液管准确吸取0.1g/L标准溶液10.0mL,移入100mL容量瓶,稀释至刻度,摇匀,此时稀释溶液浓度0.01g/L。

准确吸取0.01g/L标准溶液0、1.0、2.0、3.0、4.0、5.0、6.0、7.0、8.0、9.0、10.0mL及0.1g/L标准溶液2mL于50mL比色管中,分别加入盐酸羟胺5mL,邻菲罗啉溶液1mL,显色5min,用2cm比色皿,以空白为参比,在波长510nm处进行比色测定。以铁含量为横坐标、吸光度为纵坐标,绘制标准曲线。

③ 水样中铁含量的测定。吸取水样50mL,以下操作同工作曲线的绘制,同时用50mL蒸馏水代替水样做空白实验。以空白为参比,测定吸光度。

(5)计算。根据式(2-5)可计算得到水样中铁含量。

2.1.4 pH的测定

多数天然水的pH在7.2~8.5。水中酸度增高可能由于含有大量的游离二氧化碳、有机酸(如沼泽水)或由于重金属盐类水解所引起的。海水或干燥地区的地下水,其pH可达9~10。由于水中二氧化碳量的变化,水样的pH常在改变,所以应在水样采集后尽快测定,不易久存。水样pH常用电位计法测定,测试方法参考行业标准《HJ 1147—2020 水质 pH值的测定 电极法》。

(1)测定原理。以玻璃电极和饱和甘汞电极为两级,在25℃时,每相差一个pH单位,产生59.1mV的电位差,在仪器上直接以pH的读数表示,温度差异在仪器上有补偿装置。水的色度、浑浊度、胶体微粒、游离氯、氧化剂、还原剂以及高浓度含盐量,对玻璃电极的干扰影响都比较小;但在碱性溶液中(pH>9.5)并有大量的钠离子存在时,会产生"钠差"使读数偏低。

(2)测定仪器。pH电位计;干燥器;烧杯。

(3)测定试剂。pH为4.0缓冲溶液:将苯二甲酸氢钾($KHC_8H_4O_4$,A.R.)在110℃烘干后,于干燥器中冷却,称取10.21g,溶于不含二氧化碳的蒸馏水中(将蒸馏水煮沸5min左右,冷却),并稀释至1000mL,储于硬质试剂瓶或聚乙烯塑料瓶中。

pH为6.86缓冲溶液:称取经110℃烘干2h的磷酸二氢钾(KH_2PO_4,A.R.或C.P.)3.55g,溶于不含二氧化碳的蒸馏水中,稀释至1000mL,储存于聚乙烯塑料瓶中。

pH 为 9.2 缓冲溶液：称取硼酸钠（$Na_2B_4O_7 \cdot 10H_2O$，A.R.）3.81g，溶于不含二氧化碳的蒸馏水中，并稀释至 1000mL，储存于聚乙烯塑料瓶中。

以上三种溶液可以稳定 1~2 个月，但其 pH 随温度变化而稍有差异，如表 2-1。

表 2-1　　　　　　　　　　不同温度时缓冲溶液的 pH

温度 $t/℃$	标准缓冲溶液		
	$KHC_8H_4O_4$	KH_2PO_4 $Na_2B_4O_7$	Na_2HPO_4
0	4.00	6.98	9.46
5	4.00	6.95	9.40
10	4.00	6.92	9.33
15	4.00	6.90	9.28
20	4.00	6.88	9.23
25	4.01	6.87	9.18
30	4.02	6.85	9.14
35	4.02	6.84	9.10
40	4.04	6.84	9.07
45	4.04	6.83	9.04
50	4.06	6.83	9.02

（4）测定步骤

① 仪器的标定。玻璃电极在使用前应放入蒸馏水中浸泡 24h，用时要充分冲洗，甘汞电极使用时应拔去电极上的橡皮塞和橡皮套。测定时先接上电源，打开仪器电源开关进行预热，预热时间应按不同型号仪器的具体要求而定；同时测量被测溶液温度，调节温度调节器至实测温度，用至少两种标准缓冲溶液校正仪器至刻度。

② 溶液的测定。仪器标定后，用洗瓶缓缓冲洗两电极，再用被测水样淋洗三次以上，用洁净的滤纸吸干附着在电极上面的水，然后测定水样，可直接在仪器上读取 pH。

（5）注意事项

① 玻璃电极球泡玻璃很薄，操作时应小心谨慎勿与玻璃杯及硬物相碰，甘汞电极头部应长出玻璃电极球泡头部，以免玻璃电极放入溶液时，触及杯底，使玻璃电极球泡破损。

② 如需经常测定 pH 时，在测定完毕后，将电极洗净，浸泡在蒸馏水中。制革废水含有一定的油脂，长期使用会使油脂黏附在电极上，降低测定的灵敏度，因此要经常清洗，必要时可先浸入乙醇中，再移置于乙醚或四氯化碳中浸泡，再浸入乙醇中清洗，而后用 0.1mol/L 盐酸溶液或蒸馏水冲洗。

③ 甘汞电极中的氯化钾溶液应经常保持饱和，并且在弯管内不应用气泡存在，否则使溶液隔断。

④ 制革废水有时 pH 达 10 以上，应迅速测定，测好后应立即用 0.1mol/L 盐酸溶液和蒸馏水冲洗电极。

思 考 题

1. 铬黑 T 与 Mg^{2+} 显色灵敏度高，与 Ca^{2+} 显色灵敏度低，当水样中 Ca^{2+} 含量高而 Mg^{2+}

很低时，得不到明显的终点，可采用什么指示剂？

2. 配制钙标准溶液时，为什么要煮沸数分钟赶除二氧化碳？

3. 如试样含有铁离子为 30mg/L 或以下，应采用哪种试剂进行掩蔽，才能不影响实验结果？当含有 Cu^{2+}、Pb^{2+}、Zn^{2+} 等重金属离子时，可用哪种试剂进行掩蔽？

4. 实验滴定时，要慢慢进行，为什么？

5. 配制 $CaCO_3$ 溶液和 EDTA 溶液时，各采用何种天平称量？为什么？

6. 参比溶液的作用是什么？

7. 用邻菲罗啉法测定铁时，为什么在测定前需要加入盐酸羟胺？

8. 用邻菲罗啉法测定铁实验中哪些试剂需要准确配制和加入？

9. 哪些试剂不需要准确配制但需要准确加入？

10. 配位滴定中为什么要加入缓冲溶液？

11. 配位滴定与酸碱滴定法相比，有哪些不同点？操作中应注意哪些问题？

2.2 石灰中有效氧化钙含量和硫化钠有效成分的测定

2.2.1 石灰中有效氧化钙含量测定（蔗糖法）

石灰中有效氧化钙是指游离状态的氧化钙，它不包括石灰中的碳酸钙、硅酸钙及其他钙盐。石灰品质的优劣依其中有效氧化钙含量而定，制革工业所需的石灰其氧化钙含量应在 60% 以上。

(1) 原理。氧化钙在水中的溶解度很小，20℃时溶解度为 1.29g/L，加入蔗糖就可使之成为溶解度大的蔗糖钙，再用酸滴定蔗糖钙中的氧化钙，即可求得的有效氧化钙的含量，反应如式（2-8）和式（2-9）所示。

$$C_{12}H_{22}O_{11} + CaO + 2H_2O \rightarrow C_{12}H_{22}O_{11} \cdot CaO \cdot 2H_2O \tag{2-8}$$

$$C_{12}H_{22}O_{11} \cdot CaO \cdot 2H_2O + 2HCl \rightarrow C_{12}H_{22}O_{11} + CaCl_2 + 3H_2O \tag{2-9}$$

(2) 测定试剂。蔗糖：化学纯；盐酸：0.5mol/L 标准溶液；酚酞指示剂。

(3) 操作。用减量法迅速精确称取 0.4~0.5g 研成细粉的试样，置于 250mL 具有磨口玻塞的锥形瓶中，加入 4g 化学纯蔗糖及小玻璃球 12~20 粒，再加入新煮沸而已冷却的蒸馏水 40mL，塞紧瓶塞。摇动 15min，加入 4 滴酚酞指示剂，用 0.5mol/L 盐酸标准溶液滴定至红色恰好消失，并在 30s 内不再出现红色为止。

(4) 计算。按式（2-10）计算有效氧化钙的含量（%）。

$$CaO 含量 = \frac{cV \times 0.028}{m} \times 100\% \tag{2-10}$$

式中　c——盐酸标准溶液的浓度（mol/L）；

　　　V——滴定时所耗用的盐酸标准溶液的量（mL）；

　　　m——试样质量（g）；

　　　0.028——与 1mL、1mol/L 盐酸相当的氧化钙的量（g）。

(5) 注意事项。测定时，不应使氧化钙生成碳酸钙。所以要用新煮沸过而尽量除去二氧化碳的蒸馏水。以免氧化钙溶于水后生成的氢氧化钙进一步与二氧化碳作用生成碳酸钙，使消耗的盐酸标准溶液量偏低。再者，因蔗糖只与氧化钙作用，而不与碳酸钙作用，所以称量试样要迅速，否则氧化钙会吸收空气中的二氧化碳变成碳酸钙，导致结果偏低。

2.2.2 固体硫化钠有效成分的测定

硫化钠又称硫化碱，俗名臭碱。无水硫化钠是粉粒状，分子式为Na_2S，分子量为78.05。结晶硫化钠含有9个结晶水，分子量为240.2。工业用硫化钠一般含Na_2S 50%~60%。

硫化钠易溶于水，极易溶于热水。它是弱酸的盐，溶于水时，几乎全部水解为氢氧化钠和硫氢化钠，而呈现强碱性，其反应式如式（2-11）所示。

$$Na_2S+H_2O \rightleftharpoons NaOH+NaHS \tag{2-11}$$

硫化钠遇酸放出有毒而易燃的硫化氢气体，其反应式如式（2-12）所示。

$$Na_2S+2HCl \rightarrow NaCl+H_2S\uparrow \tag{2-12}$$

硫化钠在空气中极易吸湿并氧化，即S^{2-}被氧化生成$S_2O_3^{2-}$，其反应式如式（2-13）所示。

$$2Na_2S+2O_2+H_2O \rightarrow Na_2S_2O_3+2NaOH \tag{2-13}$$

由于硫化钠在存放过程中有以上反应发生，因此在存放和使用中要注意：

(1) 在处理硫化钠溶液时，要采取防护措施，如戴手套、眼镜等，以防对皮肤和眼睛的损伤。

(2) 在储存和使用时避免和酸接触，以免产生比空气重的、有害的H_2S气体。

(3) 应避免Na_2S的潮解而使Na_2S含量降低。

正因为硫化钠中S^{2-}易被氧化，所以在使用前必须分析其含量，以便决定其用量。

2.2.2.1 硫代硫酸钠法（GB/T 10500—2009）

(1) 原理。于样品溶液中加入过量的碘溶液，在弱酸性条件下硫化钠和碘发生氧化还原反应，待硫化钠和碘作用完毕，加入淀粉溶液，再以硫代硫酸钠滴定过量的碘至蓝色消失。反应过程如式（2-14）和式（2-15）所示。

$$Na_2S+I_2+H_2O \rightarrow 2NaI+S\downarrow \tag{2-14}$$

$$I_2+2Na_2S_2O_3 \rightarrow Na_2S_4O_6+2NaI \tag{2-15}$$

(2) 测定试剂。0.1mol/L碘标准溶液；0.1mol/L硫代硫酸钠标准溶液；6mol/L醋酸溶液；0.5%淀粉溶液。

(3) 分析步骤。用减量法迅速准确称取样品约1.5g，溶于100mL新煮沸冷却的蒸馏水中，再转入250mL容量瓶中，用蒸馏水定容至刻度。此即为样品溶液。

吸取50mL碘标准溶液于300mL碘量瓶中，加50mL水和15mL醋酸溶液。用移液管吸取20mL样品溶液，注入碘量瓶中，盖住瓶塞，摇动，使硫化钠与碘反应。待反应完毕，用硫代硫酸钠标准溶液滴定剩余的碘至近终点（溶液呈淡黄色）时，加入淀粉液3mL（溶液呈深蓝色），用硫代硫酸钠继续滴定至蓝色刚消失为止。

(4) 计算。固体硫化钠有效成分含量（%）可以根据式（2-16）计算得到。

$$Na_2S \text{含量} = \frac{\left(c_1V_1-\dfrac{c_2V_2}{2}\right)\times\dfrac{78.05}{1000}}{m\times\dfrac{20}{250}}\times100\% \tag{2-16}$$

式中　m——称取样品硫化钠的质量（g）；
　　　c_1——碘标准溶液的浓度（mol/L）；
　　　V_1——吸取碘标准溶液的体积（mL）；
　　　c_2——硫代硫酸钠标准溶液的浓度（mol/L）；
　　　V_2——滴定耗硫代硫酸溶液的体积（mL）。

(5) 注意事项

① 硫化钠溶液呈强碱性，碘与强碱作用将使反应复杂化，所以测定时，加入碘液后先加醋酸酸化，再加硫化钠溶液。

② 此法测定硫化钠含量时，由于硫化钠中常含有杂质如硫代硫酸钠，亚硫酸钠等，它们也能和碘发生反应，故测定结果反映的是硫化钠的总还原物，以硫化钠表示。

2.2.2.2　铁氰化钾法

(1) 原理。铁氰化钾 $K_3[Fe(CN)_6]$ 又称赤血盐，在碱性溶液是强氧化剂。在碱性介质中，铁氰化钾将硫化钠氧化成硫析出，而铁氰化钾被还原成亚铁氰化钾（黄血盐），以亚硝基铁氰化钠作指示剂。在滴定中指示剂先与硫化钠生成深紫色络合物，终点时深紫色消失。

反应过程如式（2-17）所示。

$$2K_3[Fe(CN)_6]+Na_2S \rightarrow 2NaK_3[Fe(CN)_6]+S\downarrow \tag{2-17}$$

(2) 测定仪器。天平；25mL 移液管；250mL 锥形瓶；10mL 量筒；250mL 容量瓶。

(3) 测定试剂。0.1mol/L 氢氧化钠溶液；0.1mol/L 铁氰化钾标准溶液；0.4%亚硝基铁氰化钠溶液（临用前现配）。

(4) 分析步骤。用移液管吸取上法配制的样品液 25mL，注入 250mL 锥形瓶中，加入新煮沸过的冷蒸馏水 50mL，再加氢氧化钠溶液 10mL 和亚硝基铁氰化钠溶液 2mL，此时瓶内溶液应呈深紫色。立即用铁氰化钾标准溶液滴定，滴定时应迅速均匀，终点为淡黄色。此次作为预试。

然后进行两份正式滴定。吸取试液 25mL 于锥形瓶中，加煮沸过的冷馏水 50mL 和氢氧化钠溶液 10mL，迅速滴入比预试时约少 1mL 的铁氰化钾标准溶液，然后加试剂亚硝基铁氰化钠溶液 1mL，继续用铁氰化钾标准溶液缓缓滴定至淡黄色为终点。

(5) 计算。固体硫化钠有效成分含量（%）可以根据式（2-18）计算得到。

$$Na_2S 含量 = \frac{c \times V \times \frac{78.05}{2000}}{m \times \frac{25}{250}} \times 100\% \tag{2-18}$$

式中　c——正式滴定时所耗铁氰化钾标准溶液的浓度（mol/L）；
　　　V——正式滴定时所耗铁氰化钾标准溶液的体积（mL）；
　　　m——称取的样品硫化钠的质量（g）；
　　　78.05——Na_2S 的摩尔质量（g/mol）。

(6) 注意事项

① 在碱性介质中，硫化物被铁氰化钾氧化为硫，但 pH 必须控制适当。如果控制不当，可能有再氧化成硫酸根的倾向。有人认为 pH 在 9.4 时可定量完成上述反应。

② 亚硝基铁氰化钠同碱性硫化物在一起，生成深色化合物，这种反应很灵敏。如仅有 0.0000018g H_2S（存在硫化铵里）也能出现紫色，反应式可能如式（2-19）所示。

$$Na_2[Fe(CN)_5]+Na_2S \rightarrow Na_3[Fe(NO \cdot SNa)(CN)_5]$$
深紫色   (2-19)

③ 硫离子（S^{2-}）与指示剂形成的络合物随时间延长而趋向稳定。因此作预试的目的是先滴定出铁氰化钾的需要量后，正式滴定，先滴定溶液中的大部分 S^{2-} 后，再加指示剂，极少量的 S^{2-} 与指示剂结合成的络合物尚未十分稳定时，滴定剂便将 S^{2-} 夺出，使反应完全，数据准确。

思 考 题

1. 有效氧化钙的测定（蔗糖法）方法的原理是什么？
2. 测定有效氧化钙含量时应注意哪些事项？
3. 分别叙述硫代硫酸钠法和铁氰化钾法测固体硫化钠含量的原理，写出反应式。

2.3 脱毛浸灰液中钙及硫离子分析

硫化钠和石灰溶液配成脱毛浸灰液，以加速脱毛进程。不同的脱毛方法，要求灰液中的硫化钠及有效氧化钙的含量也不一样，例如灰碱涂灰脱毛法和浸灰脱毛法对灰液中硫化钠和氧化钙含量的要求就不相同。

脱毛灰液中硫化钠有效成分，由于在空气中吸收了 CO_2、H_2O、O_2 等物质，而降低了硫的含量，而硫含量的高低，直接影响脱毛和浸灰的效果。所以在使用前，必须准确分析硫化钠的含量，以保证脱毛的顺利进行。此外，脱毛后的废液，若直接排放会造成环境污染，应对其残留的硫化物加以回收，进行循环使用，所以必须检测硫化物的残存量，以便确定用量。

2.3.1 脱毛灰液中硫化钠含量的测定——铁氰化钾法

（1）原理。铁氰化钾 $K_3[Fe(CN)_6]$ 又称赤血盐，在碱性溶液是强氧化剂。在碱性介质中，铁氰化钾将硫化钠氧化成硫析出，而铁氰化钾被还原成亚铁氰化钾（黄血盐），以亚硝基铁氰化钠作指示剂。在滴定中指示剂先与硫化钠生成深紫色配合物，终点时深紫色消失。反应过程如式（2-20）所示。

$$2K_3[Fe(CN)_6]+Na_2S \rightarrow 2NaK_3[Fe(CN)_6]+S\downarrow \qquad (2-20)$$

（2）测定仪器。天平。

（3）测定试剂。0.1mol/L 氢氧化钠溶液；0.1mol/L 铁氰化钾标准溶液；0.4%亚硝基铁氰化钠溶液（临用前现配）。

（4）分析步骤。将脱毛浸灰液用四层纱布过滤，吸取滤液 10~25mL（视浓度而定），注入 250mL 锥形瓶中，加入新煮沸过的冷蒸馏水 50mL，再加入氢氧化钠溶液 10mL 和亚硝基铁氰化钠溶液 3mL，此时瓶内溶液应呈深紫色。立即用铁氰化钾标准溶液滴定，滴定时应迅速均匀，终点为淡黄色。此次作为预试。

然后进行两份正式滴定。吸取同样数量的滤液于锥形瓶中，加煮沸过的冷蒸馏水50mL和氢氧化钠溶液10mL，迅速滴入比预试时约少1mL的铁氰化钾标准溶液，然后加指示剂亚硝基铁氰化钠溶液1mL，继续用铁氰化钾标准溶液缓缓滴定至淡黄色为终点。

（5）计算。硫化钠的含量（g/L）可以根据式（2-21）计算得到。

$$Na_2S 含量 = \frac{c \times V_1 \times \frac{78.05}{2000}}{V_2} \times 1000 \tag{2-21}$$

式中　c——铁氰化钾标准溶液的浓度（mol/L）；

　　　V_1——正式滴定时所耗铁氰化钾溶液体积（mL）；

　　　V_2——吸取试液的体积（mL）。

（6）注意事项

① 在碱性介质中，硫化物被铁氰化钾氧化为硫，但pH必须控制适当。如果控制不当，可能有再氧化成硫酸根的倾向。有人认为pH在9.4时可定量完成上述反应。

② 亚硝基铁氰化钠同碱性硫化物在一起，生成深紫色化合物，这种反应很灵敏。如仅有0.0000018gH_2S（存在硫化铵里）也能出现紫色，反应过程如式（2-22）所示。

$$Na_3[Fe(CN)_5NO] + Na_2S \rightarrow Na_3[Fe(NO \cdot SNa)(CN)_5]$$
$$\text{深紫色} \tag{2-22}$$

③ 硫离子（S^{2-}）与指示剂形成的配合物随时间延长而趋向稳定。因此作预试的目的是先滴定出铁氰化钾的需要量后再正式滴定，在正式滴定中，先滴定溶液中的大部分S^{2-}后，再加指示剂，极少量的S^{2-}与指示剂结合成的配合物尚未十分稳定时，滴定剂便将S^{2-}夺出，使反应完全，数据准确。

2.3.2　脱毛灰液中有效氧化钙含量的测定

（1）原理。用盐酸标准溶液滴定灰液。反应过程如式（2-23）所示。

$$Ca(OH)_2 + 2HCl \rightarrow CaCl_2 + 2H_2O \tag{2-23}$$

由于灰液中一般加有硫化钠，测定时应从所消耗的酸中减去硫化钠消耗的部分，硫化钠与酸的反应过程如式（2-24）所示。

$$Na_2S + HCl \rightarrow NaCl + NaHS \tag{2-24}$$

（2）测定仪器。全自动电位滴定仪。

（3）测定试剂。0.1mol/L盐酸标准溶液；酚酞指示剂（1%酒精溶液）。

（4）分析步骤。将灰液搅动均匀，取出一部分溶液迅速经四层纱布过滤，吸取滤液10mL，以酚酞为指示剂，用0.1mol/L盐酸标准溶液滴定到红色消失在30s内不再出现为终点。

（5）计算。浸灰液的氧化钙含量（也称浸灰液碱度）（g/L）按式（2-25）计算。

$$CaO 含量 = \frac{c \times V \times 0.028}{V_1} \times 1000 \tag{2-25}$$

式中　c——盐酸标准溶液的量浓度（mol/L）；

　　　V——滴定耗用盐酸标准溶液的体积（mL）；

　　0.028——与1mL 0.1mol/L HCl溶液相当的CaO的质量（g）；

　　　V_1——试液体积（mL）。

以酚酞作指示剂滴定时不仅测定了全部钙量，而且还测定了一半的硫化钠，因此当灰液中有硫化碱存在时，测定氧化钙的含量必须从 1L 溶液的总碱量（按上述方法测定）中，减去 1L 溶液中所含的以氧化钙的量表示的硫化钠量的二分之一。

思 考 题

1. 用铁氰化钾法测定灰液中的硫离子时，为了减少测定中硫离子的损失，应采取哪些措施？
2. 用铁氰化钾法测定，为什么要采取预试？预试和正式测定在操作上有何差异？
3. 用盐酸标准溶液滴定灰液中的钙，在操作上和计算时应注意哪些问题才能保证获得准确的数据。

2.4 蛋白酶活力的测定

酶是一种生物催化剂，是从动、植物体中提取或由微生物发酵产生的具有特殊催化功能的蛋白质。在准备工段常用蛋白酶催化蛋白质分解，起到脱毛和软化的作用。

酶的化学本质是蛋白质，它是许多不同种的氨基酸按一定顺序排列构成的多肽链，具有一定的空间结构，所以在激烈的振荡、加热、紫外线、X 射线的照射、重金属盐等的作用下，会改变结构而引起变性，从而失去其催化能力，这种现象叫做酶的失活。

酶的活力反映了酶催化化学反应速度的能力。在单位时间内，酶催化反应其生成物越多或消耗的反应物量越大，说明催化速度越快，活力就越高。利用福林-酚法测定蛋白酶活力是当前通用的方法，此方法参考国家标准方法《GB/T 23527.1—2023 酶制剂质量要求 第 1 部分：蛋白酶制剂》。我国规定，在一定的温度、pH 条件下，1g 酶粉或 1mL 酶液，每分钟催化水解酪蛋白（或血红蛋白）所产生的酪氨酸的 μg 数，称为酶的活力。以"单位/g"或"单位/mL"表示。

制革生产中，利用酶的催化作用，促使生皮毛囊及周围的蛋白质水解而脱毛。酶在出厂后的长途运输及存放过程中，由于条件的变化，其活力也要有所改变。为达到酶脱毛的预期效果，在使用前必须测定其活力，以作为计算酶制剂用量的依据。

(1) 原理。酪素（也称酪蛋白）是一种蛋白质，在蛋白酶的催化作用下，水解生成含有酚基的氨基酸（主要是酪氨酸）。在相同的条件下，生成的酪氨酸越多，说明该酶制剂的催化水解能力愈强，酶的活力就愈大。

水解生成的酪氨酸，与福林试剂作用显色（蓝色）后，采用分光光度计于 680nm 处测定溶液的吸光度。

福林试剂即福林-酚试剂，是磷钼酸、磷钨酸的混合试剂，在碱性条件下极不稳定，容易被酚类化合物还原成蓝色化合物（钼篮和钨篮的化合物）。蓝色的深浅与酚类化合物的多少成正比。因此，通过分光光度法就可确定水解产物酪氨酸的量，从而计算蛋白酶的活力。

(2) 方法要点。用分析纯的酪氨酸配成不同浓度的标准溶液，在一定的条件（温度、pH 及时间）下，与福林试剂反应显色，再在分光光度计上测出吸光度（OD 值），绘成标准曲线。然后，称取一定量的酶制剂试样，配成适当浓度的溶液，以过量的酪素溶液为底物，在一定温度和 pH 下，与上述酶液相作用，水解反应进行一定时间后，加入三氯醋酸，终止水解反应并使未水解的酪素沉淀，过滤，水解产物就留在滤液中。再加入碳酸钠溶液中和滤液中过量的三氯醋酸，并调节 pH 至碱性，加入福林试剂，显色后在分光光度计（或光电比色计）上测出吸光度（OD 值）。与标准曲线比较，计算出被测酶制剂的活力。

目前酶法脱毛中所用的酶制剂种类较多，有如下几种（表2-2）。

表2-2 几种蛋白酶催化反应的最适条件

酶的代号		pH	温度 $t/℃$
中性	1398	7~7.5	30~40
	S114	7.5~8.0	45~55.5
	166	7~8	40~45
	4253	8.0~8.3	40
	3942	7~7.5	45
酸性	3350	2~4	45
	7401	3.0	—
碱性	2709	9~11	40~45
	209	9.5~11	45
	289	9.5~11	45

在测定酶活力时，须根据不同的酶，配制最适宜的 pH 范围的缓冲溶液，测出的活力才标准。

（3）测定仪器。恒温水浴；可见分光光度计；电子天平（感量为 0.1mg）；pH 计（精度为 0.01）；磨口回流装置（2000mL）；试管（1.5×15cm）40~50 支；玻砂漏斗（细菌漏斗 No.4~5），定性中速滤纸；刻度吸量管（1，5，10mL）各 5 支；容量瓶、量筒、漏斗若干。

（4）测定试剂

① 福林试剂。在 2000mL 具磨口回流装置的烧瓶内，依次加入钨酸钠 100g，钼酸钠 25g，蒸馏水 700mL，85% 的磷酸 50mL。浓盐酸 100mL，全部加好装上冷凝器，以小火沸腾回流 10h，取下冷凝器后加入硫酸锂 50g，蒸馏水 50mL，混匀后再加入溴水数滴，煮沸约 15min，以除去多余的溴，此时溶液呈黄色（如仍有绿色则再加几滴溴水，再煮沸以除去过量的溴），冷却后加蒸馏水将此液稀释到 1000mL。混合均匀用玻砂漏斗过滤，滤液应呈金黄色，贮于棕色试剂瓶中，严防灰尘落入。本试剂可长期保存，使用时按 1:2 稀释。

② 0.55mol/L 碳酸钠溶液。称取无水碳酸钠 58.3g。溶于 1000mL 蒸馏水中。

③ 10%三氯醋酸溶液（TCA）。称取三氯醋酸 100g，加 900g 蒸馏水，溶解。

④ 0.02mol/L 磷酸缓冲溶液（pH7.2）

A 液：0.2mol/L 磷酸二氢钠（$NaH_2PO_4·2H_2O$）溶液。称取 31.2g $NaH_2PO_4·2H_2O$，以水定容到 1000mL。

B 液：0.2mol/L 磷酸氢二钠（$Na_2HPO_4·12H_2O$）溶液。称取 $Na_2HPO_4·12H_2O$ 71.7g，以水定容至 1000mL。

取 A 溶液 28mL，B 液 72mL，混合后定容至 1000mL。

⑤ 0.02mol/L 磷酸缓冲溶液（pH7.5）

取④中的 A 液 16mL，B 液 84mL 混合后定容至 1000mL。

⑥ 硼砂-氢氧化钠缓冲液（pH10.0）

A 液：称取硼砂 19g，以水定容至 1000mL。

B 液：称取氢氧化钠 8g，以水定容至 1000mL。

取 A 液 50mL，B 液 43mL，以水定容至 200mL。

⑦ 硼砂-氢氧化钠缓冲液（pH11.0）

取⑥之 A 液和稀释一倍的 B 液等量混合。

⑧ 柠檬酸-柠檬酸钠缓冲液（pH3.0）

A 液：称取 21.01g 柠檬酸（含 1 个结晶水）溶解后定容至 1000mL。

B 液：称取 29.4g 柠檬酸钠（含 2 个结晶水）溶解后定容至 1000mL。

A 液与 B 液按 18.6∶1.4 混合即得。

⑨ 乳酸-乳酸钠缓冲液（pH3.0）

A 液：0.2mol/L 乳酸液。称取乳酸 9g，溶解后定容至 500mL。

B 液：0.2mol/L 乳酸钠溶液。称取乳酸钠 11g，溶解后定容至 500mL。

A 液与 B 液按 5∶1 混合，再加三倍于混合液的水即得。

注：测定时只需根据酶种类的不同，选配上述缓冲液之一即可。

(5) 分析步骤

① 制作标准曲线。为了确定酪氨酸量与吸光度（OD 值）的对应关系，需要事先以不同浓度的酪氨酸标准溶液与福林试剂反应显色，测定其吸光度，绘出标准曲线。

a. 100μg/mL 酪氨酸标准溶液的配制。准确称取在 105℃ 烘干至恒重的酪氨酸 0.1000g，用 0.1mol/L 盐酸溶液溶解，移入 100mL 容量瓶中，并以 0.1mol/L 盐酸稀释至标线，即得 1mg/mL 的酪氨酸溶液。保存于冰箱中，用时吸取 10mL 此液于 100mL 容量瓶中，以 0.1mol/L 盐酸稀释至标线，即得 100μg/mL 酪氨酸的标准溶液。此溶液配成后也应及时使用或放入冰箱内保存，以免繁殖细菌而变质。

b. 不同浓度的酪氨酸标准溶液的配制。取干燥试管 7 支，编号后按表 2-3 所示的量，用刻度移液管加入酪氨酸标准溶液和蒸馏水，即配成六种不同浓度的酪氨酸溶液的标准系列。

c. 吸取上述不同浓度的酪氨酸标准溶液各 1mL，于干燥试管中（每种浓度都做平行试验）。分别加入 0.55mol/L 磷酸钠 5mL 和福林试剂 1mL，摇匀，再置 40℃ 恒温水浴中，显色 10min 后，在分光光度计（或光电比色计）上用 680nm 波长，以零号管中的溶液（即酪氨酸的浓度为零）作零点，测定各管中溶液的吸光度（平行两份之差不得超过 0.01）。

表 2-3　　　　　　　　　　　　酪氨酸溶液标准系列的制备

管号	酪氨酸的浓度/(μg/mL)	应加入 100μg/mL 酪氨酸体积/mL	应加入蒸馏水体积/mL
对照	0	0	10
1	10	1	9
2	20	2	8
3	30	3	7
4	40	4	6
5	50	5	5
6	60	6	4

d. 以吸光度值为纵坐标，酪氨酸浓度（μg/mL）为横坐标，作一标准曲线，此线应该通过零点。

② 样液制备及测定

a. 底物的制备。测定中性、碱性蛋白酶的活力可配制 2%酪素溶液。

称取酪素 2g，按不同酶种适量的 0.5mol/L 氢氧化钠溶液湿润片刻，再加与待测酶种相应的少许缓冲溶液，在沸水浴中加热到完全溶解（溶液应为透明），冷却后用精密 pH 试纸检查。调节溶液的 pH 到该酶反应的最适 pH，然后用相应的缓冲溶液定容至 100mL，置于 4℃的冰箱中保存，否则极易繁殖细菌，引起变质。超过 5 天应另行配制。

测定酸性蛋白酶的活力需要配制如下三种底物之一种。

0.5%酪素：称取酪素 0.5g，加入约 50mL pH3.0 缓冲溶液调溶，然后在沸水浴中加热，到清晰透明，冷却后再以上述缓冲溶液定容到 100mL，若有泡沫，可加 1~2 滴无水酒精消除。置于 4℃的冰箱中保存，超过五天另外配制。

0.5%国产血红蛋白（pH3.0）：称取国产血红蛋白 0.5g 用 50mL 0.02mol/L 盐酸溶解后过滤，再以此盐酸多次洗涤滤渣，滤液定容至 100mL。

1.5%进口血红蛋白（pH3.0）：称取进口血红蛋白 1.5g，按上述方法配成 100mL 溶液。

b. 待测酶液的制备。下面两种方法可任选一种，但在报告中最好注明是否经过过滤。

第一种方法：准确称取酶粉 2g，用约 100mL 与该酶种相应的缓冲溶液调溶，然后用上述缓冲溶液定容在 200mL 容量瓶中，振荡使其充分溶解。吸取一定量的上层清液用上述缓冲溶液稀释在一定量的容量瓶中摇匀备用（稀释倍数应控制在使水解产物与福林试剂显色后，OD 值在 0.2~0.4 范围内）。

第二种方法：准确称取酶粉 2g，以少量与该酶种相应的缓冲溶液溶解，并用玻棒捣研，将上层液小心倾入 100mL 容量瓶中，余渣部分加入上述缓冲液。如此反复捣研 3~4 次，最后全部移入容量瓶中。用上述缓冲溶液定容至标线，摇匀。用八层干纱布过滤。根据酶的活力，再将滤液吸出一定量，用上述缓冲液稀释至适当倍数待用（稀释倍数要求同上）。

若被测样品为液体，则视其活力的大小进行适当稀释。

(6) 测定步骤。将底物在 40℃恒温水浴中预热 3~5min，取干燥试管 3 支编号后加入待测酶液 1mL。在 40℃水浴中预热 3~5min 后，严格按表 2-4 的顺序加入各种溶液。

表 2-4　　　　　　　　　　　　　溶液加入顺序

加入溶液	对照	平行样	
		1	2
三氯醋酸体积/mL	3	0	0
酪素或血红蛋白体积/mL	2	2	2
在 40℃恒温水浴中准确保温 10min			
三氯醋酸体积/mL	0	3	3

加入三氯醋酸以后立即摇匀，在室温下放置 5min，以干滤纸滤入干燥试管中，分别

吸取滤液1mL于事先编好号的对照试管中,再加入碳酸钠溶液5mL,福林试剂1mL,摇匀后置40℃水浴中显色10min,以对照管为空白,在分光光度计上测定吸光度。

说明：① 在酶的催化反应过程中，由于产物的形成会影响溶液的pH，因此使用缓冲溶液来保持酶作用的最适pH。

② 当酶促反应到规定的时间时，用三氯醋酸终止酶的活动。三氯醋酸虽是有机酸但其酸性几乎接近于硫酸，可在极短时间内使酶蛋白质变性失活，提高测定的准确性。

③ 制备酪氨酸标准液前，应将酪氨酸在105℃下干燥2~3h，以去除水分保证标准液的可靠性。

④ 制作标准曲线时，用稀盐酸溶解酪氨酸（也可溶于碱中）。是为了与实测时保持同样的酸性条件（以三氯醋酸终止酶促反应后的水解液也是强酸性），以提高测定的精密程度。

（7）计算。根据定义，在一定条件下1g酶粉或1mL酶液，每分钟水解酪蛋白（或血红蛋白）产生的酪氨酸的μg数称为酶的活力。以单位/g或单位/mL表示。

若样品为酶粉，按式（2-26）计算酶的活力（单位/g）。

$$酶的活力 = \frac{6}{10} \times \frac{\rho \times A \times V}{m} \qquad (2-26)$$

式中 ρ——标准曲线上A为1时所相当的酪氨酸浓度（μg/mL），即比色计常数；

V——配制待测液时总的稀释体积（mL）；

$\frac{6}{10}$——水解反应时试液总体积为6mL，故应为6，水解反应时间为10min，故除以10；

m——酶粉样品质量（g）；

A——在分光光度计上测出的吸光度。

若样品为酶液，按式（2-27）计算酶的活力（单位/mL）。

$$酶的活力 = \frac{6}{10} \times \frac{\rho \times A \times V}{V'} \qquad (2-27)$$

式中 V'——酶液样品体积（mL），其余各项意义同前式。

（8）讨论及注意事项

① 目前我国测定蛋白酶活力都是用"福林法"，虽然测定时都在最适条件范围内但测定条件尚不完全统一。如有的水解时间为15min，有的10min，有的40℃，有的30℃，在不同条件下测出的结果相差很大，这里选用的是一般酶制剂厂规定的条件。为了在应用中具有可比性，在报告测定结果时应说明测定条件。

② 由于现有酶制剂是粗制品，颗粒大小不均，又有杂质及不溶物混在一起，尤其是填料能吸附一部分酶体，为了能使酶被充分浸提出来，在制备酶液时需充分溶解，用缓冲溶液反复浸提数次，最后将酶液及残渣全部转入容量瓶中定容，待用。

③ 水解反应时各种溶液的吸取量一定要准确，要使吸管内壁溶液尽量流出，而管外壁的液体用滤纸擦掉，反应时间、温度、pH均应按规定控制。要注意具体操作细则，否则会因较小的操作差错得出不准确的结果。

④ 加入三氯醋酸后要静置过滤，要求滤液澄清透明，否则会由于带入沉淀颗粒而影响比色结果。

⑤ 制好的福林试剂应呈金黄色，若呈现绿色表示此液中还有还原性物质存在，会使测定结果偏高。

⑥ 标准曲线应定期校正，更换试剂时需要另作标准曲线。

⑦ 底物酪素必须经过氢氧化钠润涨后才能完全溶解。配制后应放在低温下保存。

⑧ 标准曲线上的横坐标是酪氨酸标准液序列的浓度，为了取整数便于作图，应精确称取 0.1000g 酪氨酸配制标准液。

思 考 题

1. 蛋白酶活力测定的原理是什么？
2. 试述测定蛋白酶活力的方法要点。
3. 福林试剂是怎样配制的？正常的福林试剂应是什么颜色？
4. 在测定中为什么加入缓冲溶液和三氯醋酸？
5. 随着酶制剂在制革工业生产中的广泛应用，酶制剂对皮革的作用效果的检测和表征越来越重要，请问如何表征浸水酶、脂肪酶、浸酸后生皮软化酶和蓝湿皮软化酶的作用效果？

2.5 铬鞣剂分析

铬盐是使用最广泛的一种鞣剂。铬盐常以两种价态存在，即 Cr^{3+} 和 Cr^{6+}，只有三价碱式铬盐才具有鞣性而用于鞣制。制革厂常用葡萄糖将六价的铬还原成三价的铬，配制成具有一定碱度的铬鞣液。其用量多少，碱度的高低对成品革的质量起着重要的作用。在使用前必须对鞣液的铬含量和碱度进行分析，以计算其用量和满足工艺要求。

2.5.1 新配铬鞣液还原完全与否的检查

在配制铬鞣液时，常因还原剂不足，温度过低或酸量不足等原因，未能将六价铬全部还原成三价铬，残留的六价铬酸盐既无鞣性且有氧化性，对革的质量将产生不良影响。故在配制铬液时应将六价铬酸盐完全还原成三价铬盐，故须进行检查。

(1) 感观检查。将试管盛水三分之二，将一滴浓鞣液加于试管中心，若鞣液立即下沉，不向四周扩散，则表示还原完全。若鞣剂下沉极慢且向四周分散或溶液呈微黄色则表示还原不完全。

(2) 碘淀粉法。利用分析化学中的碘量法原理。取一试管加入 1 滴浓鞣液加水稀释，然后加入数滴稀盐酸使呈酸性，再加 0.5mL 碘化钾溶液及淀粉指示剂。如溶液有蓝紫色出现则表示尚有未还原的铬酸存在。

2.5.2 一浴铬鞣液的铬含量的测定

在铬鞣过程中，鞣液中的铬含量直接影响成革的质量，所以首先要对配制和使用的铬鞣液中的铬含量进行测定。通常以 Cr_2O_3 或 Cr 表示。

测定铬含量一般用容量分析中的碘量法。先用氧化剂将三价铬氧化成六价铬，然后用还原剂直接或间接滴定。由于分析过程中使用的氧化剂和还原剂的不同，分析方法较多，下面介绍几种常用的方法叙述如下。

2.5.2.1 过氧化钠法

（1）原理。用过氧化钠将三价铬氧化成六价铬，然后使六价铬酸盐在酸性介质中将碘化钾氧化释出一定量的碘。用硫代硫酸钠标准溶液滴定释出的碘即可得出溶液中铬的含量。发生的主要反应如式（2-28）~式（2-30）所示。

$$2Cr(OH)SO_4 + 4Na_2O_2 \rightarrow 2Na_2CrO_4 + 2Na_2SO_4 + H_2O + \frac{1}{2}O_2 \quad (2-28)$$

$$2Na_2CrO_4 + 16HCl + 6KI \rightarrow 2CrCl_2 + 4NaCl + 6KCl + 3I_2 + 8H_2O \quad (2-29)$$

$$I_2 + 2Na_2S_2O_3 \rightarrow 2NaI + Na_2S_4O_6 \quad (2-30)$$

（2）测定仪器和试剂。碘量瓶；过氧化钠（固体）；1∶1 HCl 或 20%硫酸；10%碘化钾溶液；1%淀粉指示剂；0.1mol/L 硫代硫酸钠标准溶液；5%硫酸镍溶液。

（3）分析步骤

① 分析溶液的配制。生产上配制和使用的铬鞣液，其铬含量很高，必须稀释，配成分析溶液，分析溶液的稀释度见表 2-5。

表 2-5　　　　　　　　　　　铬鞣液的分析稀释度

铬鞣液的相对密度	制备分析液的稀释度	
	原始鞣液吸取量/mL	稀释体积/mL
1.384	10	500
1.263	20	500
1.163	20	250
1.075~1.116	50	250
1.075 以下取 5mL 滤过而未稀释的鞣液		

注：如果铬鞣液的相对密度大于 1.384 则用秒量法取样，生产过程中的铬鞣液中如混有杂质，应先过滤。

如果生产上使用的是铬粉，则先准确称取 6~7g 铬粉，溶解定容到 250mL 容量瓶中，摇匀备用。

② 测定。吸取 10mL 分析溶液放入 250mL 碘量瓶中，加入过氧化钠 2g 及蒸馏水 50mL，缓缓煮沸 3~5min，此时溶液变成纯黄色。为了促进剩余过氧化钠分解，加入 5mL 5%硫酸镍溶液，再煮沸至溶液中无小气泡放出为止，将瓶冷却，加入 1∶1 HCl 或 20%硫酸于溶液中，直到沉淀完全溶解，再多加 5mL，并用蒸馏水冲洗瓶壁，冷却，加入 10%碘化钾溶液 10mL。盖瓶塞，水封，放暗处 5min 待其作用完全，然后用硫代硫酸钠标准溶液进行滴定，至溶液呈黄绿色时，加入约 1mL 淀粉指示剂，继续滴定到蓝色消失，溶液呈 Cr^{3+} 的翠绿色为终点。

（4）计算。铬鞣液中铬含量以 Cr_2O_3（g/L）表示，通过式（2-31）计算得到。

$$Cr_2O_3 = \frac{V_3 \times c \times \frac{1}{6} \times \frac{152}{1000} \times 1000}{V_1 \times \frac{V_2}{V}} \quad (2-31)$$

铬鞣液中铬含量以 Cr_2O_3（%）表示，通过式（2-32）计算得到。

$$\text{Cr}_2\text{O}_3 = \frac{V_3 \times c \times \frac{1}{6} \times \frac{152}{1000}}{m \times \frac{V_2}{V}} \times 100\% \tag{2-32}$$

式中　V_1——配分析试液时吸取浓鞣液的体积（mL）；

　　　V_2——测定时吸取分析试液的体积（mL）；

　　　V_3——滴定时耗硫代硫酸钠标准溶液的体积（mL）；

　　　c——硫代硫酸钠标准溶液的浓度（mol/L）；

　　　$\frac{1}{6}$——滴定过程三氧化二铬与硫代硫酸钠的摩尔比，即每滴定 1mol 三氧化二铬需要消耗 6mol 硫代硫酸钠；

　　　152——Cr_2O_3 摩尔质量（g/mol）；

　　　V——配分析溶液时稀释的体积（mL）；

　　　m——配分析溶液时称取的铬粉的质量（g）。

（5）注意事项

① 分析中所使用的氧化剂 Na_2O_2 的剩余量应除尽，否则加酸后铬酸会被氧化成蓝色的高铬酸使结果不准确。其反应过程如式（2-33）和式（2-34）所示。

$$\text{Na}_2\text{CrO}_4 + 2\text{HCl} \rightarrow \text{H}_2\text{CrO}_4 + 2\text{NaCl} \tag{2-33}$$

$$2\text{H}_2\text{CrO}_4 + \text{O}_2 \rightarrow 2\text{HCrO}_4 + \text{H}_2\text{O}$$
$$\text{蓝色} \tag{2-34}$$

② 加硫酸镍的目的是催化剩余的 Na_2O_2 分解。如无硫酸镍则需将溶液加热煮沸 30min 以上，使氧化剂 Na_2O_2 完全分解。

③ 当分析中经煮沸出现氢氧化铁红色沉淀时，应过滤或加 1mol/L 的磷酸至沉淀溶解（不再加硫酸或盐酸）。因 Fe^{3+} 能氧化碘化钾使结果偏高。溶液中加入磷酸后，使 Fe^{3+} 与 PO_4^{3-} 生成稳定的络合物，就不会氧化碘化钾。其反应过程如式（2-35）和式（2-36）所示。

$$2\text{FeCl}_3 + 2\text{KI} \rightarrow 2\text{FeCl}_2 + 2\text{KCl} + \text{I}_2 \tag{2-35}$$

$$\text{Fe}^{3+} + 3\text{H}_3\text{PO}_4 \rightarrow \text{Fe}(\text{H}_2\text{PO}_4)_3 + 3\text{H}^+ \tag{2-36}$$

④ 在选择氧化剂时需选择氧化性强，能将三价铬完全氧化成六价铬，且过量的氧化剂易除去，不留干扰物质，过氧化钠的优点即在于此。此法适合于新配的铬鞣液和固体铬鞣剂。

2.5.2.2　高锰酸钾法

（1）原理。在酸性溶液中，用高锰酸钾将三价铬盐氧化成六价的铬酸盐，过量的高锰酸钾以硫酸锰除去，然后按碘量法进行滴定，得出 Cr_2O_3 含量。其反应过程如式（2-37）~式（2-40）所示。

$$2\text{KMnO}_4 + \text{Cr}_2(\text{SO}_4)_3 + \text{H}_2\text{O} \xrightarrow{\text{H}^+} \text{H}_2\text{Cr}_2\text{O}_7 + \text{K}_2\text{SO}_4 + 2\text{MnSO}_4 + \text{O}_2 \uparrow \tag{2-37}$$

$$2\text{KMnO}_4 + 3\text{MnSO}_4 + 2\text{H}_2\text{O} \rightarrow 5\text{MnO}_2 \downarrow + \text{K}_2\text{SO}_4 + 2\text{H}_2\text{SO}_4 \tag{2-38}$$

$$\text{H}_2\text{Cr}_2\text{O}_7 + 6\text{KI} + 6\text{H}_2\text{SO}_4 \rightarrow 3\text{K}_2\text{SO}_4 + \text{Cr}_2(\text{SO}_4)_3 + 2\text{H}_2\text{O} + 3\text{I}_2 \tag{2-39}$$

$$\text{I}_2 + 2\text{Na}_2\text{S}_2\text{O}_3 \rightarrow 2\text{NaI} + \text{Na}_2\text{S}_4\text{O}_6 \tag{2-40}$$

（2）测定试剂。10%硫酸溶液；3.5%高锰酸钾溶液；10%硫酸锰溶液；10%碘化钾溶液；0.1mol/L 硫代硫酸钠标准溶液；1%淀粉指示剂溶液。

(3) 分析步骤。吸取上述按表 2-5 稀释的分析液（含 Cr_2O_3 量约为 0.10~0.15g），移入 250mL 碘量瓶中，加入 15mL 硫酸溶液，并加热至微沸，然后小心地自滴管中加入高锰酸钾溶液，直到稍微过量，溶液中出现粉红色不褪，再加热到微沸，煮沸时如溶液的红色消失，再滴入高锰酸钾溶液至溶液呈红色，至煮沸时不消失为止。然后加入 1~2 滴硫酸锰溶液以分解微过量的高锰酸钾并煮沸 1~2min，如果溶液红色不消失，则再加 1~2 滴硫酸锰溶液。

用滤纸滤去二氧化锰沉淀，以蒸馏水充分洗涤滤纸至不呈现黄色为止，将滤液和溶液加入 250mL 容量瓶中，稀释到刻度，摇匀。吸取 50mL 加入碘量瓶中，加 15mL 硫酸及 5mL 碘化钾溶液塞上瓶塞，于暗处放 5min 按前述方法用硫代硫酸钠标准溶液滴定至终点，从而计算 Cr_2O_3 量（同前述方法）。此法适于略含一些有机物的铬鞣液，如废铬液。

2.5.2.3 硫酸亚铁铵滴定铬酸法

(1) 原理。如前述方法，用氧化剂将三价铬盐氧化成铬酸盐后，加入硫酸和磷酸混合液使呈酸性铬酸盐，即重铬酸盐。在硫酸中加入磷酸的作用是亚铁盐滴定重铬酸根时所生成的高铁与磷酸进行络合，其生成物对指示剂二苯胺不起氧化作用。溶液中的重铬酸根完全为亚铁还原时，溶液中无氧化剂存在，指示剂便由紫色变为无色，溶液显出三价铬的绿色。

(2) 测定试剂。过氧化钠，化学纯（固体）；硫酸、磷酸混合液：浓硫酸（相对密度 1.84）150mL，加入 700mL 蒸馏水中，再将磷酸 100mL 加于上述硫酸溶液中即成；0.1mol/L 硫酸亚铁铵标准溶液：称取化学纯的硫酸亚铁铵 $[(NH_4)_2Fe(SO_4)_2 \cdot 6H_2O]$ 约 40g，用蒸馏水溶解并加入 3mol/L H_2SO_4 10mL，稀释成 1L，过滤盛于棕色瓶中。标定时，吸取 25mL 配制的溶液于 500mL 三角瓶中，加入硫酸、磷酸混合液 10mL，3~5 滴二苯胺指示剂，用 0.1mol/L 重铬酸钾标准溶液滴定至溶液由绿色变为紫色即为终点；苯胺指示剂：溶解 1g 二苯胺于 200mL 相对密度为 1.84 的硫酸中，或溶解 1g 二苯胺磺酸盐于 200mL 蒸馏水中。

(3) 分析步骤。吸取分析液（按表 2-5 稀释的）25mL 注入 250mL 三角瓶中，用过氧化钠将三价铬氧化成六价铬酸盐（操作同前）。待溶液冷却后加 50mL 蒸馏水和 10mL 硫酸、磷酸混合液，放置 3min，加入二苯胺指示剂 2~3 滴，用硫酸亚铁铵标准溶液滴定至溶液由紫色转变成绿色即为终点。

(4) 计算。通过公式 (2-31) 可计算得到铬鞣液中铬含量 Cr_2O_3 (g/L)；其中 V_3 表示滴定所耗硫酸亚铁铵标准溶液的体积 (mL)，c 代表硫酸亚铁铵标准溶液浓度，其余参数所代表的意义不变。

采用硫酸亚铁铵法测定铬酸含量，其优点是避免使用价格贵的碘化钾，其缺点是硫酸亚铁铵标准溶液浓度易变化，隔两天需要标定一次。对在短时间内需要测量大量试样的试验，采用硫酸亚铁铵法较适宜。

2.5.3 铬鞣液碱度的测定

在皮革工业上所使用的铬化合物中，只有三价的碱式铬盐才具鞣性。鞣液的碱度就是表示铬化合物中与铬结合的羟基与铬的关系。它对鞣革的性能有很大的影响，羟基多的鞣性大（每个铬原子结合的羟基数不应大于 3）但渗透慢，羟基数少的则渗透快，鞣性小，因此对铬鞣液除分析其铬含量外，还必须测定碱度。根据铬鞣液的性质不同可用两种方法测定其碱度。

2.5.3.1 碱滴定法

（1）原理。用标准氢氧化钠溶液在煮沸状态下滴定，其反应过程如式（2-41）所示。

$$Cr(OH)SO_4 + 2NaOH \rightarrow Cr(OH)_3 \downarrow + Na_2SO_4 \tag{2-41}$$

（2）测定仪器和试剂。0.1mol/L 氢氧化钠标准溶液；酚酞指示剂；150mL 白瓷蒸发皿。

（3）分析步骤。吸取测定铬含量的分析试液 10mL 注入容积为 150mL 的白瓷蒸发皿内，加入 100mL 蒸馏水，滴加 4~6 滴酚酞指示剂，用氢氧化钠标准溶液滴定溶液出现灰紫色即停止滴定。将溶液加热至沸，此时红色消失，然后继续滴定至煮沸时，溶液呈微红色不褪即为终点。

（4）计算。根据式（2-42）计算得到碱度（%）。

$$碱度 = \frac{c_1 \times V_1 - c_2 \times V_2}{c_1 \times V_1} \times 100\% \tag{2-42}$$

式中　c_1——测铬含量时所耗硫代硫酸钠溶液的浓度（mol/L）；

　　　V_1——测铬含量时所耗硫代硫酸钠溶液的体积（mL）；

　　　c_2——测酸量时所耗氢氧化钠溶液的浓度（mol/L）；

　　　V_2——测酸量时所耗氢氧化钠溶液的体积（mL）。

上述计算是指测定含铬量和碱度都取同样体积的分析试液，如果不同须乘以一系数。用氢氧化钠滴定铬鞣液中的酸，实际上包括两部分，一部分是与铬结合的酸根，另一部分是未与铬结合的游离酸，因此实际计算出鞣液的碱度与铬配合物的真实碱度是有差异的，下面列出的数据可以说明。

在含铬量为 10g/L 时，不同碱度的铬明矾溶液，测定值与理论值的差别如表 2-6 所示。

表 2-6　　　　　　不同碱度的铬明矾溶液的测定值与理论值的差别　　　　　单位：%

理论值	22	24	31.4	40.1
测定值	0	16	28	37.9

说明在配制铬鞣液时配制的碱度越低测定的结果相差越大，即是说明氢氧化钠滴定铬鞣液中的酸时，碱度低，鞣液的游离酸较多，测得值的差异就大，但在实际铬鞣过程中所用鞣液的碱度大多数在 30%~40% 或 40% 以上，所以在一般的铬鞣过程中的碱度以此测定值为准。

此法操作比较简便迅速，适合于一般工厂里用葡萄糖还原的铬鞣液，因为用糖还原配制的铬鞣液中主要是阳、中铬配合物，如果鞣液中阴铬配合物较多，用此法测定计算出的碱度偏差较大，则宜用草酸盐法。

2.5.3.2 草酸盐法

（1）原理。草酸盐从铬配合物内界中取代出羟基而形成三草酸铬，每取代出一羟基就形成一分子氢氧化钠，产生的氢氧化钠则被过量的硫酸（与草酸钠一起加入）中和，反应完后滴定剩余的硫酸就可以得出羟基的数量，从而计算出鞣液的碱度。反应过程如式（2-43）所示。

$$2Cr(OH)SO_4 + 6Na_2C_2O_4 + H_2SO_4 \rightarrow 2Na_3[Cr(C_2O_4)_3] + 3Na_2SO_4 + 2H_2O \tag{2-43}$$

(2) 测定仪器和试剂。回流冷凝装置；全自动电位滴定仪；0.1mol/L 硫酸标准溶液；2.5%草酸钠溶液；0.2mol/L 氢氧化钠标准溶液；酚酞指示剂。

(3) 分析步骤。于含有 Cr_2O_3 0.05~0.1g 的铬鞣液中加入 20mL 硫酸标准溶液和 50mL 草酸钠溶液，装上回流冷凝器，加热 1h，冷却，然后用氢氧化钠标准溶液滴定，以酚酞作指示剂。当溶液出现微红色为终点。按同样的操作对试剂（没有鞣液）进行空白试验。

(4) 计算。根据式（2-44）计算得到铬鞣液的碱度（%）。

$$碱度 = \frac{(V_1 - V_2) \times c \times \frac{1}{6} \times \frac{152}{1000}}{m} \times 100\% \tag{2-44}$$

式中 V_1——空白试验所耗氢氧化钠标准溶液的体积（mL）；

V_2——分析样品所耗氢氧化钠标准溶液的体积（mL）；

c——氢氧化钠标准溶液的浓度（mol/L）；

152——Cr_2O_3 的摩尔质量（g/mol）；

m——分析液中 Cr_2O_3 的质量（g）。

2.5.4 废铬液中铬含量的测定

在鞣制过程中，为了检查裸皮对铬的吸收情况，了解鞣剂利用率，做到有的放矢地制定处理废液污染的方案，需对废液中的铬含量进行分析测定。由于废液中铬含量较低，采用比色法测定比较简单、迅速。下面介绍铬酸钠比色法。

(1) 原理。废铬液中的 Cr^{3+} 在碱性条件下用过氧化钠氧化成 Cr^{6+}，在碱性条件下呈纯黄色的 Na_2CrO_4。随着量的增加而黄色加深，可用直接比色法进行测定（波长 390nm）。

(2) 测定仪器和试剂。可见分光光度计；固体过氧化钠（化学纯）；0.1mol/L 氢氧化钠溶液；铬标准溶液：称取已在 130℃烘箱中烘 2h 的 $K_2Cr_2O_7$ 基准试剂 0.2827g 溶解，移入 100mL 容量瓶中，用蒸馏水稀释至标线，此溶液为 1mgCr/1mL，将此液稀释 10 倍，则溶液为 0.1mg Cr/1mL。

(3) 制作标准曲线。于 8 个 50mL 容量瓶中分别加入含 0.1mg Cr/1mL 的标准溶液 0.0、0.5、1.0、1.5、2.0、2.5、3.0、3.5mL，然后分别加入 0.1mol/L 氢氧化钠溶液 1mL（使 pH 在 9 左右），稀释至标线，摇匀。在分光光度计上，在波长 390nm 处进行比色，以未加铬液的空白液参比调零，测其吸光度。以测得的吸光度为纵坐标和相应的铬量为横坐标作出通过原点的标准曲线。

(4) 样品的测定。吸取废铬液 1mL 于 100mL 锥形瓶中，加入过氧化钠约 0.8g 及蒸馏水 20mL，在电炉上缓缓加热煮沸，使 Cr^{3+} 完全氧化成 Cr^{6+}（纯黄色），冷却，将溶液移入 100mL 容量瓶中，用蒸馏水稀释至刻度，摇匀、过滤。吸取滤液 10mL 稀释至 50mL（此时溶液 pH 仍控制在 9 左右），在分光光度计上 390nm 处，以未加废液的空白试液参比调零测定其吸光度。根据测得的吸光度从标准曲线上查出铬量，从而计算废铬液中 Cr_2O_3 量。

(5) 计算。根据式（2-45）计算得到废铬液中铬含量（g/L）。

$$Cr_2O_3含量 = \frac{m \times 152 \times V_2}{V_1 \times V_3 \times 104 \times 10^3} \times 100\% \tag{2-45}$$

式中 m——从标准曲线上查得的 Cr 质量（mg）；

　　152——Cr_2O_3 的摩尔质量（g/mol）；

　　104——1mol Cr_2O_3 中 Cr 的质量（g）；

　　V_1——吸取废液体积（mL）；

　　V_2——稀释液的体积（mL）；

　　V_3——吸取分析液的体积（mL）。

（6）注意事项

① 测定样品和作标准曲线时，溶液 pH 均控制在 9 左右；

② 废液的稀释倍数以含铬量的高低而不同，最好控制在 0.1~0.4mg；

③ 此法适于鞣制结束时含铬量较低的废鞣液。

思 考 题

1. 用碘淀粉法检查新配铬鞣液还原与否的原理是什么？

2. 过氧化钠法、高锰酸钾法、硫酸亚铁铵滴定铬酸法测定铬含量的原理各是什么？它们各运用于什么鞣液？

3. 为什么碱滴定法只适于含中、阳配合物的鞣液，而不适于含阴铬配合物的鞣液？

4. 试设计一测定粉状铬鞣剂的方案，简要叙述其操作。并写出计算 Cr_2O_3 质量分数的计算式。

2.6　甲醛含量分析

甲醛（HCHO），相对分子质量 30.03，具有刺激性气味。市售甲醛是 36%~40%的甲醛水溶液，在空气中被氧化生成甲酸，因此在使用前要进行分析。

2.6.1　亚硫酸钠法

（1）原理。甲醛与亚硫酸钠反应生成与甲醛等摩尔数的氢氧化钠，然后用硫酸标准液滴定氢氧化钠，从而计算甲醛的含量。

（2）试剂。0.05mol/L 硫酸标准溶液；15%亚硫酸钠溶液（以酚酞 2 滴指示，以 0.05mol/L 硫酸中和至浅红色）；酚酞指示剂。

（3）分析步骤。用滴瓶准确称取约 3g 甲醛试样于已注入 10mL 蒸馏水的 250mL 容量瓶中，用水配成分析试液。

吸取上述试液 25mL 入三角瓶中，加入 1 滴酚酞溶液，滴加氢氧化钠至溶液呈红色，再用硫酸滴至刚转变至无色（不计量），加亚硫酸钠 20~30mL，静置 1~3min，此时溶液呈深红色。用硫酸标准溶滴定至终点（与对照瓶中浅红色一致）。

对照瓶的溶液配法：于三角瓶中加入蒸馏水 25mL，亚硫酸钠溶液 20~30mL 和酚酞溶液 1 滴（溶液呈浅红色）。

（4）计算。根据式（2-46）计算得到甲醛含量（%）。

$$\text{HCHO 含量} = \frac{V \times c \times 2 \times \frac{30.03}{1000}}{m \times \frac{25}{250}} \times 100\% \tag{2-46}$$

式中　V——硫酸标准溶液的体积（mL）；

　　　c——硫酸标准溶液的浓度（mol/L）；

　　　m——称取甲醛样品的质量（g）；

　　30.03——甲醛的摩尔质量（g/mol）。

2.6.2　过氧化氢法

（1）原理。在碱性条件下，过氧化氢将甲醛氧化生成甲酸，生成的甲酸用过量的氢氧化钠中和再反滴定剩余的氢氧化钠，从而计算出甲醛含量。反应过程如式（2-47）～式（2-49）所示。

$$HCHO + H_2O_2 \rightarrow HCOOH + H_2O \tag{2-47}$$

$$HCOOH + NaOH \rightarrow HCOONa + H_2O \tag{2-48}$$

$$NaOH + HCl \rightarrow NaCl + H_2O \tag{2-49}$$

（2）试剂。0.1mol/L盐酸标准溶液；0.1mol/L氢氧化钠标准溶液；3%过氧化氢溶液（用0.1%溴百里香酚蓝作指示剂以氢氧化钠中和）；0.1%溴百里香酚蓝指示剂。

（3）分析步骤。吸取按上法配制的分析试液25mL注入250mL的锥形瓶中，准确加入氢氧化钠溶液25mL，缓缓加入过氧化氢溶液15～20mL，瓶口置一小漏斗，在沸水浴上加热15min。（不时摇动），冷却，洗涤漏斗，加溴百里香酚蓝溶液2滴，然后用盐酸标准溶液滴至终点（蓝色→黄色）。同时作空白试验。

（4）计算。根据式（2-50）计算得到甲醛含量（%）。

$$\text{HCHO 含量} = \frac{(V_2 - V_1) \times c \times 30.03}{m \times \frac{25}{250}} \times 100\% \tag{2-50}$$

式中　V_2——空白试验所耗盐酸标准溶液的体积（mL）；

　　　V_1——滴定试样所耗盐酸标准溶液的体积（mL）；

　　　c——盐酸标准溶液的浓度（mol/L）；

　　　m——称取试样的质量（g）；

　　30.03——甲醛的摩尔质量（g/mol）。

思　考　题

1. 用亚硫酸钠法分析甲醛含量的原理是什么？
2. 分析甲醛含量的方法有哪些？原理分别是什么？

2.7　皮革加脂剂分析

加脂是制革、毛皮工业上重要的步骤之一。加脂的好坏程度对成革的质量影响很大，影响加脂过程的因素除革坯的准备情况外，与加脂剂本身的性能也有很大关系。选用适当的加脂剂,可增进成品革的柔软程度、耐湿性和耐磨性,对提高革的抗张强度、延伸率、革身的丰满弹性等物理机械性能都有积极作用。因此在加脂操作之前要对加脂剂的性能进行检验。

目前我国制革和毛皮工业所用加脂剂有天然油脂、油脂加工产物、矿物油和合成加脂剂。近年来天然油脂加工产品和阴离子合成加脂剂发展较快,其分析检验方法如下。

2.7.1 取样

2.7.1.1 取样数量

受检产品装于桶中,取样桶数为 $x \geqslant \sqrt{\dfrac{n}{2}}$（$n$ 为受检产品桶数）。取样数可按表2-7的数字选择。

表2-7　　　　　　　　　　受检加脂剂取样数

受检产品桶数	取样数	受检产品桶数	取样数
2~10	2	71~90	7
11~20	3	91~125	8
21~35	4	126~160	9
36~50	5	161~200	10
51~70	6		

此后每增加50桶取样数增加1。

2.7.1.2 取样器械和容器

玻璃管,长110cm,外径2cm；搪瓷混样杯；广口磨砂或广口塑料试样瓶。

2.7.1.3 取样方法和注意事项

（1）方法。取样前必须将待检样品混均,用玻璃管取出,放入混样杯中搅匀,再装入试样瓶中,取出样品不少于500g。

（2）注意事项。取样器械需洗净烘干,保持清洁。样品瓶的封口不能用蜡,只能用塑料薄膜或金属箔。样品瓶上应贴好标签,注明厂名、样品名称、生产批号和取样日期。

2.7.2 测定通则和主要测定项目

2.7.2.1 测定通则

（1）测试时,必须将样品加温至30~35℃,并充分混合后取样测定。

（2）各个测定项目必须进行平行实验（除乳化稳定性及乳化能力之外）。平行试验结果的误差,在允许范围内时取其算数平均值,如超过时,应另行取样测定。

（3）各测试结果的报告值,应符合表2-8的要求。

表2-8　　　　　　　　　　测试结果的表示要求

测试项目	计量单位	测定值	报告值
色度	g/L	小数点后二位	小数点后一位
水分	%	小数点后一位	整位数
pH	—	小数点后二位	小数点后一位
盐分	%	小数点后二位	小数点后一位
相对密度	—	小数点后三位	小数点后二位

2.7.2.2 主要测定项目

各类皮革加脂剂因用途不同,要求测定的项目也不尽相同。阴离子型合成加脂剂的必测项目是色度、水分、pH、相对密度、盐分以及在1:9稀释和1:4稀释条件下的乳化稳定性。而天然油脂加工产品中的软皮白油需测项目为水分、pH、1:9稀释和1:2稀释条件下的乳化稳定性以及乳化能力。丰满鱼油和亚硫酸化类油均需测定水分、pH、1:9稀释及1:2稀释条件下的乳化稳定性。除此之外,亚硫酸化类油还应测定对10%栲胶、10%铬盐、1mol/L盐酸和1mol/L氢氧化铵的乳化稳定性。

以上各测定项目的方法均以"制革用加脂剂测试方法"(轻工行业标准QB/T 2158—1995)为主要依据。

2.7.3 水分的测定——甲苯蒸馏法

(1) 原理。甲苯或二甲苯等烃类溶剂,与油脂中的水分形成非均匀共沸混合物,从油脂中蒸出,冷凝后溶剂与水分离,水沉降聚集在有刻度的接收管的下端,读取水的体积即可测出。

(2) 仪器和试剂。甲苯(沸点约110℃,分析纯)或二甲苯(沸点约130~140℃分析纯);水分测定器。

(3) 分析步骤

① 称20g样品(准确至0.001g)于水分测定仪圆底烧瓶内,放入几粒玻珠或瓷片,然后加入约试样质量2.5倍的甲苯(或二甲苯),充分混合均匀。

② 将仪器各部分连紧接好,用可变电炉缓缓加热,控制蒸馏速度为每秒钟2~4滴。

③ 当水的体积不再增加(接收管壁上的水滴可用有橡皮头的玻棒推入接收器的底部),而溶剂上层完全透明时,停止蒸馏。

④ 冷却至室温,冷凝管用少量甲苯冲洗,待甲苯和水在刻度管内明显分层后,读取刻度管下层水的体积。

(4) 计算。根据刻度管下层水的体积以及称取的样品质量,计算加脂剂的水分含量,以百分数表示。允许误差:要求两次平行测定结果,相差不大于0.5%时,取其算术平均值。

(5) 注意事项

① 所用器皿必须事先彻底洗净烘干,以免水珠附在器壁上影响测定结果。

② 试样与溶剂必须充分混匀。

③ 蒸馏后的残留物可再次蒸馏回收。

④ 样品中含水分超过20%时,称样可减为10g。

⑤ 本法蒸馏完全,适用于干性油、含挥发性物质的油脂试样,因是在低温下蒸馏出水分的,这就避免了由于高温加热而氧化的影响。

⑥ 加脂剂中水分含量测定,除了甲苯蒸馏法,还可采用卡尔费休水分测定仪进行测定,卡尔费休法测定加脂剂中的水分,具有需要样品量少、测定结果准确的优点,前提是加脂剂样品能够溶解在甲醇溶液中。

2.7.4 pH的测定

加脂溶液的pH直接影响到加脂效果,因此必须测定加脂剂的pH,以便使用时调整。加脂剂的pH指的是其10%溶液的pH。

测定：加入样品 5g（准确至 0.1g），然后取 45mL 蒸馏水于 50mL 烧杯内，搅匀后在 pH 计（精度为 0.1）上测定，连续测定两次，读数相差不应超过 0.1pH，取其平均值。

2.7.5 乳化稳定性的测定

皮革加油时，经常使用硫酸化油、亚硫酸化油，它们能与水溶混形成乳状液，加入革中可使油脂均匀地分布在皮纤维内，获得良好的加油效果。而硫酸化油的成分又较复杂，一般是从使用角度出发，测其乳化稳定性和乳化能力。

由于不同的革，不同的工艺条件，对其乳化稳定性有不同的影响，故对不同的加脂剂的乳化稳定性，选用不同的测定条件和方法。

（1）试剂和仪器。10%杨梅栲胶溶液；10%硫酸铬钾溶液；1mol/L 盐酸溶液；1mol/L 氢氧化铵溶液；100mL 具塞量筒。

（2）测定

① 1∶9 稀释稳定性的测定。取 55~60℃ 热蒸馏水 90mL 于 100mL 具塞量筒中，加入 10mL 样品，塞紧瓶塞，上下翻动 1min（约 30 次），摇匀后在 25~35℃ 静置 24h，应无浮油。

② 1∶4 稀释稳定性的测定。取 55~60℃ 热蒸馏水 80mL 于 100mL 具塞量筒中，加入 20mL 样品，塞紧瓶塞，上下翻动 1min（约 30 次），摇匀后在 25~35℃ 静置，观察多少时间后，出现油珠及分层。1∶4 稀释倍数只适用于阴离子型合成加脂剂，放置时间以 8h 为准，应无油珠、不分层。

③ 1∶2 稀释稳定性的测定。取 55~60℃ 热蒸馏水 60mL 于 100mL 具塞量筒中，加入样品 30mL，塞紧瓶塞，上下翻动 1min（约 30 次），摇匀后在（30±2）℃保温箱内静置 4h，应无油珠不分层。1∶2 稀释倍数只适用于软皮白油。

④ 对 10%栲胶的稳定性的测定。取 55~60℃ 热蒸馏水 80mL 于 100mL 具塞量筒内，加入样品 10mL，10%杨梅栲胶溶液 10mL，塞紧瓶塞。上下翻动 1min（30 次），摇匀后在 25~35℃ 静置 4h。应无油珠，不分层。

⑤ 对 10%硫酸铬钾溶液的稳定性的测定。取 55~60℃ 热蒸馏水 80mL，于 100mL 具塞量筒内，加入试样 10mL，塞紧量筒塞，摇匀再加入 10%硫酸铬钾溶液 10mL，上下翻动 1min（约 30 次），摇匀后在 25~35℃ 静置 4h。应无油珠，不分层。

⑥ 对 1mol/L 盐酸溶液的稳定性的测定。取 55~60℃ 热蒸馏水 80mL，于 100mL 具塞量筒中，加入试样 10mL，摇匀，再加入 1mol/L 的盐酸溶液 10mL，塞紧量筒塞，上下翻动 1min（约 30 次），摇匀后在 25~35℃ 静置 4h。应无油珠，不分层。

⑦ 对 1mol/L 氢氧化铵溶液的稳定性的测定。取 55~60℃ 热蒸馏水 80mL，于 100mL 具塞量筒内，加入样品 10mL，摇匀，再加 1mol/L 氢氧化铵溶液 10mL，塞紧量筒塞，上下翻动 1min（约 30 次），摇匀后在 25~35℃ 静置 4h。应无油珠，不分层。

2.7.6 盐分的测定—佛尔哈德法

（1）原理。在被测试液中，加入过量的硝酸银标准溶液，以硫氰酸铵滴定剩余的硝酸银。在滴定过程中，首先生成硫氰酸银沉淀，在达到等当点时，过量 1 滴的硫氰酸根离子与铁铵矾（指示剂）中的铁离子反应，生成红色的硫氰酸铁配合物指示终点。反应过程如式（2-51）~式（2-53）所示。

$$Ag^+ + Cl^- \rightarrow AgCl\downarrow（白色） \quad (2-51)$$

$$Ag^+ + SCN^- \rightarrow AgSCN\downarrow (白色) \tag{2-52}$$

$$Fe^{3+} + 3SCN^- \rightarrow Fe(SCN)_3 (红色) \tag{2-53}$$

（2）试剂。2mol/L 硝酸溶液；0.05mol/L 硝酸银标准溶液；0.05mol/L 硫氰酸铵标准溶液；饱和铁铵矾溶液（浓度约为 40%）。

（3）分析步骤。用滴瓶以减量法称取样品 1~1.5g，置于 250mL 容量瓶中，用蒸馏水定容至刻度摇匀。吸取此溶液 25mL 于三角瓶中，加入 2mol/L 硝酸溶液 1.0mL，再用移液管准确加入 0.05mol/L 硝酸银标准溶液 10mL 及指示剂（饱和铁铵矾）2mL，摇匀后，以 0.05mol/L 硫氰酸铵标准溶液滴定至红色即为终点。

同时以蒸馏水 25mL 代替样品溶液作空白试验。

（4）计算。根据式（2-54）计算盐分含量（%）。

$$NaCl 含量 = \frac{(V_1 - V_2) \times c \times 58.48}{m \times \frac{25}{250}} \times 100\% \tag{2-54}$$

式中 V_1——空白试验所耗硫氰酸铵标准溶液的体积（mL）；

V_2——试样所耗硫氰酸铵标准溶液的体积（mL）；

c——硫氰酸铵标准溶液的浓度（mol/L）；

m——试样质量（g）；

58.48——氯化钠的摩尔质量（g/mol）。

允许误差：两次平行测定的结果，相差不大于 0.1% 时，取其算术平均值。

（5）注意事项

① 此法只适用于酸性溶液中滴定。

② 在以硫氰酸铵滴定剩余的硝酸银时，在等当点前需剧烈振动。但到终点时要轻轻摇动。

2.7.7 碘值的测定

碘值表示有机化合物中不饱和程度的一种指标，指 100g 物质中所能吸收（加成）碘的克数。不饱和程度愈大，加脂剂碘值愈高。

（1）原理。在溶剂中溶解试样并加入过量的氯化碘溶液，氯化碘与加脂剂中的不饱和双键发生加成反应，然后加入碘化钾溶液与剩余的氯化碘反应，生成的碘用硫代硫酸钠标准溶液滴定，通过消耗的硫代硫酸钠的量计算出碘值。

（2）试剂和仪器。环己烷和冰乙酸混合溶剂（等体积混合）；韦氏试剂（含一氯化碘的溶液，以三氯化碘和碘配制，溶解于乙酸和环己烷混合溶剂）；碘化钾溶液（100g/L，不含碘酸盐或游离碘）；淀粉溶液（5g/L，将 5g 可溶性淀粉在 30mL 水中混合，将此混合液于 1000mL 沸水中煮沸 3min 并冷却）；0.1mol/L 硫代硫酸钠标准滴定溶液；分析天平：感量 0.1mg；500mL 碘价瓶。

（3）分析步骤

① 根据估计的碘值称取适量的试样，一般估计碘价在 3.00~20 时称取 1.00g；21~50 时称取 0.40g；51~100 时称取 0.20g；101~150 时称取 0.13g；151~200 时称取 0.10g。

② 将称好试样的小烧杯放入 500mL 碘价瓶中，加入 20mL 环己烷和冰乙酸混合溶剂，

轻轻摇动使试样完全溶解；准确加入25.00mL的韦氏试剂，盖好塞子，摇匀后将锥形瓶置于暗处。对于碘值低于150（g/100g）的样品，锥形瓶应放在暗处反应1h；碘值高于150（g/100g）或已经聚合的物质或氧化到相当程度的物质，应置于暗处2h。

③ 反应结束后，加入20mL碘化钾溶液和150mL水，摇匀；用标定的硫代硫酸钠标准滴定溶液滴定至浅黄色；然后加入几滴淀粉溶液，继续滴定，直到剧烈摇动后蓝色刚好消失，即为终点。

④ 用同样的试剂和仪器，但不加入试样，按照以上步骤进行操作，用于校正试剂和实验过程中的误差。

（4）计算

根据式（2-55）计算加脂剂的碘值。

$$碘值 = \frac{(V_0 - V) \times c \times 0.1269}{m} \times 100 \tag{2-55}$$

式中　V_0——空白试验消耗硫代硫酸钠标准滴定溶液的体积（mL）；
　　　V——试样消耗硫代硫酸钠标准滴定溶液的体积（mL）；
　　　c——硫代硫酸钠标准滴定溶液的浓度（mol/L）；
　　　m——试样的质量（g）；
　　　0.1269——与1.00ml硫代硫酸钠标准滴定溶液[c（$Na_2S_2O_3$）= 1.000mol/L]相当的碘的质量（g）。

思 考 题

1. 加脂剂的分析在制革生产上有何意义？
2. 通过上述加脂剂的分析，怎样确定其有效成分？
3. 根据加脂剂的性质，你是否可以设计一实验，直接测出加脂剂的碘值？

2.8 皮革的微观结构观察

被检测的样品用手工切片法或在切片机上切成薄片，在显微镜下对其组织结构进行观察，能对样品的质量作出有价值的鉴定。从纤维编织的规则性、纤维组织的明晰度，可说明生产过程是否正常和原材料的结构特征。从纤维束的交织角、弯曲度、紧密性可以确定产品的物理性能，因此显微结构分析对于正确评估成品的质量具有重要的作用。

下面以皮革制品为代表，叙述微观结构的显微观察。

2.8.1 微观结构检验常用设备

2.8.1.1 光学显微镜

光学显微镜种类繁多，有单目的、双目的及带有摄影装置的；有自然光源的，也有人工照明光源的。尽管这些显微镜各有其特点，但是，无论哪一种显微镜，其基本构造都是相同的，它包括光学系统和机械系统两大部分。光学部分主要是物镜、目镜、聚光镜、反光镜（或照明灯泡）和光阑；机械部分主要是载物台、镜筒、转换器及粗细调焦螺旋。

光学显微镜是一种贵重的精密仪器，使用时必须十分小心，否则就可能损坏镜头和精密机械部分。现将使用方法简介如下。

(1) 装上物镜和目镜。

(2) 将准备观察的切片放在载物台上，盖玻片的一面对准物镜。

(3) 调光。

① 采用自然光源时，则小心地转动反光镜的角度，使反射平面对准光源，力求显微镜视野内照明强烈而均匀，注意供反射光线的光轴与镜筒轴一致。放大率低于100倍时使用反光镜的平面镜，高于100倍或光线较弱以及遇有窗格等障碍物时则用凹面镜。

② 采用人工光源，则开启电源开关，并控制到所需要的适度光亮度。

(4) 对焦。用低倍干燥系物镜观察切片时，先用粗螺旋将镜筒缓慢地下降或将载物台缓慢上升，到物镜前透镜达到稍低于工作距离的位置时停止（工作距离即焦点对准时，物镜前透镜与盖玻片之间的距离），这时必须在侧面用肉眼观察，不能使物镜接触盖玻片，然后，把眼睛放在目境上，一边观察视野，一边用粗螺旋慢慢地升高物镜或降低载物台，在看到物象后，再用细螺旋精确地调节焦点，这样便可得到清晰的物像。

使用高倍物镜时，必须特别小心，否则可能压破玻片甚至损坏镜头。

目镜的更换不会影响焦点，只是放大率愈高，视野愈窄，光线愈暗，焦点愈低，故使用高倍物镜时，视野变暗，为了补充光量之不足，必须调节照明装置，如有聚光镜可升高它使之靠近载物台，若无聚光镜就改用凹面镜来反射光线，如光源为灯泡则可开启开关，调节亮度。

2.8.1.2 切片机

供组织学以观察的试样是极薄的切片，一般厚度为 $5\sim25\mu m$，要制取这样薄的切片，必须使用特制的切片机器，这种切片用机器称为切片机。尽管切片机的样式很多，性能也不一样，但一般可分为两大类型，即旋转式切片机和滑走式切片机。这两种切片机的主要结构都是由控制切片厚薄的微动装置，供装置切片刀的夹刀部分及供放置组织块的夹物部分等三个部分组成。

2.8.2 制片的步骤和原理

制片工作手续繁多，归纳起来主要分为固定、切片、染色三个部分，其中切片和染色又包括若干步骤，现分述如下。

2.8.2.1 固定及固定剂

生皮是动物蛋白质，在潮湿状态下，由于本身的自熔化作用及细菌的侵蚀，极易腐烂变质，因此，刚从动物体上取下的新鲜皮样，经洗涤后，必须立即投入固定液中进行固定，如为干皮样品则需经浸水回软后再进行固定。

(1) 固定的目的

① 防止组织腐烂变质。

② 尽可能保持组织原有形状。

③ 增加组织的硬度，使之在固定后的各种操作中，不致发生歪曲、变形等现象。

④ 使组织内各种物质产生不同的折光率，便于识别。

(2) 固定的原理。沉淀作用：这是一种物理变化，如油类及脂肪遇到锇酸时，即产生黑色沉淀。

变性作用：这是一种化学作用，如用酒精及甲醛固定生皮都是使蛋白质变性。

（3）固定剂的种类。固定剂一般分为简单固定剂和混合固定剂两种。所谓简单固定剂即只用一种药品作为固定剂，如甲醛、乙醇等。混合固定剂则是由几种药品配制而成的固定剂，如波音氏（Bouin）固定剂。皮革制片常用的是简单固定剂，但由于简单固定剂不能同时固定样品中的各种物质，所以根据需要有时也可选用混合固定剂。

现将皮革制片常用的固定剂及其性能概述如下：

① 甲醛。市售含甲醛37%~40%的水溶液又称福尔马林，固定用10%的溶液是指福尔马林含量的百分比，实际仅含甲醛3.7%~4.0%。甲醛易氧化成甲酸，故甲醛液常带酸性，用它固定的组织亦带酸性，严重时要影响细胞核的染色，因此，一般均配成中性甲醛液使用。

10%中性甲醛液的配制：100mL 甲醛；900mL 蒸馏水；4g 磷酸二氢钠（$NaH_2PO_4 \cdot H_2O$）；6.5g 磷酸氢二钠（Na_2HPO_4）。

甲醛液固定组织渗透速度快，组织收缩小，但若经酒精脱水后会产生强烈收缩。

② 波音氏（Bouin）固定液。是固定组织的一种良好的固定液，渗透迅速，固定均匀，组织收缩少。

其配制法为：75mL 苦味酸饱和水溶液；25mL 40%甲醛液；5mL 冰醋酸（临用时加入）。

固定时间长短需视组织大小而定，常为8~24h。固定后的组织投入70%酒精中浸洗，经常更换溶液，至黄色除去为止。

（4）固定剂的选择。固定的好坏，直接关系到能否制得好的切片，因此，必须选择适当的固定剂，在选择固定剂时要考虑下列几点：

① 能否沉淀或凝固蛋白质、脂肪、类脂或碳水化合物；

② 穿透组织的速度；

③ 是否使组织膨胀或收缩；

④ 对染色的影响。

（5）固定注意事项

① 组织块面积如小于固定用广口瓶瓶底面积，则可将组织块平放于瓶中固定，这样可使固定后的组织块较为平整，而不致变形影响切片。如组织块面积大于固定用广口瓶瓶底面积，则可先将组织块平放于另一较大标本缸中固定数小时，待组织块已变硬，再移入广口瓶中继续固定。此时，因组织已硬化，即使不平放于广口瓶中亦不会变形。

② 固定用广口瓶上要贴标签，写上标本名称及固定日期，如使用数种固定剂则还需写明所用固定剂名称。一个瓶中最好只放一个样品，以免因样品弄错而影响观察结果。如样品太多，需要在一个瓶中放入数个样品时，必须分别作上记号，并写明样品名称，否则就很可能出现将样品弄错的现象。

2.8.2.2 切片的方法及程序

切片是整个制片过程中主要步骤之一，切片质量的好坏，直接关系到制片工作的成败，故对切片操作必须特别重视。切片的方法有多种，即冰冻切片法、明胶包埋法、石蜡包埋法以及火棉胶包埋法、炭蜡包埋法等，由于需要切片的样品种类很多，这些样品在软硬程度或紧密程度上又各不相同，因此，在切片前先要根据不同组织的特点，确定应采取的切片方法，如对于较硬（或较紧密）的组织可以直接进行冰冻切片，对于松软的组织，则必须经过包埋后，才能获得完整的切片。切片的方法不同，切片前的操作程序及切片后的染色程序也有所差异。在皮革组织切片工作中，常用的切片方法是冰冻切片法、明胶包埋法、石蜡包埋法三种，极少使用火棉胶包埋法及炭蜡包埋法。

下面介绍冰冻切片法。这种切片法操作简便，迅速，在制片过程中不加温，又不经过溶剂处理，故组织没有明显的收缩，能较好地保持其原来的状态，适用于切较硬，较紧密的组织，如猪皮及部分组织较紧密的牛、马皮等。缺点是不易切得很薄的片子（一般厚度多在 10μm 以上），也难以制作连续切片。切片步骤为：

取样→冲洗（或用清水浸透）→固定→切取组织块（组织块大小约 1×0.4cm）→冲洗→切片

（1）取样。根据制作切片的目的和要求，在具有代表性皮张的指定部位取样，样块可按需要取为正方形、长方形或长条形，样块面积以不超过 16cm^2 为宜，如取样面积过小恐切片失败后无法重新补作；取样面积过大，则可能影响取样部位的准确性，特别是小型皮张（如羊皮及毛皮用皮张）影响更大，取样时必须注意。

（2）冲洗。如为鲜皮或生产过程中的湿皮，用自来水冲洗干净即可。如为干皮或成革则必须用清水浸透浸软。

（3）固定。10%中性甲醛液固定 24h 以上。

（4）冲洗。用中性甲醛固定的组织块，稍加水洗即可切片，用酒精或含酒精的固定剂固定的组织块，则必须用流水冲洗 24h 以上，方可切片，否则即使有少量酒精存留在样品中，也会影响冰冻速度。

（5）切片。一般均用半导体致冷器冰冻法，而极少用液体二氧化碳冰冻法切片。

2.8.3　染色

组织切片制成以后，如果不经过染色即用显微镜进行观察，则由于组织内的许多结构在自然状态下是无色的或者只是带有很浅淡的颜色，在这种情况下，虽然也能看出一些不同的结构，但要辨别其真正的形态，则很困难，特别是某些细微的结构，如弹性纤维、细胞核等根本就看不出来。经过染色以后，则使组织或细胞的某一部分和其他部分染上了不同的颜色或深浅程度不同的颜色，从而产生不同的折射率，使组织或细胞内各部分的构造显示得更为清楚，便于利用光学显微镜进行观察，故一般情况下都要进行染色。

2.8.3.1　染料的种类

组织学所用的染料按其来源分为天然染料和合成染料两大类。

常用的天然染料有：苏木素、胭脂红、俄西印等。有些天然染料的化学成分及性质，现在尚未完全弄清楚。常用的合成染料有伊红、苦味酸、苏丹Ⅲ、苏丹Ⅳ、酸性复红、碱性复红等。

现将皮革组织最常用的染料分述如下：

（1）苏木素（Hematoxylin）。是由一种名为苏木的植物的心材浸制而得的染料，产于北美墨西哥。

苏木素也是一种染细胞核的优良染料，易溶于酒精，微溶于水和甘油，它本身不能直接用于染色，必须经氧化成苏木红，并配合适当的媒染剂才具有良好的染色能力。一般常用的媒染剂为铵明矾、钾明矾和铁明矾等。

苏木素配成的溶液须曝露于日光中，使其氧化成苏木红（即称为成熟）。但自然氧化需时较长，急于使用时，可加入氧化剂如氧化汞、高锰酸钾、过氧化氢等以加速氧化。

现将常用的两种苏木素配制方法介绍如下：

① 哈氏（Harris）苏木素

甲液：1g 苏木素；10mL 纯酒精。

乙液：20g 铵（或钾）明矾；200mL 蒸馏水。

配制法：先将铵（或钾）明矾溶于蒸馏水（可适当加热），苏木素溶于纯酒精，然后将苏木素酒精溶液倒入明矾液中，加热煮沸约 1min，离火缓缓加入氧化汞 0.5~1g，在不断搅拌下继续加热煮沸至溶液呈深紫色（约 1~2min），立即移入冷水冷却，静置一夜，过滤密闭保存，用前若加冰醋酸 4~6mL，染色效果更佳。此染液配好即可使用，虽可久存但经过 2~3 月后，染色效果减弱，故不宜多配。

② 威氏（Weigert）铁苏木素

甲液：1g 苏木素；100mL 纯酒精。

乙液：4mL 29%三氯化铁水溶液；95mL 蒸馏水；1mL 盐酸；

乙液亦可用三氯化铁 1.16g 溶于蒸馏水 98mL，加盐酸 1mL 配制。

临用时将甲、乙两液等份混合，先将甲液注入，再加入乙液较易混合。两者混合后，呈紫黑色，容易发生沉淀不能久存。

（2）俄西印（Orcein）。又名地衣红，是从一种地衣纲植物中取得。这种植物本身无色，但用氨处理及曝露在空气中，则成蓝或紫色。俄西印的构造尚未明确，其性质为弱酸，溶于碱液中呈紫色，对弹性纤维有自然亲合力，故主要用于弹性纤维染色。

（3）伊红（Eosin）。是一种最有价值的细胞浆染料，常与苏木素合用作对比染色，简称 H·E 染色。优良的伊红，对组织染色略具鉴别作用。即能将肌肉染为深红色，胶原纤维为淡红色。伊红易溶于水，常用为 1%的水溶液。

（4）苏丹Ⅲ（SudanⅢ）。易溶于脂肪，在脂肪中的溶解度比在酒精中大，故用于脂肪的染色。常用的染液为苏丹Ⅲ在 70%酒精中的饱和溶液。

（5）苏丹Ⅳ（SudanⅣ）。又名猩红，染色效果较苏丹Ⅲ为好，故染脂肪常以苏丹Ⅳ代替苏丹Ⅲ。苏丹Ⅳ是一种弱酸性染料，染液为在 70%酒精中的饱和溶液。

（6）苦味酸（Picric acid）。为良好的细胞浆染料，常用于苏木素染色之后，对肌肉、角质染色力特强。

（7）酸性复红（Acid fuchsin）。又名酸性品红，为红色粉末，易溶于水，为良好的细胞浆染料。

（8）碱性复红（Basic fuchsin）。又名碱性品红，为暗红色粉末或结晶，能溶于水和酒精，常用 1%的水溶液，可染粘朊及弹性纤维等。

2.8.3.2 冰冻切片染色的主要步骤及原理

（1）染色步骤

① 脂肪组织的染色。附贴→染色→分化→甘油明胶封固→贴标签。

② 胶原纤维及弹性纤维的染色。附贴→染色→水洗→分化→水洗→酒精脱水→二甲

苯透明→中性树胶封固→贴标签。

(2) 各主要步骤原理

① 附贴。将切片粘贴在载玻片上称为附贴。为使切片附贴牢固，不致在染色过程中从载玻片上脱落下来，附贴前必须在载玻片的一端涂上附贴剂。附贴剂的种类很多，一段常用的是梅氏（Mayer）附贴液（即蛋白甘油附贴液）。其配制方法如下：

将鲜鸡蛋一端打一小孔，让蛋白流入碗中（不要蛋黄），用筷子充分调打成雪花状泡沫，直至全部成为雪花状泡沫为止。然后用棉花或双层纱布过滤到量筒中，经数小时后，即可滤出透明蛋白液，再加等量甘油，稍加振荡使二者充分混合，最后加入少许麝香草酚防腐即成。蛋白甘油应保存于冰箱中。

冰冻切片附贴法

将切片放入盛满冷水的培养皿中，并将培养皿放在黑纸上，以便选择较好的切片贴在载玻片上。

先将载玻片的一端涂抹一薄层蛋白甘油，再将已涂抹蛋白甘油的一端浸入培养皿的水中，用玻璃弯针或毛笔将切片轻轻移到载玻片上摊平，然后将载玻片移出水面，并置于烤片盒中让其自然干燥或放入37℃保温箱中烘干。

② 分化。组织经过染色之后，需用适当的化学药品褪去不需上染的部分，以便使染料牢固结合的部分更为明显，清晰地显现出来，这一操作称为分化。分化所用的化学药品称为分化剂（亦称脱色剂），分化剂可分为三类：

a. 酸类。它能使留在组织内的金属离子分离，并与之化合而成可溶性的盐类，从而褪去一部分颜色。一般配成0.1%或1%的盐酸酒精溶液，简称0.1%或1%的酸酒精溶液（即100mL 70%的酒精溶液中加入0.1mL或1mL浓盐酸）。

b. 氧化分化剂。它具有漂白作用，能把组织上所有的染料无选择地氧化为无色物质，但其作用速度较慢，故可先将与组织结合不牢的颜色漂白，而着色牢固部分则可保留必要的颜色，从而达到分化的目的。高铁氰化钾、高锰酸钾、铬酸、重铬酸钾及苦味酸等都是氧化分化剂。

c. 媒染分化剂。媒染剂同时用作分化剂，在染色前起媒染作用，而染色后则可使着色不牢部分褪色，即为分化剂。

染色前，切片经媒染剂媒染后，与染料结合而染上了颜色，其关系为组织—媒染剂—染料。分化时，切片投入过量的媒染分化液中，其关系为染料—媒染剂，则与染料结合较少较弱的部分首先分离而褪色，与染料结合较多较牢固的部分，则只褪去一部分颜色，故切片色彩清晰。用费氏（Verhoeff）法染弹性纤维，染色时加入三氯化铁即为媒染剂，分化时仍用三氯化铁则为分化剂。

无论用哪种分化剂，都必须恰当掌握分化程度，如分化不够，应该褪去的颜色没有褪掉，则整个组织切片都着色较深而分辨不清，如分化过度而将颜色全部褪掉，则达不到染色目的，故必须掌握好分化程度。

③ 脱水与透明。除不染色的切片及染脂肪的切片，因用水溶性封固剂而不需脱水透明外，其他各种用非水溶性封固剂封固的切片，在染色、分化、水洗后均需经过脱水与透明，这是因为水的折光率比组织低得多，切片不够透明，显微镜观察时模糊不清，且切片不能持久保存。而经过脱水，透明，用非水溶性封固剂封固的切片则非常清晰，又可长期

保存。常用的脱水剂仍为酒精，透明剂为二甲苯。

④ 封固。切片经染色，脱水、透明之后立即进行封固，以便进行观察和使切片能在适当的封固剂中保存。理想的封固剂其折光率最好与组织相近似，这样既透明又清晰，一般采用的封固剂有两种：

a. 水溶性封固剂。用于未染色片及脂肪染色片的封固。采用这种封固方法切片不经脱水透明等步骤即可直接封固，但只能作暂时保存，如需长期保存，则在用水溶性封固剂封固后，再用加拿大树胶密封，才能作为永久性封固。主要的水溶性封固剂有甘油和Kaiser氏甘油明胶液两种。Kaiser氏甘油明胶为：40g明胶（颜色浅淡、质量好的）、250mL甘油、210mL蒸馏水和5mL石炭酸熔融液。

先将甘油和蒸馏水混合，加入明胶，放置在37℃保温箱中，待溶解后再加入石炭酸熔融液混合均匀，置于冰箱中保存。使用前放入温度为40℃左右的保温箱中待其熔化后即可使用。

b. 非水溶性封固剂（或油溶性封固剂）。这是一种应用最广的封固剂。过去使用的都是从加拿大所产的冷杉树中提炼而制得的，故又称为加拿大树胶或中性树胶。目前我国已从国产冷杉树干中提炼出来这种树胶，质量也不错，故也称冷杉树胶。这种树胶为透明的淡黄色固体，透明度很好，用以封片几乎无色，使用时加入二甲苯配制成适当的浓度，干后坚硬牢固，可以长期保存。

封固时注意事项：

a. 配制中性树胶必须浓度适当，以恰能滴下为珠状最好。太稀不但易于溢出盖玻片，而且当二甲苯挥发后，组织切片上就会产生气泡；太浓不仅不易从玻棒上滴下，就是滴下后在盖上盖玻片时，树胶也不易散开，如果产生气泡也不易除去。

b. 在使用前切勿用玻棒搅动封固剂，以免产生气泡。

c. 滴加封固剂时，不要滴得太多，以免溢出盖玻片外，也不要滴得太少而未能达到盖玻片边缘，这样易产生气泡。

d. 滴加封固剂时，应将玻棒圆球形的一端与载玻片接触，使封固剂缓缓流下，不要将玻棒提得太高，否则封固剂自高处滴下，就会发生许多小气泡，同时，加盖盖玻片时，应将盖玻片斜放，使盖玻片一侧先与封固剂接触，然后缓缓放下，这样可避免产生气泡。

e. 用中性树胶封固时，要注意避免口、鼻呼出的气体接触到载玻片上的封固剂，因呼出的气体中含有水分能使切片呈云雾状态而模糊不清，特别是天气寒冷和潮湿时，封固一定要迅速，以免水分进入封固剂而影响观察。

f. 用甘油明胶封固时，必须特别小心，因为甘油明胶极易产生气泡，而且产生气泡后又不易压出，须将切片放在温度为40℃左右的蒸馏水中清洗后，重新封固。

g. 用中性树胶封固时，如产生少数小气泡，可用小镊子轻压盖玻片，将气泡从盖玻片下压出。

2.8.4 皮革组织切片常用的染色方法

2.8.4.1 胶原纤维、毛囊、表皮及生皮基本构造的染色

(1) 苏木素伊红染色法（也叫H·E染色法或常规染色法）

① 染液的配制

a. 苏木素染液的配制。5g 苏木素；100mL 纯酒精。

b. 伊红染液的配制。1g 伊红；100mL 蒸馏水，过滤保存备用。

c. 0.1%酸酒精溶液的配制。100mL 70%酒精；0.1mL 盐酸（浓）。

② 染色操作。冰冻切片的染色。附贴好的切片在苏木素溶液中染 15~20min→自来水洗涤至切片变为深蓝色（或用0.2%的氨水促蓝）→在 0.1%的酸酒精中分化至变为淡蓝色→蒸馏水洗涤→1%伊红溶液染 1~2min→蒸馏水洗→70%酒精脱水 2~3min→80%酒精脱水 2~3min→95%酒精脱水 2~3min→纯酒精Ⅰ脱水 2~3min→纯酒精Ⅱ脱水 2~3min→纯酒精：二甲苯＝1∶1 的混合液透明 2~3min→二甲苯Ⅰ透明 3~5min→二甲苯Ⅱ透明 3~5min→中性树胶封固。

③ 染色结果。胶原纤维呈红色，细胞核呈深蓝色，表皮、肌肉、脂肪呈蓝色。

④ 注意事项

a. 在将切片由低浓度酒精转移至高浓度酒精时，要先用滤纸吸干切片周围载玻片上的酒精，以免降低下一酒精溶液浓度。

b. 用滤纸吸干酒精或揩擦贴有切片的载玻片时，一定不能把纸纤维弄到切片上，以免影响观察。

（2）铁苏木染色法

① 染液的配制

a. 威氏（Weigert）染液。配制方法见本节。

b. 范氏（Van Gieson）染液

甲液：苦味酸饱和溶液；

乙液：1g 酸性品红；100mL 蒸馏水。

配制法：先分别配制好甲、乙两液，临用时按苦味酸饱和水溶液 8.5mL，1%酸性品红 1.5mL 的比例混合。

② 染色操作。附贴好的切片用威氏苏木素染 20min→充分水洗→范氏染液染 1~5min→蒸馏水洗→95%酒精分化→纯酒精Ⅰ脱水 2~3min→纯酒精Ⅱ脱水 2~3min→纯酒精：甲苯（1∶1）混合液透明 2~3min→二甲苯Ⅰ透明 3~5min→二甲苯Ⅱ透明 3~5min→中性树胶封固。

如为石蜡切片，染色前的脱蜡操作与上同。

③ 染色结果。胶原纤维呈红色，细胞核呈暗褐色，表皮呈黄色，肌肉呈黄色。

2.8.4.2 弹性纤维的染色

（1）威氏（Weigert）弹性纤维染色法

① 染液的配制。2g 盐基性品红（即碱性品红）；4g 间苯二酚；200mL 蒸馏水。

配制方法：将以上药品加入盛有蒸馏水的烧杯中加热煮沸，再加29%三氯化铁水溶液 25mL，用玻棒搅匀，继续煮沸 2~5min，冷后过滤。倾去滤液，将滤纸和沉淀物一起放入烧杯中，置于烘箱中烘干。待其充分干燥后，取出加95%酒精200mL，隔水煮至沉淀物溶尽，取出滤纸，冷后过滤，并补足因蒸发而失去的酒精，最后加入浓盐酸4mL即成。

② 染色操作。附贴好的切片用威氏弹性纤维染液染 30~40min→1%酸酒精适度分化→95%酒精 2~3min 左右→纯酒精Ⅰ 2~3min→纯酒精Ⅱ 2~3min→纯酒精二甲苯（1∶1）

混合液2~3min→二甲苯Ⅰ3~5min→二甲苯Ⅱ3~5min→中性树胶封固。

③ 染色结果。弹性纤维呈深蓝色，胶原纤维呈浅蓝色。

(2) 费氏（Verhoeff）弹性纤维染色法

① 染液的配制

a. 甲液（5%苏木素染液）。5g苏木素；100mL纯酒精。

b. 乙液（10%三氯化铁水溶液）。10g三氯化铁；100mL蒸馏水。

c. 丙液［卢戈氏（Lugol）碘］。2g碘；4g碘化钾；100mL蒸馏水。

临用前按甲液∶乙液∶丙液=5∶2∶2的比例，依次取甲、乙、丙三液混合均匀。此染液最多使用24h，故不宜多配。

② 染色操作。附贴好的切片用费氏（Verhoeff）弹性纤维染液染30~40min→2%三氯化铁水溶液分化切片至灰色→蒸馏水洗→95%酒精脱碘→95%酒精脱水3min→纯酒精Ⅰ2~3min→纯酒精Ⅱ2~3min→纯酒精二甲苯（1∶1）混合液2~3min→二甲苯Ⅰ3~5min→二甲苯Ⅱ3~5min→中性树胶封固。

③ 染色结果。弹性纤维呈黑色，胶原纤维无色。

2.8.4.3 脂肪的染色

可用于染脂肪的染料主要是苏丹Ⅲ、苏丹Ⅳ。苏丹Ⅳ，染色时间短，色彩鲜明，效果最佳，故常使用。下面仅就这种染色法加以介绍。

(1) 染液的配制。苏丹Ⅳ染液的配制法有两种，可以选其一。

方法一：1g苏丹Ⅳ；50mL 70%酒精；50mL丙酮。

配制方法：先将酒精和丙酮混合，再加入苏丹Ⅳ。摇荡多次，使之饱和，过滤密封，保存备用。

方法二：1g苏丹Ⅳ；70mL纯酒精；10mL蒸馏水；20mL 10%氢氧化钠溶液。

配制方法：先将酒精、蒸馏水和10%氢氧化钠溶液混合，再加入苏丹Ⅳ，摇荡多次，使之饱和，过滤密封，保存备用。

(2) 染色操作。附贴好的冰冻切片→70%酒精（洗去切片表面油脂）→苏丹Ⅳ染液染3~5min→70%酒精→甘油明胶封固→中性树胶重封。

(3) 染色结果。脂肪细胞呈红色，脂腺呈桃红色。

(4) 注意事项

① 用于染脂肪的切片，必须是冰冻切片。

② 苏丹染料为醇溶性染料，不溶于水，遇水即产生沉淀，故染色时切片上及染缸内都不得黏附有水。当切片放入染液后，应将染缸盖迅速盖好，以免染液中的酒精挥发而产生沉淀。

2.8.4.4 网状纤维的染色

(1) 戈氏（Gordon）和斯氏（Sweet）染色法

① 戈氏（Gordon）和斯氏（Sweet）双氨氢氧化银溶液配制法。取10%的硝酸银水溶液5mL于量筒中，一滴一滴地徐徐加入28%的氨水，边加边摇荡，当硝酸银遇氨水时立即产生沉淀，至其沉淀又被氨水溶解时，立即停加氨水，再加入3%的氢氧化钠溶液5mL，溶液再度出现沉淀，此时再滴加氨水，至其沉淀恰被溶解，以蒸馏水稀释至50mL，过滤储存于棕色瓶中备用。

② 染色操作。附贴好的切片→蒸馏水洗→0.25%高锰酸钾溶液浸泡 1~2min→蒸馏水洗→1%草酸溶液浸泡 1~2min 至草酸将切片上被高锰酸钾所染上的黄色漂白为度→蒸馏水洗→双氨氢氧化银溶液染 10~40s→蒸馏水速洗→10%福尔马林还原 1min→蒸馏水洗→0.2%氯化金调色 1~2min→蒸馏水洗→5%硫代硫酸钠溶液固定 2min→自来水洗涤→70%酒精脱水 2~3min→80%酒精 2~3min→95%酒精 2~3min→纯酒精Ⅰ2~3min→纯酒精Ⅱ2~3min→纯酒精二甲苯（1∶1）2~3min→二甲苯Ⅰ3~5min→二甲苯Ⅱ3~5min→中性树胶封固。

③ 染色结果。网状纤维呈黑色。

(2) 弗特氏（Foot）染色法

① 染料的配制。弗特氏（Foot）碳酸氨银染液：10mL 10%硝酸银溶液；10mL 碳酸锂饱和（1.25%）水溶液。

配制方法：将以上两液混合，立即产生沉淀，倾去其清液，用蒸馏水洗涤沉淀 3 次，而后以蒸馏水加至 25mL，再在沉淀中滴加氨水（约加 10 滴左右，随加随摇动）直至沉淀物恰好溶尽为止，再加蒸馏水或 95%酒精至 100mL，过滤后保存在磨口棕色瓶中备用。

② 染色操作。切片→蒸馏水洗→0.25%高锰酸钾溶液浸泡 1min→蒸馏水洗→1%草酸溶液浸泡 1min→蒸馏水洗 3~4 次→用新配制的碳酸氨银液染 40~60min（56℃）直至切片呈黄棕色→蒸馏水急洗→在 20%中性甲醛中还原 5min→蒸馏水洗→5%硫代硫酸钠溶液浸泡 1min→蒸馏水洗→70%酒精 2~3min→80%酒精 2~3min→95%酒精 2~3min→纯酒精Ⅰ2~3min→纯酒精Ⅱ2~3min→纯酒精二甲苯（1∶1）混合液 2~3min→二甲苯Ⅰ3~5min→二甲苯Ⅱ3~5min→中性树胶封固。

③ 染色结果。网状纤维呈黑色。

2.8.5　猪皮组织微观结构的观察

2.8.5.1　取样

由于猪皮的部位差主要表现在臀、腹、颈三部位的差别上，因此，除特殊要求外，一般均在这三个部位取样作组织切片。臀部取正方形样块，其面积约（4×4）cm^2，腹部及颈部取长方形，样块面积约（5×3）cm^2。

2.8.5.2　切片方法

猪皮胶原纤维编织紧密，一般均用冰冻切片法，如特殊要求，亦可用石蜡包埋法切片。

冰冻切片厚度为 10~25μm；石蜡包埋法切片厚度约 10μm。生皮可切得薄一些，在制品及成品因加工处理后组织变疏松，故切片厚度可适当增加。

2.8.5.3　切片方向

纵切（即顺毛生长方向垂直于粒面）及平切（平行于粒面）。纵切只需切取一部分具有代表性的典型切片即可，平切则需切取从上到下整个皮厚的全部切片（因为皮张本身上、中、下各层组织结构差别大）。

2.8.5.4　染色方法

(1) 用铁苏木素染色法或苏木素-伊红染色法（H·E 染色法）染胶原纤维、毛囊、表皮、肌肉、血管等组织。

(2) 用威氏（Weigert）染色法或费氏（Verhoeff）染色法染弹性纤维。

(3) 用苏丹Ⅳ染色法染脂肪组织。以上各种染色法的染液配制、染色步骤及染色结果见本节第四部分。但根据猪皮组织结构的特点，在染胶原纤维和弹性纤维时，染色后切片用纯酒精（即无水乙醇）脱水及二甲苯透明，时间要适当延长，染脂肪组织时，切片未干即用70%酒精洗涤，洗涤后切片未干透即进行染色，否则效果不佳。

2.8.5.5 观察

经封固剂封固后的切片，即可在光学显微镜下进行观察，一般来说，胶原纤维可放大40倍至100倍进行观察，弹性纤维可放大200倍、脂肪组织可放大40倍进行观察，如有特殊要求放大倍数可适当增加。

思 考 题

1. 皮革的微观结构有何意义？
2. 简述光学显微镜的使用方法。
3. 制片主要分为哪几部分？
4. 固定的目的及原理是什么？怎样选择固定剂？
5. 简要叙述脂肪组织及胶原纤维的染色步骤？
6. 皮革组织切片常用的染色方法有哪些？
7. 如何表征生皮浸水的效果？
8. 试述显微结构分析在研究各种新型高效绿色无毒的浸水、脱脂、软化、浸酸、鞣制等皮革化学品和研究新的制革工艺过程中的应用。

2.9 植物纤维的微观结构观察与组分测定

2.9.1 植物纤维原料的离析及纤维形态的测定

(1) 原理。要进行纤维形态的观察和测定，首先必须将纤维原料试样分离成单根纤维。常用分离方法有硝酸-氯酸钾法、铬酸-硝酸法、过氧化氢-冰乙酸法等，这些方法的共同点都是利用一定的化学试剂在一定条件下处理原料试样，使其胞间层的木质素氧化，其他碳水化合物水解，变成可溶性物质而溶解，达到分离出纤维的目的。不同的方法，在处理温度和处理时间上各有不同，受实验时间限制，在这里将介绍硝酸-氯酸钾法。

(2) 测定仪器和试剂

① 仪器。生物显微镜，目镜测微尺，物镜测微尺，投影仪，纤维测量仪，解剖针，14mm×150mm试管，载玻片，盖玻片，500mL抽滤瓶，玻璃滤器，表面皿等。

② 试剂。1%番红染色液，50%HNO_3（市售浓硝酸冲稀一倍），氯酸钾（分析纯）。

(3) 分析步骤

① 植物纤维原料的离析和观察片的制作。将原料试样劈成火柴杆粗细，长度为1~2cm，取样品数条（3~5条），置于试管里，加入约5mL硝酸溶液和少量氯酸钾，摇荡使氯酸钾溶解，将试管置于60~80℃的水浴中加热30~40min，至样品表面变白、松散，以

玻璃棒轻压即散开时，即为离析终点。离析结束，将试管取出，小心倒去离析液，加入蒸馏水洗涤数次，然后加入约半试管蒸馏水，以拇指盖住试管口，用力摇荡至样品分散成单根纤维，再将其转移至玻璃滤器中过滤并继续以蒸馏水洗涤至样品不呈酸性。将洗涤干净的纤维样品转移至表面皿上，加入番红染色液3~5滴，使纤维染色。

用解剖针挑取少量染好色的纤维于载玻片上，加2~3滴蒸馏水使纤维均匀分散在水中，用滤纸条小心吸去多余的水后，加入10%的甘油2滴，用镊子夹取干净的盖玻片盖上，即可供显微镜观察使用。盖盖玻片时，为防止两玻片中产生气泡，可将盖玻片一边先接触载玻片，使两玻片间形成一角度，慢慢地将另一边放下，再用镊子轻轻地将盖玻片压紧。

② 目镜测微尺的校正。用显微镜进行纤维形态的测定时，必须备有目镜测微尺和物镜测微尺。测纤维长度时一般选用50~100倍的放大倍数，测宽度和细胞腔径时一般选用400~600倍的放大倍数。

物镜测微尺类似一载玻片，其中部有一长1mm并分成100格的标准刻度，每一格相当于0.01mm或10μm。

目镜测微尺为一块圆形玻璃，中部有一划分为50格的刻度，使用时置于目镜内。

测量前，要先用物镜测微尺对目镜测微尺进行校正，以求出目镜测微尺的每一小格等于多少毫米。方法是将接目透镜旋开，放入目镜测微尺，把物镜测微尺固定在载物台上，并调至物镜正下方，调整焦点，转动目镜，使两测微尺平行，移动载物台，使两个测微尺的开始刻度重合，再找出两测微尺的另一重合刻度，分别记下两测微尺在重叠区内的格数，根据式（2-56）就可求出目镜测微尺每一小格所代表的长度 L（μm）。

$$L=\frac{镜台测微尺格数\times 10}{目镜测微尺格数} \tag{2-56}$$

由于 L 值与镜筒的长度和放大倍数有关，因此当这些条件有变化时，即更换了物镜或者是目镜，都应重新校正 L 值。L 值测出后，取下物镜测微尺，放回装该尺的小盒中保存好。

③ 纤维细胞宽度和细胞壁厚的测定。将制作好的样片固定在载物台上，逐一测定每个纤维细胞的宽度格数 D 及其细胞腔直径所占目镜测微尺的格数 d。纤维细胞宽度和胞腔直径的测定一般取纤维的中部，各测20根纤维。如测得某个纤维细胞的宽度占目镜测微尺3格，腔径占目镜测微尺2格，则该纤维细胞的宽度、腔径、总壁厚分别为：

纤维细胞宽度 $D=3\times 13.2=39.6$μm

腔径 $d=2\times 13.2=26.4$μm

总壁厚 $W=D-d=39.6-26.4=13.2$μm

④ 纤维细胞长度的测定。采用23J台式投影仪测定纤维长度。所用量具为木制滚轮尺，当投影仪的放大倍数为100倍时，滚轮上的刻度每一小格的长度为0.01mm；当放大倍数为50倍时，每一小格的长度为0.02mm。测定纤维长度时，对针叶木纤维可选用50倍的放大倍数，对阔叶木和禾本科纤维可选用100倍的放大倍数，并选择与倍数相适应的聚光镜。

将测定过纤维细胞宽度和壁厚的样品玻片固定在工作台上，接通仪器电源，先开启内鼓风机，调节焦距和亮度，使投影屏幕上出现清晰图像，逐一测量每根纤维的长度。如样品为原料试样，视野中不论纤维长短，只要是完整的纤维都进行测量，有断口的纤维不用测量；若样品是浆样，则要测量视野中的所有纤维，测完一个视野中的纤维后才换视野，不允许选择性地只测长的或者只测短的纤维。测量时，将滚轮尺的0刻度对准纤维的一端，沿纤维滚动滚轮尺至纤维的另一端，记下其与滚轮尺重合的小格数，乘以0.01或0.02即为纤维的实际长度（mm）。一般测量纤维的长度须测量200根以上。

（4）注意事项

① 用硝酸-氯酸钾离析原料样品时，硝酸不可倒得太多，以浸没样品为宜。因离析过程有氯气放出，故应在通风橱内进行；硝酸对纤维的降解作用较强烈，离析的终点应很好掌握。

② 硝酸为强酸，故离析结束倾倒离析废液时，不要直接倒入水槽，以免腐蚀水槽，可倒入抽滤瓶中，利用洗涤水稀释。

③ 校正目镜测微尺时，物镜测微尺有刻度的一面朝上，校正完后，立即将物镜测微尺包好收入盒中，以免损坏。

2.9.2 植物纤维类别的鉴定

（1）原理。木质素对某些盐类和碱性染料具有亲和力，半纤维素对碘具有亲和力，纤维素对直接染料具有亲和力（如不同的纸浆中所含的木质素、半纤维素和纤维素的量不同，会对某一染色剂显示出特定的颜色），因此可以使用适当的染色剂使纤维着色，观察其被染成的颜色，达到鉴别其种类的目的。

（2）测定仪器与试剂

① 仪器。生物显微镜，表面皿，解剖针，载玻片，盖玻片。

② 试剂。赫氏染色剂，格拉夫"C"染色剂。

（3）分析步骤

① 将需鉴别的浆样制成极稀的悬浮液。

② 用滴管取悬浮液滴1~2滴于载玻片上，用解剖针轻击使其均匀分散至盖玻片上。

③ 用滤纸吸干载玻片上水分，加1~2滴染色剂于分散开的纤维上进行染色，1~2min后盖上盖玻片。

④ 在生物显微镜下观察纤维被染成的颜色（表2-9、表2-10）。

表2-9　　　　　　　　　　　格拉夫"C"染色剂对纤维的显色反应

浆的种类		显色
亚针叶木浆（硫酸盐浆）	机械木浆	鲜明的橙黄色
	硬浆	鲜黄色
	中硬浆	浅黄色
	软浆	浅红灰色
	漂白浆	浅紫灰至浅紫红色
针叶木浆（硫酸盐浆）	硬浆	淡黄绿色
	中硬及软浆	深棕黄至灰褐色
	漂白浆	暗紫色至深紫色

续表

浆的种类		显色
阔叶木浆	亚硫酸盐未漂浆	浅黄绿色
	亚硫酸盐漂白浆	浅紫蓝色至浅紫灰色
	烧碱及硫酸盐未漂浆	蓝绿色至暗红灰色
	烧碱及硫酸盐漂浆	深蓝色至深紫色
破布浆		橙红色
稻麦草浆、竹浆、蔗渣浆硬浆		浅黄至浅黄绿色
黄麻未漂浆		鲜明的橙绿色
黄麻漂白浆		浅黄绿色

表 2-10　　　　　　　　　赫氏染色剂对纤维的显色反应

浆的种类	显色
棉浆、漂白麻浆	酒红色
化学木浆、化学草浆	蓝紫色
机械木浆	鲜黄色
半化学木浆、半化学草浆	黄绿色

纸浆纤维种类的鉴别，一般采取观察纤维形态与观察几种染色剂染色情况相结合的办法，以达到较准确地鉴别其种类的目的。

2.9.3　植物纤维原料中苯-乙醇抽出物含量的测定

（1）原理。植物纤维原料中所含有的少量成分如树脂、脂肪、蜡、单宁、色素等含量的测定，一般都采用有机溶剂在一定温度下反复浸渍，使上述能溶于有机溶剂的物质溶解而抽提出来，然后蒸发掉溶剂，称量不挥发的残渣重量，即可得出该种有机溶剂抽出物的含量。

常用作造纸原料有机溶剂抽出物含量测定的有乙醚和苯-乙醇混合液。乙醚能溶解植物原料中的树脂、脂肪和蜡。苯-乙醇混合液除了能溶解乙醚所能溶解的物质外，还能溶解树胶、单宁、色素等。使用上述两种有机溶剂作抽提剂时所用的仪器相同，操作方法也相似。本实验采用苯-乙醇（2∶1）混合液作抽提剂，该抽提剂具有恒沸点（即其溶液与蒸气的组成相同，在抽提过程中溶液组成不会变化），便于回收利用。

（2）测定仪器与试剂

① 仪器。恒温水浴锅，恒温烘箱，分析天平，索氏抽提器，干燥器，扁形称量瓶等。

② 试剂。苯（分析纯），95%乙醇（分析纯）；苯-乙醇混合溶液（67份苯与33份乙醇混匀）。

（3）分析步骤。称取1g（称准至0.0001g）试样两份（同时另称取试样测定水分），用预先经苯-乙醇溶液抽提过的滤纸和线包扎好。用铅笔小心地在试样包上写上编号和试样的重量，置于同一索氏抽提器中，加入不超过底瓶体积2/3的苯-乙醇混合液，装上冷凝器，将仪器放在恒温水浴中，加热至保持瓶中苯-乙醇混合液剧烈沸腾，保持每小时虹吸回流4~6次，抽提时间不少于6h。抽提完毕，提起冷凝器，用夹子小心地从抽提器中取出试样纸包，重新装上冷凝器，回收部分溶剂，直至瓶底仅剩少量混合液为止。回收的溶剂倒入备用的回收瓶中，试样留作测定木质素含量时用。

取下底瓶，将其中内容物移入已烘干至恒重的扁形称量瓶中，并用回收的苯-乙醇混合液漂洗底瓶3~4次，每次用量约1mL，漂洗液也移入称量瓶中，将称量瓶置于水浴上，小心加热蒸去多余的溶剂。由于苯-乙醇混合液易挥发，且有毒性，故这一系列操作要在通风橱中进行。最后擦净称量瓶外部，将其置入烘箱，于（105±3）℃烘干至恒重，称其重量。

（4）计算。根据式（2-57）计算得到苯-乙醇抽出物的质量分数（%）。

$$苯\text{-}乙醇抽出物的质量分数 = \frac{m_1 - m_2}{m_0(1-w)} \times 100\% \tag{2-57}$$

式中 m_2——扁形称量瓶质量（g）；

m_1——扁形称量瓶加抽出物质量（g）；

m_0——风干试样质量（g）；

w——试样水分质量分数（%）。

计算结果精确至小数点后两位。

（5）注意事项

① 凡化学分析，均要求同时进行两次测定，称之为平行试验。平行试验的结果分别计算，视其是否符合试验的允许误差范围，若超出允许误差范围，试验应重做。

② 试样的包扎不可太紧，但也不能太松，以免试样漏出。试样包的长度要短于仪器溢流水平的高度。

③ 抽提过程要防止溶剂过分沸腾及苯-乙醇蒸气从冷凝器上口跑出。

④ 苯-乙醇混合液易燃，必须在水浴上将溶剂基本蒸发完后，方可将称量瓶移入烘箱。

⑤ 索氏抽提器三部分为一套，不能与另一套混配，以免磨口不合造成漏气。另外，抽提器的溢流管易折断，注意保护；烧瓶夹夹持玻璃仪器时不可太紧，夹稳即可；成套仪器，损坏其中一件，全套皆成废品，要注意爱护。

2.9.4 植物纤维原料中硝酸-乙醇纤维素含量的测定

（1）原理。使用20%浓硝酸和80%乙醇溶液混合处理试样，试样中的木质素被硝化并有部分被氧化，生成的硝化木质素和氧化木质素溶于乙醇溶液。与此同时，也有大量的半纤维素被水解、氧化而溶出，所得残渣即为硝酸-乙醇纤维素。乙醇介质可以减少硝酸对纤维素的水解和氧化作用。

（2）测定仪器和试剂

① 仪器：恒温水浴，恒温烘箱，分析天平，真空泵，常用玻璃仪器等。

② 试剂：浓硝酸（分析纯），95%乙醇（分析纯）。

硝酸-乙醇混合液的配制：量取800mL 95%乙醇于1000mL烧杯中。分次缓缓加入200mL硝酸（密度1.42g/mL），每次加入少量（约10mL）并用玻璃棒搅匀后方可续加。待全部硝酸加入乙醇后，再用玻璃棒充分搅匀，贮于棕色试剂瓶中备用（硝酸必须慢慢加入，否则可能发生爆炸）。

硝酸-乙醇混合液只宜用前临时配制，不能存放过久。

（3）分析步骤。精确称取 1g（称准至 0.0001g）试样于 250mL 洁净干燥的锥形瓶中（同时另称取试样测定水分），加入 25mL 硝酸-乙醇混合液，装上回流冷凝器，放在沸水浴上加热 1h。在加热过程中，应随时摇荡锥形瓶，以防止瓶内液体暴沸，若因瓶内液体暴沸导致试样溅入冷凝管内应弃去重做。

移去冷凝管，将锥形瓶自水浴上取下，静置片刻。待残渣沉积瓶底后，将锥形瓶内溶液全部滤入已经恒重过的玻璃滤器中，尽量不使试样流出。用真空泵将滤器中的滤液吸干，再用玻璃棒将流入滤器的残渣移入锥形瓶中。量取 25mL 硝酸-乙醇混合液，分数次将滤器及锥形瓶口附着的残渣移入瓶中。装上回流冷凝器，再在沸水浴上加热 1h。如此重复施行数次，直至纤维变白为止。一般阔叶木及稻草处理 3 次即可，松木及芦苇则需处理 5 次以上。

将锥形瓶内容物全部移入滤器，用 10mL 硝酸-乙醇混合液洗涤残渣，再用热水洗涤至洗涤液用甲基橙试之不呈酸性反应为止。最后用乙醇洗涤两次，吸干洗液，将滤器移入烘箱，于（105±2）℃烘干至恒重。

如为草类原料，则须测定其中所含灰分。为此，可将烘干恒重后有残渣的玻璃滤器置于一较大的瓷坩埚中，一并移入高温炉内，缓慢升温至（575±25）℃残渣全部灰化并达恒重为止。而且，空的过滤器应先放入一较大的瓷坩埚中，置入高温炉内于（575±25）℃灼烧至恒重，再置于（105±2）℃烘箱中烘至恒重。记录这两个恒重数值。

（4）计算

① 木材原料纤维素质量分数 x_1（%）根据式（2-58）计算得到。

$$x_1 = \frac{m_1 - m_2}{m_0(1-w)} \times 100\% \tag{2-58}$$

式中　m_1——烘干后纤维素与玻璃滤器的质量（g）；
　　　m_2——空玻璃滤器质量（g）；
　　　m_0——风干试样质量（g）；
　　　w——试样水分质量分数（%）。

② 草类原料纤维素质量分数 x_2（%）根据式（2-59）计算得到。

$$x_2 = \frac{(m_1 - m_2) - (m_3 - m_4)}{m_0(1-w)} \times 100\% \tag{2-59}$$

式中　m_1——烘干后纤维素与玻璃滤器的质量（g）；
　　　m_2——空玻璃滤器质量（g）；
　　　m_0——风干试样质量（g）；
　　　m_3——灼烧后玻璃滤器与灰分的质量（g）；
　　　m_4——空玻璃滤器灼烧后的质量（g）；
　　　w——试样水分质量分数（%）。

（5）注意事项

① 配制硝酸-乙醇混合液时，应在通风橱内进行，必须分数次慢慢将硝酸加入乙醇中，否则容易发生爆炸。

② 用倾泻法过滤沉淀时，应尽量不使残渣流入滤器中，这样不仅可以避免因硝酸-乙

醇混合液量少，而不能将滤器及锥形瓶内附着的残渣移入瓶内，影响到测定结果，同时还可提高过滤速度。

2.9.5 植物纤维原料中综纤维素含量的测定

（1）原理。测定方法在 pH 为 4~5 时，用亚氯酸钠处理已抽出树脂的试样以除去所含木质素，定量地测定残留物量，以百分数表示，即为综纤维素含量。酸性亚氯酸钠溶液加热时发生分解，生成二氧化氯、氯酸盐和氯化物等，其反应如式（2-60）和式（2-61）所示。

$$NaClO_2 \xrightarrow{H^+} HClO_2 + Na^+ \tag{2-60}$$

$$3HClO_2 \xrightarrow{H^+} ClO_2 + HClO_3 + HCl + H_2O \tag{2-61}$$

生成产物的分子比例取决于溶液的温度、pH、反应产物及其他盐类的浓度。在本测定方法规定的条件下，上述三种分解产物的分子比例约为 2:1:1。

亚氯酸钠法测定综纤维素含量是利用分解产物中的二氧化氯与木质素作用而将其脱除，然后测定其残留物量即得综纤维素含量。测定时需用酸性亚氯酸钠溶液重复处理试样，处理次数依原料种类不同而有所区别，处理次数的选择是要尽量多除去木质素，而且还要使纤维素和半纤维素少受破坏。通常木材试样处理 4 次，非木材试样处理 3 次。采用亚氯酸钠法分离的综纤维素中仍保留有少量木质素（一般为 2%~4%）。

（2）测定仪器和试剂

① 仪器：恒温水浴，烘箱，真空泵，索氏抽提器（150mL 或 250mL），综纤维素测定仪（其中包括一个 250mL 锥形瓶和一个 25mL 锥形瓶），玻璃滤器，抽滤瓶（1000mL）。

② 试剂：苯-乙醇混合液（将 2 体积苯和 1 体积 95% 乙醇混合并摇匀）；亚氯酸钠（化学纯级以上）；冰乙酸（分析纯）。

（3）分析步骤。精确称取 2g（称准至 0.0001g）试样，用定性滤纸包好并用棉线捆牢，按 GB/T2677.6—1994 规定进行苯-乙醇抽提（同时另称取试样测定水分），最后将试样包风干。

打开风干的试样包，将全部试样移入综纤维素测定仪的 250mL 锥形瓶中。加入 65mL 蒸馏水，0.5mL 冰乙酸，0.6g 亚氯酸钠（按 100% 计），摇匀，倒扣上 25mL 锥形瓶，置 75℃恒温水浴中加热 1h，加热过程中，应经常旋转并摇动锥形瓶。加热 1h 后不必冷却溶液，再加入 0.5mL 冰乙酸及 0.6g 亚氯酸钠，继续在 75℃水浴中加热 1h，如此重复数次（一般木材纤维原料重复 4 次，非木材纤维原料重复 3 次），直至试样变白为止。

从水浴中取出锥形瓶放入冰水浴中冷却，用已恒重的玻璃滤器抽吸过滤（必须很好地控制真空度，不可过大），用蒸馏水反复洗涤至滤液不呈酸性反应为止。最后用丙酮洗涤 3 次，吸干滤液取下滤器，并用蒸馏水将滤器外部洗净，置于（105±2）℃烘箱中烘至恒重。

如为非木材原料，尚须按 GB/T 2677.3—1993 测定纤维素中的灰分含量。

（4）计算

① 木材原料中综纤维素质量分数根据式（2-62）计算。

$$x_1 = \frac{m_1}{m_0} \times 100\% \tag{2-62}$$

式中 x_1——木材原料中综纤维质量分数（%）；
　　m_1——烘干后综纤维素质量（g）；
　　m_0——绝干试样质量（g）。

② 非木材原料中综纤维质量分数根据式（2-63）计算。

$$x_2 = \frac{m_2 - m_1}{m_0} \times 100\% \tag{2-63}$$

式中 x_2——非木材原料中综纤维质量分数（%）；
　　m_1——烘干后综纤维素质量（g）；
　　m_2——综纤维素中灰分质量（g）；
　　m_0——绝干试样质量（g）。

同时进行两次测定，取其算术平均值作为测定结果，精确至小数点后第二位。两次测定计算值之间的误差不应超过0.4%。

(5) 注意事项

① 测定应在酸性条件下进行，因此，应务必注意冰乙酸加入量要足够（0.5mL），否则会因亚氯酸钠分解反应不充分，使木质素不能有效除去，试样不变白，导致测定结果偏高。

② 亚氯酸钠应贮存在远离有机物的地方。

③ 在水浴上反应时，要经常摇动锥形瓶，以使反应均匀。反应中，倒置的小锥形瓶内充满黄色反应气体，因此不要开启小锥形瓶。反应结束后也要待锥形瓶充分冷却、有毒气体散尽后，再将倒置的小锥形瓶取下，进行过滤。

④ 过滤操作应注意过滤速度不能太快，玻璃滤器内的液体不要吸干，以免综纤维素堵塞玻璃滤器滤孔，影响过滤速度。

⑤ 丙酮洗涤时，应控制丙酮用量，以节约药品。

⑥ 非木材原料尚需测定综纤维素中的灰分，为此可将盛有综纤维素的玻璃器置于一大瓷坩埚中，移入高温炉中灼烧至恒重；也可将已恒重的综纤维素小心转移至坩埚中，按灰分测定的操作步骤进行。

2.9.6 植物纤维原料中 α-纤维素含量的测定

(1) 原理。漂白化学浆经17.5%的氢氧化钠溶液在（20±0.5）℃下处理一定时间后不溶解的碳水化合物组分称为 α-纤维素，是纸浆中的高分子量的组分。

本测定方法就是基于此 α-纤维素的定义，采用17.5%的氢氧化钠溶液在（20±0.5）℃下处理试样45min，然后以9.5%的氢氧化钠溶液洗涤不溶的残渣，再用蒸馏水洗涤干净，烘干，称重，即可得出残余物（α-纤维素）的量，以其对绝干试样的百分率表示。

α-纤维素的量是某些工业用浆的重要指标。

(2) 测定仪器和试剂

① 仪器：恒温水浴锅，干燥箱，真空泵，抽滤瓶，烧杯，玻璃滤器等。

② 试剂：氢氧化钠［分析纯，配制（17.5±0.15）%和9.5%的溶液］；乙酸（分析

纯，配制10%溶液）；甲基橙（分析纯，0.1%）。

（3）分析步骤。精确称取2g（称准至0.0001g）试样于100mL烧杯中，加入30mL17.5%氢氧化钠溶液浸渍试样。碱液的加入方法为：先加入约15mL，用平头玻棒小心搅拌2~3min，使烧杯中混合物呈均匀的糊状。再将剩下的碱液加入，仔细均匀地搅拌1min，避免剧烈搅拌。将烧杯用表面皿盖上，置于（20±0.5）℃的恒温水浴中进行丝光化处理45min（从开始加入碱液时算起）。

时间到后，加入30mL（20±0.5）℃的蒸馏水于烧杯中，小心搅拌1~2min，然后将烧杯中的料浆移入已恒重的玻璃滤器中，开动真空泵或者水流抽真空缓缓吸滤。为避免损失，宜重复过滤2~3次，直至纤维被完全捕集。

在微弱的真空吸滤下，用75mL（20±0.5）℃的9.5%氢氧化钠溶液洗涤滤渣3次（每次用25mL），每次洗涤，应在前一次洗涤液将要滤尽时，即加入新的洗涤液（即不要将滤器中的洗涤抽吸干），第三次时才将洗涤液滤尽。洗涤时间为2~3min。以400mL18~20℃的蒸馏水分次洗涤残渣。

在不用真空抽吸的情况下，加入20mL 10%乙酸溶液（18~20℃）于滤器中浸泡滤渣5min。真空抽滤尽酸液，继续用蒸馏水洗涤至不呈酸性（以甲基橙为指示剂）为止。取下滤器，冲洗并擦干滤器外部，置于烘箱中，于（105±0.3）℃下烘至恒重，即可得α-纤维素的重量。

如为漂白草浆，则需测其灰分。为此，可将滤器放入一较大瓷坩埚中，移入高温炉中，缓缓升温至500~550℃灼烧至无黑色碳素并恒重。空玻璃滤器也应在此温度下灼烧至恒重。

（4）计算

① 漂白木浆α-纤维素质量分数x_1（%）按式（2-64）计算。

$$x_1 = \frac{m_1 - m_2}{m} \times 100\% \tag{2-64}$$

式中　m_1——空玻璃滤器烘干至恒重的质量（g）；
　　　m_2——α-纤维素加玻璃滤器质量（g）；
　　　m——绝干试样质量（g）。

② 漂白草浆α-纤维素质量分数x_2（%）按式（2-65）计算。

$$x_2 = \frac{(m_1 - m_2) - (m_3 - m_4)}{m} \times 100\% \tag{2-65}$$

式中　m_1——空玻璃滤器烘干至恒重的质量（g）；
　　　m_2——α-纤维素加玻璃滤器质量（g）；
　　　m_3——灼烧后玻璃滤口头连同灰渣质量（g）；
　　　m_4——灼烧后空玻璃滤器质量（g）；
　　　m——绝干试样的质量（g）。

计算结果精确至小数点后两位。

（5）注意事项

① 碱液浓度、处理时间及处理温度会影响α-纤维素的得率，应严格按照操作步骤执行。
② 30mL 17.5%的氢氧化钠溶液分两次加入，每次加入后均应小心仔细地搅拌均匀。

③ 过滤和洗涤的方式会影响实验结果，整个洗涤过程均要求微弱真空抽吸，以避免滤渣流失。

2.9.7 植物纤维原料中戊糖含量的测定

（1）原理。溴化法是一种间接测定植物纤维原料中聚戊糖含量的方法，将试样与12%HCl 溶液共沸，使其中的聚戊糖水解成戊糖，戊糖进一步脱水生成糠醛而被蒸馏出来。用二溴化法或者四溴化法测定蒸馏出的糠醛量并换算成聚戊糖量。试样的聚戊糖含量以对绝干原料的百分含量表示。

12%HCl 与试样共沸，其中的聚戊糖水解成戊糖并进一步脱水生成糠醛的反应如式（2-66）所示。

$$C_5H_8O_4(聚戊糖)+H_2O \xrightarrow{H^+} nC_5H_8O_4(戊糖) \xrightarrow{脱水} C_5H_4O_2(糠醛) \quad (2-66)$$

为使蒸馏过程中 HCl 浓度保持在一定范围内，故而在水解液中加入了一定量的 NaCl。

溴化法测定糠醛的含量是以过量的 Br_2 与糠醛在一定的条件下反应，多余的 Br_2 加入 KI 使其与之反应析出 I_2，以 $Na_2S_2O_3$ 溶液滴定析出的 I_2，从而可得出 Br_2 的消耗量，而求出糠醛的含量。

溴代产生如式（2-67）所示：

$$5KBr+KBrO+6HCl \rightarrow 3Br_2+6KCl+3H_2O \quad (2-67)$$

多余的溴产生如式（2-68）和式（2-69）所示：

$$Br_2+2KI \rightarrow I_2+2KBr \quad (2-68)$$

$$I_2+2Na_2S_2O_3 \rightarrow 2NaI+Na_2S_4O_6 \quad (2-69)$$

（2）测定仪器和试剂

① 仪器：糠醛蒸馏装置（包括 500mL 圆底烧瓶，50mL 滴液漏斗，长直形冷凝管，500mL 量筒），500mL 容量瓶，500mL 具塞磨口锥形瓶，25mL 和 100mL 移液管，10mL 量筒，50mL 碱式滴定管等。

② 试剂：12%HCl 溶液；溴酸钠（溴酸钾）-溴化钠（溴化钾）溶液；10%KI 溶液，0.5%淀粉溶液，NaCl（分析纯），0.1mol/L $Na_2S_2O_3$ 标准溶液，乙酸-苯胺溶液（取 1mL 新蒸馏苯胺溶液加入 9mL 冰乙酸混合均匀），0.1%酚酞指示剂（溶解 0.1g 酚酞于 100mL 50%乙醇中），1mol/L NaOH 溶液。

（3）分析步骤

① 蒸馏操作。精确称取一定量（多戊糖含量高于 12%称取 0.5g；低于 12%称取 1g）试样（称准至 0.0001g）于洁净的纸上，再将其移入 500mL 圆底烧瓶中，加入 10g NaCl，加入 100mL 12% HCl，装好糠醛蒸馏装置，滴液漏斗中装盛 12% HCl，调节可调温电炉使烧瓶内容物沸腾并控制蒸馏速度为每 10min 30mL 馏出液。此后每当馏出 30mL 馏出液，即从滴液漏斗中加入 30mL 12% HCl，蒸馏至 300mL 馏出液后，用乙酸-苯胺溶液检验糠醛是否蒸馏完全。从冷凝管出口取 1mL 馏出液于烧杯中，加 1~2mL 酚酞指示剂，用 1mol/L NaOH 溶液滴至微红色，然后加入 1mL 新配制的乙酸-苯胺溶液，静置 1min 后溶液若显红色，则说明糠醛尚未蒸馏完全，仍需继续蒸馏；若溶液不显红色，则表示糠醛蒸馏完全。

将馏出液移入 500mL 容量瓶中，以 12% HCl 多次洗涤量筒，洗涤液也倒入容量瓶中，最后以 12%HCl 加满至刻度，塞上瓶塞，摇匀备用。

② 溴化和滴定

a. 四溴化法：用移液管自容量瓶中吸取 200mL 馏出液于 500mL 具塞磨口锥形瓶中，用移液管吸取 25mL 溴化钠-溴酸钠溶液加入该锥形瓶中，迅速塞紧瓶塞，摇匀，在暗处避光静置 1h 并保持温度在 20~25℃。

达到规定时间后，加入 10mL 10% KI 溶液于锥形瓶中，迅速塞紧瓶塞摇匀，于暗处避光静置 5min，然后用 0.1mol/L $Na_2S_2O_3$ 标准溶液滴定溶液由红棕色变为浅黄色，即将达终点时，加入 1mL 左右的淀粉指示剂，继续滴定至蓝色刚好消失（30s 内溶液不再返蓝为止）。

另吸取 200mL 12% HCl，按同样方法进行空白实验（可不必静置 1h）。

b. 二溴化法：用移液管吸取 200mL 馏出液于 500mL 具塞磨口锥形瓶中，加入 250g 用蒸馏水制成的碎冰，当锥形瓶中温度降至 0℃时，用移液管吸取 25mL 溴化钠-溴化钾溶液加入其中，迅速塞紧瓶塞，放置暗处避光静置 5min，保持温度为 0℃。后续操作要求与四溴化法相同。

(4) 计算

① 四溴化法。糠醛质量分数 x（%）计算如式（2-70）~式（2-72）所示。

$$x = \frac{(v_1 - v_2) \times c \times 0.024 \times 500}{200m} \times 100\% \tag{2-70}$$

$$x_1 = x \times 1.88 \tag{2-71}$$

$$x_2 = x \times 1.38 \tag{2-72}$$

式中 v_1——空白试验耗用 $Na_2S_2O_3$ 标准溶液体积（mL）；

v_2——滴定试样时耗用 $Na_2S_2O_3$ 标准溶液体积（mL）；

c——$Na_2S_2O_3$ 标准溶液浓度（mol/L）；

0.024——与 1mL 的 1mol/L $Na_2S_2O_3$ 溶液相当的糠醛的量（g）；

m——绝干试样质量（g）；

x_1——木材原料聚戊糖质量分数（%）；

x_2——非木材原料聚戊糖质量分数（%）；

1.38——糠醛换算成聚戊糖的理论换算因数；

1.88——根据木材原料聚戊糖只有 73% 转换成糠醛的换算因数。

计算结果精确至小数点后两位。

② 二溴化法。糠醛质量分数（%）计算如式（2-73）所示。

$$糠醛质量分数 = \frac{(v_1 - v_2) \times c \times 0.048 \times 500}{200m} \times 100\% \tag{2-73}$$

式中 v_1——空白试验耗用 $Na_2S_2O_3$ 标准溶液体积（mL）；

v_2——滴定试样时耗用 $Na_2S_2O_3$ 标准溶液体积（mL）；

c——$Na_2S_2O_3$ 标准溶液浓度（mol/L）；

0.048——与 1mL 的 1mol/L $Na_2S_2O_3$ 溶液相当的糠醛的量（g）；

m——绝干试样质量（g）。

(5) 注意事项

① 蒸馏糠醛时，反应瓶中 HCl 的浓度、体积、补充方式，蒸馏的温度和速度等均会影响糠醛的得率，因此，应严格按照操作要求，每 10min 馏出液为 30mL，同时补充 30mL HCl 于反应瓶中，不允许长时间不补充或一次补充很多。

② 因糠醛的蒸馏温度较高，以前多采用甘油浴加热，但甘油挥发污染空气，且易燃，因此现在改为空气浴加热。在安装蒸馏装置时，烧瓶底应距电炉约 10mm，不能直接放在电炉上。

③ 试样与 HCl 共沸，注意调节温度不要太高，以免沸腾太剧烈使试样上冲到瓶口，给操作带来困难。

④ 蒸馏过程中应不时轻摇烧瓶，使粘在瓶壁的试样冲刷到溶液中。

⑤ 蒸馏结束后，烧瓶中的废液不要直接倒入水槽，因废液是浓酸，具有强烈的腐蚀性，应倒入收集桶集中处理。

⑥ 溴化时不论采用何种溴化方法，溴化温度和时间均应严格控制。

2.9.8 植物纤维原料中木质素含量的测定

(1) 原理。木质素是植物纤维原料的主要成分之一。硫酸法，也即克拉松法测定植物纤维原料中的木质素含量，是利用 72% H_2SO_4 在一定温度下处理无抽提物试样一定时间，使其中的聚糖水解至糊精阶段，继而将 H_2SO_4 稀释至 3% H_2SO_4 并煮沸一定时间，使已水解呈糊精状的聚糖进一步水解成单糖而溶于溶液中，剩下不溶的残渣即为木质素，称为酸不溶木质素，也称克拉松木质素。将其过滤出来，经洗涤，烘干至恒重并称其重量，即可求出试样中木质素的含量。在酸处理过程中，也有少量木质素溶于酸中，这部分木质素称为酸溶木质素，其量要由另外的方法测定，克拉松木质素未包含这部分木质素的量。试样的总木质素量应为酸不溶木质素与酸溶木质素量之和。

(2) 测定仪器和试剂

① 仪器：恒温水浴，可调温电炉，干燥箱，真空泵，索氏抽提器，抽滤瓶，玻璃滤器，15mL 移液管，1000mL 量筒，黑色比色瓷板等。

② 试剂：苯-乙醇混合液（67 份苯与 33 份乙醇混匀），(72%±0.1%) H_2SO_4（20℃比重 1.6338）溶液，10% $BaCl_2$ 溶液。

(3) 分析步骤。称取 1g（称准至 0.0001g）试样，按测定苯-乙醇抽出物含量的方法抽提试样，抽提完毕，将试样包风干。本实验采用测定苯-乙醇抽出物后的试样。

将已风干的试样小心地搓松后，解开纸包，用毛刷小心地将试样刷入 100mL 烧杯中，用移液管吸取预先冷却至 12~15℃的 72% H_2SO_4 溶液 15mL，加入其中，用玻璃棒小心搅动 1min，使试样全部为酸所浸渍，又不粘在杯壁上。将烧杯置于 18~20℃的恒温水浴中，在此温度下保温一定时间，木材原料保温 2h，非木材原料因其聚糖含量高于木材原料，故反应时间要长于木材原料，要求保温 2.5h。保温过程中每 10min 搅拌一次，以保证浓酸水解的均匀性。

达到规定时间后，将 100mL 烧杯中内容物移入 1000mL 烧杯中，用蒸馏水冲洗 100mL 烧杯，将所有残渣全部干净地冲洗入 1000mL 烧杯中，然后加水稀释至烧杯中酸浓度为 3%，所加蒸馏水总量为 560mL。将烧杯中的液位作一记号。保持此液位，至可调温电炉上煮沸 4h。时间到后，停止加热，静置，使烧杯中不溶物沉淀，补充蒸馏水至所作记号的液位，用倾泻法以已恒重的玻璃滤器过滤，用热蒸馏水洗涤滤渣至不含硫酸根（以 $BaCl_2$ 试之），将滤器置于（105 ± 3）℃烘箱中烘干至恒重，称其重量。

如为非木材原料，则尚须测定分离出的木质素残渣灰分。为此，可将带有残渣的已烘干至恒重的玻璃滤器置于一已灼烧至恒重的瓷坩埚中，于高温炉中徐徐升温至（575 ± 25）℃，灼烧至残渣无黑色碳素呈灰色并恒重，称其重量。

(4) 计算

① 木材原料中木质素质量分数 x_1（%）根据式（2-74）计算。

$$x_1 = \frac{m_1}{m_0} \times 100\% \tag{2-74}$$

式中　m_1——烘干后酸不溶木质素残渣质量（g）；

　　　m_0——绝干试样质量（g）。

② 非木材原料中木质素质量分数 x_2（%）根据式（2-75）计算。

$$x_2 = \frac{m_1 - m_2}{m_0} \times 100\% \tag{2-75}$$

式中　m_1——烘干后酸不溶木质素残渣质量（g）；

　　　m_2——酸不溶木质素中灰分质量（g）；

　　　m_0——绝干试样质量（g）。

计算结果精确至小数点后两位。

(5) 注意事项

① 浓酸与试样的反应是放热反应，为避免局部温度过高造成聚糖物质的碳化，故浓酸要预先冷却到 12~15℃，且加入试样时要边加边搅拌，使试样迅速与酸液混合均匀，避免部分试样接触大量的浓酸。浓酸水解的时间和温度应严格控制。

② 浓酸用水稀释时也是放热反应，浓酸水解结束后应迅速将其浓度稀释至 3%，特别是开始稀释时动作要快，以防因放热反应温度过高而造成聚糖碳化。稀释完毕作一液位记号。

③ 稀酸加热快沸时，千万注意调节电炉的温度，防止沸腾太剧烈，表面汽沫溢出，而使实验前功尽弃。可以用少量蒸馏水喷淋以消泡。

④ 稀酸水解的全过程始终保持溶液沸腾，并随时补充蒸馏水以保持液位，保证水解时的酸浓度和水解完全。聚糖水解不完全会给过滤和洗涤造成困难，影响实验结果的准确性。

⑤ 水解结束后进行过滤和洗涤时，不要太早将残渣转移到滤器中，最好在烧杯中每次以少于滤器容量的蒸馏水洗涤残渣，静置，倾入滤器中，如此反复多次，待残酸差不多洗净才将残渣全部干净地转到滤器中，并继续用蒸馏水洗涤至无酸性（$BaCl_2$ 试之）。过滤和洗涤过程中抽滤时切不可将滤器中的水抽干，以防滤渣堵塞滤孔而造成过滤困难。待残酸洗涤干净后，才将滤器中的液体抽干。

⑥ 如需测定滤液中的酸溶木质素含量，所用抽滤瓶一定要先洗涤干净。

2.9.9　植物纤维原料中酸溶木质素的含量测定

(1) 原理。在制备克拉松木质素时，与聚糖一起溶于酸中的那部分木质素称为酸溶木质素，存在于分离克拉松木质素后的溶液中。

因木质素在紫外光区有特征吸收峰，可用紫外分光光度计，采用205nm的波长，测量滤液对紫外光的吸收值，就可求取滤液中酸溶木质素的含量。

根据酸溶木质素的紫外吸收光谱可知，其在205nm和280nm处有吸收峰，但由于滤液中与酸溶木质素共存的被酸水解的碳水化合物及其降解产物在280nm处也有吸收峰，会影响酸溶木质素的测定。因此采用205nm的低波波长。

在制备克拉松木质素的稀酸水解阶段，采用敞开式煮沸补加蒸馏水的办法可以使水解产生的糠醛等易于挥发的物质挥发掉，以减少酸溶木质素测定时的影响。

（2）测定仪器和试剂

① 仪器：紫外分光光度计，分析天平，恒温水浴，真空泵，抽滤瓶，移液管，容量瓶。

② 试剂：H_2SO_4（分析纯，制备成72%的溶液）。

（3）分析步骤

① 样品前处理。精确称取相当于绝干1g重的脱脂木粉（称准至0.0001g）放入100mL的具塞磨口锥形瓶内（同时称取试样测定水分），缓慢加入预先冷却至12~15℃的$(72±0.1)\%H_2SO_4$溶液15mL，使样品全部被酸液所浸透，并盖好瓶塞。将锥形瓶置于18~20℃的水浴锅保温2h（非木材原料保温2.5h），并不时摇荡锥形瓶，使瓶内反应均匀进行。

② 试样溶液的制备。达到规定时间后，将上述锥形瓶内容物在蒸馏水的漂洗下全部移入1000mL锥形瓶中，加入蒸馏水（包括漂洗用）至总体积为560mL。将此锥形瓶置于电热板上煮沸4h，其间应不断补充热水以保持总体积为560mL（对原料）或1540mL（对纸浆）。然后静置，使酸不溶木质素沉积下来。过滤后收集滤液作为试样溶液。

③ 吸光度测定。将试样溶液倒入比色皿（10mm光径石英比色皿）中，以3%H_2SO_4溶液为参比溶液，用紫外分光光度计于波长205nm下测定其吸光度。

如果试样溶液的吸光度大于0.7，则另取3%H_2SO_4溶液在容量瓶中稀释滤液进行测定，以便得到0.2~0.7的吸光度。

（4）计算。滤液中酸溶木质素含量用质量浓度ρ（g/L）表示时，根据式（2-76）计算。

$$\rho = \frac{A}{110} \times D \tag{2-76}$$

式中 A——吸光度；

D——滤液的稀释倍数，为稀释后滤液的体积（mL）与原滤液的体积（mL）的比值；

110——吸收系数[L/(g·cm)]；该系数由不同原料和纸浆的平均值求得。

原料和纸浆试样中酸溶木质素含量用质量分数x（%）表示时，根据式（2-77）计算。

$$x = \frac{\rho \times V \times 100}{1000 m_0} \times 100\% \tag{2-77}$$

式中 ρ——滤液中酸溶木质素质量浓度（g/L）；

V——滤液总体积，原料为560mL，纸浆为1540mL；

m_0——绝干试样质量（g）。

（5）注意事项

① 当试样溶液的吸光度超出0.2~0.7时，应改变溶液的稀释比或者更换比色皿。

② 为了确保仪器的测定准确度，必须经常校正仪器的波长精度。

2.9.10 植物纤维原料平均聚合度的测定

（1）原理。利用能较好保持纤维素聚合度的溶剂溶解纸浆，在规定的浓度下，于25℃测定该纸浆溶液通过毛细管黏度计的时间，根据这一测定值和溶液的已知浓度，用马丁公式计算出该溶液的特性黏度，从而计算出化学浆的聚合度。测定时要求 $[\eta] \cdot c = (3.0 \pm 0.5)$，且测量是在 $G = (200 \pm 30)$ s 的速度梯度下进行的。铜乙二胺溶液是纤维素的一种优良溶剂。

在这一实验中，采用了下述定义。

黏度比 η_r：即相对黏度，为规定浓度的聚合物溶液的黏度 η 和溶剂黏度 η 的比 $\eta_r = \eta/\eta_0$，这种比值是无单位的。增比黏度：黏度比减 1，$\eta_r - 1$。比浓黏度：增比浓度与聚合物浓度 c 的比值。特性黏度 $[\eta]$：浓度无限稀释下的比浓黏度的极限值 mL/g。

（2）测定仪器与试剂

① 仪器：带水循环系统的恒温水浴（恒温精度±0.1℃），毛细管黏度计（校准用和测量用黏度计），秒表，30mL 溶解瓶，玻璃珠，铜丝段，烧杯，吸管，15mL 移液管。

② 试剂：65%甘油，铜乙二胺（CED）：乙二胺=1:2。

（3）分析步骤

① 校准测量用黏度计。用 65%甘油溶液和稀铜乙二胺溶液（使用移液管取一定量铜乙二胺溶液加入等量蒸馏水），将恒温水浴温度调节至 (25±0.1)℃，分别在校准用黏度计和测量用黏度计中测量同一甘油溶液的流出时间，再测定稀溶剂流出校准用黏度计的时间，用式（2-78）和式（2-79）分别计算黏度计因子 f 和黏度计常数 h。

$$f = \frac{t_0}{t_v} \tag{2-78}$$

$$h = \frac{f}{t_s} \tag{2-79}$$

式中　t_0——甘油从校准用黏度计中流出的时间（s）；

　　　t_v——甘油从测定用黏度计中流出的时间（s）；

　　　t_s——稀溶剂（即稀铜乙二胺）从校准用黏度计中流出的时间（s）。

黏度计因子 f 是仪器常数，而黏度计常数 h 则取决于所用的溶剂，故每次使用新的铜乙二胺溶液时都应重新测定。

② 试样的称取。根据浆的不同黏度，按表 2-11 中参数，称取一定量试样（称准至 0.0005g）于溶解瓶中。

表 2-11　　　　　　　　根据特性黏度选用纸浆浓度

特性黏度[η]/(mL/g)	纸浆浓度/(g/mL)	绝干样品量/(g/30mL)
<400	0.005	0.15
400~650[a]	0.005	0.15
650~850	0.004	0.12
850~1100	0.003	0.09
1100~1400	0.0024	0.072

注：[a] 400~650，含 400，不含 650，以此类推。

③ 试样制备。吸取15mL蒸馏水加入溶解瓶中,并加入数根铜丝段,塞好瓶塞,不断摇荡至试样完全分散。吸取15mLCED溶液加入溶解瓶中,加入玻璃珠以排出瓶中空气,塞好瓶塞,不断摇荡至试样完全溶解。将溶解瓶浸入恒温水浴中至温度达到(25 ± 0.1)℃。

④ 试样测定。将溶解好并恒温的试样注入黏度计中,让液体流出,当弯液面达到上部刻度时启动秒表,测定液体弯液面至下部刻度时的时间,精确至±0.2s。

(4) 计算

① 相对黏度,也称黏度比η_r,即溶液黏度与溶剂黏度的比值,如式(2-80)所示。

$$\eta_r = \frac{\eta}{\eta_0} = h \times t \qquad (2-80)$$

式中 η——溶液黏度(mPa·s);
η_0——溶剂黏度(mPa·s);
h——黏度计常数(s^{-1});
t——试样溶液流出黏度计的时间(s)。

② 特性黏度$[\eta]$,由黏度比值,查出GB/T 1548—2016附录B.1中的$[\eta]\cdot c$值,再由所称纸浆质量和溶解瓶容积可计算出纸浆浓度c(g/mL),如式(2-81)所示。

$$[\eta] = \frac{c\cdot[\eta]}{c} \qquad (2-81)$$

GB/T 1548—2016附录B.1中$[\eta]\cdot c$值是由马丁公式计算得出的。

③ 聚合度DP,根据式(2-82)计算得到DP。

$$DP = 0.75[\eta] \qquad (2-82)$$

式中 DP——聚合度,计算结果取整数。

(5) 注意事项

① 纸浆浓度的选择,是按照使特性黏度与浓度乘积相等于(3.0 ± 0.5)的原则,如果实测求得的$[\eta]\cdot c$值不在此范围,需重新选择浓度。例如:纸浆浓度为0.002000g/mL时,求得$\eta_r=6.12$,查表得$[\eta]\cdot c=2.455<2.5$,不合要求,需重新选择浓度。再按$[\eta]\cdot c=3$求出,即$c=0.002443$g/mL,再计算需绝干浆量$0.002443\times30=0.0733$g,然后根据浆样水分求出所需浆样量。

② 试样的分散和溶解程度,温度直接影响测试结果。所以测试时,浆样一定要分散成单根纤维后才加入CED,加入CED后一定要摇荡到浆样充分溶解才可进行测试,恒定水浴的温度也一定要调到(25 ± 0.1)℃,并在整个测试过程保持此温度。

③ 溶解试样时,瓶中空气一定要排尽,因氧在CED溶液中对纤维素有降解作用。

④ 测试时,黏度计的下部要紧靠烧杯壁,让流出的溶液沿烧杯壁流下,以消除表面张力的影响。

⑤ CED溶液对皮肤和衣物有腐蚀作用,实验时需注意。

⑥ 实验结束后将溶解瓶中的铜丝段和玻璃珠倒入收集盘。

2.9.11 植物纤维原料中凯氏氮的测定

(1) 原理。样品中有机态氮[如氨基氮(NH_2CH_2COOH)]在浓硫酸作用下脱水,并受热分解,在 SO_2 等还原剂存在的情况下,转化成氨,而氨与硫酸相结合,形成硫酸铵。反应过程如式(2-83)和式(2-84)所示。

$$NH_2CH_2COOH+3H_2SO_4 \rightarrow NH_3+2CO_2+3SO_2+4H_2O \tag{2-83}$$

$$2NH_3+H_2SO_4 \rightarrow (NH_4)_2SO_4 \tag{2-84}$$

加入 NaOH 蒸馏,以硼酸(H_3BO_3)吸收蒸馏释放出的 NH_3,生成结合松弛的弱碱盐——硼酸铵。测定氨氮(NH_4-N)的含量。

(2)测定仪器与试剂

① 仪器:可调节电炉或电热板;100~150mL 凯氏烧瓶。

② 试剂:12mol/L H_2SO_4;72% $HClO_4$;30% H_2O_2。

(3)分析步骤。准确称取适量植物纤维素 0.1000g,放入 100~150mL 凯氏烧瓶中,加入 15mL 12mol/L H_2SO_4,盖上小漏斗(弯颈小漏斗较佳),轻轻摇动,待气泡停止发生后,置于电炉上调节适当的火力,高温消煮至产生大量白烟(注意白烟不能大量跑出,液面上 1~2cm 处开始有硫酸蒸汽气化)。取下冷却,加入 1.0mL 30% 的 H_2O_2,摇动瓶子后,改为小火(电炉丝微红)消化,煮至 SO_2 白烟产生,取下冷却,补加 1.0mL 30% H_2O_2 继续消煮。如果消煮 15~20min 后,溶液基本清亮,仅有黑色颗粒悬浮,应待冷后补加 1~2 滴 70% $HClO_4$,继续消煮,直至消化液完全清亮,呈无色或者浅黄色为止。如果两次 H_2O_2 加入后,仍呈浑浊状态,则考虑第三次补加 1.0mL H_2O_2。大多数样品经如上操作,在 40~60min 可完成消煮。

最后,选择拟采用的 NH_4-N 测定方法,对消化液进行处理,测定计算氮含量(mg/g 或 mg/100g 固体,mg/L 液体)。消煮时进行空白实验,以校正误差。

在完成消化后,取下冷却,用少量无氨水冲洗小漏斗,洗液流入消煮瓶中,再加约 20mL 水边摇动边缓缓地加入。然后摇动(或使用漩涡振荡器)尽量使未溶解的物质悬浮,将消煮瓶内溶液全部移入 100mL 容量瓶中(包括最少 3 次清洗消煮瓶的水),加水定容。

(4)计算。采用蒸馏-滴定法计算 NH_4-N 含量:取 25.0mL 定容后的消化液,由蒸馏腔上的漏斗加入馏出氨的强碱蒸馏腔中。再加入 20mL 40% 的 NaOH 溶液,连接蒸氮仪各导管,关闭蒸汽发生烧瓶出口的支路,冷凝管通入适当流量的冷凝水。将 15mL 2% 硼酸吸收液加入刻有 35mL 标记的 50mL 锥形瓶中,加入 1~2 滴甲基红-溴甲酚绿指示剂,置于装置的冷凝管下,将冷却器出口管插入该溶液中(该出口管带有平衡气压的小分支透气嘴)。调节节流流量,加热蒸馏。当蒸馏液达到收集瓶 35mL 标线时,打开蒸汽发生烧瓶出口的支路管,停止蒸馏,清洗冷凝管尖端。然后以 0.0200mol/L 的标准 HCl(或 0.0100mol/L 的 H_2SO_4)滴定,终点颜色的变化是从绿色变成粉红色。记录滴定所用标准酸溶液用量。氮含量(mg/L)可按式(2-85)计算。

$$NH_4\text{-N 含量} = \frac{c_{HCl}V_{HCl}}{V} = 2\frac{c_{H_2SO_4}V_{H_2SO_4} 14}{V} \tag{2-85}$$

式中 c_{HCl}——滴定用标准 HCl 溶液的浓度(mol/L);

V_{HCl}——滴定用标准 HCl 溶液的体积(mL);

$c_{H_2SO_4}$——滴定用标准 H_2SO_4 溶液的浓度(mol/L);

$V_{H_2SO_4}$——滴定用标准 H_2SO_4 溶液的体积(mL);

14——N 的摩尔质量（g/mol）；

V——用于蒸馏的待测样品的体积（mL）。

思 考 题

1. 植物纤维原料用硝酸-氯酸钾法离析时，为保证分离纤维的完整，在操作中应注意些什么？
2. 制取纤维显微镜观察片时，为什么要加甘油？
3. 苯-乙醇混合液能抽提出植物原料中的哪些成分？
4. 用来包试样的滤纸和线为什么要事先用苯-乙醇溶液抽提？
5. 苯-乙醇混合液为什么选用 2∶1 的比例？
6. 分离出来的硝酸-乙醇纤维素与植物原料中原本的纤维素有什么不同？
7. 硝酸-乙醇法测定纤维素过程中，硝酸和乙醇各起什么作用？
8. 根据实验原理和操作要求，你认为影响本实验结果的因素有哪些？
9. 同一试样中分离出的综纤维素与分离出的硝酸-乙醇纤维素的区别和联系是什么？
10. α-纤维素的定义是什么？
11. 影响本实验结果的因素有哪些？
12. 蒸馏糠醛时，为什么要加入 NaCl？
13. 本实验为什么采用空气浴而不用水浴？
14. 影响本实验结果的因素有哪些？
15. 本实验分离出来的木质素与原本木质素有什么不同？
16. 为什么浓酸水解的时间木材原料比非木材原料短？
17. 试从原料灰分的成分解释为什么植物原料有些成分含量的测定（硝酸-乙醇纤维素、木质素、α-纤维素等）对木材原料可不测定其灰分，而对非木材原料，则需测定其灰分？
18. 测定化学浆的平均聚合度有什么意义？
19. 为什么溶解试样前要先排出溶解瓶中的空气？
20. 温度如何影响试样溶液黏度的测定？
21. 氮是生态系统中和生命活动的重要组成部分，氮的循环过程很复杂。请以 N_2 为起始点和终止点勾画一张氮素循环图。

第3章 工业废水的分析

治理"三废",防治污染,加强环境保护是一项重要的政策。废水的合理处理与排放是环境保护工作的重要内容之一,而分析废水中污染物质的种类、来源、分布等,可以为治理废水提供科学的依据。因此废水的分析是一项重要的工作。

轻化工程如制革工业生产过程中所产生废水排放量大、臭气浓、色度深、含有大量的有机物和无机物。如不及时处理,将对环境造成严重污染。环保部门制定了工业污水排放标准,有关工厂必须经常进行污水的监测。因此污水的分析是制革厂的一项必须做的工作。

3.1 水样的采集

由于制革生产工艺复杂,排放的废水在数量和组分上随时发生剧烈变化,有时瞬间就有明显变化,因此取样的方法就非常重要。如果取样不当,就会使分析结果与实际水质不一致,造成严重后果。

(1) 取样数量。一般供物理和化学全分析用的水样,采集量约2000mL,某些特殊项目可以多一些,单项分析取水样100~1000mL。

(2) 所用容器。采集或储存水样的瓶,应为具磨口玻塞或硬橡皮塞(不能用木塞、布塞和纸塞)的细口玻璃瓶或塑料瓶,采样前应将瓶用洗衣粉洗干净,并用净水冲洗后控水备用。

采集水样前应用水样冲洗采样瓶2~3次,再取样,瓶内液面距瓶塞应不少于2cm。

(3) 取样地点。

① 代表全厂排水状况的水样,应在厂的总排水口取样,如有几个排水口,则应根据各口排水量的大小,大体按比例取样后再混合。

② 代表某个车间或工序状况的水样,应在车间或工序的地沟排水口取样。

③ 代表废水处理装置效果的水样,应在废水处理装置的进口和出口分别取样。

(4) 取样时间。分为代表全天废水状况的混合水样和全天中某个指标或排放量为高峰时刻的单个水样两种,这两种水样都应分析。

① 全天混合水样。一天中每隔一定时间,取一定数量的废水样装入同一容器中,最后摇匀,进行分析,此分析数据应能代表全天废水水质的平均含量。但具体每隔多长时间取一次,每次取多少才能达到上述要求,是一个复杂的问题,应根据生产班次斟酌时间连续取样,每次的取样量应随排水量的变化而相应增减,使成正比关系。

② 某项污染指标或排放量高峰时的水样,应根据各厂废水的排放情况,确定适宜时间采取水样。

分析报告中应写明取样方法和时间。

(5) 水样保存

① 水样采取与测定之间相隔时间愈短，分析结果则愈可靠。一般的允许保存时间：轻污染水为48h，重污染为12h。

② 水样应存放在阴凉处，一般而言，低温保存还比较可行。

③ 供分析重金属的水样，可以加入盐酸或硝酸至pH3.5左右以减少沉淀和吸附。

④ 供分析硫化物的水样，可根据所采用的分析方法，加入适当的保存剂。如用硫离子选择电极的电位滴定法时，则加入等体积的SAOB（50%）溶液于污水样中，立即用橡皮塞塞紧瓶口。

⑤ 测定酚类化合物时，在每升水样中，加入50%氢氧化钠溶液1mL，摇匀，盖紧瓶塞保存。

思 考 题

1. 采集或储存水样瓶的瓶塞为什么应该是磨口玻塞或硬橡皮塞？
2. 为什么将含重金属的水样的pH调至酸性能够减少沉淀和吸附？
3. 为什么在测定酚类化合物时，要先加入1mL50%的氢氧化钠溶液？

3.2 色度的测定

3.2.1 铂钴比色法（GB 11903—89 水质 色度的测定）

(1) 原理。用氯铂酸钾和氯化钴配制颜色标准溶液，与被测样品进行目视比较，以测定样品的颜色强度，即色度。样品的色度以与之相当的色度标准溶液的度值表示。

(2) 试剂

a. 光学纯水。将0.2μm滤膜（细菌学研究中所采用的）在100mL蒸馏水或去离子水中浸泡1h，用它过滤250mL蒸馏水或去离子水，弃去最初的250mL，以后用这种水配制全部标准溶液并作为稀释水。

b. 色度标准储备液（相当于500度）。将（1.245±0.001）g六氯铂（Ⅳ）酸钾（K_2PtCl_6）及（1.000±0.001）g六水氯化钴（Ⅱ）（$CoCl_2·6H_2O$）溶于约500mL水中，加（100±1）mL盐酸（$\rho=1.18g/mL$）并在1000mL的容量瓶内用水稀释至标线。将溶液放在密封的玻璃瓶中，存放在暗处，温度不能超过30℃。本溶液至少能稳定6个月。

c. 色度标准溶液。在一组250mL的容量瓶中，用移液管分别加入2.50，5.00，7.50，10.00，12.50，15.00，17.50，20.00，25.00，30.00及35.00mL储备液，并用水稀释至标线。溶液色度分别为：5，10，15，20，25，30，35，40，50，60和70度。溶液放在严密盖好的玻璃瓶中，存放于暗处，温度不能超过30℃。这些溶液至少可稳定1个月。

(3) 仪器。50mL具塞比色管；pH计：精度±0.1pH单位；250mL容量瓶。

(4) 采样和样品

所用与样品接触的玻璃器皿都要用盐酸或表面活性剂溶液加以清洗，最后用蒸馏水或去离子水洗净、沥干。

将样品采集在容积至少为1L的玻璃瓶内，在采样后要尽早进行测定。如果必须贮存，则将样品贮于暗处。在有些情况下还要避免样品与空气接触。同时要避免温度的变化。

（5）分析步骤。将样品倒入250mL量筒中，静置15min，倾取上层液体作为试料进行测定。将一组具塞比色管用色度标准溶液充至标线，将另一组具塞比色管用试料充至标线。将具塞比色管放在白色表面上，比色管与该表面呈合适的角度，使光线被反射自具塞比色管底部向上通过液柱。垂直向下观察液柱，找出与试料色度最接近的标准溶液。如色度≥70度，用光学纯水将试料适当稀释后，使色度落入标准溶液范围之中再行测定。另取试料测定pH。

（6）结果计算

以色度的标准单位报告与试料最接近的标准溶液的值，在0~40度（不包括40度）的范围内，准确到5度。40~70度范围内，准确到10度。在报告样品色度的同时报告pH值。稀释过的样品色度（A_0），以度计，用式（3-1）计算：

$$A_0 = \frac{V_1}{V_0} A_1 \qquad (3-1)$$

式中　V_1——样品稀释后的体积（mL）；

　　　V_0——样品稀释前的体积（mL）；

　　　A_1——稀释样品色度的观察值（度）。

3.2.2　稀释倍数法（HJ 1182—2021 水质　色度的测定）

（1）原理。将样品稀释至与水相比无视觉感官区别，用稀释后的总体积与原体积的比表达颜色的强度，单位为倍。

（2）试剂与仪器。去离子水或纯水；50mL和100mL具塞比色管、pH计：精度±0.1pH单位；100mL容量瓶等。

（3）采样和样品。按照HJ 91.1的相关规定采集样品。样品采集后应在4℃以下冷藏、避光保存，24h内测定。对于可生化性差的样品，如染料和颜料废水等样品可冷藏保存15d。

（4）分析步骤

① 试料的制备。将样品倒入250mL量筒中，静置15min，倾取上层非沉降部分作为试样进行测定。按照HJ 1147对水样进行pH的测定。

取试样倒入50mL具塞比色管中，至50mL标线，将具塞比色管垂直放置在白色表面上，垂直向下观察液柱。用文字描述样品的颜色特征。颜色（红、橙、黄、绿、蓝和紫等），深浅（无色，浅色或深色），透明度（透明、混浊或不透明）。

② 初级稀释。准确移取10.0mL试样于100mL比色管或100mL容量瓶中，用水稀释至100mL刻度，混匀后按目视比色方法观察，如果还有颜色，则继续取稀释后的试料10.0mL，再稀释10倍，依次类推，直到刚好与水无法区别为止，记录稀释次数n。

③ 自然倍数稀释。用量筒取第$n-1$次初级稀释的试料，按照表3-1的稀释方法由小到大逐级按自然倍数进行稀释，每稀释1次，混匀后按目视比色法观察，直到刚好与水无法区别时停止稀释，记录稀释倍数D_1。

表 3-1　　　　　　　　　　　稀释方法及结果表示

稀释倍数(D_1)	稀释方法	结果表示
2 倍	取 25mL 试样加水 25mL,混匀备用	$2\times10^{n-1}$ 倍 ($n=1,2\cdots$)
3 倍	取 20mL 试样加水 40mL,混匀备用	$3\times10^{n-1}$ 倍 ($n=1,2\cdots$)
4 倍	取 20mL 试样加水 60mL,混匀备用	$4\times10^{n-1}$ 倍 ($n=1,2\cdots$)
5 倍	取 10mL 试样加水 40mL,混匀备用	$5\times10^{n-1}$ 倍 ($n=1,2\cdots$)
6 倍	取 10mL 试样加水 50mL,混匀备用	$6\times10^{n-1}$ 倍 ($n=1,2\cdots$)
7 倍	取 10mL 试样加水 60mL,混匀备用	$7\times10^{n-1}$ 倍 ($n=1,2\cdots$)
8 倍	取 10mL 试样加水 70mL,混匀备用	$8\times10^{n-1}$ 倍 ($n=1,2\cdots$)
9 倍	取 10mL 试样加水 80mL,混匀备用	$9\times10^{n-1}$ 倍 ($n=1,2\cdots$)

④ 目视比色。将稀释后的试料和水分别倒入 50mL 具塞比色管至 50mL 标线,将具塞比色管放置在白色表面上,垂直向下观察液柱,比较试料和水的颜色。

（5）结果计算

样品的稀释倍数 D,按式（3-2）进行计算：

$$D=D_1\times10^{(n-1)} \tag{3-2}$$

式中　D——样品稀释倍数；

　　　n——初级稀释次数；

　　　D_1——稀释倍数。

思　考　题

进行色度测定时,为什么要将污水中的悬浮物先去掉?

3.3　pH 的测定

本方法应用行业标准《HJ 1147—2020　水质　pH 值的测定　电极法》,具体内容如下：

（1）原理。将规定的指示电极和参比电极浸入同一被测溶液中,构成一原电池,其电动势与溶液中氢离子的浓度遵循能斯特公式,通过测量原电池的电动势即可得出溶液的 pH。

（2）测定仪器和试剂

① 仪器：精密酸度计,测量范围为 0~14；读数精度小于或等于 0.02。电极,玻璃电极和饱和甘汞电极或复合电极。温度计,0~50℃精确至±0.1℃。

② 试剂：邻苯二甲酸氢钾标准缓冲溶液；混合磷酸盐标准缓冲溶液；四硼酸钠标准缓冲溶液。

（3）分析步骤

① 精密酸度计校正。仪器开启半小时后,按仪器使用说明书操作,进行调零、温度补偿以及满刻度校正等工作。

② pH 定位。选用一种与被测水样 pH 接近的标准缓冲溶液,重复定位 1~2 次,当水样 pH 小于 7.00 时,使用邻苯二甲酸氢钾标准缓冲溶液定位,以混合磷酸盐标准缓冲溶

液或四硼酸钠标准缓冲溶液复定位；水样值大于7.00时，则用四硼酸钠标准缓冲溶液定位，以邻苯二甲酸氢钾标准缓冲溶液或混合磷酸盐标准缓冲溶液复定位。

③ 用洗瓶以纯水缓缓淋洗电极数次，再以水样淋洗6~8次，然后将电极插入水样中，待读数稳定后直接从仪器上读出值。

（4）注意事项

① 水的pH大小主要取决于水中CO_2、CO_3^-等离子的含量，由于它们极易受温度、压强的影响，故pH最好在采样现场测定。

② 用两种标准缓冲溶液进行定位时，将温度补偿旋钮调至标准缓冲溶液的温度处，若测得的斜率值在90%~100%范围内，则电极使用状态正常。如果酸度计不具备斜率系数调节功能，可用两种标准溶液互相校准，其值误差不得大于0.1（如斜率值小于90%或pH误差大于0.1，则该电极应清洗或更换）。

③ pH玻璃电极在使用前，应在纯水中活化24h以上。经常使用时，电极应浸泡在纯水中。较长时间不用，可洗净后放入电极盒内保存。由于玻璃球泡部分非常薄，在使用和保存时，切勿与硬物相碰或用手触摸。

④ 饱和甘汞电极在使用时，要拔去侧面的胶塞，以防止产生扩散电位，影响测定结果。电极内的氯化钾溶液中不能有气泡，以防止断路。氯化钾溶液应保持饱和状态和一定的液面高度，当室温升高时，甘汞电极内的饱和氯化钾溶液可能由饱和状态变为不饱和状态，故电极内应保持一定量的氯化钾晶体。

⑤ 测定时如发现读数不稳，除检查仪器外，还应检查电极。首先检查甘汞电极内部是否有气泡，再检查电极端部砂芯毛细管是否堵塞，用滤纸贴在电极头上，如有溶液渗出，表明毛细管未被阻塞。如上述检查无问题，则可用盐酸溶液 $[c(HCl) = 0.1mol/L]$ 浸洗玻璃电极用纯水洗净后再测。如仍不稳定则需更换电极。

思 考 题

1. 为什么pH最好要现场采样、现场测定？
2. 为什么pH玻璃电极在使用前要在纯水中活化24h以上？

3.4 电导率的测定

本方法引自行业标准《DZ/T 0064.6—2021 地下水质分析方法 第6部分：电导率的测定 电极法》，与国家标准《GB/T 6908—2018 锅炉用水和冷却水分析方法 电导率的测定》测试方法基本一致。具体内容如下：

（1）原理。在电解质的溶液中，离子在电场的作用下，由于离子的移动具有导电作用。在相同温度下测定水样的电导（G），它与水样的电阻（R）成倒数关系，按式（3-3）计算：

$$G=\frac{1}{R} \tag{3-3}$$

在一定条件下，水样的电导随着离子含量的增加而升高，而电阻则降低。因此，电导

率 σ 就是电流通过单位面积 A 为 $1cm^2$，距离 L 为 $1cm$ 的两铂黑电极的电导能力，按式（3-4）计算：

$$\sigma = G\frac{L}{A} \quad (3-4)$$

电导率 σ 为给定的电极常数 Q 与水样的电阻 R 的比值，按式（3-5）计算：

$$\sigma = Q \times G = \frac{Q}{R} \quad (3-5)$$

只要测定出水样的 R 或水样的 G，σ 即可得出。

（2）仪器与试剂

① 仪器：电导率仪；铂电极；温度计，$0\sim 50℃$ 精确至 $\pm 0.1℃$。

② 试剂：氯化钾标准溶液。

（3）分析步骤

① 电极常数的测定。如铂电极上未标明电极常数，则按以下实验方法确定。取氯化钾标准溶液 $25\sim 30mL$ 于烧杯中，插入铂电极。在 $25℃$ 条件下，在电导率仪上按仪器说明书操作，读出电导值 G。重复测定 $3\sim 5$ 次。从表 3-2 中查出氯化钾标准溶液的电导率，按式（3-6）计算电极常数：

$$Q = \frac{1}{G_{KCl}} \times \sigma_{KCl} \quad (3-6)$$

式中 Q——铂电极的电极常数（cm^{-1}）；

G_{KCl}——$25℃$ 时测得氯化钾标准溶液的电导值（μS）；

σ_{KCl}——从表 3-2 中查出的 $25℃$ 时氯化钾溶液的标准电导率值（$\mu S/cm$）。

表 3-2　　　　　　　　　　$25℃$ 时氯化钾标准溶液的电导率

浓度/(mol/L)	0.0001	0.0005	0.0010	0.0050	0.010	0.020	0.050	0.10	0.20	0.50
电导率/($\mu S/cm$)	14.94	73.90	147.0	717.8	1413	2767	6668	12900	24820	58640

② 样品检测。取适量水样冲洗 50mL 烧杯并冲洗电极几次后，再取适量水样，将电极浸入水中，按仪器操作步骤测量，读取表头数值，即温度为 t 时的电导率（σ_t），同时用温度计测量水样温度 σ。

测量完毕，用纯水洗净电极，用滤纸吸干电极表面水分（切勿擦电极的铂黑镀膜），在不使用时，将其装入电极盒内保存。

（4）计算。样品的电导率（$25℃$）用式（3-7）计算：

$$\sigma_{25} = \frac{\sigma_t}{1-0.02\times(25-t)} \quad (3-7)$$

式中 σ_{25}——$25℃$ 时水样的电导率（$\mu S/cm$）；

σ_t——温度为测得水样的电导率（$\mu S/cm$）；

t——测量时水样的温度 $25℃$。

（5）注意事项

① 水的电导率随温度升高而增加。水温每升高 $1℃$，电导率增加 $25℃$ 时的 2% 左右。为使结果便于比较，通常将测定值校正在 $25℃$ 时的电导率报出结果。

② 使用中如发现电极的铂黑脱落或读数不正常，应按下述步骤重新镀铂黑或更换电极：

a. 先将电极浸入王水中电解数分钟，每分钟改变电流方向一次，使铂黑溶解待铂片恢复光亮后，用温热的铬酸洗液或盐酸溶液浸洗，再用纯水冲洗干净；

b. 将电极浸入氯铂酸乙酸铅混合溶液 {氯铂酸-乙酸铅混合溶液：分别称取氯铂酸（$H_2PtCl_6·6H_2O$）1g 和乙酸铅 [$(CH_3COO)_2Pb·3H_2O$] 0.012g 于烧杯中，用纯水溶解，加水到 100mL，混匀，贮于棕色瓶内} 中，并与 1.5V 干电池的负极相接，干电池的正极和浸在同一溶液中的一段铂丝连接。电流强度应只允许产生少量气泡；每 5min 改变电流方向一次，直到镀上一层均匀的铂黑为止；

c. 电极用纯水洗净，并用滤纸吸干表面水分，装入盒内保存备用；保存氯铂酸乙酸铅溶液，可供以后使用。

思 考 题

1. 为什么水的电导率会随温度的升高而增加？
2. 去离子水在空气中放置一段时间后，其电导率会有什么变化？

3.5 总硬度的测定

本方法引自行业标准《DZ/T 0064.15—2021 地下水质分析方法 第 15 部分：总硬度的测定 乙二胺四乙酸二钠滴定法》，与国家标准 GB/T 7477—1987（见 2.1.2）相比，所使用指示剂不同。本方法具体内容如下：

（1）原理。在 pH 为 10 的氨性缓冲溶液中，钙、镁离子与指示剂（酸性铬蓝 K）作用，生成酒红色配合物（也称络合物）。滴入乙二胺四乙酸二钠标准溶液，其从指示剂配合物中夺取钙、镁离子，形成无色配合物溶液，呈现游离指示剂本身的颜色，根据乙二胺四乙酸二钠标准溶液所消耗的体积，便可计算出水的总硬度。

（2）测定仪器和试剂

① 仪器：滴定管，25mL；三角瓶，250mL。

② 试剂：氨水（$\rho_{20}=0.89g/mL$）；氢氧化钠 [$c(NaOH)=2mol/L$]；氨性缓冲液（pH=10）；酸性铬蓝 K-萘酚绿 B 混合溶液；盐酸溶液；钙标准溶液 [$c(Ca^{2+})=0.010mol/L$]；乙二胺四乙酸二钠标准溶液 [$c(EDTA-2Na)=0.10mol/L$]。

（3）分析步骤。吸取水样 50.0mL 于 250mL 三角瓶中，加入氨性缓冲溶液 5mL、酸性铬蓝 K-萘酚绿 B 混合溶液 3~4 滴，用乙二胺四乙酸二钠标准溶，滴定到试液由酒红色变为不变的蓝色即为终点。记录消耗乙二胺四乙酸二钠标准溶液的体积（V_1）。同时，吸取纯水 50mL 于 250mL 三角瓶中，按上述步骤进行。记录消耗乙二胺四乙酸二钠标准溶液的体积（V_2）。

（4）计算。按式（3-8）计算总硬度：

$$\rho(CaCO_3)=\frac{c\times(V_1-V_2)\times 100.08}{V_3}\times 1000 \tag{3-8}$$

式中 $\rho(CaCO_3)$——总硬度（以 $CaCO_3$ 计）（mg/L）；
c——乙二胺四乙酸二钠标准溶液的浓度（mol/L）；
V_1——水样消耗乙二胺四乙酸二钠标准溶液的体积（mL）；
V_2——纯水消耗乙二胺四乙酸二钠标准溶液的体积（mL）；
V_3——所取试样体积（mL）；
100.08——与 1.00mL 乙二胺四乙酸二钠标准溶液 [c(EDTA-2Na) = 1.000mol/L] 相当的以毫克表示的碳酸钙质量。

（5）注意事项

① 当试液温度低于10℃时，滴定到终点时的颜色变化缓慢，易使滴定过量，可先将溶液微热至30℃左右后再滴定。

② 若水样在加入缓冲溶液和指示剂后颜色变暗或滴定终点延迟，说明存在铁、铝、铜、锰等金属离子干扰。可另取水样，加入三乙醇胺溶液 3mL、盐酸羟胺溶液（20g/L）0.5mL 及新配制的硫化钠溶液（20g/L）5mL，再加入缓冲溶液和指示剂进行滴定。

思 考 题

1. 为什么测定时要先将溶液微热至30℃左右后再滴定？
2. 有时候需要加入遮蔽剂来遮蔽干扰离子，请问遮蔽剂一般在什么时候加入？

3.6 悬浮物的测定

本方法引自国家标准《GB/T 11901—1989 水质 悬浮物的测定 重量法》，具体内容如下：

悬浮物是水中不能通过过滤器的固体。制革废水中悬浮物含量高，水的黏度大，水质混浊影响水生生物的呼吸、代谢作用，甚至使鱼类死亡。故制革废水需进行悬浮物的测定。

（1）原理。悬浮物是指留在过滤器上并于 103~105℃ 烧至恒重的固体。将水样通过过滤器后，将过滤器和固体物烘干，称重，减去过滤器重量即为悬浮物的量。

（2）仪器。全玻璃微孔滤膜过滤器；CN-CA 滤膜（孔径 0.45μm；吸滤瓶；真空泵烘箱；干燥器；分析天平。

（3）分析步骤

① 滤膜准备。用无齿扁咀镊子夹取微孔滤膜放于事先恒重的称量瓶中，移入烘箱中于 103~105℃ 烘干半小时后取出置于干燥器内冷却至室温，称其重量。反复烘干、冷却、称量，直至两次称重的重量差≤0.2mg。将恒重的微孔滤膜放在滤膜过滤器的滤膜托盘上，加盖配套的漏斗，并用夹子固定好，以蒸馏水湿润滤膜，并不断吸滤。

② 测定。量取充分混合均匀的水样 100mL 抽取过滤，使水分全部通过滤膜。再以每次 10mL 蒸馏水连续洗涤三次，继续吸滤以除去痕量水分。停止吸滤后，仔细取出载有悬浮物的滤膜放在原恒重的称量瓶里，移入烘箱中于 103~105℃ 下烘干一小时后移入干燥器中，使冷却到室温，称其重量。反复烘干、冷却、称量，直至两次称重的重量差≤0.4mg 为止。

注：滤膜上截留过多的悬浮物可能夹带过多的水分，除延长干燥时间外，还可能造成过滤困难，遇此情况，可酌情少取试样。滤膜上悬浮物过少，则会增大称量误差，影响测定精度，必要时，可增大试样体积，一般以 5~100mg 悬浮物量作为量取试样体积的实际范围。

（4）计算。按式（3-9）计算悬浮物的浓度（mg/L）。

$$悬浮物(浓度) = \frac{(m_1 - m_2) \times 1000 \times 1000}{V} \qquad (3-9)$$

式中　m_1——悬浮物+滤膜+称量瓶重量（g）；

　　　m_2——滤膜+称量瓶重量（g）；

　　　V——水样体积（mL）。

（5）注意事项

① 在称重时，必须准确控制时间和温度，并且每次按同样次序称重。这样容易得到恒重并节约时间。

② 水样过滤时，尽可能先静置使其沉淀后再过滤，以加速过滤。

思 考 题

1. 悬浮物通常是不均匀地分散在水中，如何使采集到的水样更具代表性？
2. 如何取样，可减少称量误差，提高测试结果的准确性？

3.7　溶解性固体总量的测定

本方法参考行业标准《DZ/T 0064.9—2021　地下水质分析方法　第 9 部分：溶解性固体总量的测定　重量法》。

（1）原理。取适量体积的水样过滤后在烘箱内经 105℃ 或 180℃ 烘干，称重即得溶解性固体（可溶性盐类、有机物等）总量。水样中含永久硬度时，采用 180℃ 烘干重量法可有效去除高矿化水样中盐类所含结晶水，得到较为准确的结果。预先加入碳酸钠可降低盐类化合物的吸湿性便于恒重。

（2）测定仪器和试剂

① 仪器：天平感量为 0.1mg；烘箱：控温范围为室温至 400℃，控温精度为 1℃；蒸发皿：容积为 100mL。干燥器（用硅胶作干燥剂）。

② 试剂：碳酸钠（Na_2CO_3）。

（3）分析步骤

① 105℃ 烘干重量法。适用于不含永久硬度水样中溶解性固体总量的测定。

a. 将洗净的蒸发皿放入烘箱内在（105±2）℃ 烘 1h 后取出蒸发皿放入干燥器内冷却、称重。重复烘干、称重直至恒重。

b. 吸取 100mL 经 0.45μm 滤膜过滤的水样放入已恒重的蒸发皿内，先在电热板上蒸发至小体积，再置于水浴上蒸干。将蒸发皿放入烘箱内，在（105±2）℃ 烘 1h 后，取出蒸发皿，放入干燥器内，冷却、称重。重复烘干、称重，直至恒重。

② 180℃烘干重量法。适用于含永久硬度水样中溶解性固体总量的测定。

在洁净的蒸发皿中，加入碳酸钠（Na_2CO_3）0.2~0.3g放入烘箱内在（180±2）℃烘1h后，取出蒸发皿放入干燥器内，冷却、称重。重复烘干、称重，直至恒重。

（4）计算。按式（3-10）计算溶解性固体总含量：

$$\rho(TDS) = \frac{(m_1 - m_2) \times 1000}{V} \times 1000 \tag{3-10}$$

式中　ρ（TDS）——水样中溶解性固体总含量（mg/L）；

m_1——空蒸发皿及溶解性固体总量的质量和或蒸发皿、碳酸钠及溶解性固体总量的质量和（g）；

m_2——空蒸发皿的质量或蒸发皿及碳酸钠的质量和（g）；

V——所取水样的体积（mL）。

（5）注意事项

① 105℃烘干重量法：取不含永久硬度、溶解性固体总量为385mg/L的地下水样进行8次测定，标准偏差为15mg/L，相对标准偏差为3.9%。

② 180℃烘干重量法：取溶解性固体总量为610mg/L的地下水样进行8次测定，标准偏差为22mg/L，相对标准偏差为3.6%。

③ 蒸发皿和样品恒重时，两次称重的质量差应不大于0.2mg。

思 考 题

1. 称量瓶和蒸发皿烘干至恒重的意义？
2. 不同地区水样的溶解性固体是否有区别，为什么？

3.8　钙和镁量的测定

本方法采用了行业标准《DZ/T 0064.12—2021　地下水质分析方法　第12部分：钙和镁量的测定　火焰原子吸收分光光度法》，与国家标准《GB/T 11905—1989　水质　钙和镁的测定　原子吸收分光光度法》测试方法基本一致。

（1）原理。水样中钙、镁离子被原子化后吸收来自同种金属元素空心阴极灯发出的共振线，其吸收强度在一定范围内与样品中钙、镁的质量浓度成正比。

（2）测定仪器和试剂

① 仪器：原子吸收分光光度计；钙、镁空心阴极灯；空气压缩机或空气钢瓶气；乙炔钢瓶气（纯度不低于99.99%）。

② 试剂：纯水，符合GB/T 6682—2008规定的二级水；盐酸溶液；氯化锶溶液（200g/L）；钙标准贮备溶液[$\rho(Ca^{2+})$ = 1000.0mg/L]；镁标准贮备溶液[$\rho(Mg^{2+})$ = 1000.0mg/L]；镁标准使用溶液[$\rho(Mg^{2+})$ = 100.0mg/L]；钙、镁混合标准使用溶液[$\rho(Ca^{2+})$ = 100.0mg/L、$\rho(Mg^{2+})$ = 10.0mg/L]。

（3）分析步骤

① 水样测定。吸取澄清原水样5.00mL于10mL容量瓶中，加入盐酸溶液0.4mL、氯

化锶溶液 0.5mL，用纯水稀释至刻度，摇匀。按仪器说明书将仪器调节至最佳状态，在钙波长 422.7nm、镁波长 285.2nm 处测定钙、镁的吸光度，据测定读数值在校准曲线上查出钙、镁的质量浓度。

② 空白试验。吸取纯水 5.00mL 于 10mL 容量瓶中，以下操作步骤见①。

③ 校准曲线的绘制。低含量钙、镁校准曲线的绘制：吸取钙、镁混合标准使用溶液 0mL、0.40mL、1.00mL、3.00mL、5.00mL、7.00mL 和 10.00mL 于系列 100mL 容量瓶中，各加盐酸溶液 4mL 和氯化锶溶液 5mL，用纯水定容，摇匀。标准系列的钙的质量浓度分别为：0mg/L、0.4mg/L、1.00mg/L、3.00mg/L、5.00mg/L、7.00mg/L 和 10.00mg/L；镁的质量浓度分别为：0mg/L、0.04mg/L、0.10mg/L、0.30mg/L、0.50mg/L、0.70mg/L 和 1.00mg/L。与样品同时测定，以质量浓度为横坐标，吸光度为纵坐标，绘制校准曲线。

高含量钙、镁校准曲线的绘制：吸取钙标准贮备液和镁标准使用溶液 0mL、1.00mL、3.00mL、5.00mL、7.00mL 和 10.00mL 于系列 100mL 容量瓶中，配成钙、镁混合标准系列，各系列中分别加入盐酸溶液 4mL 和氯化锶溶液 5mL，用纯水定容，摇匀。标准系列钙的质量浓度分别为 0mg/L、10.00mg/L、30.00mg/L、50.00mg/L、70.00mg/L 和 100.00mg/L；镁的质量浓度分别为：0mg/L、1.00mg/L、3.00mg/L、5.00mg/L、7.00mg/L 和 10.00mg/L。旋转燃烧头测定，以质量浓度为横坐标，吸光度为纵坐标，绘制校准曲线。

（4）计算。水样中钙、镁的质量浓度按式（3-11）计算：

$$\rho = \rho_1 \times D \tag{3-11}$$

式中　ρ——水样中钙或镁的质量浓度（mg/L）；

　　　ρ_1——从校准曲线上查得或由计算机给出的钙或镁的质量浓度（mg/L）；

　　　D——水样的稀释倍数。

（5）注意事项

① 试液中盐酸浓度的变化对钙的测定影响较大，随着盐酸浓度的增高，钙的吸光度下降。试液中盐酸的浓度应与标准系列溶液的盐酸浓度保持一致。

② 加入锶盐作为释放剂，可消除化学干扰。过量的锶盐会使钙的吸光度下降，因此，应控制锶盐的加入量，并使试液中的锶盐含量与标准系列溶液保持一致。

③ 当燃烧器不转时，钙、镁测定的线性质量浓度范围分别为 0.40~10.00mg/L 和 0.04~1.00mg/L。当燃烧器转角 90°时，钙、镁测定的线性质量浓度范围分别为 10.00~100.00mg/L 和 1.00~10.00mg/L。

④ 在本实验条件下钙的质量浓度为 2.5mg/L、镁为 0.25mg/L 的试样中，分别共存下列质量浓度的组分不影响钙或镁的测定：1000mg/L 的 K、Na，100mg/L 的 Fe、Al、SO_4^{2-}、Li、NH_4^+、Cl^-，10mg/L 的 Cu、Pb、Zn、Cd、Cr、Mn、Mo、PO_4^{3-}、SiO_2，50mg/L 的 Ba，40mg/L 的 F，35mg/L 的 B。另外，100mg/L 的钙对测定 0.25mg/L 的镁，100mg/L 的镁对测定的 0.25mg/L 钙，均无影响。

思　考　题

1. 在测试过程中加入盐酸的目的是什么？
2. 绘制标准曲线时，应该注意哪些事项？

3.9 酸度的测定

本方法参考国家标准《GB/T 9736—2008 化学试剂 酸度和碱度测定通用方法》。

（1）原理。水的酸度通常是指水中能与氢氧根离子反应的强酸、弱酸和强酸弱碱盐等。用甲基橙作指示剂，所测得的酸度称强酸酸度，又称甲基橙酸度；用酚酞作指示剂，所测得的酸度称总酸度，又称酚酞酸度。

当加入碱标准溶液时，水样中的氢离子即与氢氧根离子发生反应，根据消耗碱标准溶液的量可计算其酸度。

（2）测定仪器和试剂

① 仪器：碱式滴定管，25mL；三角瓶，250mL。

② 试剂：纯水，符合 GB/T 6682—2008 规定的二级水；酚酞乙醇溶液（10g/L）；甲基橙溶液（0.5g/L）；氢氧化钠标准溶液 $[c(NaOH)=0.05mol/L]$。

（3）分析步骤

① 吸取水样 50.0mL 于 250mL 三角瓶中，加酚酞乙醇溶液 4 滴，用氢氧化钠标准溶液滴定至粉红色不退。记录氢氧化钠标准溶液的体积（V_1）。

② 吸取水样 50.0mL 于 250mL 三角瓶中，加甲基橙溶液 3 滴，用氢氧化钠标准溶液，滴定至红色刚变为橘黄色为止，记录氢氧化钠标准溶液的体积（V_2）。

（4）计算。按式（3-12）计算水样的总酸度：

$$\rho(CaCO_3)=\frac{c\times V_1\times 50.04}{V}\times 1000 \tag{3-12}$$

按（3-13）式计算水样的甲基橙酸度：

$$\rho(CaCO_3)=\frac{c\times V_2\times 50.04}{V}\times 1000 \tag{3-13}$$

式中 $\rho(CaCO_3)$——水样酸度（mg/L）；

c——氢氧化钠标准溶液的浓度（mol/L）；

V_1——用酚酞作指示剂时消耗氢氧化钠标准溶液的体积（mL）；

V_2——用甲基橙作指示剂时消耗氢氧化钠标准溶液的体积（mL）；

V——所取水样的体积（mL）；

50.04——与氢氧化钠溶液 $[c(NaOH)=1.000mol/L]$ 相当的以毫克表示的碳酸钙质量。

（5）注意事项。每批样品随机抽取 20% 的试样作为检查分析样，分析结果应符合 DZ/T 0130.6 中精密度控制的规定。

思 考 题

1. 采集的水样如不及时测量而长期暴露于空气中，对测定结果有何影响？
2. 对于同一种水样使用不同的指示剂测定酸度或碱度，结果相同吗？

3.10 氨氮的测定

氨氮的测试方法采用了行业标准《DZ/T 0064.57—2021 地下水质分析方法 第57部分：氨氮的测定 纳氏试剂分光光度法》，目前关于氨氮的测试方法还有国家环境标准《HJ 535—2009 水质 氨氮的测定 纳氏试剂分光光度法》《HJ 195—2023 水质 氨氮的测定 气相分子吸收光谱法》《HJ 536—2009 水质 氨氮的测定 水杨酸分光光度法》《HJ 537—2009 水质 氨氮的测定 蒸馏-中和滴定法》。本方法具体内容如下：

（1）原理。在碱性介质中氨与碘化汞钾（纳氏试剂）反应，生成黄棕色的配合物（也称络合物），其颜色深度在一定浓度范围内和氨氮的浓度成正比。

（2）测定仪器和试剂

① 仪器。全磨口玻璃蒸馏器；分光光度计；2cm 比色皿。

② 试剂。无氨纯水；硫酸（$\rho_{20}=1.84\text{g/mL}$）；碘化钾（KI）；氯化汞（$HgCl_2$）；氢氧化钾溶液（500g/L）；酒石酸钾钠溶液（500g/L）；氯化汞溶液；碘化钾溶液；碘化汞钾溶液（纳氏试剂）；氨氮标准贮备溶液 [$\rho(NH_3—N)=500.0\text{mg/L}$]；氨氮标准使用溶液 [$\rho(NH_3—N)=10.0\text{mg/L}$]。

（3）分析步骤

① 样品测定。取 25.0mL 原水样（或经预蒸馏水样）于 25mL 比色管中，在 20℃左右的环境中保温 20min，加酒石酸钾钠溶液 1.0mL，摇匀。加碘化汞钾溶液 1.0mL，摇匀。放置 10min。于分光光度计 450nm 波长处，用 2cm 比色皿，以试剂空白作参比，测量其吸光度。

② 空白试验。取 25.0mL 无氨纯水代替水样于 25mL 比色管中，以下步骤同①。

③ 校准曲线的绘制。吸取氨氮标准使用溶液 0mL、0.10mL、0.20mL、0.40mL、0.60mL、1.0mL、2.0mL、4.0mL 和 6.0mL 于系列 25mL 比色管中，补加无氨纯水至刻度，以下步骤同①。此标准系列中含氨氮的质量分别为 0μg、1.0μg、2.0μg、4.0μg、6.0μg、10.0μg、20.0μg、40.0μg 和 60.0μg。以其质量为横坐标，吸光度为纵坐标，绘制校准曲线。

（4）计算。按式（3-14）计算氨氮的质量浓度：

$$\rho(NH_3—N)=\frac{m}{V} \qquad (3-14)$$

式中　$\rho(NH_3—N)$——水样中氨氮的质量浓度（mg/L）；

　　　m——从校准曲线上查得试样中氨氮的质量（μg）；

　　　V——所取水样体积（mL）。

（5）注意事项

① 如水样中有干扰物存在时，应按下列方法对样品进行预蒸馏：取水样 250mL 于 500mL 蒸馏器中，按每含 Ca^{2+} 250mg/L，加磷酸盐缓冲溶液 10mL。以 50mL 硼酸溶液（20g/L）为吸收液，将蒸馏器出水口导管插入吸收溶液中，检查蒸馏器各接口处不漏气后，加热蒸馏，直至体积约为 240mL，将溶液移入 250mL 容量瓶中定容。

② 每批样品（一般 20 个样品为一批）至少做 2 个空白试验，结果应低于方法的定

量限。

③ 每批样品至少抽取20%的试样做加标回收试验，分析结果应符合DZ/T 0130.6中准确度控制的规定。

④ 每批样品随机抽取20%的试样作为检查分析样，分析结果应符合DZ/T 0130.6中精密度控制的规定。

思 考 题

1. 测试过程中加酒石酸钾钠溶液的目的是什么？
2. 纳氏试剂中碘化汞和碘化钾的比例对显色反应的灵敏度是否有影响？

3.11 硝酸盐的测定

本实验硝酸盐的测定方法采用了行业标准《DZ/T 0064.59—2021 地下水质分析方法 第59部分：硝酸盐的测定 紫外分光光度法》，目前，关于硝酸盐的标准测定方法还有国家标准《HJ/T 346—2007 水质 硝酸盐氮的测定 紫外分光光度法》《HJ/T 198—2005 水质 硝酸盐氮的测定 气相分子吸收光谱法》《GB/T 7480—1987 水质 硝酸盐氮的测定 酚二磺酸分光光度法》。本方法的具体内容如下：

（1）原理。硝酸根在波长220nm处对紫外光有强烈的吸收，在一定质量浓度范围内，吸光度与硝酸根的含量成正比。水中溶解的有机物，在波长220nm及275nm处均有吸收，而硝酸根在波长275nm处没有吸收，从而可通过测定波长275nm处的吸光度对硝酸根的吸光度进行校正。

（2）测定仪器和试剂

① 仪器。紫外分光光度计。

② 试剂。纯水，符合GB/T 6682—2008规定的二级水；盐酸溶液 $[c(HCl)=1.0\text{mol/L}]$；氨基磺酸铵溶液（50.0mg/L）；硝酸盐标准贮备溶液 $[\rho(NO_3^-)=1000.0\text{mg/L}]$；硝酸盐标准使用溶液 $[\rho(NO_3^-)=100.0\text{mg/L}]$。

（3）分析步骤

① 样品测定。取原水样50.0mL于100mL容量瓶中，加入盐酸溶液1mL，摇匀。加入氨基磺酸铵溶液3~5mL，用纯水稀释至刻度，摇匀。于分光光度计上，波长220nm处，用1cm石英比色皿以试剂空白作参比，测定吸光度；调整波长至275nm处，仍以试剂空白作参比，再一次测定吸光度。

② 空白实验。取纯水50mL代替水样，按步骤①进行。

③ 校准曲线的绘制。吸取硝酸盐标准使用溶液0mL、0.10mL、0.50mL、1.00mL、3.00mL、5.00mL、7.00mL和10.00mL于系列100mL容量瓶中，用纯水稀至50mL左右，以下步骤按①进行。此标准系列中硝酸盐的质量分别为0μg、10.0μg、50.0μg、100.0μg、300.0μg、500.0μg、700.0μg和1000.0μg。以硝酸盐质量为横坐标，吸光度为纵坐标，绘制校准曲线。

（4）计算。按式（3-15）校正硝酸盐（以 NO_3^- 计）的吸光度：

$$A_{NO_3^-} = A_{220} - 2A_{275} \qquad (3\text{-}15)$$

式中 $A_{NO_3^-}$——水样中硝酸盐的吸光度；

A_{220}——水样中硝酸盐和溶解性有机物在 220nm 处的吸光度；

A_{275}——水样中溶解性有机物在 275nm 处的吸光度。

按式（3-16）计算硝酸盐（以 NO_3^- 计）的质量浓度：

$$\rho(NO_3^-) = \frac{m}{V} \qquad (3\text{-}16)$$

式中 $\rho(NO_3^-)$——水样中硝酸盐（以 NO_3^- 计）的质量浓度（mg/L）；

m——水样中硝酸盐（$A_{NO_3^-}$）在校准曲线上对应的质量（μg）；

V——所取水样的体积（mL）。

（5）注意事项

① 每批样品（一般 20 个样品为一批）至少做 2 个空白试验，结果应低于方法定量限。

② 每测定 10 个样品后，需测定 1 个标准系列中中间质量的标准溶液，测定结果的相对偏差小于 5%，否则应重新绘制校准曲线。

③ 每批样品至少抽取 20% 的试样做加标回收试验，分析结果应符合 DZ/T 0130.6 中准确度控制的规定。

④ 每批样品随机抽取 20% 的试样作为检查分析样，分析结果应符合 DZ/T 0130.6 中精密度控制的规定。

思 考 题

1. 在测试过程中加盐酸的目的是什么？
2. 标准溶液或样品溶液的温度不一，对测试结果是否有影响？

3.12 亚硝酸盐的测定

亚硝酸盐的测定方法采用了行业标准《DZ/T 0064.60—2021 地下水质分析方法 第 60 部分：亚硝酸盐的测定 分光光度法》，与国家标准《GB/T 7493—1987 水质 亚硝酸盐氮的测定 分光光度法》和《HJ/T 197—2005 水质 亚硝酸盐氮的测定 气相分子吸收光谱法》基本一致。

（1）原理。在酸性溶液中，亚硝酸盐能与对氨基苯磺酰胺起重氮化作用，再与 α-萘胺起偶氮反应，生成紫红色偶氮染料，在一定质量浓度范围内，亚硝酸盐的质量浓度与吸光度成正比，借此进行定量测定。

（2）测定仪器。分光光度计；比色皿，1cm。

（3）测定试剂

① 纯水。符合 GB/T 6682—2008 规定的二级水；

② 对氨基苯磺酸溶液。称取对氨基苯磺酸 0.8g 溶于乙酸溶液（1+2）150mL 中；

③ α-萘胺溶液。称取 α-萘胺 0.2g 溶于数滴冰乙酸（$\rho_{20} = 1.05$g/mL）中，再加乙酸

溶液（1+2）150mL，混匀，存储于棕色瓶中；

④ 对氨基苯磺酸 α-萘胺混合溶液。测定前，将对氨基苯磺酸溶液与 α-萘胺溶液等体积混合摇匀，此溶液应为无色；

⑤ 亚硝酸盐标准贮备溶液 $[\rho(NO_2^-) = 200.0\text{mg/L}]$；亚硝酸盐标准使用溶液 $[\rho(NO_2^-) = 0.20\text{mg/L}]$。

(4) 分析步骤

① 样品测定。吸取原水样50.0mL于50mL比色管中，加对氨基苯磺酸-α-萘胺混合溶液2.0mL，混匀，放置10min。在分光光度计上于波长540nm处，用1cm比色皿，以试剂空白作参比，测量吸光度。

② 空白试验。取50mL纯水代替试样，按步骤①进行。

③ 校准曲线的绘制。吸取亚硝酸盐标准使用溶液0mL、0.5mL、1.00mL、5.00mL、10.00mL、20.00mL和25.00mL于一组50mL比色管中，用纯水稀释至50mL，此标准系列中亚硝酸盐（以 NO_2^- 计）的质量分别为0μg、0.10μg、0.20μg、1.0μg、2.0μg、4.0μg和5.0μg。以下按步骤①进行测定。以亚硝酸盐质量为横坐标，吸光度为纵坐标，绘制校准曲线。

(5) 计算。按式 (3-17) 计算亚硝酸盐（以 NO_2^- 计）的质量浓度：

$$\rho(NO_2^-) = \frac{m}{V} \qquad (3-17)$$

式中 $\rho(NO_2^-)$ ——水样中亚硝酸盐（以 NO_2^- 计）的质量浓度（mg/L）；

m——从校准曲线查得试样中亚硝酸盐的质量（μg）；

V——所取水样的体积（mL）。

(6) 注意事项

① 每批样品（一般20个样品为一批）至少做2个空白试验，结果应低于方法定量限。

② 每测定10个样品后，需测定1个标准系列中间质量的标准溶液，测定结果的相对偏差小于5%，否则应重新绘制校准曲线。

③ 每批样品至少抽取20%的试样做加标回收试验，分析结果应符合DZ/T 0130.6中准确度控制的规定。

④ 每批样品随机抽取20%的试样作为检查分析样，分析结果应符合DZ/T 0130.6中精密度控制的规定。

思 考 题

在测定过程中，如果样品的吸光度值在分光光度计的线性测定范围之外，应该怎么处理？

3.13 溶解氧（DO）的测定

溶于水中的氧称为溶解氧（Dissolved oxygen）简称DO。

清洁的地面水在正常情况时所含溶解氧接近饱和状态。如水体被易于氧化的有机物质所污染，则水中所含溶解氧逐渐减少。当氧化作用进行得太快而水体不能从空气中吸收充足的氧来补充氧的消耗时，水中的溶解氧不断减少，甚至接近于零。在这种情况下，厌氧菌繁殖并活跃起来，有机物发生腐败作用，会使水源发生臭气。

溶解氧对于水生动物，如鱼类等的生存有密切关系。许多鱼类在水中溶解氧为 3~4mg/L 时，就不易生存，可能发生窒息而死亡。

制革废水在未处理前，因有机及无机还原物质含量高，基本没有溶解氧，在生化处理过程中，溶解氧逐渐提高，以供好氧微生物的利用，加速有机物质的分解。因此测定溶解氧的含量，可以帮助了解废水处理的效果，对及时改进废水处理的运转管理起指导作用，一般经处理的废水中溶解氧含量可达 1~6mg/L。

溶解氧的测定沿用碘量法，方法准确，精密度高，可采用经高锰酸钾处理的碘量法和叠氮化钠碘量法。本方法引用了国家标准《GB/T 7489—1987 水质 溶解氧的测定 碘量法》测试方法，目前溶解氧的测定还有行业标准《HJ 506—2009 水质 溶解氧的测定 电化学探头法》。本方法具体内容如下：

（1）原理。在酸性条件下用高锰酸钾将水样中还原性物质氧化，过量的高锰酸钾用草酸钾还原。然后在水样中加入硫酸锰及碱性碘化钾，生成氢氧化锰沉淀，在碱性溶液中 $Mn(OH)_2$ 和溶解氧结合为 H_2MnO_4，而 H_2MnO_4 又与过量的 $Mn(OH)_2$ 结合为锰酸锰（$MnMnO_2$），锰酸锰在酸性溶液中将 KI 氧化，释放出 I_2，以硫代硫酸钠滴定之。

反应过程如式（3-18）~式（3-23）所示：

$$MnO_4^- + 8H^+ + 5e \rightarrow Mn^{2+} + 4H_2O \tag{3-18}$$

$$2MnO_4^- + 16H^+ + 5C_2O_4^{2-} \rightarrow 2Mn^{2+} + 10CO_2 + 8H_2O \tag{3-19}$$

$$MnSO_4 + 2NaOH \rightarrow Mn(OH)_2 \downarrow + Na_2SO_4 \tag{3-20}$$

$$2Mn(OH)_2 + 2O_2 \rightarrow 2H_2MnO_4 \downarrow + 2H_2O \tag{3-21}$$

$$MnMnO_2 + 3H_2SO_4 + 2KI \rightarrow 2MnSO_4 + I_2 + K_2SO_4 + 3H_2O \tag{3-22}$$

$$2Na_2S_2O_3 + I_2 \rightarrow Na_2S_4O_6 + 2NaI \tag{3-23}$$

（2）测定试剂

① 浓硫酸（化学纯）。

② 硫酸锰溶液：称取分析纯（$MnSO_4 \cdot 4H_2O$）480g 或氯化锰（$MnCl_2 \cdot 2H_2O$）400g，溶于蒸馏水中，过滤后稀释成 1L。

③ 碱性碘化钾溶液：称取分析纯氢氧化钠 500g，溶于 300~400mL 蒸馏水中。称取分析纯碘化钾 150g（或碘化钠 135g）溶于 200mL 蒸馏水中。将以上两溶液合并，加蒸馏水稀释至 1000mL。静置 24h 使碳酸钠下沉，倾出上层澄清液备用。

④ 0.025mol/L 硫代硫酸钠标准溶液：称取约 6.2g 化学纯硫代硫酸钠（$Na_2S_2O_3 \cdot 5H_2O$）溶于煮沸放冷的蒸馏水中，加入 0.2g 无水碳酸钠防止分解，然后稀释至 1L，贮于棕色瓶内，静置一星期后，用分析纯重铬酸钾标定。

⑤ 1%淀粉溶液：称取可溶性淀粉 2g 置于 300mL 的烧杯中，加入少量蒸馏水用玻璃棒调成糊状后，加煮沸的蒸馏水约 200mL，冷却后再加入水杨酸 0.25g 或氯化锌 0.8g 以防止其分解变质。

⑥ 高锰酸钾溶液：称取分析纯的高锰酸钾 3.16g 溶于蒸馏水中，稀释至 500mL。2%草酸钾溶液：称取分析纯的草酸钾（$K_2C_2O_4 \cdot H_2O$）2g 溶于蒸馏水中，稀释至 100mL。

1mL 2%草酸钾溶液约相当于1.1mL上述高锰酸钾溶液。

(3) 分析步骤

① 取250mL溶解氧瓶或试剂瓶用橡皮管虹吸将瓶装满水样,注意不使空气进入瓶中。

② 取下瓶塞,用吸管沿瓶口加入0.7mL浓硫酸(切勿过量)。

③ 将吸管插入瓶口液面以下,加入1mL高锰酸钾溶液。

④ 盖紧瓶塞,把样瓶颠倒混合3~5次,此时水样应保持淡红色。

如果高锰酸钾溶液的红色迅速褪尽,应再加入0.5~1.0mL,要求水样的红色保持5min以上,这样可以氧化水样中的还原物质。

⑤ 5min后,将吸管插入液面下,加入1.0mL草酸钾溶液,盖紧瓶塞,颠倒混匀。

高锰酸钾的颜色褪成很淡的红色时,应减少草酸钾溶液用量,使高锰酸钾颜色刚好消失,因过量的草酸钾会使I_2还原为I^-,使结果偏低,不足时,高锰酸钾使I^-氧化为I_2,结果偏高。

⑥ 静置数分钟,使水样中高锰酸钾的红色完全褪尽,如未褪尽可再加入0.3~0.5mL草酸钾溶液,重新混合,必要时放置15~20min才能完全褪色。

⑦ 用吸管插入液面以下加入1mL硫酸锰溶液及3mL碱性碘化钾溶液,盖紧瓶塞。

⑧ 待沉淀下降至半途,再加以混合,如此重复混合两次。

⑨ 用吸管沿瓶口加入1mL浓硫酸,盖紧瓶塞,颠倒摇匀。1~2min后,如瓶中沉淀消失而生成黄色溶液后还需静置5min。

⑩ 吸取出上述水样100mL于250mL的锥形瓶中,用0.025mol/L硫代硫酸钠标准溶液滴定至淡黄色,加入1mL淀粉溶液,继续滴定至蓝色刚消失为终点。

(4) 计算。根据式(3-24)计算溶解氧浓度(mg/L)。

$$溶解氧浓度 = \frac{V \times c \times 8 \times 1000}{100} \tag{3-24}$$

式中 V——滴定所耗硫代硫酸钠标准溶液的体积(mL);

c——硫代硫酸钠标准溶液的浓度(mol/L);

8——$\frac{1}{4}O_2$的摩尔质量(g/mol)。

(5) 注意事项

① 取样及分析过程中,都应尽量避免气泡进入瓶中,取样时一定要用橡皮管进行虹吸,并且还要将橡皮管插入取样瓶的底部。

② 水中溶解氧的含量与空气的氧分压,大气压力,水温以及氯离子浓度等有密切关系。在760mL汞柱大气压及空气中含氧为20.9%的条件下,不同温度的水体中氯离子浓度与溶解氧的关系见表3-3。

表3-3　　　　　　　　水温、氯离子浓度与溶解氧的关系

温度 t/℃	水中氯离子浓度/(mg/L)			每100mg氯离子溶解氧的差异数
	0	500	10000	
	溶解氧/(mg/L)			
0	14.6	13.8	13.0	0.017
1	14.2	13.4	12.6	0.016
2	13.8	13.1	12.3	0.015

续表

温度 $t/℃$	水中氯离子浓度/(mg/L)			每100mg氯离子溶解氧的差异数
	0	500	10000	
	溶解氧/(mg/L)			
3	13.5	12.7	12.0	0.015
4	13.1	12.4	11.7	0.014
5	12.8	12.1	11.4	0.014
6	12.5	11.8	11.1	0.014
7	12.2	11.5	10.9	0.013
8	11.9	11.2	10.6	0.013
9	11.6	11.0	10.4	0.012
10	11.3	10.7	10.1	0.012
11	11.1	10.5	9.9	0.011
12	10.8	10.3	9.7	0.011
13	10.6	10.1	9.5	0.011
14	10.4	9.9	9.3	0.010
15	10.2	9.7	9.1	0.010
16	10.0	9.5	9.0	0.010
17	9.7	9.3	8.8	0.010
18	9.5	9.1	8.6	0.009
19	9.4	8.9	8.5	0.009
20	9.2	8.7	8.3	0.009
21	9.0	8.6	8.1	0.009
22	8.8	8.4	8.0	0.008
23	8.7	8.3	7.9	0.008
24	8.5	8.1	7.7	0.008
25	8.4	8.0	7.6	0.008
26	8.2	7.8	7.4	0.008
27	8.1	7.7	7.3	0.008
28	7.9	7.5	7.1	0.008
29	7.8	7.4	7.0	0.008
30	7.6	7.3	6.9	0.008

思 考 题

1. 硫代硫酸钠溶液的浓度为什么要用分析纯重铬酸钾来标定？配制硫代硫酸钠溶液时，为什么要在溶液里加入无水碳酸钠？

2. 碘量法测定水中溶解氧时，淀粉指示剂加入的先后顺序是否对滴定会有影响？

3. 取样和分析过程产生的气泡对测试结果有什么样的影响？

3.14 化学需氧量（COD）的测定

化学需氧量（Chemical Oxygen Demand）是在一定条件下，用一定强氧化剂处理水样时所消耗的氧化剂的量，以氧的浓度（mg/L）表示，简称COD。它是水体被污染的主要指标。污染水体的物质除有机物外，还有亚硝酸盐、亚铁盐和硫化物等。水体被有机物污染是极普遍的，因此化学需氧量可作为水中有机物相对含量的指标之一。化学需氧量的测定，分为高锰酸钾法和重铬酸钾法。高锰酸钾法操作简便，所需时间短，用于污染程度较轻的水样。重铬酸钾法对有机物的氧化比较完全，适宜于各种水样。

制革废水含有机物较多，用高锰酸钾法很难将有机物完全氧化，故一般采用重铬酸钾法。本实验 COD 的测定主要采用了重铬酸钾法和高锰酸钾法，引自国家标准《HJ 828—2017 水质 化学需氧量的测定 重铬酸盐法》和《HJ/T 132—2003 高氯废水 化学需氧量的测定 碘化钾碱性高锰酸钾法》。目前使用最多、最方便的方法是快速消解分光光度法（HJ/T 399—2007）。

3.14.1 重铬酸钾法（HJ 828—2017）

（1）原理。在强酸性溶液中用重铬酸钾将水样中的还原性物质（主要是有机物）氧化，过量的重铬酸钾以试亚铁灵为指示剂，用硫酸亚铁铵回滴，根据所耗硫酸亚铁铵的量计算水中的化学需氧量。

反应过程如式（3-25）和式（3-26）所示。

$$Cr_2O_7^{2+}+14H^++6e\rightarrow 2Cr^{3+}+7H_2O \quad (3-25)$$

$$Cr_2O_7^{2+}+14H^++6Fe^{2+}\rightarrow 6Fe^{3+}+2Cr^{3+}+7H_2O \quad (3-26)$$

指示剂试亚铁灵是亚铁离子与邻菲罗啉以 1 : 3 络合而成。回潮时指示剂发生如式（3-27）所示的变化。

$$Fe(C_{12}H_8N_2)_3+e\rightarrow Fe(C_{12}H_8N_2)_3^{2+}$$
$$\text{浅蓝色} \qquad \text{深红色} \quad (3-27)$$

在终点前指示剂主要以氧化态的形式存在于溶液中，为浅蓝色。当溶液中 $Cr_2O_7^{2-}$ 被滴定完，过量 1 滴 Fe^{2+} 即使指示剂还原为还原态，溶液即变为深红色。

（2）测定仪器。回流装置 24cm 或 29cm 标准磨口 500mL 全玻璃装置；球形冷凝管长 30cm；功率大于 $1.4W/cm^2$ 的加热板或电炉。

（3）测定试剂

① 浓硫酸（分析纯）。

② 硫酸银—硫酸溶液：于 2500mL 浓硫酸中加入 33.3g 硫酸银，放置 1~2 天，不时摇动使其溶解（每 15mL 硫酸中含硫酸银 0.2g）。

③ 试亚铁灵试剂：称取化学纯的邻菲罗啉（$C_{12}H_8N_2·H_2O$）1.485g 与化学纯的硫酸亚铁（$FeSO_4·7H_2O$）0.695g 溶于蒸馏水中，稍释至 100mL，贮于棕色瓶中。

④ 0.05mol/L 重铬酸钾标准溶液：准确称取分析纯的重铬酸钾（应先在 103~105℃烘 2h）约 14.70g 溶于蒸馏水中，稀释至 1L（容量瓶中）。

⑤ 0.25mol/L 硫酸亚铁铵标准溶液：称取分析纯硫酸亚铁铵［Fe（SO$_4$）$_2$（NH$_4$）$_2$·6H$_2$O］98g 溶于蒸馏水中，加入浓硫酸 20mL，冷却后，用蒸馏水稀释至 1L。

⑥ 硫酸汞（化学纯）。

（4）分析步骤

① 准确量取 10mL 水样（原水样太浓，可用蒸馏水进行适当稀释）在磨口锥形瓶中，再准确加入 5mL 0.05mol/L 标准重铬酸钾溶液，和 15mL 硫酸银-硫酸溶液（缓慢的加，加完摇匀）加几颗玻璃珠或几块沸石，以防加热爆沸。

② 接上回流冷凝管，加热煮沸 2h，冷却后用蒸馏水 50mL，自冷凝管顶端沿冷凝管内

壁冲洗，然后取下冷凝器。

③ 将锥形瓶中溶液冷却至室温后用硫酸亚铁铵滴定过量的重铬酸盐，用2~3滴试亚铁灵作指示剂。（虽然试亚铁灵的用量不太严格，但每一个试样及空白的用量必须一致，滴定的终点要掌握在溶液由黄经蓝绿色骤然变为红棕色为止。）

④ 按照同样方法进行空白的检验，即取蒸馏水代替水样，其他操作步骤均与测定水样相同。

(5) 计算。按照式（3-28）计算得到COD（mg/L）。

$$COD(mg/L) = \frac{(V_2-V_1) \times c \times 8 \times 1000}{V_3} \tag{3-28}$$

式中　V_2——空白试验耗用硫酸亚铁铵标准溶液体积（mL）；

　　　V_1——水样耗用硫酸亚铁铵标准溶液体积（mL）；

　　　c——硫酸亚铁铵标准溶液浓度（mol/L）；

　　　V_3——水样体积（mL）；

　　　8——$\frac{1}{4}O_2$的摩尔质量（g/mol）。

(6) 注意事项

① 加硫酸后必须使其充分混合，才能加热回流。

② 滴定前须将溶液的体积稀释至350mL左右，以控制溶液的酸度，如酸度太大，终点现象不明显。

③ 本法可将大部分有机物氧化（可达理论值的95%以上），用硫酸银作催化剂时，能将直链脂肪族化合物氧化达到85%~95%或更多，但不能将芳香族化合物（苯氮苯等）氧化。此法精密度高，滴定时消耗硫酸亚铁铵溶液体积的平均值偏差一般小于0.1mL。

④ 用重铬酸钾法测定化学需氧量，若Cl^-超出300mg/L应加硫酸汞，氯离子浓度越高，其加入量也越大，应根据水样中氯离子含量与加入的硫酸汞量保持$HgSO_4 : Cl^- = 10 : 1$的重量比关系，以保持Cl^-被掩盖，其操作如下：

准确量取水样10mL（原水样太浓，可用蒸馏水进行适当稀释）于磨口锥形瓶中，先加0.2g硫酸汞，1mL浓H_2SO_4待硫酸汞完全溶解后，再加5mL的重铬酸钾标准溶液，15mL硫酸银-硫酸溶液，然后加数粒玻璃珠，接上球形冷凝管加热回流2h，以后的操作与不要硫酸汞相同。

⑤ 在加热过程中，如溶液由黄色变为绿色，说明水样太浓需氧量高，重铬酸钾不够，应将水样重新稀释后再做测定。

3.14.2　高锰酸钾法（HJ/T 132—2003）

高锰酸钾法根据测定溶液的酸度分为酸性高锰酸钾法和碱性高锰酸钾法。当水样中氯离子含量超过300mg/L时，应采用碱性高锰酸钾法，对于较清洁的地面水和被污染的水体中的氯离子含量不超过300mg/L时，通常采用酸性高锰酸钾法。

3.14.2.1　**酸性高锰酸钾法**

(1) 原理。在酸性条件下，用高锰酸钾将水样中的还原性物质（主要为有机物）氧化，反应后剩余的高锰酸钾用草酸钠还原，再用高锰酸钾回滴过量的草酸钠，通过计算求出水样中的化学需氧量。反应过程如式（3-29）和式（3-30）所示：

$$MnO_4^- + 8H^+ + 5e^- \rightarrow Mn^{2+} + 4H_2O \tag{3-29}$$

$$2MnO_4^- + 5C_2O_4^{2-} + 16H^+ \rightarrow 2Mn^{2+} + 8H_2O + 10CO_2\uparrow \tag{3-30}$$

（2）测定试剂

① 0.02mol/L 高锰酸钾标准溶液：溶解 3.16g 高锰酸钾于 1.2L 蒸馏水中煮沸 0.5~1h，使体积减少至 1L 左右，静置过夜，用玻砂漏斗过滤，贮于棕色瓶中，避光保存。

② 0.002mol/L 高锰酸钾标准溶液：吸取上述溶液 50mL 于 500mL 容量瓶中，用蒸馏水稀释至标线，摇匀，贮于棕色瓶中，避光保存。

③ 1:3 硫酸溶液：取 1 体积浓硫酸（相对密度为 1.84）于 3 体积的蒸馏水中，再滴加 0.002mol/L 高锰酸钾溶液至保持浅红色为止，移入试剂瓶中。

④ 草酸钠标准溶液：准确称取已在 105~110℃下烘 1h 并在干燥器中冷却的草酸钠约 6.705g，放入小烧杯中加水溶解后，加 1:3 硫酸 25mL，然后移入 1000mL 容量瓶中，用蒸馏水稀释至刻度。将此溶液稀释 10 倍，即配制成 0.005mol/L 溶液。

（3）分析步骤。测定未受严重污染的湖、河水耗量时，水样可以不加稀释，但测定工业废水时，一般都要经过稀释，水样取得多与少直接关系到结果的准确性，它要求所取的水样能在最后反滴定时消耗高锰酸钾量为 3~7mL（0.002mol/L）。

① 先加 26~30mL 蒸馏水于 100~250mL 的容量瓶中，加入 10~20mL 水样，再加蒸馏水至刻度，盖紧瓶塞并充分混合。当分析耗氧量很高的水样时，这样的稀释需要重复几次。

② 加 100mL 蒸馏水在 250mL 锥形瓶中，加入 5mL 1:3 的硫酸溶液和 10mL 0.002mol/L 的高锰酸钾溶液，最后加稀释好的水样 10mL，然后将锥形瓶放在电炉上加热，从冒第一个气泡开始算时间（沸腾），计时 10min，而后取下。加入 10mL 0.005mol/L 草酸钠标准溶液并趁热立即用 0.005mol/L 高锰酸钾溶液滴定至呈浅红色为止（设滴入体积为 V_2）。

③ 高锰酸钾溶液校正系数 K 的标定。可在同一锥形瓶中进行，当上述滴定完毕后，再加 10mL 0.005mol/L 的草酸钠溶液重新用高锰酸钾溶液滴定至溶液呈浅红色，记录所耗用的高锰酸钾体积为 V_1，则 K 可根据式（3-31）计算得到：

$$K = \frac{10}{V_1} \tag{3-31}$$

（4）计算。按照式（3-32）计算得到 COD（mg/L）。

$$COD = \frac{\{[(V_1+V_2) \times K - 10] - [V_1+V_0) \times K - 10] \times n\} \times c \times 8 \times 1000}{V} \tag{3-32}$$

式中 V_1——沸腾时加入水样的 $KMnO_4$ 体积（mL）；

V_2——最后滴定时高锰酸钾体积（mL）；

V_0——空白试验 $KMnO_4$ 体积（mL）；

K——$KMnO_4$ 校正系数；

c——高锰酸钠溶液的浓度（mol/L）；

V——水样体积（mL）；

n——稀释水样中所含蒸馏水的比例。如取 10mL 水样加 90mL 蒸馏水，则 $n=0.9$；

10——10mL 0.002mol/L $KMnO_4$ 溶液；

8——$\frac{1}{4}O_2$ 的摩尔质量（g/mol）。

(5) 注意事项

① 耗氧量的测定，是在一定反应条件下的试验结果，所以反应液中试剂的用量、加入试剂的次序、加热的时间等都必须保持一致。

② 测定中若用蒸馏水稀释水样，就需用同样的方法做蒸馏水的空白试验，并在测定结果中扣除。

③ 在加热过程中，溶液颜色应保持红色，如红色很浅，或全都退去，说明水样太浓，高锰酸钾量不够，应将水样稀释后，再作测定。

3.14.2.2 碱性高锰酸钾法

(1) 原理。在碱性溶液中，高锰酸钾的氧化作用按式（3-33）进行：

$$MnO_4^- + 2H_2O + 3e^- \rightarrow MnO_2 \downarrow + 4OH^- \tag{3-33}$$

然后用酸化过的草酸钠把过量的高锰酸钾及生成的二氧化锰还原。反应过程如式（3-34）和式（3-35）所示。

$$2MnO_4^- + 5C_2O_4^{2-} + 16H^+ \rightarrow 2Mn^{2+} + 10CO_2 \uparrow + 8H_2O \tag{3-34}$$

$$MnO_2 + C_2O_4^{2-} + 4H^+ \rightarrow Mn^{2+} + 2CO_2 \uparrow + 2H_2O \tag{3-35}$$

虽然在碱性溶液中，有机物的氧化较在酸性溶液中需要较多的高锰酸钾（因高锰酸钾只还原到二氧化锰），但两个方法的结果还是相同的。因为生成二氧化锰在以后酸性溶液中与草酸钠反应，又还原到二价锰。

(2) 试剂。氢氧化钠溶液：溶解50g分析纯氢氧化钠在100mL蒸馏水中；其余试剂同酸性高锰酸钾法。

(3) 测定步骤。先将100mL蒸馏水放在250mL的锥形瓶中，然后再加入0.5mL氢氧化钠溶液，10mL高锰酸钾及10mL适当稀释的水样，将锥形瓶在电炉上加热10min（从产生第一个气泡算起），取下加5mL 1:1硫酸溶液及10mL 0.005mol/L草酸钠溶液，再用高锰酸钾溶液反滴定溶液呈浅红色为止，分析结果计算与酸性高锰酸钾法相同。

(4) 说明。皮革废水总排放口，氯化物含量较高（一般高于300mg/L），所以对皮革废水总排放口应采用碱性高锰酸钾法。

思 考 题

1. 高锰酸钾标样可采用何种方法配制？配制时应注意什么问题？
2. 水样的采集和保存应注意哪些问题？
3. 水样中加入高锰酸钾煮沸后，若紫红色消失说明什么问题？应采取什么样的措施？
4. 当水样中氯离子含量过高时，能否用高锰酸钾测定？为什么？

3.15 生化需氧量（BOD）的测定

生化需氧量（Biochemical Oxygen Demand）是指水被有机物污染后，由于微生物的作用，有机物发生化学变化过程中，在有溶解氧的情况下，氧化1L污水中所含全部可生化的有机物所需要的氧量，简称BOD。消耗氧的量以mg/L表示。

微生物分解有机物是一个缓慢的过程。要把可分解的有机物全部分解完，在20℃下约需20天。目前国内外普遍采用在20℃培养5天时间的生化需氧量（BOD_5）作为评定水质的标准。本实验中BOD的测定方法引用国家标准方法《HJ 505—2009 水质 五日生化需氧量（BOD_5）的测定 稀释与接种法》，目前BOD测定方法还有微生物传感器快速测定法（HJ/T 86—2002）。本方法具体内容如下：

（1）原理。测定污水的五天生化需氧量（BOD_5）与溶解氧一样，都是应用碘量法的氧化还原作用。将污水样适当稀释，使其中含有足够的溶解氧，能满足五天生化需氧量的要求。先测定稀释污水的当天溶解氧量，将另一瓶同样稀释的污水，在20℃培养箱中培养五天，测定其五天后的溶解氧量，该两次溶解氧量之差，即等于五天的生化需氧量。反应过程与溶解氧完全相同。

在测定当天溶解氧时，如发现锰酸锰沉淀，颜色呈浅黄色甚至变白，说明溶解氧不够，稀释倍数太小，应重新加大稀释倍数。

（2）测定仪器。恒温培养箱（20±1）℃；20L细口玻璃瓶。

（3）测定试剂

① 氧化钙溶液：称取27.5g无水氯化钙（$CaCl_2$）溶于蒸馏水中，稀释至1L。

② 三氯化铁溶液：称取0.25g三氯化铁（$FeCl_3 \cdot 6H_2O$）溶于蒸馏水中，稀释至1L。

③ 硫酸镁溶液：称取22.5g硫酸镁（$MgSO_4 \cdot 7H_2O$）溶于蒸馏水中，稀释至1L。

④ 磷酸盐缓冲溶液：称取8.5g化学纯磷酸二氢钾（KH_2PO_4）21.75g，磷酸氢二钾（K_2HPO_4）33.4g磷酸氢二钠（$Na_2HPO_4 \cdot 7H_2O$）和1.7g化学纯氯化铵（NH_4Cl），溶于500mL蒸馏水中，稀释至1L，此缓冲溶液的pH为7.2，不必再进行调节。

作为生化需氧量的稀释水应具备以下条件：

① 含有微生物繁殖所需要的营养盐。

② 含有发生生化过程的微生物。一般受生活污水污染未经高温过程及含毒量不高的工业废水中都含有此类微生物。否则应在稀释水中加一些生活污水，作为微生物的接种。

③ 适当的pH，使生化过程顺利进行。

④ 稀释水五天生化需氧量不大于0.2mg/L。稀释水的配制方法：在20L大玻璃内装入一定量的蒸馏水，其中每升蒸馏水加入上述四种试剂各1mL，作为生物的营养盐和pH调节剂，用真空或水射器进行充分曝气。使水中溶氧含量接近饱和，然后用清洁的塞子塞好，静置稳定一天。

（4）分析步骤

① 水样的稀释。水样的稀释倍数是测定的关键，一般要求在培养5天后溶解氧降低40%~70%为适宜。稀释倍数的确定可参见表3-4中的经验数据：

表3-4　　　　　　　　　　测定BOD_5稀释倍数表

预计BOD_5/（mg/L）	每100mL稀释水中加入水样体积/mL	预计BOD_5/（mg/L）	每100mL稀释水中加入水样体积/mL
500~1100	0.4	50~100	4
400~900	0.5	30~60	6
250~540	0.8	25~50	8
200~400	1.0	17~38	10
160~360	1.2	14~31	12
130~290	1.5	10~23	15
100~200	2.0	7~17	20

稀释的方法是吸取所需的水样加入量筒中，再用虹吸管引入"稀释水"至所需刻度。用有孔橡皮搅板（一根粗玻璃棒，底端套上一块比量筒口径略小的，约1mm厚的有孔橡皮板）上下抽动，但不可露出液面，小心搅匀，以免空气进入。

② 用虹吸管将稀释后的水样，引入4个溶解氧瓶中，至完全充满后，轻敲瓶壁，使瓶中可能混有小气泡逸出，盖紧瓶塞。两瓶立即测定当天的溶解氧，另两瓶水封后放于 $(20\pm1)℃$ 的培养箱中，培养5天后，取出测定其溶解氧。

③ 另取4个溶解氧瓶，完全装满"稀释水"，盖紧瓶塞，操作同上述水样，作为空白。

(5) 计算。按照式（3-36）计算 BOD_5（mg/L）。

$$BOD_5 = \frac{D_1 - D_2 - (B_1 - B_2)F_1}{F_2} \quad (3-36)$$

式中 D_1——稀释水样当天的溶解氧；

D_2——稀释水样在培养5d后的溶解氧；

B_1——"稀释水"当天的溶解氧；

B_2——"稀释水"培养5d后的溶解氧；

F_1——稀释水在稀释水样中所占的比例；

F_2——水样在稀释水样中所占的比例。

(6) 注意事项

① 为使测定正确起见，要进行平行测定。在初次操作不熟练时，可用标准物质进行校验，常用的标准物质有葡萄糖和谷氨酸。将葡萄糖或谷氨酸（G·R或A·R）在103℃烘箱中干燥1h，精确称取葡萄糖300mg，用蒸馏水溶解于1L容量瓶中，在20℃下其 BOD_5 为（224±11）mg/L（全BOD理论值约为320mg/L）。谷氨酸300mg/L在20℃下其 BOD_5 为（217±10）mg/L（全BOD理论值约294mg/L）。葡萄糖150mg加谷氨150mg溶解在1L蒸馏中，其20℃ BOD_5 为（220±10）mg/L。测定时稀释水应接种微生物，测定值的误差在5%左右，这是检验稀释水的水质，接种物质的活性，以及操作技术等较好的办法。

② 稀释水内应不含妨碍微生物活动和繁殖的物质，一般常用蒸馏水或去离子水并加磷酸盐缓冲溶液保持在pH7.2，其作用是防止因微生物的氧化分解活动产生碳酸等使pH改变，影响测定结果。

③ 稀释水经充气使水中溶解氧接近饱和后，应保持在20℃左右，不然在冬季温度低，夏季温度高与培养箱温度相差较大时，进入培养箱的最初阶段，就达不到 $(20\pm1)℃$，使微生物的活动有差异，从而影响测定结果。

思 考 题

1. 当水样中含有亚硝酸根离子时为什么会干扰测定？如何消除亚硝酸根离子的干扰？模拟水为自来水，是否对测定存在干扰，如何消除？

2. 当水样中三价铁离子含量达100~200mg/L时，可加入1mL40%KF消除三价铁离子的干扰，请说明原理。

3.16 铬含量的测定

三价铬和六价铬对人体健康都有害,而六价铬的毒性更强,更易为人体吸收,可在人体中积累,达到一定程度后会导致严重疾病。铬会抑制水体自净作用,对水生生物危害严重。用含铬废水灌溉农作物,不仅会抑制作物生长,而且会富集于果实中。

废水中的铬的测定一般是先用氧化剂将三价铬氧化为六价铬,然后以二苯碳酰二肼为显色剂,显色后进行比色。因皮革废水色度深,悬浮物多,有机物也多,故要先将废水用硝酸-硫酸湿法消化后再进行铬含量测定。本实验方法采用了国家标准《GB/T 7466—1987 水质 总铬的测定》中的高锰酸钾氧化-二苯碳酰二肼分光光度法;此外,目前还有国家标准方法《HJ 757—2015 水质 铬的测定 火焰原子吸收分光光度法》,此方法测量精度更高。本方法具体内容如下:

(1) 原理。废水经消化后,在酸性条件下用高锰酸钾将三价铬氧化成六价铬。过量的高锰酸钾用亚硝酸钠分解。再用尿素分解过剩的亚硝酸钠。在酸性溶液中的六价铬与二苯碳酰二肼反应,最终生成紫红色络合物,用分光光度法测定有色物质的吸光度,从而计算出铬含量。

(2) 测定仪器。分光光度计;100mL 或 250mL 凯氏烧瓶;小漏斗;手套;滤纸;可调电炉。

(3) 测定试剂

① 1:1 硫酸溶液;1:1 磷酸溶液;浓硝酸;浓硫酸;0.5%高锰酸钾溶液;20%尿素溶液;0.5%亚硝酸钠溶液。

② 二苯碳酰二肼丙酮溶液:称 0.2g 二苯碳酰二肼溶于 100mL 丙酮中(冰箱低温保存,变色后不能使用)。

③ 铬标准溶液:将重铬酸钾($K_2Cr_2O_7$ 分析纯)置于称量瓶中,在 100~110℃ 的烘箱中干燥 1h,准确称取 0.1415g,用水溶解后倾入 500mL 容量瓶中,稀释至刻度,此溶液 1mL 含 $0.1mgCr^{6+}$,如果要用 1mL 含 $0.01mgCr^{6+}$ 标准溶液时,可用此溶液 10mL 稀释至 100mL。

(4) 分析步骤

① 废水样品的预处理。取 5~10mL 水样置于凯氏烧瓶中,加入 2mL 浓硝酸,加热浓缩至 10mL 以下,取下稍冷,再加入 2mL 浓硫酸,继续加热至冒大白烟为止,冷却后将溶液移于 100mL 容量瓶中定容,备用。

② 工作曲线的制作和样品的分析测定

a. 取铬标准溶液(0.01mg/mL)0、0.5、1.0、1.5、2.0、2.5、3.0、3.5mL 分别放入 8 个 100mL 的三角瓶中,加水至 25mL;取摇匀的水样 25mL 2~3 份,置于 100mL 三角瓶中。

b. 分别向各瓶中加入 1:1 硫酸 0.2mL、1:1 磷酸溶液 0.2mL、0.5%高锰酸钾溶液 4 滴和沸石,置电炉上加热,煮沸 3min(紫色不褪)取下冷却。

c. 分别向各瓶中加入 20%尿素 1mL 摇匀,再逐渐滴加入 0.5%亚硝酸钠,边摇边滴至红色刚褪去为止,稍停片刻,不再冒气泡后,将溶液移到 50mL 容量瓶中,加入二苯碳酰二肼 2mL，立即充分摇匀。用蒸馏水稀释至刻度，混匀后 5~10min 比色。用 1cm 比色皿，在 540nm 波长处测量吸光度。

以吸光度作纵坐标，铬标准溶液体积数（mL）作横坐标，作出一条通过原点的铬标准溶液的工作曲线，根据该工作曲线的线性方程，将废水样品测得的吸光度值代入，求出在标准曲线上相对应的铬标准溶液的体积数。

（5）计算。按式（3-37）计算废液中总铬含量（mg/L）。

$$\text{Cr 含量} = \frac{V_3 \times 0.01 \times 1000}{V_1 \times \frac{V_2}{100}} \tag{3-37}$$

式中　V_1——废水样的吸取体积（mL）；

　　　V_2——比色时吸取的分析溶液体积（25mL）；

　　　V_3——废液在标准曲线上相对应的铬标准溶液的体积（mL）。

（6）注意事项

① 还原过量的 $KMnO_4$ 时，必须先加尿素，以保护 Cr^{6+} 不被还原。

② 加入显色剂后要立即摇动，使显色剂与 Cr^{6+} 以及它们在反应中的中间产物充分接触，才能保证反应完全，最后定容。

③ 酸度对显色有影响，应控制在 0.1mol/L（硫酸）为宜。

④ 用高锰酸钾氧化时，加热时间不宜长，在煮沸过程中，中途不宜加水，否则易产生 MnO_2 沉淀。

⑤ 显色时当 Cl^- 浓度>1mol/L 时，对显色反应有干扰。

⑥ 高浓度的样品应稀释后再进行测定。一般来讲，浓度在 10~20ppm 时稀释 50 倍，30ppm 以上稀释 100~200 倍，100ppm 以上稀释 500 倍。

思　考　题

1. 还原过量的 $KMnO_4$ 时，为什么必须先加尿素？
2. 用高锰酸钾氧化时，加热时间为什么不宜长、在煮沸过程中，为什么中途不宜加水？

3.17　硫化物含量的测定

皮革废水中硫化物含量较高，主要来自灰碱法的脱毛液，部分来自采用硫化钠，多硫化钠助软的浸水废液及蛋白质的分解产物。pH 小于 7 时，含硫化物的污水就会发出有臭鸡蛋味的硫化氢气体。国家规定工业废水硫化物的最高允许排放浓度为 1mg/L。

S^{2-} 具有还原性，在碱性介质中，空气中的氧化作用是快速而定量进行的，水中微量的金属离子能催化这种氧化作用。S^{2-} 很易与 H^+ 结合成 H_2S 气体放出，许多重金属硫化物的溶解度很小，以上的性质和硫的测定密切相关。

测定污水中硫化物的分析方法有预蒸馏-碘量法（HJ/T 60—2000），气相分子吸收光谱法（HJ 200—2023）和亚甲基蓝分光光度法（HJ 1226—2021）。目前，用硫离子选择电极的电位滴定法测定的准确度与精密度均较高，操作也较简便。

本方法采用了硫离子选择电极电位滴定法,具体内容如下:

(1) 原理。以 SAOB(硫化物抗氧缓冲溶液)为介质,稳定硫化物的浓度,用标准 $Pb(NO_3)_2$ 作滴定剂,S^{2-} 与 Pb^{2+} 在碱性介质中生成 PbS 沉淀,溶度积为 $1×10^{-28}$,能定量完成,硫电极作指示电极,双盐桥饱和甘汞电极作参比电极,组成电池。

Ag/AgCl/KCl/Ag_2S(膜)/试液//0.1M KNO_3//KCl(饱和)Hg_2Cl_2/Hg。此电池电势(E_s)只随硫离子选择电极的电位变化。其关系如式(3-38)所示:

$$E_s = E^{0-} \frac{2.303RT}{2F} \log[a_{S^{2-}} + \sum K^{pot}_{S^{2-}} a_x^{z_{S^{2-}}/z_{X^-}}] \tag{3-38}$$

式中 E^{0-}——标准电极电位;

X^-——Cl^-,Br^- 和 I^- 等一价离子;

$a_{S^{2-}}$——硫离子活度;

$K^{pot}_{S^{2-}}$——电位选择系数,很小。

E_s 随 S^{2-} 离子浓度变化而变化,当反应 $Pb^{2+}+S^{2-} \to PbS\downarrow$ 在等当点附近电位变化发生突变。用二阶微分法求终点时标准 $Pb(NO_3)_2$ 溶液的体积,从而测出污水中 S^{2-} 离子浓度。

(2) 测定仪器

硫离子选择电极一支(314 型);双盐桥饱和甘汞电极一支(215 型);精密酸度计一台;电池搅拌器一台;微量滴定管(10mL 1/10 或 20mL 1/20 刻度)一只。

(3) 测定试剂

标准 $Pb(NO_3)_2$($1×10^{-1}$mol/L)溶液:准确称取分析纯 $Pb(NO_3)_2$ 33.120g 溶于去离子水中(水的电阻要求在 50 万欧以上),加水稀释至 1L,1mL 溶液中含 3.206mg S^{2-}。稀释此溶液得 $1×10^{-2}$mol/L,$1×10^{-3}$mol/L 的标准 $Pb(NO_3)_2$ 溶液。

SAOB(硫化物抗氧缓冲溶液)储备液:溶解 80gNaOH 于 500mL 去离子水中,慢慢加入 320g 水杨酸钠,搅拌至所有的固体溶解后,再加入 72g 抗坏血酸,加水至 1L,通氮气 5min 除氧,用橡皮塞塞紧后放于暗处备用,能保存一个半月。当溶液变黑时即失效。如果无氮气,可用新煮沸过冷却后的去离子水配制,先将 NaOH 与水杨酸钠配好,用时按比例加入抗坏血酸。将此 SAOB 溶液水按 1:1 体积混合即得 SAOB(50%),按 1:3 体积混合即得 SAOB(25%)。

(4) 测定步骤

① 取样。采样后,应立即加入等体积 SAOB(50%)溶液于污水样中,用橡皮塞塞紧瓶口。

② 测定。吸取上述溶液 50.00mL 放入 100mL 烧杯中,将已放入搅拌子的烧杯放在电磁搅拌器上,插入硫离子选择电极和双盐桥饱和甘汞电极,从微量滴定管中逐渐滴入标准 $Pb(NO_3)_2$ 溶液,记录电位值,当电位值有明显的改变时,每次只加 0.10mL$Pb(NO_3)_2$ 溶液,当电位发生突跃后,再加 0.1mL,记录电位值,停止滴定,用二价微分法求 $Pb(NO_3)_2$ 溶液终点体积。

(5) 计算。根据式(3-39)计算硫化物的含量(mg/L)。

$$\text{硫化物含量} = \frac{cV_1×32.06}{V_0}×100\% \tag{3-39}$$

式中 c——Pb^{2+} 摩尔浓度(mol/L);

V_1——消耗 Pb^{2+} 标准液的体积（mL）；

V_0——所取样品液的体积（mL）；

32.06——S 的摩尔质量（g/mol）。

(6) 注意事项

① SAOB 溶液为 NaOH、水杨酸钠和抗坏血酸组成，能提供恒定的离子强度和 pH。抗坏血酸能够保护 S^{2-} 不被空气氧化，避免了氧化损失。保持 S^{2-} 浓度稳定，水杨酸盐能与多种金属离子生成稳定的络合离子，有利于使金属硫化物中的 S^{2-} 游离出来，它能与 Fe^{3+}、Fe^{2+}、Cu^{2+}、Ca^{2+}、Zn^{2+}、Cr^{3+} 生成较稳定的络合物，另外也与 Pb^{2+} 络合，但很不稳定，因此还起到一定的掩蔽作用。

② 在有栲胶的废水中进行测定时，加入硝酸钙 $Ca(NO_3)_2$ 或 $MgSO_4$ 等，不但能破坏污水中的胶体，消除栲胶干扰，而且还有利于消除共沉淀和吸附的影响。于测定时加入大约 20mg 的固体 $Ca(NO_3)_2$ 即可排除干扰。本法分析制革污水中硫化物的浓度在 $10^{-1} \sim 10^2$ mg/L 以内。

③ 本法测定污水中的硫化物要在含有 25%SAOB 介质中进行，测量时电位读数稳定。如果不含 SAOB，电位读数不稳，随着搅拌电位值缓慢下降，表明硫化物逐渐受空气氧化，浓度逐渐变化。

思 考 题

1. 硫化物的定义是什么？
2. 电位滴定法测定硫化物含量为什么要在含有 25%SAOB 介质中进行？

3.18 氯化物含量的测定

由于制革生产中采用盐腌皮防腐，浸酸时加入食盐，脱灰时加入氯化铵或盐酸，使制革废水中氯化物含量较高。国家允许排放浓度为 300mg/L。其测定方法常采用以铬酸钾作指示剂的硝酸银滴定法（GB/T 11896—1989）；此外，目前测定方法还有硝酸汞滴定法（HJ/T 343—2007）。本实验采用的硝酸银滴定法具体内容如下：

(1) 原理。以铬酸钾作指示剂，用硝酸银滴定废水中的可溶性氯化物。因为氯化银的溶解度比铬酸银小，所以首先生成氯化银白色沉淀。当水中的氯离子被滴定完全后，稍过量的硝酸银立即与铬酸钾形成稳定的砖红色的铬酸银沉淀，指示达到终点。反应如式（3-40）和式（3-41）所示：

$$NaCl + AgNO_3 \rightarrow AgCl\downarrow + NaNO_3$$
$$\text{白色} \tag{3-40}$$

$$K_2CrO_4 + 2AgNO_3 \rightarrow Ag_2CrO_4\downarrow + 2KNO_3$$
$$\text{橘红色} \tag{3-41}$$

由于必须有微量硝酸银和铬酸钾反应后才能指示终点，所以硝酸银的用量要比原来的需要量略高，因此需要同时取蒸馏水做空白试验来减去误差，滴定时溶液的 pH 要求在 6.3~10.5 之间。

(2) 测定试剂

① 氯化钠标准液：取分析纯氯化钠于清洁的坩埚内，加热至500~600℃，冷却后称取8.2423g溶于蒸馏水中，倾入500mL容量瓶，并稀释至刻度。此溶液1mL含有10mg Cl^-。

② 硝酸银标准溶液：取分析纯硝酸银置于105℃烘箱内烘30min，取出放在干燥箱内冷却后，称取4.7900g放于烧杯内加蒸馏水使溶解，倾入1L容量瓶中，并稀释至刻度。盛于棕色试剂瓶中保存。

③ 氯化钠标准溶液进行标定：吸取氯化钠标准溶液（1mL中含1mg Cl^-）10mL于200mL三角瓶内，加入20mL蒸馏水，同时取30mL蒸馏水作空白试验。

各瓶内加入1mL铬酸钾溶液，分别用硝酸银标准溶液滴定，以铬酸钾作指示剂直至生成淡橘红色为止，分别记录用量。则每毫升硝酸银溶液中的 Cl^- 的含量可根据式（3-42）计算得到：

$$Cl^- 含量 = \frac{氯化钠标准溶液用量(mL)}{V_1 - V_2} (mg) \quad (3-42)$$

式中 V_1——蒸馏水对硝酸银标准液用量（mL）；

V_2——滴定氯化钠溶液时硝酸银标准液用量（mL）。

④ 铬酸钾溶液：称取5g分析纯铬酸钾，溶于少量蒸馏水中，加上述硝酸银溶液至红色沉淀不褪，搅拌均匀后，放置过夜，然后用滤纸过滤，把滤液用蒸馏水稀释成100mL。

⑤ 0.5mol/L硫酸溶液。

⑥ 1mol/L氢氧化钠溶液。

⑦ 氢氧化铝悬浮液：称取125g化学纯硫酸铝钾，溶于1L蒸馏水中，加热至60℃后徐徐加入55mL浓氨水生成氢氧化铝沉淀，充分搅拌后静止，反复洗涤至倾出液无氯离子（用硝酸银检定），最后加300mL蒸馏水。使用前振荡，使之均匀。

(3) 测定步骤。取适量水样（5~30mL）于100mL烧杯中，加入30mL蒸馏水，用氢氧化钠或硫酸调水样pH=7。

加入氢氧化铝悬浮液1mL，使有色物质及浑浊物沉淀过滤于250mL三角瓶中，加入1mL铬酸钾溶液，用硝酸银标准溶液进行滴定至生成淡橘红色为止，记录用量，同时用蒸馏水作空白。

(4) 计算。根据式（3-43）计算得到氯化物的含量（mg/L）。

$$氯化物含量 = \frac{(V_2 - V_1) \times m \times 1000}{V} \quad (3-43)$$

式中 V_1——空白滴定时耗 $AgNO_3$ 溶液体积（mL）；

V_2——滴定水样进耗 $AgNO_3$ 溶液体积（mL）；

V——吸取水样体积（mL）；

m——每1mL $AgNO_3$ 溶液相当于 Cl^- 的量（mg）。

(5) 注意事项

① 水样浑浊物少，水样清时，可不过滤直接测定。

② 废水中含 Cl^- 时，应将水样预先稀释再进行测定（浓度为10g/L时稀释10倍）。

③ 如水样中有机物质含量高或色度深难以辨别终点时，可采用高温电炉灰化法预先

处理水样再进行测定：将适量水样放入坩埚中，调 pH 至 8~9，于水浴上蒸干，置高温电炉中（600℃）灼烧 1h，冷却取出，加 10mL 蒸馏水，调 pH 至 7~8，加铬酸钾指示剂 1mL，用硝酸银标准溶液滴定至终点。记录用量。

思 考 题

1. 如果水样中有机物质高或色度深难以辨别终点时，该如何处理？
2. 容量沉淀法测定氯化物含量时，对水样的 pH 范围是否有要求？

3.19 硫酸盐的测定

废水中硫酸盐的测定采用了行业标准《DZ/T 0064.64—2021 地下水质分析方法 第64部分：硫酸盐的测定 乙二胺四乙酸二钠-钡滴定法》；目前国家标准测试方法有《HJ/T 342—2007 水质 硫酸盐的测定 铬酸钡分光光度法》和《GB/T 11899—1989 水质 硫酸盐的测定 重量法》。本方法具体内容如下：

（1）原理。在微酸性溶液中，加入过量的氯化钡，使硫酸根定量地与钡离子生成硫酸钡沉淀，剩余的钡离子在 pH=10 的条件下，用乙二胺四乙酸二钠溶液滴定。在滴定中，不但过量的钡离子被乙二胺四乙酸二钠所滴定，原水样中的钙、镁离子也同时被滴定，因此在计算中应将水样的总硬度计入。

（2）测定仪器和试剂

① 仪器：调温电热板，40~200℃；滴定管，25mL。

② 试剂：纯水，符合 GB/T 6682—2008 规定的二级水；盐酸溶液（1+1）[取盐酸（$\rho_{20}=1.19$g/mL）100mL 加入 100mL 纯水中]；氢氧化钠溶液 [$c(NaOH)=2$mol/L]；钡镁混合溶液 [$c(BaCl_2)=0.01$mol/L，$c(MgCl_2)=0.005$mol/L]；氨缓冲溶液（pH=10）；钙标准溶液 [$c(Ca^{2+})=0.010$mol/L]；乙二胺四乙酸二钠溶液 [$c(EDTA-2Na)=0.010$mol/L]；酸性铬蓝 K-萘酚绿 B 混合溶液（称取 0.2g 酸性铬蓝 K 和萘酚绿 B 共溶于 100mL 纯水中，摇匀）；甲基红溶液（0.5g/L）。

（3）分析步骤

① 吸取水样 50.0mL 于 250mL 锥形瓶中，加甲基红溶液 1 滴，用盐酸溶液滴定至红色，再过量 1 滴~2 滴。将试液置于调温电热板上加热煮沸，趁热加入钡镁混合溶液，10.00mL，边加边摇动，将试液再加热煮沸，并在近沸的温度下保温 1h。取下静置，冷却，向试液中加入氨缓冲溶液 5mL，酸性铬蓝 K-萘酚绿 B 混合溶液 3~4 滴，用乙二胺四乙酸二钠溶液滴定到试液呈不变的蓝色即为滴定终点。记录消耗乙二胺四乙酸二钠溶液的体积 V_1（mL）。

② 吸取同一水样 50.0mL，加入氨缓冲溶液 5mL、酸性铬蓝 K-萘酚绿 B 混合溶液 3~4 滴，用乙二胺四乙酸二钠溶液滴定到终点。记录消耗乙二胺四乙酸二钠溶液的体积 V_2（mL）。

③ 另取纯水 50.0mL 按①操作，记录消耗乙二胺四乙酸二钠溶液的体积 V_3（mL）。

（4）计算

按式（3-44）计算硫酸盐（以 SO_4^{2-} 计）的质量浓度（mg/L）。

$$\rho(SO_4^{2-}) = \frac{c(V_2+V_3-V_1)\times 96.06}{V}\times 10^3 \tag{3-44}$$

式中 $\rho(SO_4^{2-})$ ——水样中硫酸盐（以 SO_4^{2-} 计）的质量浓度（mg/L）；

c ——乙二胺四乙酸二钠溶液的浓度（mol/L）；

V ——所取水样的体积（mL）；

96.06——与1.00mL乙二胺四乙酸二钠标准溶液[c(EDTA-2Na)=1.000mol/L]相当的以毫克表示的硫酸根质量。

（5）注意事项

① 当试液温度低于10℃时，滴定到终点时的颜色变化缓慢，易使滴定过头，可先将溶液微热至30℃左右后再滴定。

② 若水样在加入缓冲溶液和指示剂后颜色变暗或滴定终点延迟，说明存在铁、铝、铜、锰等金属离子干扰。可另取水样，加入三乙醇胺溶液（1+1）3mL、盐酸羟胺溶液（20g/L）0.5mL及新配制的硫化钠溶液（20g/L）5mL，再加入缓冲溶液和指示剂进行滴定。

思 考 题

1. 沉淀 $BaSO_4$ 时，为什么要在稀溶液中进行？不断搅拌的目的又是什么？
2. 为什么沉淀 $BaSO_4$ 时要在热溶液中进行，然后在自然冷却后进行过滤？趁热过滤或强制冷却的效果好不好？
3. 重量分析法对沉淀形式有什么要求？
4. 晶体沉淀的条件有哪些？

3.20 磷酸盐的测定

废水中磷酸盐的测定采用了行业标准《DZ/T 0064.61—2021 地下水质分析方法 第61部分：磷酸盐的测定 磷铋钼蓝分光光度法》；目前国家标准测试方法为《HJ 669—2013 水质 磷酸盐的测定 离子色谱法》。本实验方法具体内容如下：

（1）原理。在指定硫酸酸度下，加入钼酸铵与试样中的正磷酸盐作用，生成黄色的磷钼杂多酸。在铋盐作用下，用抗坏血酸于室温下使磷钼杂多酸迅速还原为磷铋钼蓝，其吸光度与磷酸盐的含量成正比。

（2）测定仪器和试剂

① 仪器：分光光度计；比色皿，1cm。

② 试剂：纯水，符合GB/T 6682—2008规定的二级水；抗坏血酸溶液（20g/L）；硫酸溶液（8+100）[吸取8mL硫酸（ρ_{20}=1.84g/mL）缓缓加入100mL纯水中]；钼酸铵溶液（5.0g/L）；硝酸铋溶液（100g/L）；磷酸盐标准贮备溶液[$\rho(PO_4^{3-})$=500.0mg/L]；磷酸盐标准使用溶液[$\rho(PO_4^{3-})$=10.0mg/L]。

（3）分析步骤

① 样品测定。取原水样25.0mL于50mL容量瓶中，加入抗坏血酸溶液3.0mL摇匀。

在摇动的同时加入硫酸溶液 5.0mL 和钼酸铵溶液 5.0mL，并用少许纯水冲洗瓶壁。加入硝酸铋溶液 1~2 滴，用纯水稀释至刻度，摇匀。放置 10~15min，于分光光度计波长 680nm 处，用比色皿以空白试剂作参比，测量吸光度。

② 空白实验。吸取 25.0mL 纯水代替水样，按步骤①进行测定。

③ 校准曲线绘制。吸取磷酸盐标准使用溶液 0mL、0.10mL、0.20mL、0.50mL、1.00mL、2.00mL、5.00mL 和 10.00mL 于系列 50mL 容量瓶中，以下步骤按①进行。此标准系列中磷酸盐（以 PO_4^{3-} 计）的质量浓度分别为 0mg/L、0.02mg/L、0.04mg/L、0.10mg/L、0.20mg/L、0.40mg/L、1.00mg/L 和 2.00mg/L。以磷酸盐的质量浓度为横坐标，吸光度为纵坐标绘制校准曲线。

(4) 计算。按式（3-45）计算磷酸盐（以 PO_4^{3-} 计）的质量浓度（mg/L）。

$$\rho(PO_4^{3-}) = \frac{\rho_1 \times V_1}{V} \tag{3-45}$$

式中　$\rho(PO_4^{3-})$——水样中磷酸盐（以 PO_4^{3-} 计）的质量浓度（mg/L）；

ρ_1——从校准曲线上查得的试样中磷酸盐的质量浓度（mg/L）；

V——取水样体积（mL）；

V_1——测定时样品的体积（mL）。

(5) 注意事项

① 显色溶液中 SiO_2 质量浓度在 5mg/L 以下时，不干扰测定。当 SiO_2 质量浓度超过上述质量浓度时，可减少取样体积。

② 砷的干扰严重，若遇含砷高的水样，应在加抗坏血酸之后、加硫酸之前加入硫代硫酸钠溶液（1+95）2~3 滴以消除砷的干扰。从实验得知：15~20mg 的硫代硫酸钠可消除 300μg 以下的 As^{5+} 的干扰。

③ 在本方法指定条件下，所生成的磷铋钼蓝配合物（也称络合物）防止吸光度无明显变化。

④ 当室温在 30℃ 以上时，加入铋盐后，只需 1~2min 显色即可完成；当室温在 20℃ 以上时需 5~10min；10~20℃ 时，需 20min；若低于 10℃，可将钼酸铵溶液微热至 40~60℃，趁热加入，即可迅速显色完全。

思 考 题

1. 水样中的总磷应该如何测定？
2. 离子色谱法和分光光度法测定磷酸盐含量有什么不同？
3. 影响测定准确度的因素有哪些？

3.21　硅酸的测定

废水中硅酸的测定采用了行业标准《DZ/T 0064.62—2021 地下水质分析方法　第 62 部分：硅酸的测定　硅钼黄分光光度法》。

(1) 原理。在 pH 为 1~2 的酸性溶液中，钼酸铵与水中可溶性硅酸反应，生成黄色的硅钼酸配合物（也称络合物），在一定浓度范围内，其吸光度与可溶性硅酸浓度成正比。

（2）测定仪器和试剂

① 仪器：分光光度计；比色皿，1cm。

② 试剂：纯水，符合 GB/T 6682 规定的二级水；盐酸溶液（1+1）：吸取 100mL 盐酸（ρ_{20} = 1.19g/mL）缓缓加入 100mL 纯水中；SiO_2 标准使用溶液：[$\rho(SiO_2)$ = 100.0mg/L]。

（3）分析步骤

① 样品测定。取水样 50.0mL 于 50mL 比色管中，加盐酸溶液 1mL 和钼酸铵溶液 2mL，摇匀。室温（25℃）放置 15~20min 后，在分光光度计上波长 440nm 处，用 2cm 比色皿，以试剂空白作参比，测量其吸光度。

② 空白试验。取 50.0mL 纯水于比色管中，以下步骤同①。

③ 校准曲线的绘制。取二氧化硅标准使用溶液 0mL、0.50mL、1.00mL、2.00mL、4.00mL、6.00mL、8.00mL 和 10.00mL 于系列 50mL 比色管中，用纯水定容，以下步骤同①。此标准系列所含二氧化硅的质量分别为 0μg、50μg、100μg、200μg、400μg、600μg、800μg 和 1000μg。以二氧化硅质量为横坐标，吸光度为纵坐标，绘制校准曲线。

（4）计算。水样中偏硅酸的质量浓度（mg/L）按式（3-46）计算。

$$\rho(H_2SiO_3) = \frac{m}{V} \times 1.3 \tag{3-46}$$

式中　$\rho(H_2SiO_3)$——水样中偏硅酸的质量浓度（mg/L）；

　　　m——从校准曲线上查得的二氧化硅的质量（μg）；

　　　V——所取水样体积，单位为毫升（mL）；

　　　1.3——二氧化硅换算为偏硅酸的因数。

（5）注意事项

① 磷酸盐干扰测定，加入草酸可消除干扰，水中含硫化物时，会将硅钼黄还原为黄绿色而干扰测定，可先加入氧化剂（高锰酸钾）将硫化物氧化，过量的高锰酸钾用 100g/L 亚硝酸钠还原后再加钼酸铵溶液显色或改用硅钼蓝还原法测定。

② 硅钼黄配合物的生成与酸度、温度、时间均有密切的关系。在所定酸度下，温度低于 20℃时加入钼酸铵后需要 30min 硅钼黄配合物才能完全形成，温度高于 35℃时放置即可。本方法给定时间为 15~20min。

思　考　题

1. 如何消除水样中易对可溶性硅酸测定产生干扰的物质？测定过程中应注意哪些事项？

2. 总硅酸盐该如何测定？与本方法有何不同？

第4章 皮革物理—机械性能的分析检验

皮革是革制品工业的主要原料，主要用于鞋面、鞋底及服装、箱包等。所以，皮革质量的分析检测具有重要的意义。评定皮革的质量是通过观感检验、穿用试验、显微结构检验和理化分析检验来综合进行的。

观感检验又称感官检查，即通常所说的"手摸眼看"，靠人们的感觉器官，凭着经验从外观和手感对革的质量进行评定，如革的丰满性、弹性、柔软性、粒面粗细、颜色等就是由感官检查评定的。比如鞋面用皮革外观指标要求：全张革厚薄基本均匀，无异味、无油腻感。革身应丰满、柔软而有弹性，不裂面、无管皱，主要部位不得松面。涂饰革的涂层应均匀、牢固；绒面革绒毛均匀、颜色基本一致。这种方法虽然带有一定的主观性，但检验方法简单，操作迅速。因此，目前仍被普遍采用，并与其他的科学方法相结合，全面地评定革的质量。

穿用试验是将革制成成品，如鞋、服装等。通过实际穿着使用，在革制品的制造和使用过程中，从革的变化情况来确定制品的适用性和坚固性，这是直接证明革的质量的最可靠的方法，具有一定的实际意义。例如，比较底革的耐磨性，可采用对比方法作试验，一只鞋底用标准的底革制造，另一只鞋底用试验的底革制造，同时，由许多劳动强度不同的穿用者进行穿用试验，经过一段时间后，就可以看出两种底革的耐磨强度的差异，可以确定要试验的皮革的价值。然而，这种方法所需用的时间长，影响因素复杂，物资耗费大，不能满足及时鉴定原材料，指导生产的要求，所以，不能经常采用。只有在特殊情况下，如在评定新产品的质量或制造方法有重大的改变，用其他方法不能确定其质量时，才进行穿用试验。

显微结构检验是将被检验的革用切片机切成薄片，在显微镜下观察其组织结构，对革的质量作出有价值的鉴定。根据纤维束排列的规则性，纤维组织的明晰度，说明生产过程进行是否正常和原料皮及成品革的特征，从纤维束的交织角、弯曲度、紧密性可以确定革的物理性能。但是目前显微结构的观察结果仅可作为评定皮革质量的参考，难以直接量化表示革的质量。

分析检验则是通过定量的分析方法确定皮革的内在质量，包括物理——机械性能的检验（简称"物检"）和化学组分的分析，通过检测革的抗张强度、单位负荷伸长率、撕裂强度、崩裂强度、收缩温度、三氧化二铬含量、二氯甲烷萃取物、pH等项目表现了革的内在质量和可加工性，革的透气性、透水汽性，涂饰层的耐摩擦坚牢性、耐折性等项目，表征革的实用性能。

4.1 皮革成品部位的划分

按生皮不同部位的纤维特性和各部位在皮革表面上位置的图形，表示皮革的部位划分。该划分方法适用于黄牛皮、水牛皮、羊皮和猪皮制成的各种皮革。该划分方法的依据是国标 GB/T 39364—2020。各种皮革部位的划分如下。

（1）用黄牛皮、水牛皮制成各种皮革的部位区分如图 4-1 所示。

（2）用羊皮制成的正面革或绒面革的部位区分如图 4-2 所示。

（3）用猪皮制成的面革或底革的部位区分如图 4-3 所示。

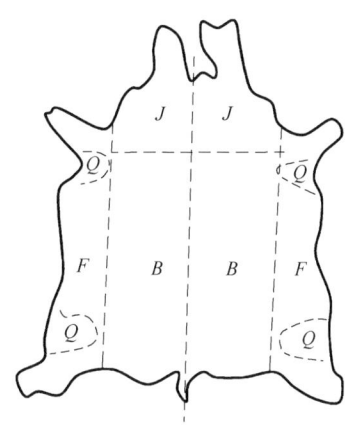

图 4-1　用黄牛皮、水牛皮制成各种皮革的部位区分
B—臀背革部　J—肩革部　F—腹革部　Q—腹肷部

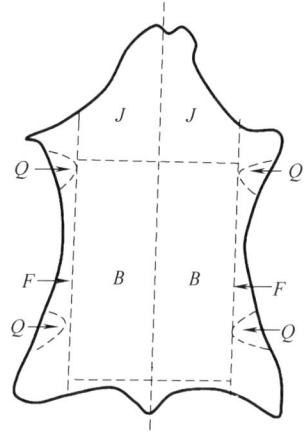

图 4-2　用羊皮制成的正面革或绒面革的部位区分
B—臀背革部　J—肩革部　F—腹革部　Q—腹肷部

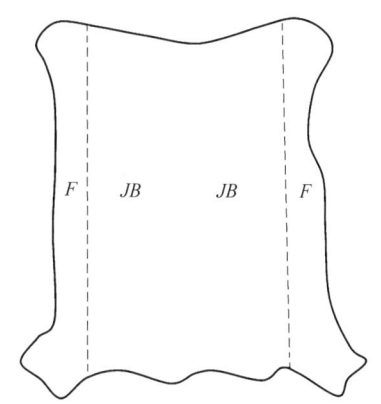

图 4-3　用猪皮制成的面革或底革的部位区分
JB—肩背革部　F—腹革部

思　考　题

1. 皮革成品部位的划分是根据什么特性来划分的？
2. 不同动物皮革的部位区分有什么不一样？

4.2　取样和批样

4.2.1　取样的意义

从全部物料（革）中选出具有代表性，能反映物料特征的一部分作为样品进行检验，这一过程称为取样。分析结果的准确性，除了跟操作方法和操作手续的准确性有关，同时还取决于取样的代表性。

皮革和原料皮一样，是非均一性的物料，来自不同路别，不同种类的原料皮制成的革性能差异很大；同一张皮不同部位的组织构造也不尽相同，对所有的成品及各个部位全部进行检验是不现实的，只能从全部物料中取出具有代表性，能反映其特征的一部分作为样品进行检验。即取尽量少的样品，而测定结果尽可能准确。所取样品的代表性取决于取样数量、方法、部位和面积，从而使测定结果具有可比性。本实验取样方法的依据是轻工行业标准《QB/T 2708—2005 皮革 取样 批样的取样数量》和《QB/T 2706—2005 皮革化学、物理、机械和色牢度试验 取样部位》。

皮革取样有如下相关术语：

（1）样品革。在任一批革中按规定方法取出作为分析检验用的革，指整张或半张革。

（2）样块。按照规定的部位大小在样品革上用刀割下来作检验用的部分。

（3）试样（片）。按照规定大小形状用刀模在样块革上截取下来用作分析检验的小块革。

4.2.2 取样数量

从每一生产批或商业批革中提取样品革的数量按式（4-1）计算：

$$n = 0.5\sqrt{X} \tag{4-1}$$

式中　n——取样数量，不应少于3；

　　　X——每批革的数量。

如一批革有 64 张，则取样 $n = 0.5 \times \sqrt{64} = 0.5 \times 8 = 4$（张）（若 $X<64$ 也按 64 张取）。

4.2.3 取样方法

4.2.3.1 要求

（1）供检验用的样品革，其外表须完整无损，不得有刀伤、虫伤、折痕或其他残缺现象。

（2）如果检验库房里存放的生产日期或厂别不明的成品革，先按鞣制方法、外表颜色和观感进行分类，再按规定取样。

（3）同种类，同时期，同方法生产的成品革若仅是所用涂饰剂颜色不同外，除单独进行涂饰剂检验，其他检验项目所需的样品可混合进行。

4.2.3.2 方法

（1）抽取样品革。取样时，第一张可以从任一张开始，顺次每隔 X/n 张抽取一张，如果取样时发现上述的缺陷，应取与其相邻的前一张或后一张。

如上述 $X=64$，$n=4$，则从任一张开始，每隔 64/4=16（张）取一张。

（2）切取样块。样品革选定后，先按规定部位切取样块，再从样块上切取试样；也可直接在样品革上按图规定部位切取试样。

① 整张革、半张革和背革（图 4-4）。作背脊线 CB，在 CB 上取 A 点，使 $CA=2AB$。过 A 点作 AD 垂直于 CB。在 AD 上取 $AE=50mm$。过 E 点作 CB 的平行线，在 AD 上取中点 F，即 $AF=FD$，以 EF 为正方形的中心线作一正方形 $GHKI$。延长 GH 到 N，使 $HN=1/2GH=GE$，以 HN 为一边，作一正方形 $HNML$。切取带影条的方块 $GIKH$ 或切取无影条的方块 $HLMN$。

② 半臂背革（见图 4-5）。切取 $GIKH$ 带影条的方块或切取 $HLMN$ 无影条的方块，皮

块的部位按下面的规定：$CA=AB$，$AF=FD$，$GE=EH$，$HL=LK$。

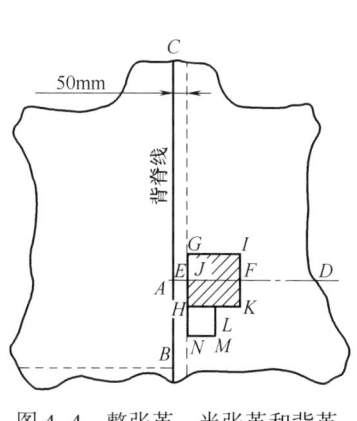

图 4-4　整张革、半张革和背革

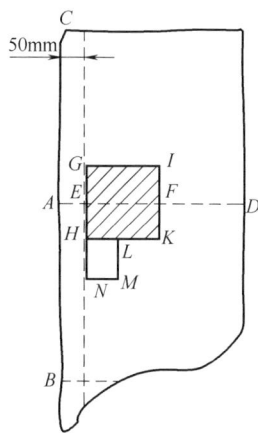

图 4-5　半臀背革

③ 肩革（见图 4-6）。切取带影条的矩形 ABCD 或切取无影条的方块 JKLA，皮块的部位按下面的规定：$AB=2AD$，$AL=LB$，$RP=PS$，$JA=AD$

④ 腹边革（见图 4-7）。切取带影条的矩形 GIKH 或切取无影条的方块 LMNG 和 HPQR，皮块的部位按下面的规定：$CA=AB$，$GH=150mm$，$GE=EH=EF$，$LG=HR=GH/4$。

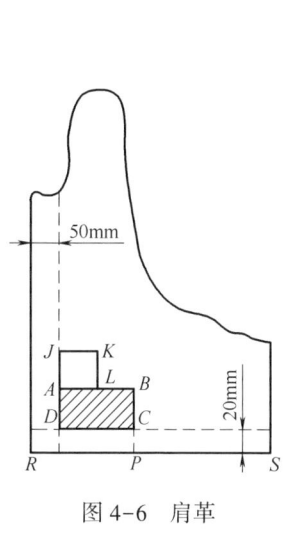

图 4-6　肩革

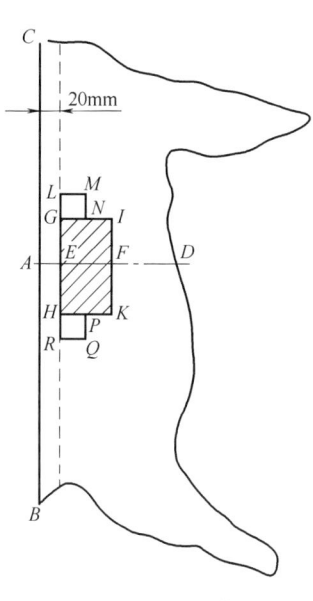

图 4-7　腹边革

注：对半臀背革若是小张测定项目很多，一个样块不够使用时，可在对称样品革的对称部位上切取同样大的样块，但某些项目试样不得在离背脊线 100mm 范围内切取。

（3）样块纵横向的表示。由于革的纵向与横向纤维束的编织情况不同，所取样块必须记录其方向，以便测量时，为与方向有密切关系项目的试样提供依据，记录方法如下：背脊线上一边的上端切成一个尖角，尖头的方向表示头部，尖角边（AD）表示背脊线一边（图 4-8）。

样块上可用标签写明厂别、生产日期、品种等，标签用订书机订在 A 上，若样块太厚，无法订时，可用少量浆糊或胶水涂于 A 角边缘，切不可涂于其他部位以免影响测试准确性。

（4）在样块上切取试样的位置及意义。用于物理检测的试样是从图 4-4～图 4-7 所示的皮张上带有影条的面积上切取；化学试验样品从不带影条的面积上切取。

用于物理检测的样块如图 4-8 所示，按照 1 到 11 号位置分别切取试样进行物理性能测试：

1，2，3，4——用于测定抗张强度和单位负荷伸长率；
5——用于测定耐折牢度；
6，7——用于测定撕裂强度；
8——用于测定收缩温度；
9——用于测定崩裂强度；
10——用于轻革测定透气性和透水汽性；重革测密度和吸水性；
11——用于测定耐干湿擦牢度。

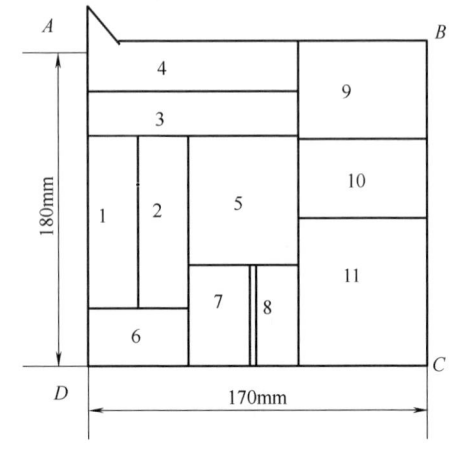

图 4-8　样块

4.2.3.3　切取方法

（1）要求

① 模刀内壁表面（包括刀口部分）必须光滑并与刀口所形成的平面垂直（刀口应在一个平面上）刀口部分内外表面所成楔角应为 20° 左右（图 4-9），其高度大于试样厚度（包括所有不同厚度的革）。

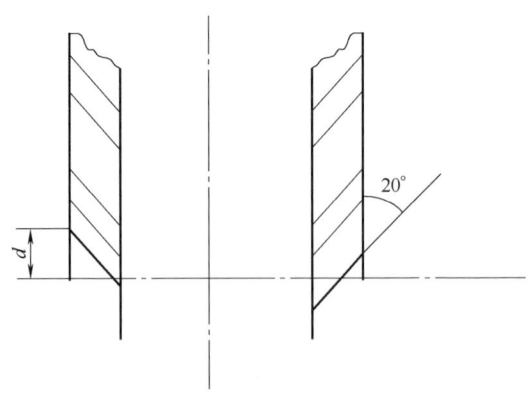

图 4-9　模刀形式图（d 为楔形高度）

② 刀口锐利、模刀形状根据试验要求而定有圆形、矩形、条形等。

③ 模刀的检查。用模刀切下组织紧密的纸板，用卡尺检查受力部分外缘尺寸误差不

得超过±2%。

(2) 切取。切取试样时，在试样放置台和样块之间放一厚纸板或硬度适宜的塑料板。将样块放在板上，将所需试样的模刀放在相应的位置，靠冲击力切取。

思 考 题

1. 为什么要对皮革进行取样？取样在实际生产过程中具有什么样的意义？
2. 取样过程需要注意哪些事项？

4.3 物理性能测试用试样的空气调节

4.3.1 有关概念

湿度：在一定温度下空气中所含水蒸气的量叫湿度。

绝对湿度：在一定温度下，单位体积的空气中所含水蒸气的量，一般用"g/m^3"表示。

相对湿度：大气中所含水蒸气的量，与同温度下饱和蒸汽量之比，也是大气中水蒸气压力与同温度下饱和蒸汽压力之比。以"%"表示。

平衡湿度：在一定温度下，与空气的每一相对湿度相对应的革中的水分含量称为平衡湿度。

4.3.2 空气调节的意义

皮革是由许多粗细不等的胶原纤维编织而成、属于多孔性疏松物质，通常状态下，革中含有一定量的水分，以两种形式存在。胶原纤维所构成的网状结构的毛细管中凝结着毛细管水。胶原的侧链上各种极性基与水以氢键形式结合，称之为化学结合水，以上两种水分其含量均取决于周围空气中湿度和温度。即使同一张革，放在不同温度和湿度的空气中时，它的水分含量也不同。在一定温度下，如果相对湿度越低，革中水分愈容易蒸发，直到两者达到平衡湿度为止。所以说革中的水分含量随着相对湿度的减小而减小（图4-10）；在一定的湿度下，温度越高，革中的水分含量越低，既革中的水分随温度的降低而增多。

不同空气环境中革的水分含量不同，即不同环境下制出的革含水量不同。我国地域辽阔，不同地区具有不同的气候环境，南方气候比较湿润，做出的革水分含量较高，而北方空气干燥，制出的革水分含量较低。即便是在同一地区的不同季节气候的干湿情况也是不同的，制出水分含量不同的皮革。

而革的许多物理—机械性能与革中水分含量有着密切的关系，同一张革，当其水分含量不同

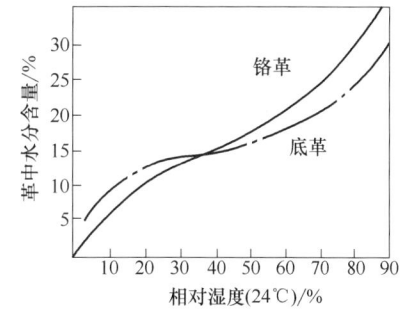

图4-10 相对湿度与革中水分含量之间的关系

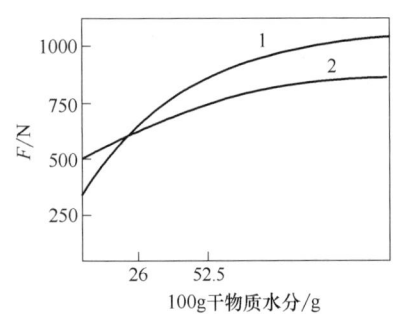

图 4-11 革在拉伸时其强度
与革中水分含量的关系
1—植鞣革 2—铬鞣革

时,测得的物理—机械性能的表征数据就有差别,尤其明显的是,当相对湿度从 0 增加到 100%时,同一张铬鞣革的面积可增加 80%,植鞣革增大 6.5%。如图 4-11 表示革受到拉伸时,其强度与革中水分含量的关系。

既然不同的水分含量具有不同的物理—机械性能的表征数据,而不同的地区和不同的季节制出的革又有不同的含水量,那么如何来评判哪一个地区,哪一个品种的革性能的优劣呢?这只有通过空气调节,即在对皮革进行物理-机械性能测试前必须将试样放置在一定湿度和温度的空气中进行调节,使其含有一致的水分,以便在统一的条件下获得一致可以比较的数据,从而尽可能正确地判断革质量。

4.3.3 条件要求

根据中华人民共和国轻工行业标准 QB/T 2707—2018 的规定。试样进行空气调节的条件是:温度为 (20±2)℃,相对湿度为 (65±5)%。

4.3.4 调节方法

(1) 恒温恒湿室。在有条件的地方建恒温恒湿室,选用合适的恒温恒湿设备,调节空气的温度和湿度符合要求,在这样的房间里面进行调节和测定。但建造恒温恒湿室设备复杂,成本高,目前用得比较少。

(2) 恒温恒湿箱。能够自动控制温度的恒湿箱。比如台湾高铁仪器公司生产的恒温恒湿箱,技术指标主要包括温度和湿度范围、精密度、分布均度以及升温降温时间(表4-1)。

表 4-1　GT-7005 型恒温恒湿箱试验机规格说明

系统	平恒调温调湿箱控制系统
温度范围	-40℃ ~ +150℃
湿度范围	相对湿度 30% ~ 95%
温度精度	±0.3℃
湿度精度	±2.5%
温度分布均度	±0.5℃/±0.7℃
湿度分布均度	±3%
升温时间	-40℃ ~ +100℃,需 45min
降温时间	+20℃ ~ +40℃,需 60min
内箱尺寸(宽度×高度×深度)/cm	60×85×80

(3) 简易的调节方法。无恒温恒湿设备可用普通温箱和干燥器来代替,恒温箱可以控制一定的温度,干燥器内放入纯硝酸铵、纯亚硝酸钠的饱和溶液或相对密度为 1.27 的浓硫酸(20℃,将 16.9mL 浓硫酸缓缓加到 50mL 水中)以保持一定的湿度。再将干燥器

放在温度为（20±2）℃的恒温箱里。这样在干燥器内就能达到上述的标准温度和湿度，夏季室温超过20℃，可将干燥器放入20℃水中，水温升高时可加些冰块在里面，以控制干燥器内的温度。也可将干燥器放在装有空调的房间里，用空调来控制温度。

进行空调的试样，应放置在干燥器内能使空气快速流动，并能使空气自由接触整个表面的位置。干燥器内所放的任一种上述干燥剂。其用量为干燥器磁板下部容积一半，试样在标准温湿度下调节时，每隔1h所称得的重量变化不超过0.1%时即为已达到平衡，一般48h即可。为了缩短调节时间，试样含水量较大时，可先在30~40℃的恒温箱内放置一段时间，然后再进行空气调节。干燥剂若用硫酸应经常更换。因为浓硫酸易吸水，浓度容易发生变化。

进行过空气调节后的试样，如果不能在标准空气中进行测试，可将试样从标准空气中逐一提取，逐一测试，且速度要快，不能超过10min。但这样不适于耐折以及其他需要时间较长的试验。

思 考 题

1. 对皮革试样进行物理机械性能测试时，为什么要对测试的空气环境进行调节？
2. 主要是通过控制哪几个参数来对空气环境进行调节？
3. 调节空气环境的方法有哪些？

4.4 厚度的测定

4.4.1 测定目的

不同种类和不同品种的革有不同的厚度规定要求，测定皮革厚度以检验其是否合乎标准，同时作为测定抗张强度，伸长率等物检项目计算的基础数据。

4.4.2 皮革物理—机械性能测试厚度的测定（QB/T 2709—2005）

（1）定重式测厚仪。因为皮革是属于多孔性疏松物料，其厚度与所加压力及作用时间有关，压力增大，时间加长，其厚度也相应地减少，为了消除压力和时间的影响，我们采用定重式测厚仪，使之在规定的一致的压力下，一定的时间内测得具有可以用来比较的厚度数据。

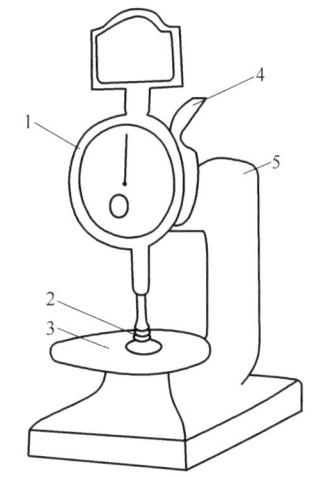

图4-12 定重式测厚仪
1—千分表 2—圆抗体（压脚）
3—试样放置台 4—手柄 5—千分表架

定重式测厚仪如图4-12主要包括五个部分。准确读数到0.01mm。测量范围0~10mm，准确到0.01mm，圆形压脚直径为10mm，圆形压脚总压力为（393±10）g（相当于500g/cm²），压脚表面在任何位置时，应与试样放置台的表面相平行，其误差应在 0.005mm 以内。

（2）测定方法。测定前在千分表上预先加圆柱负荷并调节指针到"0"位。压启手柄，将空气调节好的革试样粒面向上放在试样台上，渐渐放松手柄到全部负荷均落在试样上，5 秒钟后读取厚度毫米数，注意手柄应轻轻放下，不可撞击，否则影响数据的准确度。

4.4.3 皮革成品厚度的测定（QB/T 3813—1999）

（1）长臂定重式测厚仪。在下述规定点上进行测定，测定方法同上，适用于测定皮革成品分类分级时的厚度。

（2）测试位置

① 铬鞣黄牛正鞋面革按标准点 H 测定厚度，其规定如图 4-13 所示。

② 铬鞣黄牛篮球、排球革、植鞣黄牛外底革、轮胎革按标准点 H 测定厚度，在 O 点上也测定厚度。其规定如图 4-14 所示。

③ 植鞣水牛外底革按标准点 H 测定厚度。其规定如图 4-15 所示。

④ 铬鞣猪正鞋面革、绒面革、猪修面革、猪正、反绒服装和植鞣猪外底革按标准 H 点测定厚度，其规定如图 4-16 所示。

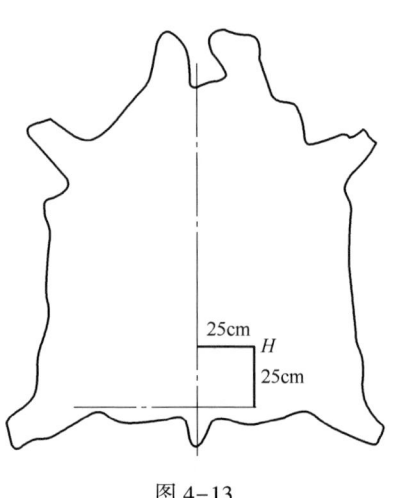

图 4-13

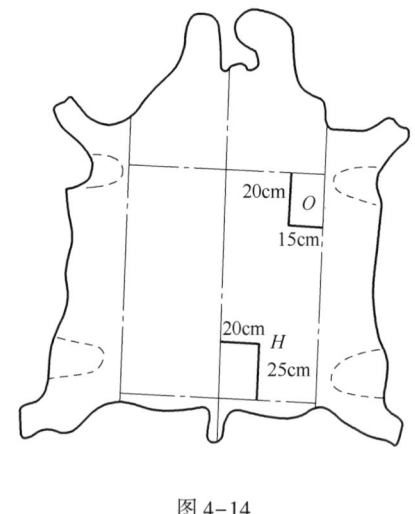

图 4-14

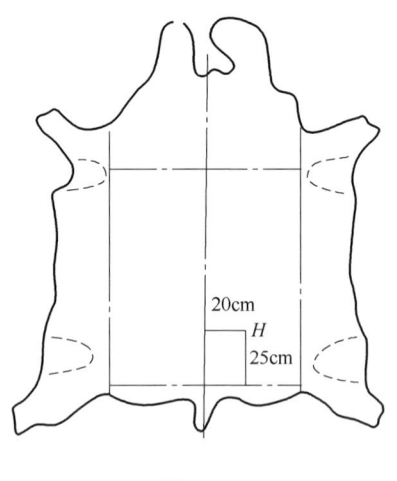

图 4-15

⑤ 羊皮正鞋面革和绒面革按标准点 H 测定厚度，其规定如图 4-17 所示。

4.4.4 宽度的测定

采用分度为 0.5mm 的直尺直接量取。

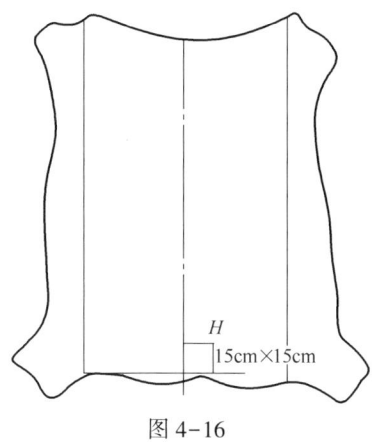

图 4-16

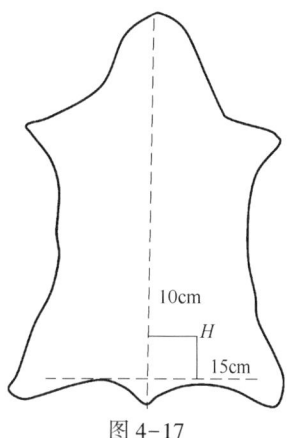

图 4-17

思 考 题

1. 为什么要测量皮革的厚度？
2. 皮革的厚度主要受哪些因素的影响？

4.5 抗张强度的测定

（1）定义及测定意义。抗张强度是指革试样在受到轴向拉伸被拉断时，在断点处单位横截面上所承受力的负荷数，以 N/mm² 表示，即 MPa。用式（4-2）表示：

$$T=\frac{F}{S} \tag{4-2}$$

式中 T——试样的抗张强度（N/mm² 或 MPa）；

F——试样断裂时所承受的最大拉力（N）；

S——试样断裂面的面积（mm²）。

皮革制品一个突出的优点是坚固，经久耐穿，即所采用的皮革具有较高的强度，测定革的抗张强度，了解革在外力作用下的变形情况和它们所承受的作用力，从而在很大程度上判断制品的耐用性能，是鉴定革的物理——机械性能的重要指标之一。本测试方法主要引用了轻工行业标准《QB/T 2710—2018 皮革 物理和机械试验 抗张强度和伸长率的测定》。

（2）试样准备。按图 4-8 所示位置用模刀从样块上切取，得到形状如图 4-18 所示、规格如表 4-2 的皮革试样（要求切下的试样横断面尽量避免梯形），然后进行空气调节。

表 4-2 试样规格 单位：mm

试样大小	L	L_1	L_2	b	b_1	R
大号	190	100	45	20	40	10
标准	110	50	30	10	20	5
小号	40	20	10	5	10	2.5

注：①通常试验采用中号试样；②当重革进行抗张强度测定时，往往由于施加的力很大，而使试样在夹头中发生位移现象，如果由于这个原因得不到可靠的数据时，可以采用大号的试样。但应在报告中加以说明；如果样品有效面积不够切取中号试样时，可以切取小号的试样，但应在报告中加以说明。

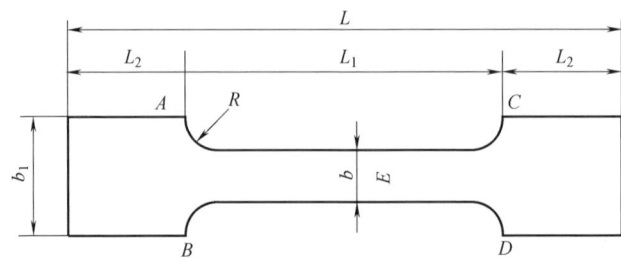

图 4-18 抗张强度试样的形状

(3) 操作方法

① 测定试样的宽度。测量试样的宽度准确到 0.1mm。共测量 6 个数据，3 个在粒面，3 个在肉面。测定部位是：第一个在试样腰部的中间 E 点（图 4-18），第二、第三个分别在 E 和 AB、CD 线的中间。6 个数据的算术平均值就是这个试样的宽度。对于切取规定试样，宽度可直接取 b 值。

② 测定试样的厚度。按照厚度测定法的规定，用定重式测厚仪测定试样的厚度。测定的部位是：E 以及 AB、CD 的中间。三点的平均值作为这个试样的厚度（小号试样只测定 E 点的厚度）。

③ 计算试样的横截面积

④ 测定拉力 F。拉力 F 在拉力机上测定，步骤如下：

a. 调整拉力机上的砝码，使其最大负荷不超过试样所能承受力的 5 倍（估算）。

b. 调整拉力机活动夹的拉伸速度为 (100±20) mm/min。

c. 调整拉力机读数盘上的指针到 "0" 点。

d. 将试样垂直固定在拉力机的上、下夹钳中，使其受力部分的长度为 50mm（小号和大号试样分别为 20、100mm），并使上、下夹钳的边缘分别与 AB、CD 线相重合，不得歪斜或变曲。试样的长轴方向应与牵引方向保持平行。

e. 开动机器，到试样拉断为止。

f. 记录试样断点的位置及断时的最大负荷数 F。受力过程中滑出夹持器的试样数据弃之。

(4) 计算。根据式 (4-2) 便可计算得到皮革的抗张强度。计算结果以 3 个横向试样抗张强度和 3 个纵向试样抗张强度的算术平均值表示，精确至 0.1MPa。

注：试样断在哪一点，就按那点的横截面积计算，如若断在两点之间，则取其相邻两点的平均厚度计算横截面积。

(5) 注意事项

① 在很多情况下，皮革在使用过程中引起伸长的力往往是几个方向，而不是一个方向，而且这些力仅仅是造成皮革断裂的一小部分原因。因此，就皮革的质量好坏来说，测定抗张强度意义不大。即使在使用过程中施加于皮革的力是一个方向的（如轮胎革），测定抗张强度还不如测定规定负荷伸长率更有意义。在皮革厂（国外）的日常质量控制工作，一般宁愿测定撕裂强度而不测抗张强度。

② 所有的试验结果，不但与皮革的涂饰、鞣制方法，以及原皮的种类有关，而且试

样切取的部位和方向亦有显著的影响。因此在比较两种或两种以上的皮革质量时，非常重要的是，必须在每个样品的相同部位上切取试样，而且要以背脊线或其他结构上的特点为准，切取同方向试样。

（6）影响抗张强度的因素

① 原料皮的影响。皮革的抗张强度是由革的纤维数量、粗细、强度以及纤维编织的情况决定，对于同样强度的纤维束，单位面积内纤维越多（紧实）强度越大；纤维束的编织情况不同，强度值也不同。不同的原料皮制得的革上述的情况不同，影响着抗张强度的大小。

原料皮的影响主要从以下几个方面考虑：不同种类的原料皮制成的革。如在鞣制方法相同的条件下，牛皮的强度大于猪皮；猪皮大于羊皮；黄牛皮大于水牛皮。同种类不同路别的原料皮制成的革；同一张原料皮的不同部位；同一部位的不同方向等。对于同一张革，纤维组织紧密而结实的背臀部比松软的腹肷部的抗张强度大，在纤维的同一方向上拉伸则抗张强度大，如作用力方向与纤维束方向形成角度，则抗张强度小，且角度越大，强度越小，因此我们除了按照规定的部位取样外，同时还取了纵横两个方向六个试样。由以上分析可以知道纵向的抗张强度大于横向的抗张强度，所以试样的结果必须取纵横六个数的平均值，尽量使试验结果具有代表性。

② 加工过程的影响。加工过程不同也会影响抗张强度。如准备工段中，凡使裸皮的纤维组织过于松散的操作都会使抗张强度有所降低；整理操作中，如底革压光、面革熨平和打光等都能使革纤维更紧密，都能提高革的抗张强度。对于同种原料皮所采用的鞣制方法不同，得到的革的强度也不同。通常，铬鞣革强度大于植物鞣革。

③ 革中水分、油脂含量的影响。革中水分、油脂含量的增加，由于润滑作用使纤维之间的摩擦力降低，从而提高革的抗张强度。诸如湿的草绳比干的草绳结实，道理就在这里，将风干的底革背部，浸湿到50%的湿度，则其抗张强度可增加为原来数值的1.55倍，这一点也说明了进行空气调节的重要性（图4-11）。

④ 其他因素。对于储存较久或受湿热作用的革，由于受到腐蚀等作用而损失了革纤维，使革的抗张强度下降。

抗张强度除跟以上因素有关外，还跟拉伸速度有关，拉伸速度越快，抗张强度越大，所以我们统一规定，拉力机的拉伸速度为（100±20）mm/min，以便得到一致可资比较的数据。

（7）拉力机的简单介绍

① 构造（图4-19）。皮革用拉

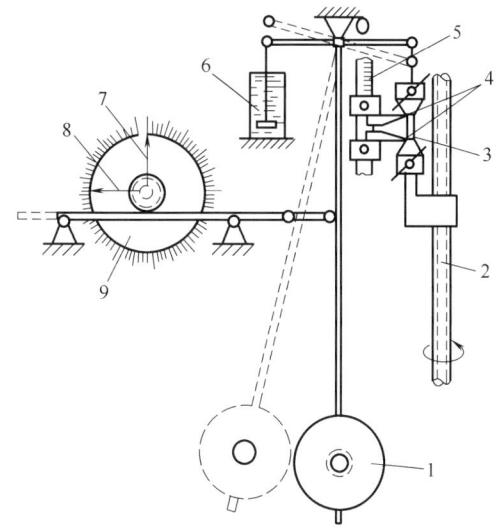

图4-19 刀口型拉力机构造图
1—摆锤 2—丝杆 3—试样 4—测伸长指针
5—测伸长尺 6—缓冲器 7—负荷指示指针
8—负荷读数指针 9—负荷读数盘

力机为电动杠杆式（刀口型）非金属材料强力试验机，主要有五个部分组成：a. 变速箱（包括电动机）和试样夹移动速度指示盘；b. 夹持试样的机构——两个可以拆卸的夹钳；c. 负荷结构，包括摆锤，零点调节装置和钟摆式刀口；d. 指示部分，包括负荷指示盘及试样伸长值游标卡尺并附自动记录变形曲线装置；e. 控制部分，包括电源开关，上下行程安全装置。

② 工作原理

a. 图 4-20 为刀口型拉力机工作原理示意图。支点（刀口）O 连接摆杆 OC，C 端装有一定重量的摆锤，使 OC 重量为 W，OA 为杠杆，A 端接夹持试样的上夹钳，上夹钳用以夹持试样的一端，而试样的另一端夹在下夹钳中，此下夹钳则与拉力机中施加拉力的部分相连接。

b. 试验时摆锤处于垂直位置，负荷指针指零，将样品夹于上下夹钳之中，然后施加拉力，随着向下拉力的增加，由于 F 的作用，使摆杆顺时针偏转 α 角，此时力 Q 的位置从 C 点到 D 点，使与摆杆相连的拉杆 BE 有 X 的位移，B 处的两根指针指出拉力 P 值，这两个指针一个是负荷指示指针，一个是负荷读数指针。当试样被拉断时（停止施加拉力），负荷指示指针立即退回零点，而负荷读数指针停留不动以便读数，读完后需用手拨回。

c. 试样拉伸到某位置，停止施加拉力时，如图 4-20 虚线位置，受力系统处于平衡状态，以 O 点取距。可得到如式（4-3）的关系式：

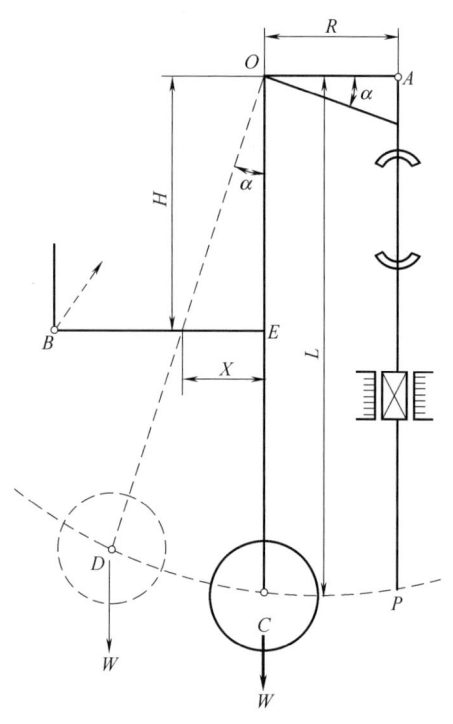

图 4-20　刀口型拉力机工作原理示意图

$$FR\cos\alpha = WL\sin\alpha \tag{4-3}$$

式中　F——施加于试样的拉力；
　　　R——OA 处的力臂；
　　　W——摆杆下端摆锤的重力；
　　　L——摆杆 OC 长度；
　　　α——OC 偏转的角度。

由式（4-3）可得到（4-4）：

$$F = WL/R \cdot \tan\alpha \tag{4-4}$$

$\tan\alpha$ 又可用式（4-5）表示：

$$\tan\alpha = X/H \tag{4-5}$$

式中　X——拉杆 BE 位移的距离；
　　　H——点到拉杆的距离。

对于一台已设计制成的机器 W，L，R，H 都是固定的，当测定时选择好 W 以后，则 $WL/(R \cdot H = K)$ 为一常数。

所以可得到式（4-6）：

$$F = K/X \tag{4-6}$$

即对试样所施加的拉力 F 与拉杆位移成正比，再经过拉杆和齿轮的转换由指针指出受力负荷数。

③ 量程选择——选择重锤重量 W。拉力机的量程应根据试样所能承受负荷进行选择，使其最大负荷不超过试样所能承受力的 5 倍，测得拉力的负荷值为度量测力范围（量程）的 40%~80%，或不小于 25%，这就需要选择适当重量的摆锤，且需经常校正。例如 250kg 拉力机有 3 个量程：即 0~50kg，0~100kg；0~250kg。一般量程选择原则：测定服装革抗张强度选用 0~50kg；鞋面革选用 0~100kg；底革选用 0~250kg。

要求拉力机的准确度为±1%（示值精密度），也就是指表示公斤数的刻度最精确部分应在 1% 以内。拉力机的重锤必须经常校正。

思 考 题

1. 将皮革用于不同场合时，如鞋面革、箱包革等，对其抗张强度的要求有什么不同？
2. 测试皮革抗张强度时，对取样有什么要求？
3. 影响皮革抗张强度的因素主要有哪些？

4.6 伸长率的测定

（1）测定的意义和目的。将皮革制成皮鞋、皮服装等制品及在使用过程中，都要受到不同程度的拉伸作用而变形，了解这种性质和变形的大小在很大意义上可以了解革的品质，以确定制品的种类。

① 表征革的弹塑性。从力学性质上看，革的变形有两种情况，一种是弹性变形，一种是永久变形（塑变形）。革是一种弹塑性物料，当试样受到轴向拉伸时，长度有所增加，这是由于试样内的纤维在作用力的方向上发生了变形而被拉伸的缘故，纤维束因变形而产生了内力，这种内力力图使纤维束恢复其原来的位置和形状，所以当外力除去后，纤维束的延长部分在很大程度上恢复了原状，革的这种变形叫弹性变形；还有一部分纤维当受外力拉伸时，因纤维与作用力的方向不同，改变了原来的位置，并且超过了它的弹性极限，在外力除去后，不能恢复到原来的位置，这一部分不可逆变形就称为永久变形，即塑性变形。对于皮革来说，不管所加外力多大，弹性变形和永久变形都是同时发生的。

革的弹性变形和永久变形都是很珍贵的性质，因为在制造皮鞋等制品以及在使用它们的时候，要求它有一定程度的永久变形，即有一定的成形性，不然皮鞋、皮服装等就无一固定形状。例如：制鞋在绷楦时受力而被拉伸，取下楦后，则要求它保持已赋予的形状和尺寸。另外，在皮鞋穿用初期，需要一定的最低限度的永久变形，因为，不管开始时穿着是怎样的合脚，但鞋的个别部位总要按照脚的形状改变它的形式而使鞋子合脚。在这种情况下，如果是绝对弹性的革，则由于需要经常地把力消耗于使革变形，因而就会引起脚的过早疲劳。另一方面，如果用来制鞋、服装的皮革没有弹性变形，它在外力消除后，就不能恢复原来的形状，使鞋、服装等制品变形。因此这两种形变都是必需的，靠塑性来成型，靠弹性来保型，而革的弹塑性则可通过测定其伸长率来表征。

② 判断革的柔软度、品质。柔软的革延伸性比较大，而板硬的革则不易拉伸，故此可以根据革试样受到外力作用所表现的变形情况和受力大小判断革的柔软性。

革的伸长率对于轻革尤为重要，影响穿着时的舒适性、弹塑性，与制鞋关系密切，伸长率过小的面革在制鞋过程中容易出现裂纹，在穿用中不能经受反复多次弯曲，而容易出现裂纹，伸长率太大的面革，制成鞋后容易变形；故伸长率即不能太大，又不能太小，应控制在一个比较合适的范围，如部颁标准规定，服装用皮革规定负荷伸长率为25%～60%。鞋面用皮革规定负荷伸长率为55%。革的伸长率是指革试样在受到轴向拉伸后，其伸长的长度与原长度的比，在实际测定中有：规定负荷伸长率，粒面层伸长率，断裂伸长率和永久伸长率。其中规定负荷伸长率为国家标准必测项目。

皮革由于其特殊的天然结构，使其不同部位，不同方向的性质差异较大，给革制品设计带来一定困难。为了减少革的部位、方向差别，在制革过程中采取了很多措施，力求减少纵、横向延伸性的差别。纵向伸长率比横向伸长率越接近于1，革的品质越好。

(2) 测定项目及定义

① 规定负荷伸长率。当革试样受到5N（服装用皮革）或10N（鞋面用皮革）拉力时，受力部分所增加的长度与原长度的比。如式（4-7）所示：

$$E_1 = \frac{L_1 - L_0}{L_0} \times 100\% = \frac{\Delta L}{L_0} \times 100\% \tag{4-7}$$

式中 L_0——试样原长度（mm）；

L_1——试样在受到5N或10N拉力时的长度（mm）；

ΔL——试样在受到5N或10N拉力时增加的长度（mm）。

② 粒面层伸长率。革试样在受到拉伸作用时，试样粒面上出现第一道裂纹时的伸长率。即有式（4-8）：

$$E_2 = \frac{L_2 - L_0}{L_0} \times 100\% = \frac{\Delta L}{L_0} \times 100\% \tag{4-8}$$

式中 L_0——试样原长度（mm）；

L_2——试样粒面出现第一道裂纹时的长度（mm）；

ΔL——试样粒面出现第一道裂纹时增加的长度（mm）。

③ 断裂伸长率（总伸长率）。革试样从开始受到拉伸到被拉断时所伸长的长度与原长度的比。即有式（4-9）：

$$E_3 = \frac{L_3 - L_0}{L_0} \times 100\% = \frac{\Delta L}{L_0} \times 100\% \tag{4-9}$$

式中 L_0——试样原长度（mm）；

L_3——试样断裂时受力部分的长度（mm）；

ΔL——试样断裂时所增加的长度（mm）。

④ 永久伸长率。革试样在受到5N或10N拉力时取下，在标准的空气中放置30min后，所增加的长度与原长度之比。即有式（4-10）：

$$E_4 = \frac{L_4 - L_0}{L_0} \times 100\% = \frac{\Delta L}{L_0} \times 100\% \tag{4-10}$$

式中　L_0——试样原长度（mm）；

　　　L_4——将试样取下后放置30min后测得的长度（mm）；

　　　ΔL——试样取下放置30min后增加的长度（mm）。

（3）试样制备。试样与抗张强度测定相同。

（4）测定方法。伸长率与抗张强度的测定用同一个试样，它的测定是在拉力机上测定抗张强度的过程中进行的，操作如下。

① 将已调好的拉力机的读数盘负荷读数指针置于规定拉力值处。(测定服装革、手套革选用$T=5\text{N}/\text{mm}^2$；测定鞋面革选用$T=10\text{N}/\text{mm}^2$)。

② 开动机器，施加拉力，当负荷指示指针与负荷读数指针相重合时，在不停机的情况下，立即读取L_1或ΔL_1（mm）。

③ 随着拉力的不断加大，当试样粒面（涂层）出现第一个裂纹时立即读取L_2或ΔL_2（mm）。

④ 继续施加压力到试样被拉断，立即读取L_3或ΔL_3（mm）。（要读去最大拉力值和记录断点以计算抗张强度。）

⑤ 根据式（4-7）～（4-9）分别计算规定负荷伸长率E_1；粒面层伸长率E_2；断裂伸长率E_3，计算结果以3个横向试样测定结果和3个纵向试样测定结果的算术平均值表示，精确至1%。

⑥ 永久伸长率可另取试样，使拉力到规定负荷所需值时取下，在标准空气中放置30min，然后量取L_4或ΔL_4（mm）根据式（4-10）计算E_4。计算结果以3个横向试样测定结果和3个纵向试样测定结果的算术平均值表示。

注：根据图4-18试样图可知，若用标准试样$L_0=50\text{mm}$。试样横截面宽为10（mm），若厚度为t（mm），则横截面面积为$S=10t$（mm）。一般测定E_1，其余的项目可视需要而定。

（5）影响伸长率的因素

① 原料皮的影响。革的伸长率与原料皮的种类，皮的部位及皮纤维的构造有着密切的关系。纤维束粗壮，编织紧密的背臀部的伸长率低于编织疏松的腹肷部。与受力方向一致的纵向纤维束的伸长率就大于与受力方向成角度的横向纤维束的伸长率，如纵横方向的比值接近于1，即表示在各个方向的延伸性是均匀的，这样的皮革质量较好。

② 加工过程的影响。在皮革加工过程中凡是使纤维束分散疏松的操作，都可加大革的伸长率。如加强酸、碱、酶的处理和铲软、摔软等。凡是使革变得比较紧实的操作，都可降低革的伸长率，如酸、碱、酶的处理不够，打光、熨压等。同理一般铬鞣革的伸长率大于植鞣革。

③ 革内的水分及油脂含量的影响。革内的水分及油脂含量增加，由于润滑作用，使革的延伸性增大。

④ 试样形状的影响。试样的厚度大，空间阻碍大，变形小；厚度小，则容易产生变形。

⑤ 品种的影响。一般鞋面革的伸长率比服装革小，比底革大。软面革比较硬的革伸长率大。手套革要求延伸性更大。

思　考　题

1. 测定皮革伸长率的目的和意义是什么？

2. 影响皮革伸长率的因素主要有哪些？
3. 如何通过伸长率来判断皮革的品质？

4.7 撕裂强度的测定

（1）意义及定义。撕裂强度是轻革的重要机械性质，它是测定已有裂口的革试样在外力作用下再被撕开的强度，即测定裂口再裂的强度，了解革在外力作用下耐撕裂的强度，以便使用革制成的鞋、服装等在穿着过程中针线缝制或胶粘处保证不再被损坏。

测定撕裂强度时，革的纤维束受到轴向拉力而产生变形，但与测定抗张强度时所发生的扯断变形不同，测定抗张强度，是所有断面上的革纤维受到均匀的内力，而已有裂口的革再被撕破时，内力在纤维束上的分布很不均匀，只有少数在裂口处的纤维受到内力，纤维束是依次一根一根地受到最大负荷而发生扯断变形。所以，已有裂口的地方，更容易被破坏。

革试样孔的直边部分受到与之垂直方向相反的两个力，试样被撕破的强度，即为撕裂强度，用单位厚度承受的力：牛顿/毫米表示。由于皮革特殊的编织结构，使皮革不仅具有高的抗张强度，更有较高的撕裂强度，这也是皮革又一个难能可贵的性能之一。

（2）测定方法——国家标准法（GB/T 17928—2023）

① 试样制备。用切取此试样的模刀，按图 4-8 规定的部位 6、7 切取纵横两个试样，试样的长边与背脊线平行，为纵向试样，试样的长边与背脊线垂直，为横向试样，试样的形状和大小如图 4-21 所示，是一个长 50mm，宽 25mm 的长方形；中间切取一个孔，A、B 在试样的中心线上，然后进行空气调节。

用定重式测厚仪测定试样两点的厚度，分别为 A 和 B 与它们边线的中间。

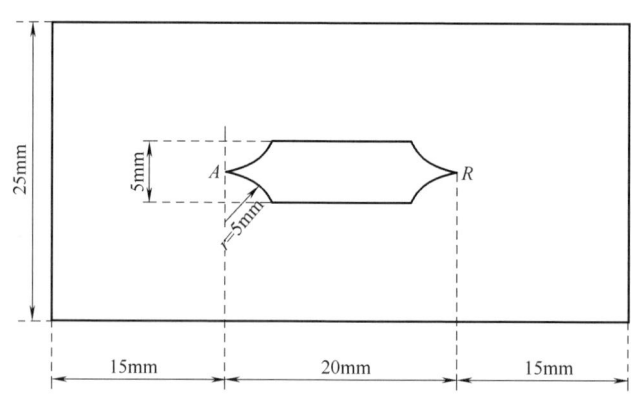

图 4-21 撕裂强度测试用试样

② 撕裂强度在拉力机上进行。将宽度为 10mm，厚度为 2mm 的撕裂器，分别固定在拉力机的上下两个夹钳中，弯钩向外。如图 4-22 所示。

③ 调节拉力机读数盘零点，使用负荷应在校正过误差不超过 1% 的那段范围内，试样弯钩分开的速度为（100±20）mm/min。

④ 调节两个弯钩之间的距离，使其刚好接触而不相互冲撞。

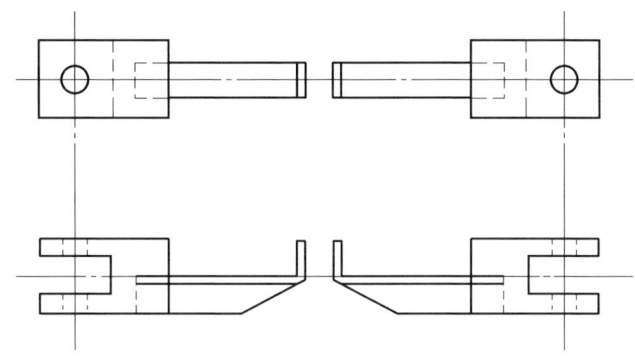

图 4-22 撕裂器

⑤ 将弯钩插入试样的小孔中,使试样孔直边与弯钩的宽度方向相平行,并紧压试样,使其牢固地固定在弯钩上。

⑥ 开动拉力机,到试样任一边拉破为止,记录拉破过程中的最高负荷数。

(3) 计算。根据式(4-11)计算得到皮革的撕裂强度(T):

$$T = \frac{F}{d} \tag{4-11}$$

式中 T——撕裂强度(N/mm);

F——最大负荷数,也称撕裂力(N);

d——撕破一面的厚度,若两边同时破,则取 a、b 两点的平均厚度(mm)。

报告结果取纵横三个试样的平均值,一般情况横向大于纵向。

思 考 题

1. 测定皮革撕裂强度的目的及意义是什么?
2. 测试皮革撕裂强度时,对取样有什么要求?
3. 影响皮革撕裂强度的因素主要有哪些?

4.8 粒面强度和伸展高度的测定——崩裂试验

(1) 意义及定义。鞋面革在制鞋和实际穿着过程中不但受到单方向的轴向拉伸作用,而且也要受到由肉面到粒面层以及各个方向的顶力作用,制鞋中的绷楦是这种作用的典型工序。崩裂强度和高度的测定正是鉴定鞋面革经受多方向顶力作用的强度,是一项重要的实用性综合指标。

崩裂试验系测定试样的肉面在规定直径的圆球顶伸过程中,粒面产生裂纹及革身发生破裂时的延伸高度和强度,粒面产生裂纹时的强度和高度,叫崩裂强度和崩裂高度;革全部被顶破时的强度和高度为崩破强度和崩破高度,强度用 N/mm 表示,高度用 mm 表示。

皮革鞋面强度和伸展高度的测定标准,我国在 1984 年颁布了 GB 4689.7—1984 标准;1999 年改为 QB/T 3812.7—1999 行业推荐性标准;2005 年,又颁布 QB/T 2712—2005 标准。这三个标准均采用 ISO 3379—1976 标准，并对其进行了技术性修改。

（2）仪器构造及原理。崩裂强度和高度用崩裂强度测定仪测定

① 试样夹：用以固定皮革试样的周围，使其中间部分仍能自由活动，活动部分圆面积直径为 25.0mm，当试样中间部分受到高达 800N 的力时，用夹子固定部分的面积应保持不变，固定面和自由活动面的连接处应有明显压痕。

② 油压部分，利用液压原理使试样所受的力通过油压部分传递到油压表面而显示出来。

③ 钢球，用以向试样的肉面施加顶力，钢球的直径为 6.25mm。

④ 数字记录表，用于记录试样所受的总顶力及钢球移动的距离，钢球与试样夹的相对移动距离作为试样伸长，钢球移动的方向与试样平面垂直，试样受到顶力后所引起的厚度的减少不予计算。

（3）测定方法

① 试样准备。用模刀按图 4-8 所示 9 部位从样块上切取试样，进行空气调节。然后用定重式测厚仪测定圆心厚度，试样形状及尺寸如图 4-23 所示。

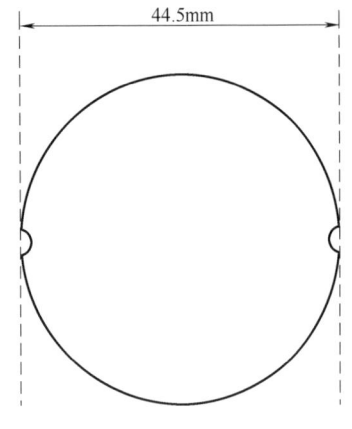

图 4-23　崩裂试验用试样

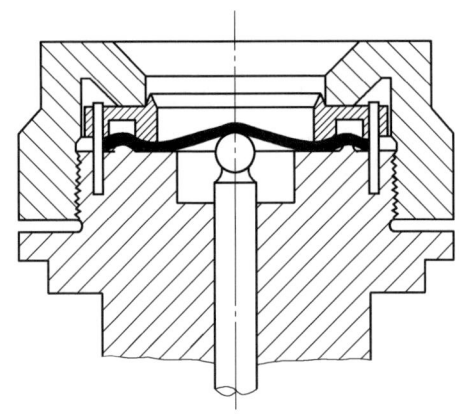

图 4-24　试样固定剖面图

② 将试样两个缺口与仪器上相对应位置对齐，四周压紧在试样夹里，然后使钢球与肉面刚好相碰，但测定面仍保持平直。这时记录表应指零，试样固定如图 4-24 所示。

③ 以每秒一周的速度转动摇柄，相当于 0.2mm/s 上升，同时注意粒面裂纹的产生。

④ 当发现裂纹时，尽快记录其负荷数及上升高度，并继续加压。

⑤ 当试样破裂时，记录负荷数。

如果在伸长过程中发现负荷读数下降或停顿现象，这是由于试样产生裂纹的原因。

（4）计算。根据式（4-12）～式（4-15）可以分别得到试样的崩裂强度、崩裂高度、崩破强度和崩破高度：

$$崩裂强度 = \frac{10F_1}{d}(\text{N/mm}) \qquad (4\text{-}12)$$

$$崩裂高度 = h_1(\text{mm}) \qquad (4\text{-}13)$$

$$崩破强度 = \frac{10F_2}{d}(\text{N/mm}) \qquad (4\text{-}14)$$

$$崩破高度 = h_2 (\text{mm}) \tag{4-15}$$

式中 F_1——粒面产生裂纹时的负荷（N）；

F_2——革破裂时的负荷（N）；

d——革试样中心的厚度（mm）；

h_1——粒面产生裂纹时的顶伸高度（mm）；

h_2——革破裂时的顶伸高度（mm）。

思 考 题

1. 测试皮革粒面强度和伸展高度的目的及意义是什么？
2. 测试皮革粒面强度和伸展高度时，对取样有什么要求？
3. 影响皮革粒面强度和伸展高度的因素主要有哪些？

4.9 耐折牢度的测定

（1）测定意义及原理。将革制成鞋，在使用和穿着过程中会不断地受到弯曲作用，当革粒面向外弯曲时，则粒面层受到拉伸作用，肉面层受到压缩作用；反之，则粒面层受到压缩而肉面层受到拉伸作用，如拉伸那一面所受的力达到纤维的强度极限，则革开始断裂，由于粒面层的纤维束较网状层的更为纤细脆弱。因此在重复弯曲之下，粒面层往往先出现裂痕，另外涂饰薄膜与革身的黏着牢度也会在多次弯曲作用下而减弱。为了检验轻革及其涂层的耐折耐弯曲裂面的性质，国家标准《GB/T 39368—2020 皮革 物理和机械试验 耐折牢度的测定 鞋面弯曲法》中规定用折裂仪来进行其耐折牢度的测定。

该试验是将试样夹在折裂仪的两个夹子里，保持其折叠形状，两个夹子中的一个是固定的，另一个以规定的角度往复转动，使试样随之而折叠，测定革在这种规定折叠形式下，经过多次折叠，产生各种不同程度损坏时的曲折次数。此方法只针对鞋面革。

（2）试样制备。用模刀按图4-8所示的位置"5"切取大小为（70×45）mm的长方形试样，并进行空气调节。

（3）仪器——轻革耐折牢度测定仪。主要部件为试样夹。试样夹分上、下试样夹，下夹固定不动，上夹折角为22°31′，并往复转动，转动次数（100±5）次/min。见图4-25。

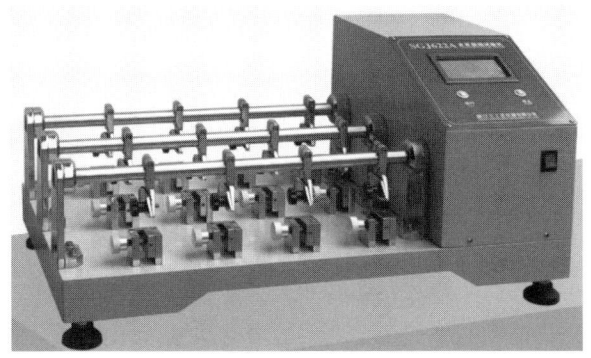

图4-25 轻革耐折牢度测定仪

（4）操作。本试验是在恒温恒湿室中进行。

① 将试样放在上下试样夹中，其方法如下：

a. 转动马达用调节器将上试样夹的底边成水平（即仪器的指针为零）。

b. 将空气调节后的试样沿长边的方向相对折叠，将在试验过程中需要观察的一面（一般为粒面）折在里面。

c. 将对折试样的一端放入仪器的上夹内，并使折线与上夹的凸沿底边齐平。

d. 将试样的另一端将原来折向里面的一面向外翻转，并将两角合并垂直插入下夹内，试样未夹入的部分必须与两个夹子垂直，所用的力刚好将试样拉直即可，不必施加更大的力。

② 试样夹好后，再检查一次，夹样是否符合要求，然后开动耐折牢度测定仪，计数器到达规定次数时，关闭马达。

③ 用六倍放大镜观察受折部分的变化情况是否有变色、起毛、裂纹、起壳、掉浆、破裂等。

（5）计算。根据式（4-16）计算折裂次数 N：

$$N = Dt \tag{4-16}$$

式中　D——仪器每分钟折叠次数（次/min）；

　　　t——试样被折时间（min）。

（6）注意事项

① 如发现试样有损坏，可取下进行检验，然后再放回去进行曲折，试样重新夹入时，所夹的位置，应尽可能与原来一致，很多试样留有夹痕，有助于使试样夹在原处，很多试样在折叠过程中有所伸长，这样的试样取下后再夹上去时不必拉直。

② 如果需要停机时间相当长（如过夜）。这时试样可以留在夹子内。但应转动夹子，使试样不处于完全被拉直的状态中。

③ 检查试样涂层时，必须有良好的光源和六倍放大镜。

④ 涂饰剂可能产生下列（或其他）情况。

a. 涂层改变颜色（变灰色），但未损坏。

b. 涂饰剂出现裂纹，表面有大小裂缝。

c. 涂饰层对革失去黏着性，在折叠处或多或少地产生颜色变化。

d. 涂饰层与涂饰层间失去黏着力，并或多或少地发生颜色变化。

e. 涂饰剂变成粉末，或薄片脱落，或发生颜色变化。

⑤ 革本身可能产生下述损坏情况（或其他情况）。

a. 产生粗的粒纹（称为管皱）。

b. 粒面上失去压的花纹。

c. 粒面层起裂纹。

d. 纤维变成粉屑（常是肉面，或网状层多于粒面层，如果有很多粉末产生，这样的革可使人有空松"感觉"，即使在表面产生少量粉末也是这样。

e. 纤维继续破坏，最后革完全破裂，这些情况都必须记录下来。

思　考　题

1. 测试皮革耐折牢度的目的及意义是什么？

2. 测试皮革耐折牢度的原理是什么？
3. 测试皮革耐折牢度时，对取样有什么要求？
4. 影响皮革耐折牢度的因素主要有哪些？

4.10 底革耐折牢度的测定

（1）原理。将皮革粒面向外，沿着不同直径的圆棒进行弯曲，使皮革弯曲所施的力应是最小的，只要能使皮革与圆棒接触即可，观察皮革粒面是否产生裂纹。

（2）重革折裂仪。主要部件应符合以下要求：
① 固定夹：用来固定试样，位置可以调节。
② 测试棒：圆柱体，长 32mm，号码及对应圆直径如表 4-3。

表 4-3 测试棒号码及对应圆直径

号码	圆直径/mm	号码	圆直径/mm
1	61.67±0.03	5	13.18±0.03
2	35.00±0.03	6	10.38±0.03
3	23.57±0.03	7	8.33±0.03
4	17.22±0.03	8	6.76±0.03

③ 滚筒：圆柱体，圆直径 25mm，长 32mm。滚筒安装在一个可以旋转的手柄上，到轴心的距离可以调节。滚筒的旋转轴与测试棒的轴心为同一轴心。

（3）试样制备。在图 4-8 样块 3、4 部位外侧，沿背脊线方向，切取 150mm×25mm 的矩形试样。在标准条件下进行空气调节 48h。

（4）试验步骤
① 用定重式测厚仪测定试样中点的厚度。
② 安装测试棒。从直径最大的测试棒开始，顺次向直径较小的进行测试。
③ 将试样固定在固定夹上，调节固定夹的位置，使试样的肉面与测试棒接触，固定固定夹。
④ 调整滚筒的位置，使滚筒与试样粒面相接触，固定滚筒。
⑤ 在 5s 内，将手柄旋转 180°，使滚筒在试样粒面上滚过，并使试样围绕测试棒而弯曲。
⑥ 观察试样弯曲部分是否产生裂纹。

（5）计算
① 以裂纹指数表示，可由式（4-17）计算得到：
$$裂纹指数 = nd \tag{4-17}$$
式中 n——试样粒面产生裂纹时所用最大测试棒的号码；
　　　d——试样厚度（mm）。
② 以试样粒面产生裂纹所用最大测试棒的号码表示。

思 考 题

1. 测试底革耐折牢度的目的及意义是什么？

2. 测试底革耐折牢度的原理是什么？
3. 测试底革耐折牢度时，对取样有什么要求？
4. 影响底革耐折牢度的因素主要有哪些？

4.11 颜色坚牢度的测定

皮革颜色坚牢度是指皮革的颜色在加工和使用过程中对外界作用的抵抗力，而以其本身颜色的变化（包括颜色的纯度、色彩、亮度）及对附着材料（纺织品）的沾色程度进行衡量，也就是说用颜色的变化鉴定皮革颜色的坚牢度。影响颜色坚牢度的因素很复杂，在日常穿着中主要体现在耐日晒、耐热、耐水、耐洗、耐汗、耐干、湿摩擦等性能方面。测定的基本方法有褪色（皮革本身颜色的变化）和沾色（对接触皮革的纺织品的沾染）两种试验。褪色试验是使试样经受规定条件的处理后比较与未经处理的试样之间的色差（颜色变化，即试样在处理前后颜色的差别），而以标准的褪色灰色样卡作为尺度定级；沾色试验是将测定标准白色织物与试样紧密相连，接受规定条件的处理后被试样所沾色（转染）的程度，以标准灰色沾色样卡衡量定级。这两项测定可以只做一项，也可以同时进行。如耐日晒牢度只做褪色试验，而耐水、耐汗则是两项同时进行。

色差的测量方法有目测和仪器测量两种。目测法是以标准灰色样卡为尺度衡量试样及织物在处理前后的色差（褪色和沾色）。仪器测定是用色差仪（或分光光度计）进行测定，比较起来。目测法直接、简便、迅速，不需设备费。但由于颜色变化的因素复杂，必须有一定的经验才能掌握，同时也难免有个人主观成分在内。色差仪比较准确，并可测得更准确的数据，但测得数据须经过计算，不如目测法直观。

皮革颜色坚牢度主要决定于染色时所用的染料和整理时所用涂饰剂的性能，也与染整中及染整前后的工艺有关，因此是综合性能的检验。皮革颜色如果没有很好的坚牢度，在使用的过程受到各种外界的作用，颜色容易发生改变，从而影响皮革制品的外观，所以，必须测定有色皮革颜色的坚牢度。

4.11.1 标准灰色样卡的使用

灰色样卡是衡量色差的尺度。按照我国国家标准有"染色牢度褪色样卡"又称"褪色分级标准样卡"；"染色牢度沾色样卡"又称"沾色分级标准样卡"，两者均由纺织部门统一制定。

染色牢度褪色样卡包括两张大小一样的深灰色纸板制成的长方形卡片（图4-26）一张是样卡自上向下沿长边共分5个矩形格，每格中贴有上下并列的两张标准纯灰色色样，这5个格分为5个分级标准，最上一格上下两张颜色一样说明没有色差，定为第五级，第二格以下每一格中上边的一张都和第一格中的色样一样，都是深灰色，而下面的那张色样变浅，第二格下面一张色样比上面的颜色略浅，说明上下两张略有差异，但色差很小，定为四级，第三格下面的色样比上面的色差更大一些定为三级，以此类推最下格（第五格）下面的颜色最浅呈浅灰色，上下两张色样颜色的差别最大最明显，就是说色差最大定为一级，如果试样在试验前后的色差与第五级相当，说明色差等于零，没有褪色，一级色差大说明褪色最厉害。

样卡的另一块灰色纸板与上述色卡大小一样，中间挖两块大小一样并列的长方孔，孔的上下两侧略小于色卡上每一方块的长度之半左右两侧与色卡上方块的左右侧长度相同。

测定将两块试样（处理和未经处理的）上下并列，把深色的夹在上面；浅色的放在下面，盖在纸板右面的方孔之下，使这块纸板，与色卡放在同一平面上，左右并列使纸板左面的孔对准色卡上某一格的色样方格，在标准灯箱中或在北面方向的阳光下，使光线入射角大约为45°，上下移动色卡进行目测，看两块试样的色差与样卡某格中的一对色样的色差一致时，即可按所相当的色样定级，注意观察方向必须与放置试样和样卡的平面垂直。

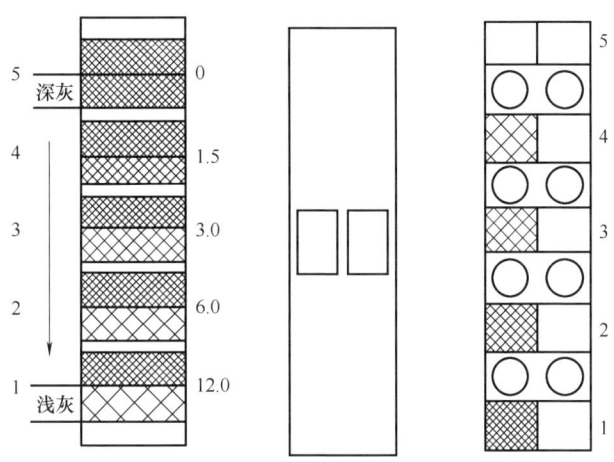

图4-26 染色牢度褪色样卡、沾色样卡示意图

染色牢度沾色样卡（图4-26）也是由长方形纸板制成，比褪色样长尺寸略小，也是由五对色样配合而成，右侧的一列都是白色，左侧一列自下而上依次由白色浅灰，灰色到深灰色，最上面的第一对色样都是白色，表示没有色差，定为五级。第二行左侧的色样略显浅灰色，与右侧白色色样比有色差，但不很明显定为四级，依次下去左侧的灰色色样与右侧的色差又依次增大则依次定为三级、二级、一级。

沾色样卡还附有白色纸板一块，上边挖三对圆孔，每排三个共两排，孔径及孔间距离与沾色样长一致，测定时，将沾色试验前后的一对标准纺织品左右排列，深色在左，浅色在右，然后将挖有6个圆孔的纸板放上，使纸板右边的上下两孔对准并列的试样，左边和中间的上下两排圆孔对准沾色样卡的两对色样，将样卡上下移动，比较沾色试验前后两块织物色差与标准卡，哪一对色差相一致，如与四级相当则定为四级，如在三级与四级之间则定为3.5级或3~4级等。

4.11.2 皮革色牢度试验往复式摩擦色牢度（GB/T 40920—2021）

（1）原理。在规定的压力下，用规定的毛毡对皮革的一个表面进行往复式的摩擦测试，测试规定的次数，用灰色样卡对毛毡表面、皮革表面的颜色变化进行比较，确定等级，并记录皮革表面任何可见的变化或损坏。

注：在测试过程中，由于有色物质的迁移，例如：涂层、颜料、染料或者灰尘、皮革

表面其他可能原因带来的颜色迁移，导致毛毡会受到一定程度的颜色污染。

(2) 测定仪器和材料

① 摩擦色牢度测试仪

a. 测试台：水平金属平台；固定夹，将皮革固定在平台上，中间有 80mm 空隙；使皮革试样沿摩擦方向拉伸 20% 的装置。

b. 测试柱：质量（500±25）g，可移动，同时也可以牢固地固定；测试头面积：15mm×15mm；调节测试头的装置，使毛毡垫可以与测试平台水平接触；负重块，（500±10）g，加载后使测试柱总质量为 1000g；调节装置，上下调节测试柱，使测试头与试样水平接触。

c. 驱动测试台往复运动的装置：测试台前后往复运动，运动距离 35~40mm，运动速率（40±2）次/min（往、返记作一次）。

d. 可选项：可调节测试柱在水平面上方向（对应摩擦方向）的装置，以使测试头在 2~3 个角度对皮革试样进行测试；电机；可预置计数的计数装置。

② 摩擦材料。白色或黑色方型毛毡，15mm×15mm，冲压下的纯毛毡块应符合以下要求：

a. 将 5g 毛毡加去离子水 200mL，放入聚乙烯瓶中，放置 2h，其提取液的 pH 为 5.5~7.0。

b. 每单位面积质量（1750±100）g/m^2。

c. 厚度，应符合 FZ/T 60004—1991 的规定，（5.5±0.5）mm。

黑色毛毡应经酸性黑 24（CI 26370）染色。

③ 真空干燥器，或其他适于抽真空的玻璃容器。

④ 真空泵。抽取干燥器内的空气，在 4min 内达到 5kPa（50mbar）。

⑤ 去离子水。GB/T 6682—2008 规定的 3 级水。

(3) 试样的制备。长方形，至少长 120mm，宽 20mm，以满足各个方向测试的要求。

注：通常出于系列的考虑（皮革和毛毡的调节、往复的次数），只有一个试样被测试。但是有争议，强烈推荐测试从不同部位取样的多个试样。

(4) 试样与毛毡的空气调节

① 干的试样和毛毡。按 QB/T 2707—2005 的规定进行调节。

② 湿的毛毡。将毛毡放入去离子水中，缓慢加热至沸腾，使毛毡浸透。将热水倒掉，加入冷的去离子水，直到湿毛毡达到室温。使用前将毛毡从水中取出，放在四张吸水滤纸蹭（上、下各两张，测试面与滤纸水平接触），再在滤纸上放置（900±10）g 的重物，时间 1min，挤去水分，使毛毡的质量达到 1g 左右。毛毡在水中的浸泡时间不能超过 24h。

③ 湿的试样。将皮革试样浸入去离子水中，试样之间不得相互接触。将容器放入真空干燥器中，抽真空到 5kPa，保持 2min，然后恢复到常压下。重复这个过程 2 次以上。使用前，将试样从水中取出，用滤纸将皮革表面的水吸干。试样在水中浸泡不得超过 24h。

④ 湿的毛毡和人造汗液。将毛毡用人造汗液（符合 QB/T 2464.23—1999 的规定）浸

润，按上述湿的试样的规定进行。使用前，将毛毡从溶液中取出，放在四张吸水滤纸中间（上、下各两张，测试面与滤纸水平接触），再在滤纸上放置900~1000g的重物，时间1min，挤去人造汗液，使毛毡的质量达到1g左右。毛毡在人造汗液中浸泡不得超过24h。

（5）操作步骤

① 将经过空气调节的试样放在测试台上固定，并沿摩擦方向拉伸10%。如果试样不能伸长10%，将试样拉伸到允许伸长的最大程度。如果试样伸长10%后，在摩擦过程中不能保持平稳，继续拉伸试样，直到试样不能伸长为止。以上后两种情况，应在试验报告中记录试样的伸长情况。

② 测试一般的皮革试样，加载负重块，使测试头的总质量为1000g。绒面革和类似的皮革（含正面服装革），由于较大的摩擦力影响，测试时不加载负重块，测试头总质量为500g。

③ 将准备好的测试毡垫固定在测试头上，使测试头与皮革试样水平接触。从下面的数据中选择摩擦次数：5，10，20，50，100，200，500。

④ 如果有要求，更换新的测试毡垫，重新选择测试次数，测试试样未测试的部位（或新的试样）。

⑤ 取下试样和毡垫，对试样摩擦区域的颜色变化、毡垫的沾污情况按下述⑥中描述的方法进行评定。湿的试样和毡垫，在评定前应在室温下干燥。

当用黑色毛毡测试白色或浅色皮革时，由于毛毡的摩擦作用，会使皮革表面变色。这种情况下，不能评定皮革颜色的变化。只有用白色毡垫在新的部位测试后，才能评定。

注1：在评定有涂层的皮革颜色变化前，用毛织物在皮革表面轻轻地涂一层无色的鞋油和上光剂非常有益。对于绒面革或类似的皮革，用刷子沿着绒毛的方向刷，也非常有用。

注2：用无色的蜡乳液涂饰效果更好。在某些情况下，蜡乳液并不合适，而只能使用含有蜡成分的光亮剂和有机溶液。如果使用了鞋油、上光剂、光亮剂，应在试验报告中说明材料的成分或其他详细情况。

⑥ 按GB/T 250—2008和GB/T 251—2008规定的灰色样卡评定皮革颜色的变化和毡垫的沾污情况。记录试样表面任何可见的变化，如光泽的变化，上光剂使用后的变化，绒毛的变化或涂层的损坏。

（6）试验报告。试验报告应包含以下内容：

① 所采用的方法的标准号；

② 被测试皮革的种类及其描述；

③ 皮革表面的状况；

④ 皮革试样和毛毡在测试前的调节情况，毛毡的种类（白或黑），测试头的质量，皮革试样颜色变化和毡垫沾污变化的评定等级；

⑤ 试样表面任何可见变化的详细记录；

⑥ 试验过程中任何偏离本标准的详细情况，如试样的伸长情况（伸长不是10%时），上光情况，测试头的质量（质量不是500g、1000g时）。

（7）方法说明。本方法规定了用毛毡在皮革表面进行往复式摩擦，以确定皮革表面摩擦色牢度的方法。

4.11.3　旋转式摩擦仪测定轻革耐擦（湿或干）牢度（GB/T 42949—2023）

（1）原理。用旋转的毛垫摩擦（毛垫不浸水为干擦；毛垫浸水为湿擦）有色轻革试样，并记录试样产生某种影响时毛垫的转数，测定轻革颜色的耐干擦和湿擦的能力，以沾色到摩擦材料上的程度来衡量。

（2）仪器。所用仪器为旋转式耐摩擦测试仪。具有以下特点（图4-27）：

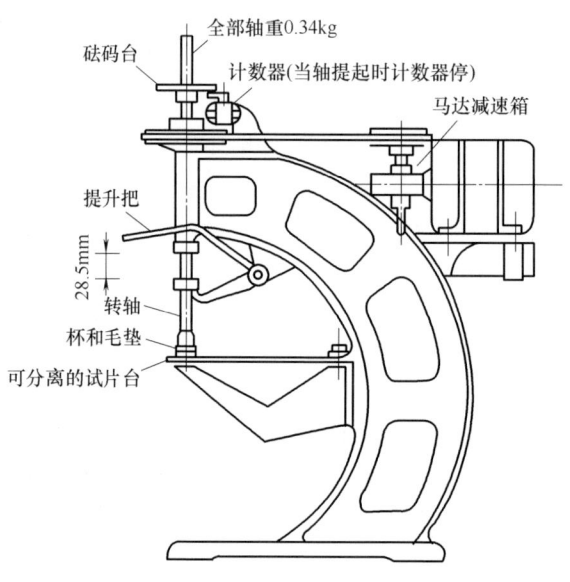

图4-27　旋转式耐摩擦测试仪

① 夹放试样的水平台（可以装置任何大小的试样）。

② 用以夹住一个外径为25.4mm，厚为6.4mm的圆形毛垫的夹子，毛垫对试样施加有固定压力（湿擦7.5N和干擦25N），毛垫的转数为（150±5）r/min。毛垫为中等软度的白色毛毯。

③ 毛垫旋转数记录器。

（3）湿擦试验

① 毛垫浸水。先将标准毛垫浸入沸水，冷至室温，将每一湿毛垫挤水或加水调节到重量为2.9~3.2g之间，浸水时间不得超过24h。

② 摩擦试样。置试样与平台上，安放毛垫，加小砝码于平台的垂直轴顶。将一块湿毛垫压到垂直轴顶底部的二个钉上，再把毛垫下降到试片上，开动电动机，移动试片位置，分别转动8、16、32、64、128、256、512、1024转，每次转完更新毛垫。

③ 排列处理后的试样。将试样干燥（可用吹风机），用清洁软布擦拭试样表面，以擦拭的转数顺序排列。

④ 定4级色差的转数——最小色差的转数。检查摩擦过的试样表面，用染色牢度褪色样卡依次检查湿擦前后，试样的色差，找出色差相当于样卡四级的试样并记录转数。

⑤ 定最大转数的色差，或定1级色差的转数——最大色差的转数。鉴定摩擦过1024转试样的色差，或找出显1级色差的试样，并记录转数。

⑥ 毛垫处理。将所有毛垫干燥使污面向上，放在玻璃板上待其冷至室温，沿直径切作两半块。排列在一张黑纸板上，另用半块清洁未用过的毛垫放在每块垫的旁边，使切边直径相拼合。

⑦ 定4级色差的转数——最小色差的转数。检查所有沾色毛垫和未用过毛垫的色差，判断那一个色差等于沾色样卡的4级，并记录相应的转数。

⑧ 定最大转数的色差，或定1级色差的转数——最大色差的转数。用灰色样卡鉴定经1024转的沾色毛垫和未经擦拭的毛垫之间的色差。如果这一色差大于1级，那么找出显1级色差的试样，并记录其转数。

(4) 干擦试验

① 装置试样。将干的试样按上述方法装置，用较大的砝码放在平台垂直于轴的顶上，毛垫旋转32转后。从试样上提起，关闭马达。

② 摩擦试样。移动试样，将试片未摩擦过的部分放在毛垫下面，更新毛垫，重复测试64转再连续用128、256、512和1024转重复测试。

③ 定褪色色差级别。将测试过的试样依次排列，并用清洁软布擦拭其表面，必要时涂以蜡剂。用灰色样卡按擦拭次序检查试样表面，判断哪一个试样的色差是等于或大于标准灰色褪色样卡上的四级；再鉴定试样经1024转，毛垫摩擦的色差，如果这个色差大于1级，则判断试样色差最接近于这一级所需的摩擦转数，并作记录。

④ 毛垫处理。将用过的毛垫沿直径切成两半，依次排列在一张黑纸上各用半块清洁未用过的毛垫，放在旁边，将直径相互接连。

⑤ 定沾色色差级别。检查所有毛垫，并判断哪一个毛垫与未用过毛垫之间的色差最符合标准灰色沾色样卡4级（按摩擦顺序计），并记录转数；或挑选任何一个合适的等级作为鉴定标准。用灰色沾色样卡鉴定经1024转摩擦的毛垫，与未用过的毛垫间的色差。若大于1级，则判断哪一块毛垫相当于1级，并记录转数。

4.11.4 有色皮革耐汗牢度测定（QB/T 2464.23—1999 和 GB/T 42165—2022）

(1) 原理。将皮革试样与毗连织物分别浸泡在人造汗液中，然后将试样与毗连织物紧贴着制成复合试样，放置在适当装置中，在一定的温度、压力，保持一定的时间后，将皮革和毗连织物干燥，用标准灰色样卡评估皮革试样的颜色变化程度和毗连织物的沾色程度。

带有涂层（或无涂层）的皮革可以直接测试，或者去掉涂层后测试。

(2) 测定仪器和材料

① 测试装置：耐汗试验机（图4-28）能使底下复合试样保持在 $1.23N/cm^2$ 均匀压力（等价于加载重物后压力为 $125g/cm^2$）。

② 加重块：平底，4.5kg。

③ 烘箱：能保持 $(37±2)℃$ 的温度。

④ 多纤维织物：符合 GB/T 42223—2022 中规定的 SW 型多纤维织物（由丝、漂白棉、聚酰胺、聚酯、聚丙烯氰和毛组成），大小为 100mm×36mm，用作毗连织物。

⑤ 砂纸：等级为 P180 的细颗粒砂纸。

⑥ 真空干燥器，或其他适用于抽真空的玻璃容器。

⑦ 真空泵：4min 能将干燥器内抽成 5kPa 的真空。

⑧ 人造汗液：每升人造汗液中包含以下成分：5.0g NaCl；5.0g 三（羟甲基）甲胺；0.5g 尿素；0.5g 次氮基三乙酸。加入盐酸调 pH 为 8.0±0.1。

周期性的检查 pH，弃去 pH 不在 8.0±0.1 范围内的溶液，如果溶液中有肉眼可看见的微生物，则应予弃去。

图 4-28 耐汗试验机

（3）试样

① 没有涂层或涂层一起测试的皮革切割大小为 100mm×36mm 的试样。

② 有涂层的皮革要去掉涂层测试，按如下方法准备试样：

将皮革样品切成大小为 120mm×50mm 的试样，涂层面向下，放在一张大小为 150mm×200mm 的砂纸上，砂纸放在工作面上。在皮革试样上均匀地放 1kg 重的底面平整的重物，将试样在砂纸上往复运动 100mm，共 10 次（实际上，手拿砂纸也能达到同样的效果）。再用刷子将粗糙面刷干净。从粗糙面切取尺寸为 100mm×36mm 的测试试样。去掉涂层的试验应在报告中说明。

③ 切割出一片或两片毗连织物，尺寸为 100mm×36mm。

（4）试验步骤

① 将皮革试样和毗连织物分别浸泡在人造汗液中（如果同时检测多个样品，几个毗连织物可以浸泡在一起，但皮革试样只能分别浸泡）。将浸泡毗连织物和试样的容器放在真空干燥器中抽真空到 5kPa（在 4min 之内），并保持 2min 破空，重复该过程两次。将一片毗连织物放在玻璃板上，然后将皮革试样测试面向下，覆盖在织物上。如果两面都测试，用第二片毗连织物再盖在皮革试样的另一面，用另一块玻璃覆盖在复合试样上。

② 将 4.5kg 的加重块在 (37±2)℃ 的烘箱中预热 1h。将在两张玻璃板之间的复合试样放在测试装置中，并将加重块放置在试样上。为了让过多的汗液流出来，将装置向每边倾斜约 30s。当同时测试几个复合试样时，必须确保每个试样放在两块玻璃板中间，以便使压力均匀地施加在上面。将装有加重块的装置放在烘箱里，在 (37±2)℃ 中保留 3h。

③ 移去加重块，将复合试样从装置中取出，从一个角将复合试样缝在一起，在标准条件下 [T=(20±2)℃，湿度 (65±5)%] 悬挂晾干，试样和它的毗连织物仅在缝合点

处接触。

④ 用标准沾色灰色样卡判定毗连织物的沾色等级；用标准褪色灰色样卡判定试样的褪色等级。

(5) 试验报告。报告内容包括：试样名称、编号、类型、厂家（商标）、生产日期，试样的特征；是否有涂层，是否带涂层测试；试验结果给出试样的褪色等级和毗连织物的沾色等级。如实记录试验中的异常现象。

(6) 说明。皮革颜色耐汗牢度反映的是皮革的卫生性能的好坏。人们在穿着皮革服装、皮衬里的皮鞋、带皮手套的过程中，由于出汗的原因，汗液会和皮革发生化学反应，有可能会造成皮革颜色的改变，并对人体和衣物造成污染。

本方法是用一种人造汗液模拟人出汗的作用进行测试，以确定有色皮革耐汗程度的好坏。在测试过程中皮革的颜色可能发生改变，毗邻的织物可能会被沾污。

人体所排出汗液基本上含有以下成分（g/100g）：氯化钠（0.3~0.5）；乳酸（0.1~0.3）；总氮（0.02~0.03）；氨态氮（0.003~0.01）；氨基酸（0.05）；尿素（0.05）。

通常，人刚出的汗是呈弱酸性（pH 为 6~7），然后在微生物作用下发生改变，pH 常为弱碱性（pH 为 7.5~8.5）。碱性汗液比酸性汗液对皮革颜色的影响较大。因此，通常用碱性汗液来模拟实际穿用条件进行测试。

由于各种人的汗液不同，因此不可能设计出一种普遍有效的方法，不过本方法规定的碱性人造汗液数倍于自然汗液，在较短时间内测出数据，测试结果与大多数的自然汗液是一致的。

在试样浸泡时抽真空，是为了使汗液加速向试样内渗透，缩短时间。在（37±2℃的环境中保持 3h，是模拟人的体温环境，使试验结果尽可能与实际情况保持一致。

本方法适用于在各个加工阶段中的所有皮革，特别适合于服装革、手套革和衬里革，同时也适用于无衬里的鞋面革。

4.11.5 有色皮革耐热牢度的测定（QB/T 1807—1993）

革制品在制作和穿着过程中会接触热的机械部件或熨烫火烤，这些都能使皮革受热而发生颜色变化，从而影响皮革的美观。本试验就是测定有色皮革的颜色耐热坚牢度。

(1) 原理。试样经过空气调节后，分别与温度为150℃、200℃和250℃的金属测试头接触5s。用灰色样卡评定其颜色的变化及观察涂饰层外观的变化程度。

(2) 仪器。

① 耐热牢度测定仪。由下列部件组成。

a. 测试头。直径为（28.5±1.0）mm 的铜制圆形部件，测试抛光镀铬，其他几个表面都盖有一层绝热材料。

b. 加热器。可使测试头连续升温最高达 300℃（如一个电阻加热器），并设有热源开关或控制它的控制器。

c. 控制测试头上下升降的装置，并能使它的表面与放置在水平面上的试样相接触，其平均分布的压力为（1.36±0.05）kg。

d. 支持器。有绝缘面和铰链。在加热过程中，测试头的表面可以放在绝缘面上，支持器也可以移向一边，使测试头降在试样上。

e. 放置试样的平台。直径不小于 38mm 的圆形平台。为了使平台能获得均匀的压力,平台的支点安装在中心位置上,这样平台能向各个方向倾斜。

f. 温度表。测量测试头温度用。最高温度超过 300℃。

② 秒表。精度 0.02s。

(3) 试样制备。尺寸为 110mm×35mm 的革条,可以用三个温度进行试验,试验面积之间有足够的间隔。试验前在标准条件下 [$T=(20±2)$℃,湿度 $(65±5)$%] 空气调节 24h 以上。

(4) 操作。试验最好在标准空气中进行,否则试样(片)在空气调节后应立即进行试验。

① 将放在绝缘架上的测试头加热,并将试片放在正对测试头下面的平台上,需要试验的一面向上。

② 当温度到达大约比试验所需温度高 5℃ 时,关闭电热器,当测试头的温度降到 $(150±3)$℃ 时,将绝缘支架移向一边,并将测试头与试片的试验部分相接触,压力为 $2.06N/cm^2$,在接触的同时开始计时。

③ 5s 后,升起测试头,使之与试片分离。

④ 连续在温度为 $(200±4)$℃ 和 $(250±5)$℃ 重复这样的试验,每一次试验必须在试片另一个新部位进行。

⑤ 测试后的试片在标准空气中调节 4h,然后比较试验过的和未经试验的表面。如果皮革的外观已发生变化,用一块清洁的软布轻擦试验过的表面。如试片是绒面革,用一种绒面革刷子刷光。

⑥ 用标准褪色灰色样卡鉴定试验过的部分与未试验过的部分之间的色差。

(5) 试验报告。试验报告包括:试样进行了试验的哪一面;实验室的温度、湿度;每个试验的温度及相应的褪色等级,并说明颜色变化的性质;热处理后任何其他的影响,如:涂料的熔融或破裂或失去光泽等现象。

4.11.6 有色皮革耐水牢度的测定 (QB/T 1808—1993)

(1) 原理。有色皮革试样粒面、肉面与白棉标准贴衬贴在一起,浸泡在蒸馏水中,15min 后,将试样和沾色白棉标准贴衬分别干燥,观察试样粒面、肉面的颜色变化并用标准沾色灰色样卡评定白棉标准贴衬的沾色等级。

(2) 仪器

① 平底皿。底面积大于 50mm×50mm。

② 光面玻璃片。50mm×50mm 或稍大,质量 $(50±1)$ g。

③ 白棉标准贴衬。50mm×50mm 二片,符合 GB/T 7568.2—2008 的规定。棉标准贴衬织物为纯棉平纹织物,单位面积质量 $(105±5)$ g/m^2,表面均匀平整,经浸湿和无张力烘干后,仍应保持平整。不含整理剂,无残留化学品和化学损伤的纤维。

④ 烘箱。保持温度 $(37±2)$℃。

(3) 试样制备。将要进行试验的 50mm×40mm 的试样放在二块白棉标准贴衬中间,使白棉标准贴衬在 50mm×10mm 不与试样相重叠,并将公共有的一边缝在一起形成一个组合试样。

(4) 操作

① 将组合试样平直放在平底皿内，用蒸馏水浸没，盖上玻璃板，用手均匀的轻压以除去空气泡，在室内放置15min。

② 在不取出玻璃板的情况下将水倒出，并在温度为(37±2)℃的烘箱中放置4h。

③ 将试样与白棉标准贴衬分开，并在室温下分别干燥。观察试样的粒面、肉面的颜色变化，并用标准沾色灰色样卡分别判定与试样粒面、肉面相贴的白棉标准贴衬的沾色等级。

(5) 试验报告。试验报告包括：试样名称、编号、类型、厂家（商标）、生产日期，试样的特征试样粒面、肉面的颜色变化及相应白棉标准贴衬的沾色等级。

4.11.7 有色皮革耐洗坚牢度的测定（GB/T 22885—2008）

(1) 对皮革颜色的影响。这个方法适用于鉴定涂饰或不涂饰的染色皮革的耐洗坚牢度。

上涂饰剂的试样在规定浓度的皂片溶液中洗涤5次，每次洗后用清水洗涤拧干。在(60±2)℃干燥后，用标准褪色灰色样卡鉴定试样（与未洗皮革比较）的褪色等级。

皂片溶液的浓度是每升蒸馏水中含2g皂片。试样大小为100mm×4mm，容器为250mL的烧杯，皂液温度40℃，时间30min（每隔15min搅拌10s），30min后用150mL室温蒸馏水浸洗1min。

(2) 颜色的转染（沾色）。鉴定有色皮革经洗涤后，附着在革表面上纺织物的沾色程度。

试样100mm×40mm，放在2片白色纺织物之间，四边缝住，形成一个组合试样。

将皂液150mL置于250mL烧杯中，在水浴上加热至40℃，放入组合试样，洗涤30min，每隔5min搅拌10s，30min后取出，放入150mL室温蒸馏水中，静置1min，取出，轻轻挤压，共进行5次，然后拆去三边缝线，只将试样短的一边与两片纺织物相连。在60℃烘箱中干燥。干燥时三个分片不能相叠。

用标准沾色灰色样卡鉴定两片纺织物的沾色等级。

4.11.8 有色皮革沾色坚牢度的测定

鉴定皮革沾色的坚牢度，特别是在存放期间的沾色程度。

(1) 原理。皮革试样在热和压力作用下与滤纸叠放在一起。滤纸上所沾的色迹用标准沾色灰色样卡定级。

(2) 测定仪器和材料

① 仪器：光滑玻璃板：面积50mm×50mm，质量不超过50g；重锤：质量1kg；滤纸：100mm×40mm；烘箱：保持(60±2)℃。

② 材料：50mm×40mm皮革试样。

(3) 操作步骤。将一张滤纸放在试样的表面上（根据实际使用情况决定滤纸与试样哪一面相接触），使滤纸有50mm×10mm的部分不与试样相接触（必须保证滤纸没有污渍），盖上玻璃板，压上1kg的重锤，一起放入(60±2)℃的烘箱中4h，取出用标准沾色灰色样卡判定滤纸上被沾色的等级。

4.11.9 有色皮革颜色耐迁移性的测定（QB/T 5252—2018）

（1）测定原理。有色天然皮革（或合成材料、纺织物）试样与聚氯乙烯受色模（PVC）或聚氨酯（PU）膜紧密接触叠合，夹于两玻璃片之间，并施与一定压力，在（50±2）℃的恒温箱中放置一定时间后，检查试样颜色渗离到受色膜上的程度，并用标准灰色样卡定受色膜的沾色级数。以此确定有色试样颜色耐迁移性。

（2）测定仪器。玻璃片的支架；玻璃或有机玻璃（PMMA）片；4.5kg的砝码；恒温箱（能恒温50℃±2℃）；聚氯乙烯受色膜（PVC Migration Film）；不超过12个月的标准灰色样卡。

（3）测定试样。
天然皮革（两块，分别测定正反两面的颜色迁移性）；合成材料或纺织物为一个试样；试样尺寸：20mm×30mm；聚氯乙烯薄膜尺寸：30mm×50mm。

（4）测定步骤
① 掀开聚氯乙烯膜光亮一面的保护层，确保掀开了保护层的一面用于测试。
② 将试样放到聚氯乙烯膜的中心位置。
③ 将聚氯乙烯膜连同上面的试样一起放到一块玻璃片的中心位置，然后在上面盖上另外一块玻璃片。
④ 将夹着试样的两块玻璃片放到支架上。
⑤ 如果多于一件试样，可重复上述步骤，用玻璃片把试样隔开。
⑥ 在玻璃叠层上放置45N的砝码，然后将已压上的砝码的玻璃叠层放入恒温箱内，在（50±2）℃温度下烘放16h。
⑦ 将装置从恒温箱中取出，拿下砝码，并让玻璃叠层在室温（23℃±2℃）下放置2h。
⑧ 将试样与聚氯乙烯膜分离。
⑨ 比较聚氯乙烯膜上最深颜色与原聚氯乙烯膜之间的颜色差别，并用标准灰色样卡定出色差级数。

4.11.10 皮革色牢度的测定——色度色差仪

（1）原理。色差仪发射特定波长范围的光线照射到皮革试样表面，不同颜色的皮革对不同波长的光具有不同的吸收和反射特性，仪器接收反射光后进行光谱分析，得到皮革在各波长下的反射率曲线，进而确定皮革颜色特征。

测量所得的光谱反射率数据会被转换到特定颜色空间，如 CIE Lab、CIE LCh 等。在 CIE Lab 颜色空间中，L 表示亮度，a 表示红绿色轴，b 表示黄蓝色轴。通过比较试样与标准样品在同一颜色空间中的参数值，计算出色差来评估皮革的色牢度。

（2）仪器与试样
① 仪器（色度色差仪）。能够精确测量皮革在不同波长下的反射光谱，从而提供更准确的颜色信息和色差数据，适用于对颜色精度要求较高的场合，如高端皮革制品的质量控制。
② 皮革试样。一般为不小于50mm×50mm 的矩形或直径不小于50mm 的圆形，以确保测量区域能覆盖整个测量口径，得到准确测量结果；试样表面应平整、光滑、无褶皱、

污渍、瑕疵和损伤，以免影响光线反射和吸收，导致测量误差。

（3）测试步骤

① 仪器校准。使用前需用标准白板或标准色板对色差仪进行零点校准和颜色校准，按照仪器操作说明书调整测量参数和校准系数。

② 试样准备。选取有代表性的皮革样品，裁剪成适当大小的试样并编号标记。进行某些色牢度测试前，还需对试样预处理，如耐水洗色牢度测试前，需将试样在规定温湿度条件下预调湿。

③ 测量设置。依皮革类型、颜色和测试要求，选择合适测量参数和颜色空间，常见测量参数包括光源类型、观察角度、测量口径等。

④ 将试样放置在色差仪测量台上，确保试样表面与测量口径紧密贴合且测量区域无遮挡。启动色差仪，按设定测量参数进行测量，仪器自动测量并显示试样颜色值或色差数据。

（4）计算。在 CIE Lab 颜色空间中，设皮革原样颜色坐标为 L_1、a_1、b_1，经过测试后的颜色坐标为 L_2、a_2、b_2，色差 ΔE 计算公式为（4-18）：

$$\Delta E = \sqrt{(L_2-L_1)^2 + (a_2-a_1)^2 + (b_2-b_1)^2} \tag{4-18}$$

其中，L 表示亮度，$L=0$ 表示黑色，$L=100$ 表示白色；a 为正值表示红色方向，a 为负值表示绿色方向；b 为正值表示黄色方向，b 为负值表示蓝色方向。

根据计算得到的色差，结合相关标准来判断皮革的色牢度等级，具体等级划分因皮革制品用途和行业要求而异。

思 考 题

1. 测试皮革颜色坚牢度的目的及意义是什么？
2. 测试皮革颜色坚牢度时，对取样有什么要求？
3. 影响皮革颜色坚牢度的因素主要有哪些？

4.12 皮革涂层黏着牢度测定方法

（1）概述。皮革涂层黏着牢度是指皮革涂饰层与皮革之间或涂饰层与涂饰层之间的黏着牢度。本方法引用了国家标准方法《GB/T 39452—2020 皮革 物理和机械试验 涂层粘着牢度的测定》，适用于经过涂饰的各类皮革和贴膜革。

（2）原理。利用无溶剂型黏合剂，将一条皮革的部分涂饰层面黏合在黏合板上，在条状皮革的自由端施加力，使皮革涂饰层剥落规定的长度，涂饰层被黏合剂黏着在黏合板上，所施加的力的大小作为涂饰层对皮革的黏着牢度。

（3）测定仪器和材料。拉力机［垂直操作，速度（100±5）mm/min，并能自动记录力—距图］；黏合板支承架（用金属制成，固定黏合板）；拉力钩（用直径 1~2mm 的钢丝制成，长约 25mm，连接试样的活动端）；试样夹；PVC 黏合板（70mm×20mm×3mm）；烘箱（能够保持 85℃±3℃ 的温度）；加重块（平底，4.5kg）；钢制模刀（内壁为长方形 600mm×10mm）；真空干燥器；真空泵（能够在 4min 内将容器排成 5kPa）；聚氨酯（PU）

黏合剂（由树脂和硬化剂组成，两种成分在80℃时发生作用）；清洗剂（己烷或石油醚，用于在黏合前清洗黏合板和皮革涂饰层表面）。

（4）试验条件。所有操作都必须在标准空气中进行。$T=(20±2)℃$；相对湿度$(65±5)\%$。

（5）试样制备。用模刀切取试样4块，其中两块的长边平行于背脊线，另外两块的长边垂直于背脊线，然后进行空气调节（湿试样除外）。

标准取样：图4-8中规定的部位11取样。

非标准取样：从皮革的肩部、腰部等其他部位取样。

（6）试验步骤

① 干试样试验

a. 用一块干净的布蘸清洗剂将黏合板的表面和皮革涂饰层表面擦净。

b. 在黏合板的表面均匀地涂一层薄薄的黏合剂，在室温中保持40min，然后放入$(85±3)℃$的烘箱内加热10min。

c. 在试样表面均匀地涂上一层黏合剂，然后将试样涂饰层朝下放在加热后的黏合板上，两端各超出黏合板15mm，然后将加重块压在试样上5min。

d. 将黏合板插入支承架中，测试端与支承架的一端对齐，用试样夹夹住试样测试端，并挂在拉力钩上。

e. 开动拉力机进行测试，记录并绘制皮革与涂饰层分离30~35mm时的力—距图。

f. 在支承板上将试样调换方向，按测试步骤e在相反的方向上重复测试。

② 湿试样试验。将按干试样试验a~c黏好的试样放置至少16h，然后浸没在盛有20℃蒸馏水的烧杯中，将烧杯放入真空干燥器内，4min内将干燥器排成5kPa的真空，保持2min，然后释放。重复排真空、释放的过程3次后，再浸泡30~120min，取出试样，用滤纸吸干表面的水，然后按干试样试验d~f进行测试。

（7）计算及结果。从力—距图上计算出涂层在约30mm长的试样上的黏合力的平均值作为黏着牢度，以N/10mm表示，精确到0.1N/10mm。

（8）注意事项

① 黏合剂应在硬化剂加入后的8h内使用。

② 在将试样和黏合剂在一起时，应避免产生气泡。

③ 试验若出现异常现象，应如实记录。

思 考 题

1. 测试皮革涂层黏着牢度的目的及意义是什么？
2. 测试皮革涂层黏着牢度时，对取样有什么要求？
3. 影响皮革涂层黏着牢度的因素主要有哪些？

4.13 收缩温度的测定

（1）定义。革试样在缓慢加热的水（或甘油）中开始收缩时水（或甘油）的温度就是革的收缩温度，用T_s表示。本测试方法采用了行业标准《QB/T 2713—2015 皮革 物

理和机械试验 收缩温度的测定》。

(2) 测定目的

① 革在制鞋加工过程中,要受到潮湿加热或热压的处理。如硫化鞋,模压鞋等,当温度超过一定限度时,革就会发生收缩变形甚至被破坏,结果革的强度降低,产生裂面等,从而缩短了使用寿命,因此需测定革的收缩温度来计量革的耐湿热性能以确定其可加工性。

② 革的收缩温度与鞣制程度有密切的关系,生皮经过鞣制,收缩温度可以提高,所以根据收缩温度的高低,可以判断革的鞣制程度,从而可以定性的判断革的一系列性能的好坏。

(3) 测定仪器

① 真空干燥器或其他可抽真空的玻璃仪器,用以润湿试样。

② 真空泵,要求在2min内可以使容器的绝对压力降至40kbar(30毫米汞柱)以下。

③ 试管:在试管中加入5mL水就可使试样浸没在水中。在抽真空过程中试管应在仪器内基本保持垂直。

④ 收缩温度测定仪,如图4-29。包括下列部件:

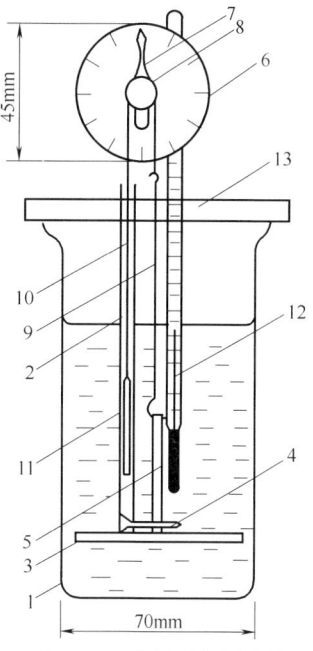

图 4-29 收缩温度测定仪
1—玻璃烧杯 2—黄铜管 3—小棍
4—小针 5—试样 6—刻度盘 7—指针
8—滑轮 9—双头钩 10—线 11—砝码
12—温度计 13—盖板

a. 容量500mL高型烧杯"1",内径(70±2)mm,放在有磁搅拌器的平台上。

b. 黄铜管"2",内径4mm。底部封闭,并装有与它垂直的一棍棒"3"和直径为1.5mm的小针"4",试样"5"下面的一个孔就挂在"4"上,小针"4"距烧杯底部(30±5) mm。

c. 圆形刻度盘"6",直径为45mm,周边刻有间距为1mm的分度。

d. 指针"7",一枚很轻的针,牢固地装在直径为10mm的滑轮上,在任何位置可以保持平衡。

e. 双头钩"9",一端插在试样上端的孔内,另一端与线"10"连接,绕过"8",并在端点连接一个放在管"2"中的砝码"11",滑轮和刻度盘与黄铜管固定在一起,因此试样长度的变化会引起指针在刻度盘上的旋转,滑轮装在轴承里,摩擦力极小。砝码"11"的质量比钩的质量大30mN,因此试样的张力稍大于30mN。

f. 温度计"12"固定在盖板"13"上,带有附件的"2"也固定在这个盖板上,温度计的水银端放在靠近试样的中点,钩"9"通过盖板上的一个孔可以自由活动,但不与温度计相碰。

g. 电加热器:80~100W。最好具有玻璃或二氧化硅制成的外套。加热器的下端与烧杯底部的距离不要超过30mm,当烧杯内加入350mL水时,加热速度为每分钟2℃。

(4) 试样的制备

① 按图4-8所规定的部位"8"用模刀切取试样。

② 试样大小如图 4-30，50mm×3mm（试样厚度小于 3mm），或 50mm×2mm（试样厚度大于 3mm）。

③ 在与试样长边平行的中心线上打二个小孔，孔中心离试样两端 5mm。

(5) 测试步骤

① 浸泡试样。将温度为（20±2）℃的蒸馏水倒入盛有试样的试管内。用玻璃棒或玻片使试样全部浸没在水中。

② 抽真空。将试管直立于抽真空的容器中，然后抽真空并使容器中的绝对压力保持在 400Pa 以下 1~2min。

③ 静置。停泵，让空气进入容器，试样继续保持原状，1h 后进行测定。

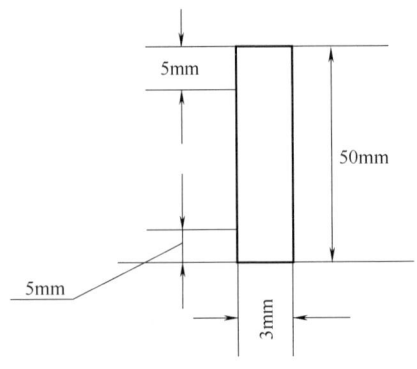

图 4-30　试样尺寸

④ 将仪器上的钉钩分别插入试样的上下孔中。

⑤ 烧杯内加入（350±10）mL 温度为 45~50℃的蒸馏水。

⑥ 开动磁搅拌器，同时开始加温，升温速度尽可能保持在每分钟 2℃。

⑦ 记录。每隔 30s，记录水温和相应的指针位置，直到试样明显地收缩或水强烈地沸腾为止，如果水已沸腾而试样不缩，记录沸腾时水温。

⑧ 查阅记录或利用指针读数与温度相应数据作相应的曲线图，找出试样开始向收缩方向移动半格后，接着大幅度移动时的温度即为这个革试样的收缩温度。

(6) 说明及注意事项

① 溶液初始液和导热剂的选择。测得的收缩温度应至少高出试样放入烧杯时水温的 5℃，否则应另取试样重新做，如果试样的收缩温度在 60℃以下，加入烧杯里的水温必须低于收缩温度 10℃以上；如果测定收缩温度在 100℃以上的革试样，可用甘油（沸点 290℃）代替蒸馏水，作导热剂，但需在报告中说明。

② 试验现象。由于在加热过程中，皮有膨胀现象，有时也因仪器的受热部件膨胀或水的对流作用而引起的指针移动，这些现象均非革收缩而引起，所以应记录最后指针发生大幅度移动时的温度。

③ 试样浸水。如果皮革表面是疏水的，仅将皮革浸泡在水中，吸水和润湿作用缓慢。本试验采取减压浸水，是为了在真空下革中的空气被水排出而使水进入革中，达到浸透革试样的目的，再者，因为有些加油较多的革不易被水浸透，而利用减压机械作用把革样浸透。

④ 搅拌器的性能。搅拌器在使用前应检查，方法如下：

在仪器上装一条试样，并挂上两个已相互校正过的温度计。水银球的中心应靠近试样，并分别与试样的上下端在同一个水平上，加入（350±10）mL 水后加热，每隔 3min 记录 2 个温度计的温度，并计算出每次记录中试样上下端之间的温差，如果计算出来的数据中，没有一个超过 1℃的，搅拌器就符合要求。

⑤ 温度计的精确度。作为测定用的温度计，用标准温度计进行标准时，在 50~105℃的范围内的任何一点，误差不超过 0.5℃。

(7) 影响收缩温度的因素

① 革的内部因素

a. 水分含量的影响。同一种革，其水分含量不同，耐湿热性就不同，在一定限度内降低革中水分含量可以使收缩温度提高，但革中水分增加到30%时，收缩温度几乎不起变化。

试验证明，预先干燥到水分为7%~8%的软革可以经受加热到170℃而不收缩。但水分增加到30%时（以绝干计为42%），收缩温度几乎不起变化。此现象可以认为是由于胶原蛋白质的极性基已全部水合，即使再增加水分，对收缩温度也无作用，所以试样要充分浸水，使其含水量超过30%，消除水分含量不同所带来的误差。

b. 鞣制方法的影响。鞣制使胶原（生皮）的收缩温度提高，不同的鞣制方法，效果也不同，如未经鞣制的生皮收缩温度为59~68℃，植鞣底革收缩温度可提高到70~82℃；铬鞣革可增加到100~130℃。所以可以通过收缩温度的高低研究不同鞣剂的鞣制机理。

c. 鞣制程度的影响。对于铬鞣革来说，提高铬盐的浓度，可以提高革的收缩温度，且收缩温度几乎与其含铬量成直线关系，因此我们说收缩温度的测定，可以一定程度地代替含铬量的测定。

植鞣革也是同样，结合鞣质增多，收缩温度也提高。反过来收缩温度的高低可以判断鞣制程度。

d. 革的pH的影响。革含游离酸时，湿热对革的破坏作用特别明显，T_s显著降低，这样的革放置时间长了，由于酸对皮纤维的腐蚀作用，也使收缩温度降低。所以革的pH不能太低。

② 测定条件的影响

a. 升温速度的影响。升温速度对测定数据影响很大。如果升温太快，测定结果偏高，例如胶原纤维以每分钟升温2.5℃时，测T_s为64.5℃，而以每分钟升温4℃时测T_s为67.5℃，所以升温要慢且均匀，但过于慢也不好，因为升温太慢可能导致鞣质与胶原间发生配位分布的变化，在含有不稳定络合物时重新起鞣制作用，使测定值偏高。因此在测定收缩温度时必须严格控制升温速度，一般以每分钟2℃为宜。

b. 试样的大小和夹持情况对测定值有直接关系。试样愈大，胶原纤维束之间的三度空间编织对热平衡的阻碍愈大，胶原纤维的渐近收缩过程愈长，所以收缩温度也愈高，因此取样要按照统一规格。

夹持试样时，纤维方向与夹持方向一致，则收缩温度最高，若夹持过紧，是在固定状态下收缩，胶原产生了内力，这与自然收缩的情况有差别，而影响了测定结果。

c. 仪器的灵敏度。要求带动指针的轴摩擦力最小，温度计要灵敏，升温装置适当，严格控制升温速度。

思 考 题

1. 测试皮革收缩温度的目的及意义是什么？
2. 测试皮革收缩温度时，对取样有什么要求？
3. 影响皮革收缩温度的因素主要有哪些？

4.14 密度的测定

(1) 概述。密度是一种材料的主要物理性质,是单位体积物体的质量,由于皮革是属于多孔性疏松的物料,在革之中有许多大小不同,排列不规则的微孔,所以革的密度分为视密度(表观密度)和真密度。本测定方法参考了标准方法 GB/T 39500—2020 和 QB/T 2715—2005。

单位体积的革(包括革中的孔隙在内)的质量为革的视密度即表观密度,以 $\rho_{表}$ 表示。将微孔所占的体积排除在外的单位体积革的紧实物质的重量,称为真密度,以 $\rho_{真}$ 表示。视密度和真密度均以 g/cm^3 表示。

通过视密度和真密度可以计算革的孔隙及孔率,从而研究革的多孔性质,这种性质与皮革的透气性、透水汽性、保温性能关系很大。

皮革内的孔隙是由皮纤维间的空间,毛管、汗腺管和皮脂腺管所形成的,小孔的体积所占皮革体积的百分率称为孔率(P),可由式(4-19)计算得到。

$$P = [\rho_{真} - \rho_{表}/\rho_{真}] \times 100\% = (1 - \rho_{表}/\rho_{真}) \times 100\% \tag{4-19}$$

式中 P——孔率(%);

$\rho_{表}$——革的表观密度(g/cm^3);

$\rho_{真}$——革的真密度(g/cm^3)。

革的孔率取决于原皮组织构造的紧密度;制造过程中的操作特点;毛囊、汗腺和皮脂腺的分布情况等。机械操作中的拉软、压光等操作影响皮革的疏松程度,故对视密度影响较大。生产过程中皮革的化学组成的变化,如鞣质的结合、填充等都影响真密度。一般情况革的视密度变化范围较大,而真密度变化较小。一般铬鞣革视密度在 0.68~1.00 之间;植鞣革在 0.79~1.10 之间。

革的孔率与透气性、透水汽性的关系见表 4-4。

表 4-4　　各种革的孔率对透气性、透水汽性影响的比较

革的种类	厚度/cm	孔率/%	透气性/(mL/m²·s)	透水汽性/(g/m²·24h)
铬鞣底革(含硫酸钡和蜡)	0.51	20	0.70	28.3
铬鞣面革	0.19	34	7.2	360.0
坚木鞣牛底革	0.43	45	38	537.0
栗木鞣牛底革	0.48	50	64	554.0
铬鞣牛底革	0.58	60	38	492.0
醛鞣鹿革	0.23	63	55.4	900.0

皮革的许多独特的性质,直接与它的纤维特殊编织方式造成的大量的天然微孔有关。例如,皮革的透水汽性就是由于它有许多连续的微孔网络;皮革的异常抗弯曲疲劳性是由于在微孔结构内革的细小纤维可以在压力下重新定向;在多孔结构内保留了空气,使革有较高的保温性能和绝热性,这些都是革制品尤其是皮鞋所需要的。

(2) 测定仪器。滴定管经过校正,并固定在架上;100mL 容量瓶(以 V_0 表示瓶的体积)。

(3) 试样准备。将试样切成长 20mm,宽 2~3mm 的小窄条,并仔细清除所附革屑。

（4）操作步骤。在工业天平上称取试样 5~10g，称量到 0.01g。置入容量瓶中，然后由滴定管加入甲苯至标线。记下所用甲苯的体积，以 V_1 表示之，用瓶塞或滤纸盖住瓶口以避免尘埃。静置一昼夜，此时革内孔隙就被甲苯所充满，同时瓶内甲苯体积应减少，待达到确定不变的水平面时，再滴入甲苯以补足此减少的体积，记录此体积为 V_2，则革样紧实物质的体积（$V_紧$）可由式（4-20）计算得到：

$$V_紧 = V_0 - (V_1 + V_2) \tag{4-20}$$

将瓶中甲苯及试样全部倾出，用滤纸把试样表面所附甲苯轻轻吸尽。再将试样放入容量瓶中，加入甲苯到标线，所用甲苯体积以 V_3 表示。容量瓶体积 V_0 与这次加甲苯体积 V_3 之差即为试样的紧实物质再加上它的空隙的总体积，即表观体积可由式（4-21）计算得到：

$$V_表 = V_0 - V_3 \tag{4-21}$$

试样孔隙的体积 $V_孔$ 可用式（4-22）计算得到：

$$V_孔 = V_表 - V_紧 = V_1 + V_2 - V_3 \tag{4-22}$$

（5）计算。根据式（4-23）~（4-25）可分别计算得到皮革的表观密度（$\rho_表$）、真密度（$\rho_真$）和孔率：

$$\rho_表 = W/V_表 \tag{4-23}$$

$$\rho_真 = W/V_紧 \tag{4-24}$$

$$P = (V_孔/V_表) \times 100\% = (1 - \rho_真/\rho_表) \tag{4-25}$$

式中　W——试样的质量（g）。

思　考　题

1. 测试皮革密度的目的及意义是什么？
2. 测试皮革密度时，对取样有什么要求？
3. 影响皮革密度的因素主要有哪些？
4. 皮革密度与皮革的透气性和透水汽性之间的关系是什么？

4.15　吸水性的测定

（1）概述。革的吸水性是测定革试样在规定温度的定量水中浸泡 15min 和 24h 后所吸收水的重量或体积所占革试样重量的百分比，它是用来表征革的防水性。吸水性越小，防水性越好。这对于底革尤为重要，因为植鞣底革在穿用时，经常与水接触，吸水性强的革则影响耐穿性，同时，在保存过程中会大量吸收空气中水分，而容易生霉。

皮革是疏松多孔的物料，它的吸水性，很大程度上取决于革的孔率的大小，但与革的纤维组织的紧密度，革中的油脂含量及填充物质有关，如革内油脂含量高，则降低革的吸水性，底革的吸水性还随鞣制程度的增高和滚压的加强而降低，猪毛孔径大，且深入皮下，比牛革更容易吸水，革吸水时，肉面比粒面快，铬鞣革的吸水性高于植鞣革，24h 以后，植鞣革吸水性为 46%~82%，而铬鞣革高达 107%。

目前皮革吸水性的测定有国家标准 GB/T 4689.21—2008 规定的容量法（库伯尔皿法），本方法主要采用了称重法，具体内容如下：

(2) 仪器。感量为 1/1000 的天平；容积约为 100cm³ 的圆形平底玻璃皿；镊子。

(3) 试样制备。测过密度的试样（空气调节过的）。

(4) 操作方法

① 称量 m（g）准确到 0.01g。

② 将几粒玻璃珠放在平底玻璃皿内，再将试样粒面向上平放在玻璃珠上。

③ 加入比该试样重 10 倍左右的 (20±2)℃ 的蒸馏水于皿中，并在试验过程中保持规定的水温，试样若有漂浮现象可以加入几枚玻片或玻棒于试样上面。

④ 经过 15min 后，用镊子取出试样，再用滤纸轻轻吸取试样表面的浮水。

⑤ 称量得 m_1。

⑥ 再将称重后的试样放入原来的盛水器中继续浸泡 23h 45min（加前面的 15min，总共 24h），再取出用滤纸轻轻吸取表面浮水。

⑦ 称重得 W_2。

(5) 计算。根据式（4-26）和（4-27）可以分别计算得到皮革在 15min 和 24h 时的吸水量：

$$15\text{min 吸水量} = \frac{m_1 - m}{m} \times 100\% \tag{4-26}$$

$$24\text{h 吸水量} = \frac{m_2 - m}{m} \times 100\% \tag{4-27}$$

式中 m——试样原质量（g）；

m_1——试样浸泡 15min 后的质量（g）；

m_2——试样浸泡 24h 后的质量（g）。

注：试样的取放，称重以及吸取其浮水等动作必须熟练、迅速。

思 考 题

1. 测试皮革吸水性的目的及意义是什么？
2. 测试皮革吸水性时，对取样有什么要求？
3. 影响皮革吸水性的因素主要有哪些？

4.16 透气性的测定

(1) 概述。革能够透过空气的性质，称为透气性，透气性是皮革的珍贵性质之一，它与透水汽性同是革的卫生性能的重要指标，直接关系到穿着时的舒适性。

皮革的透气性是指在一定压力和一定时间内，革试样单位面积上所透过空气的体积，结果以 $\text{mL/cm}^2 \cdot \text{h}$ 表示。本方法采用了轻工行业标准 QB/T 2799—2006。

各种革的透气性差别很大，革的透气性与孔率有关，孔率大，透气度大，革的卫生性能好，反之，革的卫生性能差。凡是影响孔率的因素，都能影响革的透气性，如用紧密原料皮制成的革透气性较小，松软原料皮制成的革透气性较大，植鞣革的透气性较小，一般约 80~120mL/cm² · h。铬鞣革的透气性较大一般约为 2000~5000mL/cm² · h。在制革工艺过程中，凡是足以使纤维组织松软，增加纤维间隙的操作，如酸、碱、酶的处理、拉软等都可以增加革的透气性；反之，凡是使纤维组织紧密和减少纤维间隙的操作，如打光滚压、烫平、填充等都可以减少透气性，此外，涂饰剂薄膜的性质，对成革的透气性也有很大的影响。

在制鞋过程中，如涂抹鞋帮里和帮面之间的浆糊面积过大，也影响革的透气性。

（2）测定仪器。秒表；H.C 费多罗夫皮革透气性测定仪，如图4-31。

其主要规格如下：

① 量筒内排气口与玻璃管嘴尖端之距离为 100mm；

② 试样透过空气的面积为 10cm²；

③ 橡皮连通管的内径为 8~10mm。

本仪器由一项具有磨塞的刻度量筒"11"容积为 100mL，及一个固定在底板上的空心圆柱形空气室（夹样筒）"2"组成，空气室内有突出部分，在其上面有橡皮圈，就在这橡皮圈上安放试样（若上盖与空气室接触很严密不漏气，也可不要突出部分和橡皮圈），空气室顶部有螺纹，底侧有穿孔，在穿孔内接头连以橡皮管"10"，盖帽"3"是空心的环状物，大部有螺纹，可以靠4个螺旋帽紧密的嵌入空气室的上部，盖帽的内径和空气

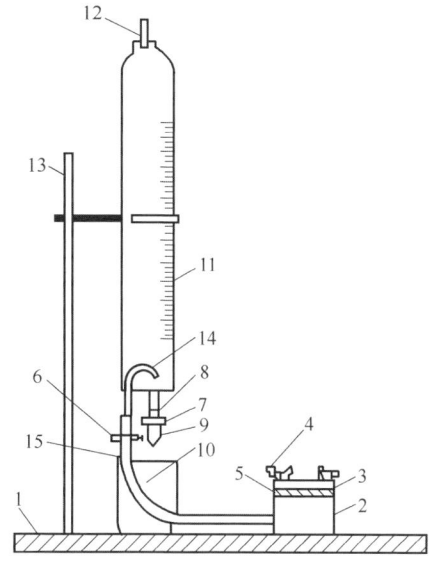

图4-31 皮革透气性测定仪
1—底板 2—夹样筒 3—盖帽 4—元宝螺丝
5—试样 6，7—弹簧夹 8，10—橡皮管
9—玻璃管 11—刻度玻璃量筒 12—玻璃磨塞
13—铁架 14—玻璃弯管 15—烧杯

室内环状突出物的直径都等于 3.56cm，就相当于面积为 10cm²，刻度玻璃筒底部有两根玻璃管穿进筒内，其中一根玻璃管和管口在刻度圆底面上，这根玻璃管接以橡皮管"8"，再紧接带尖嘴的玻璃管"9"，橡皮管用夹子"7"夹住，另一根玻璃管"14"上部弯曲，端部微微向上，深入到刻度玻璃圆筒内，下端从筒底穿出，与橡皮管"10"相连接，在橡皮管的另一端与空气室下面的接头相接。

（3）测定原理。在试样两侧相反的方向上形成空气的压力差，测量在此条件下通过试样的空气量（体积）透气性的指标就是在试样两侧相反方向上的压力差等于10cm水柱高时，每小时通过1cm²试样的空气体积（以 mL 计）。

仪器的标准状况见图4-31，设外界大气压为 $P_大$，量筒内水柱上面空隙的压力为 P_0，由液面到玻璃管口末端 a 的高度为 H，水的密度为 ρ，弯管口 b 到液面的距离为 h_1，由 b 到 a 的距离为 h_2。

当封闭筒上，打开玻璃管夹子"7"（同时关闭夹子"6"时）a 点大气压与量筒内压力平衡，此时有式（4-28）：

$$P_0 = P_大 - H \cdot \rho \tag{4-28}$$

打开夹子"6"和"7"时，在量筒内 b 处压力 P_b 可由式（4-29）表示：

$$P_b = P_0 + h_1 \cdot \rho \tag{4-29}$$

将式（4-29）代入式（4-28）得到式（4-30）：

$$P_b = P_大 - H \cdot \rho + h_1 \cdot \rho \tag{4-30}$$

又因为 H 可用式（4-31）表示：

$$H = h_1 + h_2 \tag{4-31}$$

故而最终可得到式（4-32）：

$$P_b = P_大 - H \cdot \rho + H \cdot \rho - h_2 \cdot \rho = P_大 - h_2 \cdot \rho \tag{4-32}$$

因试样筒内试样下侧与 b 点相通，所以试样下侧的压力也是 P_b（管路损失忽略不计）。又设试样上下两侧压力差为 P，因试样上侧暴露在空气中，所以有式（4-33）：

$$P = P_大 - P_b \tag{4-33}$$

将式（4-32）代入（4-33）得到式（4-34）：

$$P = P_大 - (P_大 - h_2 \cdot \rho) = h_2 \cdot \rho \tag{4-34}$$

在一定温度下 ρ 是不变的。显然 P 取决于 h_2，即试样两侧的压力差依从弯管口 b 到玻管口端 a 之间的距离而定。

规定指标是，试样两侧压力差为10cm水柱，即 $P = 10\rho$，所以试验前应调好玻璃管长度使 $h_2 = 10$cm，使仪器在标准状况下工作，使之所测透气度仅反映皮革本身的透气性质，而避免仪器误差。

（4）测定方法

① 检查仪器。试验前必须检查仪器是否安装好，并将弯管口 b 与玻璃尖端 a 之间距离调到 $h_2 = 10$cm，然后夹住量筒下端夹子"6"和"7"注入水，并将量筒用玻璃塞塞紧，打开夹子"7"，如果无水流出，则表明仪器不漏气。符合试验要求，重新夹紧夹子"7"，并将与试样等面积的橡皮片放入夹样筒"2"和盖帽"3"之间，然后上紧螺帽，先打开夹子"7"，再打开夹子"6"，如果玻璃管口 a 无水流出，则表示各接头不漏气，可确定全部装置符合要求。

② 空白试验。在不放橡皮片及试样的情况下，测定100mL空气从试样进入量筒的所需时间，即为空白试验，为此先将（20±3）℃的蒸馏水装满量筒，塞紧玻璃塞，先打开夹子"7"，再打开夹子"6"，水从玻璃管口 a 处流出，当量筒内水位下降到"0"位时，立即开动秒表，待水位降到刻度100mL时立即停止秒表记录所需时间，以 t_0（s）表示，空白试验不得少于两次，平行试验之差小于0.5s。

t_0 应在（20±1）s。若不在此范围内可改变玻璃管口"9"的直径和橡皮管"10"的长度，以增减管路阻力。

③ 试样试验。按图4-8所规定的10部位切取一圆形试样并进行空气调节，夹紧在夹样筒"2"盖帽"3"之间，再按空白试验操作，通过试样100mL空气所需时间 t_0（s），同时作试样试验两次以上，平行试验相差小于0.5s。

（5）计算

根据式（4-35）可以计算得到试样的透气度 K：

$$K = \frac{100 \times 3600}{10(t-t_0)} = 36000/(t-t_0) \tag{4-35}$$

式中　K——试样透气度（mL/cm² · h）；

　　　t——规定面积试样透过100mL空气所需时间（s）；

t_0——空白试验所需时间（s）；

10——透过空气的试样面积（cm²）。

如果试样透气性很小，通过100mL空气的时间在15min以上时，则应把量筒内水位调到"0"位后，记下5~10min内透过空气的量（观察记录水位下降的体积）结果可按式（4-36）计算。

$$K=\frac{3600}{10\times(t_1/V-t_0/100)}=\frac{36000V}{100t_1-Vt_0} \tag{4-36}$$

式中　K——透气度（mL/cm²·h）；

　　　t_1——规定面积（10cm²）试样透过 V 毫升空气所需时间（s）；

　　　t_0——空白试验所需的时间（s）；

　　　V——规定面积试样透过的空气量（毫升）。

思 考 题

1. 测试皮革透气性的目的及意义是什么？
2. 测定皮革透气性的原理是什么？
3. 测试皮革透气性时，对取样有什么要求？
4. 影响皮革透气性的因素主要有哪些？

4.17　透水汽性的测定

4.17.1　概述

皮革的透水汽性，是指它们让水蒸气由湿度较大的空气中透过到湿度较小的空气中的能力，正因为皮革有这种性能，能排除穿用者身体上的汗气，使穿用者感到舒适，这是现今一切合成材料所不及的。所以常用革的透水汽性和透气性来表征革的卫生性能，是革的卫生性能的重要指标。

透水汽性定义为试样在单位面积单位时间内所透过的水蒸气量，其结果以"mg/10cm²·24h"或 mg/cm²·h 计。

透水汽性的大小由革的孔率来决定，凡是影响革的孔率的因素如皮结构、加工过程、涂饰材料等都直接与革的透水汽性能有关。此外也依所处环境的相对湿度和温度而定，试样两边空气的温度和相对湿度的差值越大，透水汽性也越大。

测定透水汽性有两种常用的方法，一种是静态法，一种是动态法，静态法是将试样紧密盖于盛有水的小皿或小杯内，再把小杯放在盛有干燥剂的干燥器内（或将小皿内盛干燥剂，试样封闭于小皿上，再放入盛水的干燥器中）利用试样两边空气的湿度差，使水汽透过试样，再根据小杯在一定时间内所失去或增加的重量，来确定透过试样的水汽量；而动态法也是将试样密封在盛有干燥剂的小杯上，与静态法不同的是将小杯固定在一个转动的设备上旋转，利用杯内转动着的干燥剂来搅动杯内空气，而试样边的空气是在一定温度、湿度下，以一定速度流动着，动态法也是利用称量来测定透水汽的量。

4.17.2 静态法

(1) 测定仪器。天平（精密度1/1000）；透水汽性试验皿，如图4-32所示。

(2) 试样制备。与透气性测定用同一个试样。

(3) 操作。量取30mL蒸馏水置于皿内，依次放上橡皮垫圈、试样，然后将铝质螺旋盖上紧，不得漏气，再于天平上称重。然后将试验皿放入盛有相对密度为1.84的浓硫酸的干燥器中（干燥器直径为25cm），再将干燥器置于（20±1）℃的空气中，静置24h后再称量。

(4) 计算。因透过水汽的试样面积正好为$10cm^2$，故可以根据式（4-37）计算皮革的透水汽性 [mg/（$10cm^2$·24h）]：

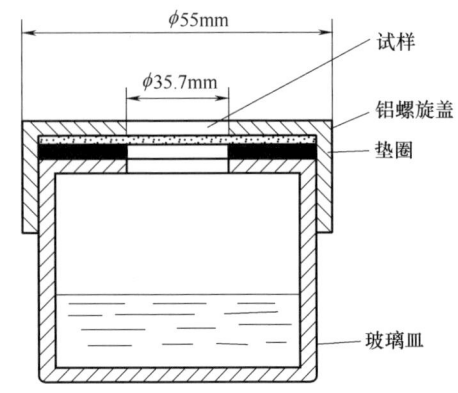

图4-32 透水汽性试验皿

$$透水汽性 = m_1 - m_2 \qquad (4-37)$$

式中 m_1——试样及皿未放入干燥器前的质量（mg）；

m_2——试样及皿放入干燥器静置24h后的质量（mg）。

为了避免试样与试验皿密封不好而造成漏气，应将铝质螺旋盖向下压紧拧紧，若和皿密封不好，接触边缘有缝隙，可用蜂蜡密封。

4.17.3 国家标准法——动态法测定革的透水汽性（GB/T 39369—2020）

(1) 试验原理。在一定的温湿度条件下，皮革试样被固定在运动的测试瓶口，测试瓶内装有固体干燥剂，测试瓶运动时，水汽通过皮革试样被固体干燥剂吸收，在规定时间内对测试瓶称重则可确定这段时间内水汽通过皮革试样而被干燥剂吸收的重量，再根据测试瓶口内径，计算皮革试样的透水汽性 [mg/（cm^2·h）]。

(2) 测定仪器和材料

① 皮革透水汽性测定仪，包括以下零件：

a. 测试瓶。如图4-33所示，配有带丝口的盖子，盖子上开有直径为30mm的圆孔，圆孔与瓶颈内径大小相等。瓶口平面与瓶颈内壁垂直。

b. 测试瓶支架。由电动机带动，转速是（75±5）r/min，测试瓶放在形状像一个车轮的圆形支架上，中间有六个孔，如图4-34所示，可以同时夹住6个测试瓶。测试瓶的轴线应与圆轴线相平行，两轴线相距均为67mm。

c. 风扇。正对测试瓶口前面装一只风扇。风扇有在一个平面上的三片平的叶片，它们相互间的夹角为120°，轮轴的延长线通过叶片的平面，每个叶片的尺寸是90mm×75mm，每个叶片的长边经过瓶口时，其最近距离不超过15mm。风扇用的电动机转速为（1400±100）r/min。仪器在温度为（20±2）℃，相对湿度（65±5）%的空气调节室中作用。

② 干燥剂——硅胶。必须是刚在（125±5）℃空气流通的烘箱里烘干，时间至少16h，并须在密闭的瓶中冷却6h以上，硅胶的颗粒要大于2mm筛孔。

图 4-33 测试瓶

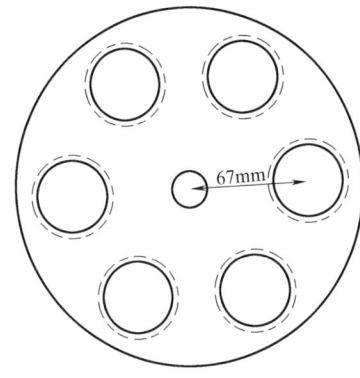

图 4-34 测试瓶支架

③ 精密度为 1/1000 的天平。
④ 计时器。
⑤ 游标卡尺，刻度可读至 0.1mm。
⑥ 圆直径为 34mm 的刀模。

（3）试样制备。圆形试样，直径等于瓶颈的外径（约 34mm），按规定图 4-8 所示部位 10 切取。

① 在待测的样块上切取边长为 50mm 的正方形。
② 如无其他规定，可按下列方法轻磨革面：将革粒面向上放在桌上，用一张 180 号的金刚砂纸放在粒面上，然后用手压在砂纸上均匀地压向各个方向移动 10 次，所施压力大致 200g。
③ 从磨过的革上可切取上述大小的圆形试样。

（4）操作步骤
① 先将干燥的硅胶装入第一瓶内，只装半瓶（试验时每份试样需用两个测定瓶），将试样使用面向内盖住瓶口，加盖固定，再将此瓶放进仪器的夹持器中，开动电动机。
② 用游标卡尺分别在两个垂直方向上测量第二只瓶颈的内径，精确到 1/10mm，算出直径的平均值 d，以 mm 表示。
③ 必要时将第二只瓶加热升温，并在瓶颈上平滑的一端轻轻涂上一层蜂蜡以防瓶颈与试样漏气。
④ 仪器转动 16~24h 后，停住电动机，取出第一只瓶，将新干燥过的硅胶放入第二只瓶内，用量仍为所需装满此瓶的一半，立即取第一只瓶的试样，将此试样仍是使用面向内，用上法固定在第二只瓶口上。
⑤ 尽快称出第二只瓶、试样与硅胶的总重量，并记录称量时的时间，将瓶放进仪器上固定，开动仪器。
⑥ 仪器转动 7~10h，停机，取出称重并记录称重的时间。

（5）计算。设 t 表示时间，以分钟表示，m 为两次称量测试瓶所增加的质量，以毫克表示，则 p 按式（4-38）计算：

$$p=(76.39m)/(d^2 \cdot t) \tag{4-38}$$

式中　p——透水汽性（mg/cm² · h）；
　　　m——两次称量测试瓶所增加的质量（mg）；
　　　d——测试瓶的内径（mm）；
　　　t——两次称量的间隔时间（min）。

76.39——由直径（mm）转化为（cm），时间（min）转化为（h）及常数 π 换算得来。

（6）说明

① 很多皮革的粒面上有一层涂饰剂，会降低革的透水汽性，但涂饰剂经曲折或轻磨后对透水汽性测定就没有多大影响。因此，如无其他规定测定试样试验前。应在粒面上轻磨，其目的不是磨去粒面上的涂层，而只是轻轻地刮一下，这样所施的力并不算很标准，200g 的力仅仅是粗略的估计，由于革在磨面时可能产生变形，因此在未磨前，不能切取圆形试样。

② 大部分轻革试样不必用蜂蜡密封试样与瓶的连接处，因为如果将螺丝向下压紧，试样是能夹紧的，但如果试样厚度超过 3mm，往往比较硬，就有必要按上法用蜂蜡密封。如试样的透气性低或经过压花，那么即使是轻革也要用蜂蜡密封，因这样的革仅靠夹紧不可能在边缘处不漏气。

③ 如需要在第二个瓶上涂蜂蜡，可在放入硅胶和试样前将瓶放在 50℃ 的烘箱内加温，然后在瓶口涂一层蜂蜡。

④ 用上式所得透水汽性 p 是温度（20±2）℃，相对湿度是（65±5）% 的条件下的透水汽性，如温度不变而仅仅改变相对湿度，大多数的透水汽性增加的比例，大致与相对湿度之差的比例一致，在相对湿度差恒定时，透水汽性一般随温度的增加而增加，差不多与水的饱含蒸汽压的比例相同。

⑤ 硅胶在干燥前应经过筛选以除掉小粒和灰尘，如在 125℃ 的干燥温度下不会使硅胶的吸收能力降低，则干燥温度无需增高。烘箱不必用风扇通风，但不能封闭，必须使箱内的空气不断与外界的空气交换。硅胶的温度如高于试样时，决不能使用，因为硅胶在试验瓶中慢慢冷却影响试验条件，因此在使用前须将硅胶经长时间的冷却。

思 考 题

1. 测试皮革透水汽性的目的及意义是什么？
2. 测试皮革透水汽性的原理是什么？
3. 测试皮革透水汽性的方法有哪些？它们的区别是什么？
4. 影响皮革透水汽性的因素主要有哪些？

4.18 防水性的测定

皮革经常在穿着时遇水，为了测定有渗透性的鞋面材料的防水性能，设计了试样在不断褶皱状态下，使曲折部分的粒面与水相撞触的试验仪器，测定革在这种类似穿着状况下的防水性。

革的防水性与原料皮的组织结构有关，与革的鞣制、整饰关系很大。革身紧实，防水性好,加脂、填充和辊压都会提高其防水性。轻革表面使用疏水性涂饰剂时,将会得到较好的防水效果。

防水性的测定项目有:

① 水从试样的一面正好透过到另一面时所需的曲折时间。

② 试样从开始曲折到一个或更多个规定时间内吸水重量的百分率。

③ 在一个或更多个规定时间内,水从革的一面透到另一面去的重量。

本试验皮革防水性的测定参考了国家标准方法 GB/T 22890.1—2024 和 GB/T 22890.2—2024,具体内容如下:

(1) 测定仪器。动态防水测定仪,包括下列部件(图4-35)。

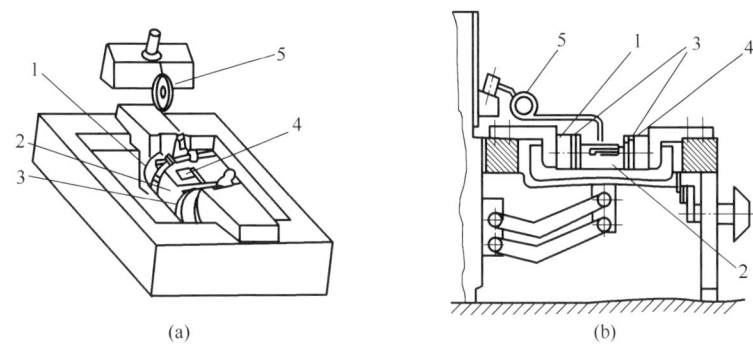

图 4-35 动态防水测定仪
1—圆筒 2—试样 3—环行夹 4—极板 5—极板连线

① 不易腐蚀、绝缘的钢体材料圆筒 2 个,直径 30mm,分别装在同一水平的两个轴上,两轴心在同一直线上。其中一圆筒固定,另一个由电机通过曲柄带动,沿轴心方向往复移动,移动速度为每分钟 50 次,移动幅度(以两圆筒为最大距离时的中心位置为准)是 1.0、1.5、2.0 或 3.0mm,两圆筒相邻两平面间的最大距离为 40mm,这四个移动幅度相当于两圆筒的间距缩短了 5%、7.5%、10%或 15%。

② 环形夹。用以使试样较长的两边固定在两个圆筒相邻两端的周围,使试样成为一个长槽形状,其两端被圆筒封住。

③ 水槽。使长形试样的一部分浸入水中。

④ 电操纵装置。当水一透过试样时就能自动发出信号。其中包括一个细的螺旋状黄铜车床削所形成的易于压缩又能导电的垫子,上端连一个金属电极板。当电路接通后,电板与水箱内的水间的电阻降到一定数值以下时,即可发出信号。

⑤ 吸水布 120mm×40mm,质量约 300g/m^2。

⑥ 计时装置。

⑦ 分析天平。

(2) 试样。75mm×60mm,长的一边与背脊线平行。

(3) 操作步骤

① 用 180 号金刚砂纸轻轻摩擦试样粒面(以 9.8N 的力在砂纸上磨 10 次,每次移动 100mm)。

② 将防水测定仪拨到所需的幅度。

③ 称量试样质量 m_1。

④ 将两圆筒放于相距最远的地方,并将试样包在圆筒相邻两端的周围,使之形成革槽,使试样较短的两端相互平行,并在同一个水平面上,粒面向外。当试样伸直时,在两圆筒之间应略显张力。要求用环形夹夹住试样时,试样两端重叠在圆筒上的长度相同,(约 10mm),以使试样的活动部分等于圆筒端面间的距离。

⑤ 将黄铜车床车削放入革槽内,将电极板放低至与它相碰。

⑥ 加水入水箱至水面离圆筒上面 10mm。记时间 t_0。开动电机,当第一次透水时立刻记下时间 t_1。

⑦ 停止马达,取下试样,用吸水纸轻轻吸收表面的附着水,并称出其质量 m_2,尽快放回,再开动电机。

⑧ 称量干吸水布为 m_3,将布卷成 40mm 长的圆筒,放入革槽,将电极放在布卷上。电机运转规定时间后,立即将布取出(可用布卷吸取革槽中的浮水)称量 m_4。

⑨ 如无其他规定,测定吸水性应从试验开始 1h 测定一次。透水试验是在透水后第一个小时开始每隔 1h 测定一次。

(4) 计算

由式(4-39)~(4-41)分别计算皮革的透水时间(min)、吸水性(%)和透水性(g)。

$$t = t_1 - t_0 \quad (4\text{-}39)$$

式中 t_0——透水前时间(min);
t_1——透水后时间(min)。

$$P = [(m_2 - m_1)/m_1] \times 100\% \quad (4\text{-}40)$$

式中 m_1——透水前革质量(g);
m_2——透水后革质量(g)。

$$m = m_4 - m_3 \quad (4\text{-}41)$$

式中 m_3——干吸水布质量(g);
m_4——透水规定时间后吸水布的质量(g)。

(5) 圆筒往复移动幅度的选择。革的厚度不同,曲折幅度不同,则透水速度也不同。仪器带有选择曲折幅度的辅助设备以选择适宜的往复移动幅度(图 4-36)。

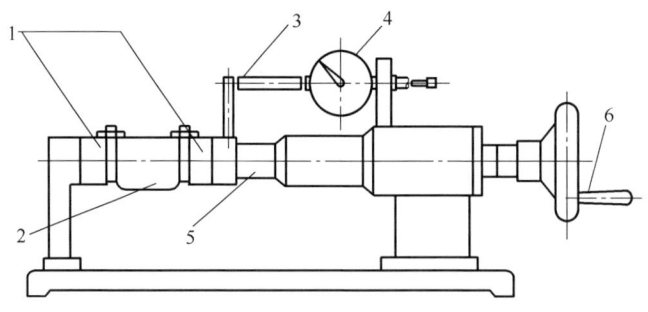

图 4-36 选择曲折幅度的辅助设备
1—圆筒(试样的活动面 40mm) 2—试样 3—弹簧
4—测量负荷的量表 5—刻度尺(表示圆筒的移动距离) 6—摇柄

① 主要部件

a. 两个在同一轴上的圆筒和固定试样的环形夹。转动摇柄可使一个夹移向另一个夹,移动距离由量表看出。

b. 一个圆筒上带有弹簧，当一个夹向另一夹移动而使革曲折缩短时，弹簧就被压缩，并表示出受压的负荷（负荷超过12kg时，应停止试验）。

② 操作

a. 圆筒距离为40mm，夹试样于辅助设备上，以约5s移动2mm的速度，使一个圆筒移向另一圆筒2mm（相当于缩短试样活动部分长度的5%），重复如此操作，立即读出负荷数。

b. 按 a 操作，只是使试样长度减少10%（4mm）。

③ 幅度的选择

a. 取②中 a、b 操作所得数据的平均值，若超过10kg，则选用5%幅度作透水试验，若平均值在5~10kg 之间，就选用7.5%的幅度。

b. 如果平均值小于5kg，可选②中 a 法进行测定，但试样长度的减小是选用15%。

c. 若②中 a 和 b 操作所得数值的平均结果超过2kg，可用10%幅度，小于2kg 者用15%。

思 考 题

1. 测试皮革动态防水性的目的及意义是什么？
2. 测试皮革动态防水性的原理是什么？
3. 影响皮革动态防水性的因素主要有哪些？

4.19 皮革软度测量

好的皮革丰满、柔软有弹性，柔软性是皮革的重要手感性能。长期以来国内对柔软性的鉴定一致沿用的是传统的感官检验，即"手摸眼看"。这种感官检验带有很大的主观性。英国 BLC 公司的柔软度测定仪可以使柔软度测定量化，从而使这一重要指标的测定更具科学性、统一性和可比性。本试验皮革柔软度测定方法采用了国家标准 GB/T 39371—2020。具体如下：

（1）测定仪器。皮革柔软度测定仪结构如图 4-37 所示。

若需换装 20mm/25mm 缩环，可用 1.5mm 六角扳手将皮革测定仪底座 5 侧面之螺丝旋松，放入所需缩环后再锁紧，注意不可旋太紧，否则螺丝将卡死。

缩环选用原则如下：

① 35mm 缩环适于测定鞋面用皮革。
② 25mm 缩环适于测定沙发用皮革。
③ 20mm 缩环适于测定手套或皮衣用皮革。

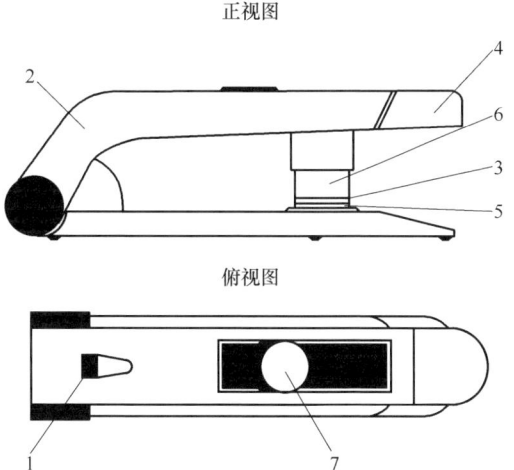

图 4-37 ST-300 皮革柔软度测定仪
1—松脱钮 2—上臂 3—上夹具组合 4—压柄
5—测定仪底座 6—荷重触针 7—计数表盘

注：35mm 缩环固定在测定仪底座 5 上。

（2）测定方法

① 仪器归零。每次使用须注意将仪器读数指针归零，将所附的圆形试板放置在皮革夹座底部，指针应为零，若不是，可旋转指针将它调回零点。

② 将压柄 4 轻轻向下压，并压下松脱纽 1，如此将使压力松脱，上臂 2 将可向上弹起。

③ 将皮革置于测定仪底座 5 之上，并将它完全覆盖住。

④ 向下压压柄 4 以使上臂 2 下降，一直降到荷重触针 6（柱塞）收缩至锁定位置并发出一种清晰响声，表示皮革已被夹妥在仪器上。

⑤ 放松压柄 4，以使荷重触针 6 自然轻压在皮革表面上，荷重标准为 500 克，它是由一部小型气动调节阀所组成。

⑥ 荷重触针 6 将测定皮革受压的柔软度，并直接反应到指针 7 指出柔软度读数。

⑦ 得到读数后，轻压松脱纽 1 及压柄 4，即可使上臂 2 自然弹起，以便取出被测皮革。

思 考 题

1. 测试皮革柔软度的目的及意义是什么？
2. 测试皮革柔软度时，对取样有什么要求？
3. 影响皮革柔软度的因素主要有哪些？

4.20 汽车座垫革的性能的测定

汽车座垫革是目前国际市场上主要产品之一，市场前景宽广，在国内市场上也正在成为最重要的开发产品。国内已经有行业标准《QB/T 2703—2020 汽车装饰用皮革》，涵盖汽车坐垫用皮革。汽车座垫革较其他用革需经受更为严格的测试，不仅其测试的种类和次数更多，而且测试所要求的条件也更高。据调查发现，国外有关的国际组织或国家尚无统一的汽车座垫革标准和项目检测方法，所有汽车座垫革产品标准均系由各汽车制造商提出。据了解，北美和欧洲市场对汽车座垫革的要求有很大的不同。在北美市场上要求贯彻统一的标准，放在第一位的是要使皮革具有突出的耐磨性、涂层较厚。而在欧洲市场，则强调性能必须满足人们的审美要求，尽管耐磨性越来越重要，但更强调耐摩擦性，并讲究皮革的柔软性和挠曲性，涂饰较薄，以体现真皮外观。综合起来可以看出在我国，汽车座垫革的性能测试：① 要兼顾欧美各主要汽车公司的要求，结合实际，稳中求强。即在体现真皮特性的同时，尽可能采取达到较高的理化指标要求；② 所用的检测方法为国家标准或国际上认可的国际皮革工业师和化学师协会联合会（IULTCS）的物理检验委员会（IUP）和坚牢度试验委员会（IUF）所制定的标准试验方法，个别项目采用美国材料试验学会（ASTM）标准，以顺应我国开放市场，趋于国际化的潮流。

4.20.1 主要指标确认

(1) 抗磨强度。国际上测试皮革的抗磨性常用标准 ASTM D1175，耐磨试验采用 Taber 仪，所用磨轮有各种不同等级，其最大负荷为 1kg，过去多采用 CS-10 橡胶轮，这在欧洲仍被广泛采用，在北美地区则已规定使用较粗的 H-18 陶瓷轮，以提高汽车座垫革涂层的要求。某些汽车制造厂商对汽车坐垫革涂层抗磨强度的要求见表 4-5。

表 4-5　　　　　　　　　某些汽车制造厂商对抗磨强度的要求

汽车制造商	测试方法	规格	结果
Ford 福特	Taber H-18,1000g	250cycles	
GM 通用	Taber H-18,500g	300cycles	无明显损伤
BMW 宝马	Taber CS-10,100g	500cycles	

(2) 表面颜色耐摩擦牢度。世界上大多数地区规定采用的 VESLIC 试验法，按国际皮革工业师和化学师协会联合会的坚牢度试验委员会制定的标准试验方法 IUP 450 进行检测。据我们了解，美国通用汽车公司表面颜色耐摩擦牢度要求耐湿擦 Veslic 500cycles/1000g，而欧洲宝马汽车公司的要求也是 Veslic 500cycles/1000g。目前国际上认为表面颜色耐摩擦牢度最高可达到耐干擦 Veslic 2000cycles、耐湿擦 Veslic 500cycles、耐汗擦 Veslic 300cycles，而普遍的要求是干擦 Veslic 1000cycles，湿擦 Veslic 300cycles，汗擦 Veslic 100cycles。

(3) 皮革耐折牢度。北美地区通常规定采用 Newark 挠曲仪，按标准 ASTM D2097 检测皮革耐折牢度。但就全世界而言，广泛采用的还是 Bally 挠曲仪，按国际标准 IUP 20 检测。一般来说，只要测试干燥状态下皮革的挠曲性，即在经受 100000 次以上 Bally 挠曲后，不出现裂纹，折痕处颜色不变白即算通过检测。有人曾分别采用 Newark 挠曲仪按 ASTM D2097 和 BallY 挠曲仪按 IUP 20 进行检测，分别达到了美国福特和通用两家汽车公司的 Newark Flex 60000cycles 及欧洲宝马汽车公司的 Bally Flex 100000cycles 的要求。

(4) 皮革涂层黏着牢度。涂层粘着性能试验，在国际上通常采用比较可靠的方法 SATRA Peel Test 按标准 IUP 470 进行。美国通用汽车公司要求干燥状态时不低于 200g/cm。在我国多次送检到国外检测，结果显示我国的产品用 SATRA Peel Test 按标准 IUP 470 检测，可达 300~450g/cm。

(5) 冷裂。涂层的低温稳定性是衡量皮革耐候性的一个方面，国际上通常的要求，即在-30℃下暴露 1h，然后骤然猛烈将它变曲（粒面向外），涂层不出现裂纹。

(6) 雾化指标。雾化是指那些不希望发生的来自汽车内装饰物如皮革、塑料和纺织物中挥发物的凝聚。这里特指发生在汽车挡风玻璃的凝聚。其结果将影响驾驶者的视线和安全。因此，作为汽车座垫革必须有低的雾化性。

表 4-6　　　　　　某些汽车生产厂商对汽车座垫革雾化性能的要求（质量式）

汽车制造商	要求（质量式雾化值/mg）	汽车制造商	要求（质量式雾化值/mg）	汽车制造商	要求（质量式雾化值/mg）
奥迪	<5.0	通用	<3.0	富豪	<5.0
宝马	<7.0	日产	<10.0		
奔驰	<3.0	保时捷	<3.0		

表 4-7　　某些汽车生产厂商对汽车座垫革雾化性能的要求（反射式）

汽车制造商	反射式雾化测试		
	样本状态	测试时间/温度	要求
奔驰	在干燥器 7 天	3h/100℃	>60%
福特	在 23℃和湿度 50%停放 48h	3h/100℃	>60%
通用	不清楚	6h/90℃	>90%
本田	在 55℃和湿度 40%停放 48h	3h/100℃	>70%
保时捷	在干燥器 7 天	3h/100℃	>55%
绅宝	在 23℃和湿度 50%停放 48h	3h/100℃	>80%
富豪	在 23℃和湿度 50%停放 48h	3h/100℃	>90%

表 4-8　　各汽车制造商雾化指标要求

汽车制造商	反射法测试	重量法测试	规格要求
Diamler—Benz 奔驰	DIN75201 100℃/3h	DIN75201 100℃/16h	$F_R \geq 70\%$ $\leq 2mg/50cm^2$
RMW 宝马	—	DIN75201 100℃/3h	$\leq 10mg/50cm^2$
Audi 奥迪	—	—	$\leq 7mg/50cm^2$
Porsche 保时捷	—	—	$\leq 5mg/50cm^2$
Volvo 沃尔沃	75℃/6h	—	$F_R \geq 90\%$
Saab 萨博	75℃/6h	—	$F_R \geq 90\%$
British Leyland 利兰	85℃/6h	—	—
Ford 福特	90℃/6h	—	—
GM 通用	90℃/6h	—	—

注：Peugeot、Cilsoen、Renault 和 Rolls、Royce 对雾化值尚无要求。

国内某企业标准黄牛汽车坐垫革理化指标见表 4-9。

表 4-9　　国内某企业标准黄牛汽车座垫革理化指标

项目名称	指标	项目名称	指标
抗张强度/MPa	≥16	涂层抗磨强度(H-18,500g,300cycles)	无明显损伤（质量损失 50mg）
撕裂强度/(N/mm)	≥35	涂层黏着牢度(g/cm)	≥300
断裂伸长率/%	≤60	涂层冷裂性(1h,-30℃)	无裂纹
皮革耐折牢度(Bally 屈挠仪)	≥1000000(干态)	耐光牢度(UV,72h,级)	≥4
涂层颜色摩擦牢度(VESLIC 法,级/次)	≥5/1000(干)	抗雾化性(Fg,100℃/3h,%)	≥70
	≥5/300(湿)	收缩温度/℃	>95
	≥5/100(汗)	pH	≥3.5

雾化指标是汽车座垫革最重要的指标之一。常用的测试标准是德国标准 DIN 75201，它包含两种不同的测试方法，即反射法测试和重量法测试，鉴于过去所采用的成雾试验设备有多种形式，现已制定出国际统一标准：IUP33，建议的测试条件分别为 75℃/6h，90℃/6h 或 100℃/3h 三种。在 100℃/3h 条件下采用反射法测试雾化值时，测试值结果低于 50%被认为是不可接受的，而在 50%~70%之间表明结果良好，高于 70%则是很好。本节重点介绍德国标准 DIN 75201 汽车座垫革的雾化指标的测定方法（同等转化为轻工行业

标准 QB/T 2728—2005)。某些汽车制造厂商对汽车坐垫革物化性能的要求见表 4-6、表 4-7 和表 4-8。

4.20.2 雾化性能有关的概念

（1）成雾

雾化是指汽车内装饰如皮革中的蒸发、挥发性组分冷凝在玻璃板上，特别是在挡风板上。在不利的照明情况下，成雾-冷凝物会损害通过挡风玻璃板的视线。

（2）成雾值 F

成雾值 F 是由一块带成雾-冷凝物的玻璃板的 60°反射计值与相同的不带成雾-冷凝物玻璃板的 60°反射计值的百分比（%）。

（3）可冷凝的成分 G

可冷凝的成分 G 是带或不带成雾-冷凝物的铝箔称重之差。

4.20.3 汽车座垫革的雾化指标的测定方法简述

（1）方法 A 反射法。将皮革试样放到一个有固定尺寸的无浇注口的玻璃杯的底部。杯上用一块玻璃板盖住，由试样产生的挥发成分可在玻璃板上冷凝。然后冷却此玻璃板。将如此装置的玻璃杯放入一个试验温度在（100±0.3）℃的浴恒温器中 3h。在玻璃板上成雾—冷凝物的作用通过 60°反射计值的测量到达。在此，相同玻璃板不带冷凝物的 60°反射计值作为参考，该玻璃板在测量前已细心地清洗过。通过 60°反射计值测量的成雾性能称为成雾性能 DIN 75201-A，其原理如图 4-38 所示。

有些方法规定（如 DIN 67530—1982），高光泽试样在 20°，中光泽在 60°和无光泽试样在 85°测定。

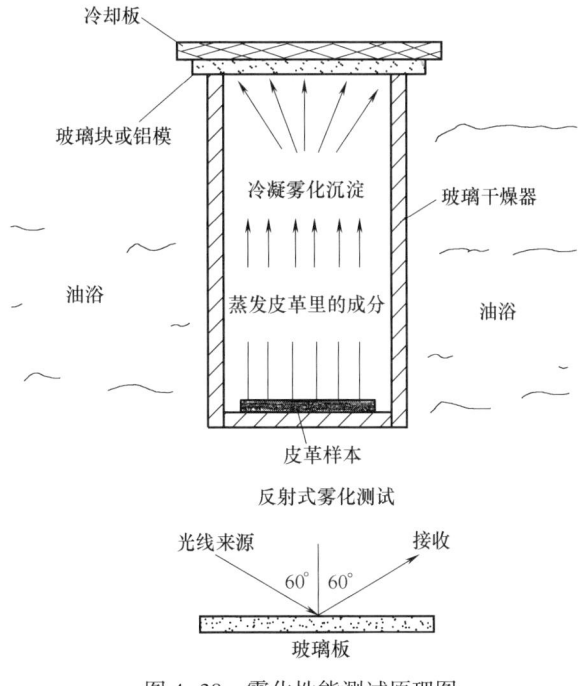

图 4-38 雾化性能测试原理图

(2) 方法 B 重量法。将皮革试样放到一个固定尺寸的无浇注口的玻璃杯的底部。杯上用一张铝箔盖住，由试样产生的挥发成分可在铝箔上冷凝。然后，冷却此铝箔。将如此装置的玻璃杯放入一个试验温度为（100±0.3）℃的浴恒温器中 16h。在铝箔上成雾-冷凝物的物料定量地通过铝箔在成雾试验之前和之后的称量获得。此方法所测得的成雾性能称为成雾性能 DIN 75201-B。

4.20.4 测定仪器

（1）实验室漂洗机。
（2）反射计。具有 60°入射角和 60°反射角测量能力的反射计。
（3）垫片。

具有平方或集中空隙（图 4-39、图 4-40）由纸、纸板、铝、聚甲基丙烯酸酯、无增塑剂的聚氯乙烯或类似的材料制成的垫片，厚度为（0.1±0.02）mm，为了避免在用反射计测量情况下玻璃板上冷凝物接触。通过在垫片上或在主要是暗黑色衬垫上的辅助标记达到反射计头的定位，就可由成雾试验前后的测量配置测量点。

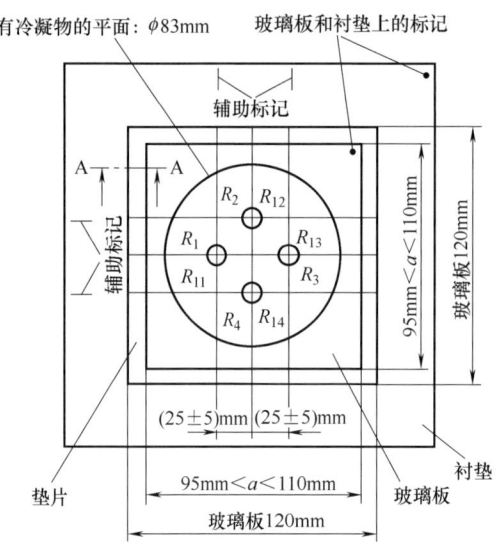

图 4-39　带玻璃板和放有垫片的衬垫和为反射计定位和定中心用的辅助标记的实例

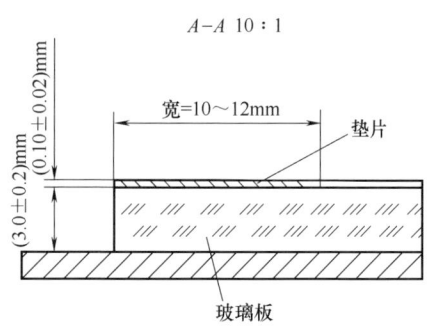

图 4-40　玻璃板断面 A-A

（4）电子天平，准确到 0.01mg。
（5）干燥器，带硅胶干燥剂。
（6）回火浴。浴恒温器（6 个杯的实施例，见图 4-41；按比例，回火浴的内部尺寸至少为 550mm×260mm）配置了一个温度范围为 60~130℃的绝热装置。为避免过热，内装安全装置。循环、传热液体体积和供热必须如此配置，使在整个浴中的温度恒定性保证达到 0.5K 的试验温度。

回火浴必须是，将装玻璃杯装入浴后，温度只能下降最大 3K 和试验温度在最大 10min 后又达到了。杯与壁的距离 ≥30mm，与浴底 ≥75mm。必须有一个杯用于对照试验。

（7）冷却装置。空心冷却板，用防腐金属制成，例如铝，装有2个冷却水接头，它们应如此排列使冷却水流过冷却板的整个内腔。与玻璃板的接触面必须平整。用水灌满冷却板的物料必须达到至少1kg（为了抑制杯在回火浴中浮力）。每块玻璃板需使用一块自己的冷却板。用于玻璃板冷却的冷却板和所属的水恒温器，入口和出口之间的温差最大达1K，从平均水温21℃开始。

（8）杯和附件

① 杯，平底，有耐热玻璃制成，重量至少450g，尺寸如图4-42所示。

② 金属杯，外径80mm，内径74mm，高度10mm，物料（55±1）g，镀铬钢，用于平面试验体的负荷。

③ 氟-弹性体-垫圈（圆断面），厚度（4±0.1）mm，内径（95±1）mm，肖氏-A-硬度65±5。

④ 方法A的玻璃板，成雾-冷凝物冷凝用，厚度（3±0.2）mm，尺寸至少110mm×110mm，也可是圆的，直径103mm，一块玻璃板的反射计值R_{oi}的散射范围为±2%，共4块，可每转90°进行测定。玻璃板的上侧有一个标记，它必须与衬垫的标记一致。

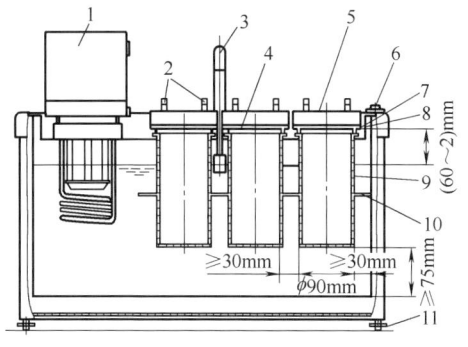
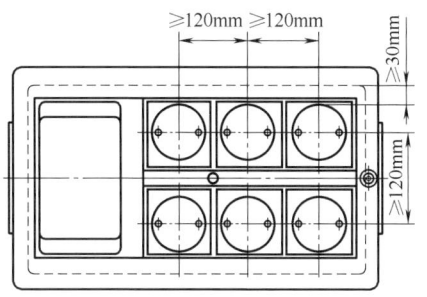

图4-41 回火浴（实施例）
1—浴恒温器 2—冷却水接头 3—水位指示器 4—玻璃板 5—冷却板 6—水准仪 7—垫圈 8—支板 9—杯 10—导板 11—可调节支脚

说明：圆玻璃板的直径和界限公差的确定也要使在板稍许有移情况下还能保证密度并尽可能在玻璃板边缘上不出现浴液体的冷凝。玻璃板上的浴液体可导致铝箔的污染。

4.20.5 测定材料

（1）醋酸乙酯，分析纯。

（2）用于恒温可调节浴的传热液体，耐温易清洗，最好是水溶性的，例如以聚乙烯或聚丙烯为基础。

（3）聚乙烯（PE）一次性手套。

（4）软过滤纸。

（5）干燥剂。五氧化二磷或在载体上的五氧化二磷。

（6）实验室玻璃清洗用漂洗剂。

（7）邻苯二甲酸二异癸酯（DIDP）。

（8）丙酮，分析纯。

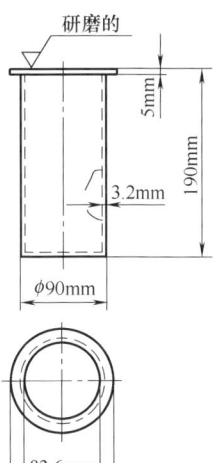

图4-42 玻璃杯

（9）棉布或棉絮。在约20溢流/h的情况下通过至少6h用醋酸乙酯在干燥器中热萃取清洗的（不用萃取套管）。

（10）试验墨水。甲醇-水混合物（容积百分比：甲醇27.1%；水72.9%；表面张力46mN/m）。可将1g红色可溶性色素（例如品红）添加到1L的试验液体中。

（11）清洗糊，有1份水和1份碳酸钙沉淀制成，化学纯。

（12）邻苯二甲酸二（2-乙基己）酯（DOP）。

（13）铝箔，0.03mm厚，圆片，直径为103mm。

4.20.6 取样、试样预处理

（1）试样的个数

① 方法A制成4个试样（2个测量过程，各用2个试样）。

② 方法B制成2个试样（每个测量过程用1个试样）。

（2）取样和预处理。试样为圆形，直径为（80±1）mm。厚度不超过10mm。将较后的材料在非使用面加工至10mm。

（3）试样的干燥。表4-10的材料必须在干燥器中经五氧化二磷或载体上的五氧化二磷在不使用真空下予以干燥。

表 4-10　　　　　　　　　　　　　　试样的干燥

材料	持续时间/d
泡沫材料,针织布基人造革、塑料	1d
丝绒	2d
其他含毛超过50%的纺织品、皮革	7d

4.20.7 测定方法

（1）清洗

① 氟-弹性体-垫圈。这些垫圈需用商业上通用的漂洗剂在80℃清洗。

② 杯和金属。原则上只能夹住杯的外表面。不能用赤手夹住杯。杯和金属圈需用商业上通用的漂洗剂清洗。漂洗过程重复一次。在第二次清洗后，杯和金属圈在室温的蒸馏水中漂洗并接着直立地进行干燥。杯连同口朝下在室温无尘地被贮藏到测量前。

③ 方法A。玻璃板。每次使用前，需按下述方法清洗玻璃板，并按下述方法进行对照。建议雕刻玻璃杯作标记。

a. 用实验室漂洗剂机清洗。用实验室玻璃清洗用的漂洗剂在80℃清洗和漂洗玻璃板。蒸镀的玻璃板尽可能直立地放入。漂洗过程重复一次。然后，用蒸馏水冲洗在实验室漂洗机中清洗过的玻璃板并滴干。

b. 用溶剂清洗。用一种棉球或棉布和醋酸乙酯洗净玻璃板（粗洗）。用丙酮洗净玻璃板。完全干燥后用一种棉球或棉布擦干净。

c. 清洗后对照检察。玻璃板干燥后，在一处对照检查其表面张力，在该处在成雾测量时不能出现冷凝物。用一把毛刷（捆把直径约8mm）。将试验墨水节以稀线纹涂在玻璃板上。边缘在2s内不得收缩，如果边缘收缩，则需重复清洗。如果在重复清洗时边缘还收缩，则玻璃板不能再用于测量。清洗过的玻璃应无尘地保存到直接测量前，玻璃板相互不能接触。

说明：成雾值在很大程度上取决于玻璃板的润湿性又互相取决于液体分子之间（成雾-冷凝物的表面张力）内聚力的相对值和液体与玻璃板表面（黏附）之间的内聚力。润湿性是通过用一种具有一定表面张力的液体（试验墨水）涂刷玻璃表面来试验墨水的。如果液体膜收缩，则玻璃的胶黏张力比试验墨水的表面张力小。如果液体膜扩展，则玻璃的胶黏张力比试验墨水的表面张力大。

④ 方法 B。玻璃板。玻璃板用醋酸乙酯或在实验室的漂洗机中清洗，以避免铝箔的可称量污染。

（2）对照试验

① 方法 A。对照试验用 DIDP。在每个成雾试验时，应平行地进行一次用 DIDP 的对照试验。为此，将（10±0.1）g DIDP 灌入一个杯中，但不要用 DIDP 湿润液位上的杯内壁。用 DIDP 的杯在每个成雾试验时要放在上述试验的回火浴的另一处。当在储存持续时间为 3h 和浴温为 100℃的情况下成雾值位于（77±3)%的范围之外时，必须检验试验条件。

② 方法 B。对照试验用 DOP。在每个成雾试验时，应平行地进行一次用 DOP 的对照试验。为此，将（10±0.1）g DOP 灌入一个杯中，但不要用 DOP 湿润液位上的杯内壁。用 DOP 的杯在每个成雾试验时要放在上述试验的回火浴的另一处。当在储存持续时间为 16h 和浴温为 100℃的情况下可冷凝的成分位于（4.9±0.25）mg 的范围之外时，必须检验试验条件。

（3）试样的安排。随时将一个试样放入或一个试样灌入其他杯中。此时不得用赤手接触试样。试样视线侧（即朝向乘客内室的一侧）是敞开的。为避免试样的卷绕和隆起及与之相连的不均匀的加热，将一个金属圈放到每个试样上。在此不得用赤手接触金属圈。

（4）成雾试验前的测量

① 方法 A：反射计值。反射计根据当时的操作规程校准。于是将玻璃板放到一个最好是暗黑的衬垫上和放到垫片的玻璃板上。辅助标记在垫片或衬垫上的安排视反射计的尺寸而定。在附图 1 中，辅助标记的安排与所用的测量光速的位置的反射计类型无关。故应额外地选择为仪器的边缘界限用的辅助标记。

为测量 R_{01}^-、R_{02}^-、R_{03}^- 和 R_{04}^- 值，应将反射计放到辅助标记的垫片上。测量点应与中心点相距（25±5）mm。按与衬垫的角平行用标准反射计测量（这可通过在测量中间旋转反射计各 90°达到）。为计算 F_i 值或 F_j 值需要 4 个反射计值 R_{01}^- 到 R_{04}^-。

说明：通过垫片测量头位于玻璃板或冷凝物上约 0.1mm 处并因而阻止反射计头被冷凝物和冷凝物抹掉的污染。因在成雾试验前后所测量的反射计值应成对的相互连接，故测量几何图形必须一致。

② 方法 B：铝箔。在与铝箔接触时必须利用一次性手套。必须避免铝箔变皱。在冲压时需细心地避免因冲压衬垫引起的污染。一次应冲压几层铝箔，然而在此必须使用纸中间层（边缘焊接）。在冲压时产生的铝箔片的密纹可利用作比垫圈更好的密封。

将铝箔片在天平上称重到 0.01mg。结果为 G_0。

4.20.8　成雾试验

（1）玻璃杯的遮盖

① 方法 A。将装满的杯用垫圈和已测量的玻璃板遮盖。在此，玻璃板的平面按杯底

的方向朝下，R_{0i}值即在平面上被测定的。

② 方法 B。将装满的杯用垫圈和已称量的铝箔片（光泽侧朝下）遮盖。为避免铝箔偏移，在利用密纹下细心地将铝箔压到垫圈上。于是将干净的玻璃板放到铝箔上。

（2）回火浴的条件。将如此准备的杯通过孔放入试验温度为（100±0.3）℃的浴恒温器中。首先各放一张过滤纸到玻璃板上以避免在其表面上的擦伤，然后再放冷却板。冷却水的温度需调节到（21±1）℃。冷却板的重力对着其压入液体，而通过位于浴恒温器上的杯的支板要遵守浴恒温器与杯底之间规定的最小距离。必须保证位于试验温度的浴液体的液位与玻璃板的下角之间的距离达（60±2）mm。应在浴恒温器上安装一个侧向杆或一块视孔玻璃，为了能控制此距离。

（3）贮藏条件

① 方法 A。杯在浴恒温器中停留 3h±5min。然后，在不接触成雾冷凝物情况下，取下玻璃板并水平地、以有成雾冷凝物的一侧朝上，贮藏在正常气候下的无尘、不通风的大气下。不得将玻璃板置于直接的阳光下。反射计值的测量在（60±6）min 贮藏时间后测量。

② 方法 B。杯在浴恒温器中停留 16h±10min。试验时间后，将放在垫圈上的铝箔片仔细地取下并用已成雾的一侧朝上贮藏在干燥器中 3.5~4h。在此，干燥器只能装满到保持良好的干燥作用。在干燥器中的铝箔不得置于直接的阳光下。

（4）成雾试验后的测量

① 方法 A。在用反射计测量成雾冷凝物之前，应用目测确定，整个平面透明的冷凝面、晶体或可能的结构差别。在成雾冷凝物的形成中是可识别的。对这种冷凝物不进行测量，因为它们会导致错误的解释。（在试验报告中需写明这种事实情况，必要时需要重复测量。）反射计应根据操作规程重新进行校准。然后将玻璃板上放到一个最好是暗黑色的衬垫上和放到垫片的玻璃板上。

装好反射计，以测量辅助标记上的 R_{11}-、R_{12}-、R_{13}-、和 R_{14}-值。测量点应距片中心点（25±5）mm。根据附图 1 应与衬垫的角平行用标准的反射计测量。（这可通过旋转反射计在测量之间各 90°达到。）为计算 F_i 值或 F_j 值需要 4 个反射计值在成雾试验后。

注：通过垫片，测量头位于玻璃板或冷凝物上约 0.1mm 处并因而阻止反射计头被冷凝物和冷凝物抹掉的污染。因在成雾试验的前后所测量的反射计值应成对地相互连接，故测量几何图形必须一致。

② 方法 B。将有成雾-冷凝物的铝箔片在天平上称重到 0.01mg。结果 G_1。

③ 测量的数目。方法 A 总共测量了 4 个试样。为此，需要实施至少 2 个测量过程。在一个测量过程中产生 2 个平行的数值，它们具有及类似的温度-时间发展过程。因此，它们的差别极小。原则上，它们体现"仪器散射"。

2 个测量过程之间的差别体现了试验误差。试验误差在这里说明了对照散射范围的预期值，它是在相同的仪器情况下，在不同时间的相同操作时测定的。

方法 B 总共测量了 2 个试样。为此需要 2 个测量过程。如果结果偏差达 20%以上，对平均值，则共需试验 4 个试验体。

4.20.9 评价

（1）方法 A。根据式（4-42）和（4-43）首先计算成雾值 F_i 和 F_j：

$$F_i = \frac{R_{1i}}{R_{0i}} \times 100\% \tag{4-42}$$

$$F_j = \frac{\sum_{i=1}^{n} F_i}{n} = \left[\frac{R_{11}}{R_{01}} + \frac{R_{12}}{R_{02}} + \frac{R_{13}}{R_{03}} + \frac{R_{14}}{R_{04}}\right] \cdot 25 \tag{4-43}$$

式中 R_{0i}——在原玻璃板位置 I 上的反射计值（%）；

R_{1i}——在玻璃板上有成雾—冷凝物的反射计值（%）；

F_i——在位置 I 上成雾—单个值（%）；

F_j——在第 j 的玻璃板的成雾值（玻璃板的平均值）（%）。

成雾值 F（%）式（4-44）计算：

$$F = \frac{\sum_{j=1}^{m} F_j}{m} \tag{4-44}$$

式中 m——玻璃板的数目，一般 $m=4$。

对每个成雾值，可按式（4-45）计算标准偏差 s：

$$s = \sqrt{\frac{\sum_{j=1}^{m} F_j^2 - \frac{\left[\sum_{j=1}^{m} F_j\right]^2}{m}}{m-1}} = \sqrt{\frac{\sum_{j=1}^{m} F_j^2 - m \times F^2}{m-1}} \tag{4-45}$$

对每块玻璃板 j，可按式（4-46）计算标准偏差 s_j：

$$s_j = \sqrt{\frac{\sum_{j=1}^{n} F_i^2 - \frac{\left[\sum_{i=1}^{n} F_i\right]^2}{n}}{n-1}} = \sqrt{\frac{\sum_{i=1}^{n} F_i^2 - n \times F_i^2}{n-1}} \tag{4-46}$$

式中 s_j——一块玻璃板成雾值 F_i 的标准偏差；

n——一块玻璃板上的测量点数，一般 $n=4$；

m——玻璃板的数目；

i——n 的流动指标；

j——m 的流动指标。

成雾值 F_i 涉及一块玻璃板内的测量点。

标准偏差 s_j 说明一块玻璃板（m 玻璃板的）的成雾冷凝物的均一性。当标准偏差 $s_j \geqslant 3\%$ 时，不要用 F_j 值作其他计算，必要时用 2 块玻璃板进行重复实验。

（2）方法 B。可冷凝的成分 G_j（mg）对每个铝箔片按式（4-47）计算：

$$G_j = G_1 - G_0 \tag{4-47}$$

式中 G_j——第 j 的试样的冷凝水（mg）；

G_0——试验前铝箔片的物料；

G_1——试验后铝箔片的物料。

由这些可冷凝的成分 G_j，按式（4-48）计算可冷凝的成分：

$$G = \frac{\sum_{j}^{M} G_j}{m} \tag{4-48}$$

式中 G——冷凝水（mg）；

m——玻璃板的数目，一般 $m=2$。

当按要求必须增加测量时，可计算类似式（4-47）或式（4-48）的标准偏差。分散尺寸按有关规定对应，则可得到式（4-49）：

$$V_\% = \frac{S_G}{G} \cdot 100 \tag{4-49}$$

式中　$V_\%$——分散尺寸，按方法 B；

　　　S_G——冷凝水值 G 的标准偏差（当 $m>2$ 时）。

其平均值是测量值的"可用性"的一个尺寸。

4.20.10　说明

回火浴的温度最先为 90℃。与此对应的时间为 6h，这个时间难以适应一个一般工作日的范围。此外，90℃的温度对汽车仪表盘是极不切合实际的。新的条件为：在 100℃，3h。这个条件的结果一般比对试验的 6h，90℃平均低 5%～10%。也可商定其他试验温度。例如适用于装有极平整竖立的挡风玻璃汽车仪表盘，其温度至少可达 120℃。

此外，已表明，至今为反射计测量所建议的对照物质 DOP 不具有必要的适用性。一种参照物质在很大程度上取决于温度和时间；而且，它所提供的成雾数值应是需力争达到结果的等量级的。因此，为对照用于不断地对比测量的试验条件采用了磷苯二甲酸二异葵酯（DIDP）。

还要强调指出是，玻璃板的冷却是极其重要的（不同于英国标准）。在玻璃杯方面，精确地遵守尺寸，杯底的平度及磨光是必要的。也需要格外注意清洗。

许多研究都是从玻璃杯着手进行的。对此已确定，玻璃杯的"使用寿命"有限，因为否则玻璃表面的界面张力变化太大。由于边缘角测量证明花费太大，故为说明这种界面张力考虑所谓的"试验墨水"。它特别认真地制定了玻璃板的清洗规程。遵守该规程是对方法的精度起决定性作用的。此外，已表明，它可使用现代化实验室漂洗机及所属清洗剂来清洗仪器。

实践证明，将冷凝物放大 100 倍，便于更好地了解。

思　考　题

1. 评价汽车坐垫革性能的指标主要有哪些？
2. 汽车制造商最看重的是汽车坐垫革的哪些指标？

4.21　皮革防污性能的测定

皮革防污性能的测定方法包括马丁代尔摩擦法（QB/T 5253.1—2018）和翻滚法（GB/T 41424.1—2022）。与马丁代尔摩擦法相比，翻滚法测试比较能模拟皮革及其制品在比较恶劣的环境中的沾污性能，如风力较强的地方，工作环境中有大量化学品、杂质等，婴幼儿或宠物在身上或皮革衣物上的翻滚攀爬等，更加适应皮革消费市场的需求。本方法采用了翻滚法，具体内容如下：

（1）原理。将皮革试样和标准棉摩擦布分别固定在滚筒两端，加入沾污的毛毡，旋转使其与皮革试样发生多次碰撞。通过评定滚筒中标准棉摩擦布的沾色情况确定沾污试验的终点。

注：试验前可通过日常使用过程中的自然磨损和屈挠模拟试验对试样进行预处理。

（2）测试试剂。合成油脂，用于制备污液；丙酮，分析纯；丁酮，分析纯；石油醚（CAS号：64742-48-9），分析纯；石墨乳，石墨含量为（18±0.5)%的水分散液，可与合成油脂混溶；白色羊毛毡，羊毛含量≥90%，密度为0.30~0.40g/cm³，边长为（12.5±0.5）mm；棉摩擦布，脱浆、未染色，裁成直径为（96±1）mm的圆形，至少需要六块；评定沾色用灰色样卡，符合GB/T 251的规定，用于白色革；评定变色用灰色样卡，符合GB/T 250的规定，用于其他颜色的革；砂纸，180目或更高目数。

（3）测试设备。滚筒沾污装置。旋转速度为（24±2）r/min，每10min改变一次旋转方向；烘箱，可控温至（60±2）℃，带有通风装置；色度计，符合GB/T 32598的规定；耐折试验机；马丁代尔耐磨试验机，符合GB/T 21196.1的规定；分析天平，精度为0.1g；水浴锅，温度范围：室温~99.9℃，控温精度：±2℃；模刀，符合QB/T 2707的规定；软毛刷，或其他相当者。

（4）试样的预处理

① 涂饰革。必要时，试验前应对涂饰革的表面进行预处理，可按以下操作对试样进行日常使用过程中的自然磨损和屈挠模拟试验：

将砂纸和试样分别安装在马丁代尔耐试验机的试样夹具和磨台上，在12kPa压强下摩擦100次。摩擦结束后，在耐折试验机中进行干态屈挠试验100000次。预处理结束后试样不应露底；否则，应使用更高目数的砂纸或降低耐磨试验的压强重新进行预处理。

② 非涂饰革或轻涂饰革。非涂饰革或轻涂饰革（如苯胺革、绒面革等）通常可在标准条件下直接测试。如需进行穿用模拟预处理，可用目数较高的砂纸或在降低压力的情况下进行磨损试验，也可省去磨损操作直接在耐折试验机中进行干态屈挠。

（5）测试步骤

① 污液的制备。称取（145±0.5）g合成油脂，放入1L烧杯中，置于水浴中缓慢加热至油脂融化。在烧杯中依次加入220mL丙酮、220mL丁酮和25.0mL石油醚，对油脂进行稀释。在稀释后的油脂溶液中加入（0.90±0.01）mL石墨乳。若油脂溶液发生固化，轻轻搅拌溶液并置于水浴中缓慢加热至融化。污液应现配现用，不应储存。

② 污毛毡的制备

a. 将毛毡分批（每批20块或40块）浸没在污液中3~5min，取出后放在筛网上干燥。重复操作，直至160块污毛毡全部制备好。

b. 将污毛毡置于（60±2）℃的烘箱中烘干（3±1）h，取出后冷却至室温。

c. 将160块污毛毡放入滚筒沾污装置的1个圆筒中，圆筒内部预先用溶剂（如丙酮）和清洁布清洗干净。运行装置至少16h，使污物在毛毡内均匀分散。将污毛毡取出，保存在密封的塑料容器中。

d. 用色度计分别测量两片标准棉摩擦布的色度值L_R、a_R、b_R，并将其分别放置在1个圆筒的两端，圆筒内部预先用溶剂（如丙酮）和清洁布清洗干净。

e. 在圆筒中放入40块污毛毡，旋紧盖子，运行装置（90±5）min，取出棉摩擦布并立即用色度计测量每片棉摩擦布的色度值L_s、a_s、b_s，按式（4-50）计算每片棉摩擦布与初始状态下的色差值,并计算 2 片棉摩擦布的平均色差值。

$$\Delta E_{CIELAB} = \sqrt{(L_R-L_S)^2 + (a_R-a_S)^2 + (b_R-b_S)^2} \qquad (4-50)$$

式中 ΔE_{CIELAB}——棉摩擦布沾污前后的色差值;

L_R、a_R、b_R——初始状态(沾污前)下棉摩擦布的色度值(色空间坐标);

L_S、a_S、b_S——沾污后棉摩擦布的色度值(色空间坐标)。

f. 若 2 片棉摩擦布的平均色差值小于规定范围(20.0±1.0)的最低值,将棉摩擦布重新放回圆筒中,继续运行装置(15±2)min,取出后重新测量色度值,并计算 2 片棉摩擦布的平均色差值。重复操作,最多重复六次,直到 2 片棉摩擦布的平均色差值符合规定范围为止,记录滚筒沾污装置运行的总时间 t_c。如出现以下情况,应弃去毛毡,重新选择一批新的毛毡进行试验,也可对污液的配比进行适当调整:六次重复试验后,2 片摩擦布的平均色差值仍小于规定范围(20.0±1.0)的最低值;2 片棉摩擦布的平均色差值大于规定范围(20.0±1.0)的最大值。

g. 重复上述操作,直至 160 块污毛毡全部制备好。

③ 沾污试验

a. 用色度计测量每个圆筒所用标准棉摩擦布的色度值 L_R、a_R、b_R,并用溶剂(如丙酮)和清洁布将每个圆筒内部清洗干净。

b. 将试样(测试面朝向圆筒内部)分别装在四个圆筒的一端,并在圆筒的另一端安装标准棉摩擦布。在每个圆筒内部放入 40 块污毛毡,盖好盖子后开启装置,运行时间为 t_c。取出棉摩擦布,并立即测量棉摩擦布的色度值 L_s、a_s、b_s,按式(4-50)计算棉摩擦布的色差值。

c. 若棉摩擦布色差值达到规定要求(20.0±1.0),将试验继续进行。如果色差值小于规定要求,将棉摩擦布重新装回圆筒中,继续运行 15min 后取出测量,重复操作直到标准棉摩擦布色差值达到规定范围为止。

d. 取出试样,结果评价前用软毛刷(或其他相当者)轻轻刷去试样表面可见的松散碎片。

(6) 结果评价

① 未经预处理试样的结果评价。从每个沾污后的试样中心切取(50×55)mm 的长方形,使其长边的方向与参照样保持一致。以参照样作参比,用灰色样卡对试样进行评级。

② 经穿用模拟预处理试样的结果评价。对于经过预处理的试样,试验结束后应先检查试样表面,记录任何可见的沾污情况、形态及其严重程度(如屈挠裂纹造成的明显可见的沾污等)。然后再对试样进行评级。

4.22 皮革阻燃性能的测定

皮革的阻燃性能测定方法包括水平燃烧法、垂直燃烧法、极限氧指数法和烟密度法。本方法主要引用了行业标准《QB/T 2729—2005 皮革 物理和机械性能 水平燃烧性能的测定》。

(1) 原理。将试样水平夹持在 U 形支架上,在燃烧箱中点燃 15s,火焰在试样的自由端点燃。试验确定火焰是否熄灭,或何时熄灭,以及试样燃烧的距离和燃烧该距离所用时间。

(2) 测试装置

① 燃烧箱。用不锈钢板制成，燃烧箱的前部设有一个耐热玻璃观察窗，该窗可整块盖住前面，也可做成小型观察窗。燃烧箱底部有通风孔，四壁靠近顶部四周有通风槽，整个燃烧箱由 4 只高 10mm 的支脚支承。燃烧箱一端设有可将装有试样的支架放入的可封闭的开孔，燃烧箱内部从左至右贯穿两条便于支承试样支架的水平导轨，另一端设有一个小门，门上有通燃气管用的小孔，支承煤气灯的支座及火焰高度标志板。燃烧箱底部有一只用于收集熔融滴落物的收集盘，此盘放置在两排通风孔之间而又不影响通风孔的通风。

② 试样支架。由两块 U 形耐腐蚀金属板制成的框架组成。支架下板装有 6 只销子，上板相应设有销孔，以保证均匀夹持试样。销子也作为燃烧距离的起点和终点的标记。另一种支架的下板设有 6 只销子，支架下板布有距离为 25mm 的耐热金属支承线，线径 0.25mm。安装后的试样底面应该在燃烧箱底板之上 178mm。试样支架前端距燃烧箱的内表面距离应为 22mm，试样支架两纵外侧离燃烧箱内表面距离为 50mm。

③ 燃气灯。燃气灯喷嘴内径为 9.5mm，当燃气灯置于燃烧箱内时，其喷嘴口部中心处于试样自由端中心以下 19mm 处。

④ 试验用燃气。供给燃气灯试验用可燃性气体燃烧后的热值约为 38MJ/m^3（例如天然气、煤气、液化气）。

⑤ 秒表。精度不低于 0.5s。

⑥ 皮革测厚仪。符合 QB/T 2709 的规定。

⑦ 温度计。量程应为 150℃以上，精确到 1℃。

⑧ 钢板尺。精确到 1mm。

(3) 测试步骤

① 按 QB/T 2709 的规定测量试样的厚度。

② 将试样使用面朝下装入试样支架，使试样两长边和一端被 U 形支架夹住，自由端与 U 形支架开口对齐。仅当试样宽度不足，U 形支架不能夹住试样时，或试样自由端柔软和易弯曲会造成不稳定燃烧时，才将试样放在带耐热金属线的试样支架上进行燃烧试验。

③ 在燃气灯的空气进口关闭状态下点燃燃气灯，将火焰按火焰高度标志板调整，使火焰高度为 (38±1) mm。在气流稳定后，火焰应在此状态下至少稳定地燃烧 5min。

④ 将试样支架推进燃烧室中，试样放在燃烧箱中央，置于水平位置，使试样自由端处于火焰中，引燃 (15.0±0.5) s，然后熄掉火焰（关闭燃气灯阀门）。

⑤ 火焰从试样自由端起向前燃烧，在传播火焰底部通过第一标线的瞬间开始计时。注意观察燃烧较快一面的火焰传播情况。

⑥ 当火焰达到第二标线或者火焰在达到第二标线前熄灭时，同时停止计时。若火焰在达到第二标线之前熄灭，则用钢板尺测量从第一标线起到火焰熄灭时的燃烧距离。

⑦ 当火焰移走后，如果试样无法点燃或无法持续燃烧或在起始点前自熄，那么燃烧速度为 0mm/min。

⑧ 在进行下一次试验前，使燃烧室的温度冷却到 30℃以下。

(4) 结果计算

样品的燃烧速度 B，数值以毫米每分表示，按式 (4-51) 计算：

$$B=\frac{S}{t}\times60 \tag{4-51}$$

式中 B——燃烧速度，单位为毫米每分（mm/min）；

S——燃烧距离，单位为毫米（mm）；

t——燃烧时间（燃烧 S 距离所用的时间），单位为秒（s）。

以燃烧速度最大值为试验结果。

第5章 皮革的化学分析

5.1 概述

5.1.1 分析意义及测定项目

(1) 分析意义。皮革的化学分析是评定其质量的重要环节之一。化学分析主要是分析其组分，这些组分在一定程度上与皮革成品的性质有密切关系。国家对产品的重要项目的分析方法和指标有明确规定，将化学指标和物理检验指标及观感鉴定结合起来正确评价皮革成品的质量。

(2) 分析项目。分析项目因皮革成品的种类和鞣制方法不同而略有差异。铬鞣革测定项目有挥发物（水分）、二氯甲烷萃取物（油脂）、总灰分、含铬量及pH。植鞣革除测定挥发物、二氯甲烷萃取物、pH以外，还需测定水溶物、硫酸盐总灰分、不溶性灰分、皮质，计算结合鞣质、革质和鞣制系数。本章只介绍主要化学指标的测定。

5.1.2 化学分析通则

(1) 各试验项目同时取两份试样，进行平行试验。

(2) 各项试验的分析结果，除鞣制系数取整数位数值外，其他项目均取小数后一位数值。

(3) 平行试验的结果，其差数符合"允许误差"时，以其平均数值作为测试结果，如超过时，应另取试样重作试验。

(4) 报告各项测试结果时，除水分及其他挥发物应为实测数值外，其他项目的结果，均以水分及其他挥发物的百分率为零为标准进行计算。计算式如式（5-1）所示：

$$\text{报告结果的数值} = \text{实测结果} \times \frac{100}{100 - \text{实测水分及挥发物百分含量}} \times 100\% \tag{5-1}$$

思 考 题

1. 对皮革进行化学分析的目的及意义是什么？
2. 对皮革进行化学分析的项目主要有哪些？

5.2 试样的制备

5.2.1 样块的切取和粉碎

(1) 样块的切取。化学分析用试样，应按成品革的取样规定，从部位不带阴影的部分先将样块切取下来，然后切碎，如果切得样块重量不够作化学分析用，可从下述部位补充：

① 物理检验用样块剩下的碎块。

② 规定取样部位的邻近部位。

③ 另半张革上的对称部位。

（2）样块的粉碎。要求切碎的试样是长度与宽度均不超过4mm，厚度小于0.8mm的薄片及能通过4mm筛孔的小颗粒（重革厚度可大于4mm）。

切碎的方法有如下几种：

① 韦氏磨进行机械切碎。将样块先切成10mm的条，然后用韦氏磨切碎，转速为700~1000r/min（磨上附4mm筛孔筛子）。

② 使用能切成长小于4mm，宽小于4mm，厚0.8mm的薄片的切粒机进行切碎。

③ 用刨刀刨成片再用剪刀剪碎。切碎的试样要符合要求。

切碎的试样应立即混合均匀再过筛以除去粉尘及太小的细粒，装入清洁、干燥、密闭的磨口瓶里，远离热源，并贴上标签，注明试样编号、制样日期和产品类别。

5.2.2 注意事项

（1）仪器使用后必须进行清洁工作，但不能用水清洗。剩余的试样粉末切不可混入另一个试样中。

（2）如果样块含水量大于80%，应在50℃以下的空气中预先干燥，然后在温度为20℃，相对湿度为65%左右的空气中调节24h，超过30%含水量的皮革不能在韦氏磨中进行切碎。

思 考 题

1. 制备化学分析用皮革试样，有什么要求？
2. 制备化学分析用皮革试样时，应该注意哪些事项？

5.3 水分及其挥发物的测定

（1）测定意义。挥发物含量是指皮革试样在一定条件下干燥至恒重时所损失之重量。挥发物中主要是水分，也包括其他挥发物。成品的许多物理、机械性质，特别是密度、厚度、面积、抗张强度等都随着水分含量而改变，革的各组分常以试样重量的百分率表示，水分含量制约着其他组分的百分比。实测水分是其他组分报告值的不可缺少的基础数据。

（2）测定方法。革中水分及挥发物的测定有三种方法：行业标准法（即烘箱法）、快速法和甲苯蒸馏法。革的全分析以及仲裁分析必须用烘箱法，该法稳准可靠，但费时。要求快速测定的可用红外线干燥法，该法适用于车间化验，特点是热穿透性好，烘热均匀，烘干速度快。对于二氯甲烷萃取物含量在15%以上或水分低于10%的样品，可采用甲苯蒸馏法。

① 行业标准法——烘箱法（QB/T 2717—2018）

a. 测定仪器。具有磨口盖的平底称量瓶（高约8cm，直径4~5cm）；烘箱；干燥器；分析天平。

b. 分析步骤。将干净称量瓶于（102±2）℃的烘箱中烘至恒重，再精确称取试样3~5g，准确至0.001g，放入烘箱，在（102±2）℃下烘干6h，取出称量瓶，将盖盖好，放在干燥器中冷却30min后称重。以后每复烘1h，冷却30min称重一次，直到前后两次重量之差不超过样品重的0.1%即为恒重。但总的干燥时间不得超过8h。

c. 计算。根据式（5-2）可以计算水分及其挥发物含量（%）。

$$水分及其挥发物含量 = \frac{m_0 - m_1}{m_0} \times 100\% \tag{5-2}$$

式中　m_0——干燥前试样的质量（g）；
　　　m_1——干燥后试样的质量（g）。

d. 允许误差。同一操作人员在同一试验室中所得的平行双份测定结果的差不得超过原始试样重量的0.2%。

② 快速法。此为测定某些特定皮革的水分含量所用方法。

a. 测量仪器。容量为20~25mL带盖瓷坩埚；烘箱；干燥器及分析天平。

b. 测量方法。精确称取1.5~2.0g试样于已烘干至恒重的坩埚中，放入已调温到（130±2）℃的电烘箱中，准确烘干45min后，加盖取出，放入干燥器内，冷至室温称重，再于同温度下复烘15min，冷却后称重，至两次重量变化不大于0.001g。

c. 计算。同样根据式（5-2）可以计算水分及其挥发物。

③ 甲苯蒸馏法

a. 原理。甲苯或二甲苯等烃类物质，与油脂中的水分形成非均匀共沸混合物，从油脂中蒸出，冷凝后溶剂与水分离，水沉降聚集在有刻度的接收管的下端，读取水的体积即可测出。

b. 测量仪器和试剂。水分测定仪（图5-1）。

此方法用于革试样油脂含量在15%以上，或水分低于10%时的水分测定。

该仪器由三部分组成，即圆底烧瓶（500mL）、凝气接收器和回流冷凝器。凝气接收器容量为10mL，器底呈圆锥形，长150~200mm，在0~1mL的部分每分度为0.05mL，1~10mL部分每分度为0.2mL（准确度为0.25分度），直径为15mm。在容器上部距顶约40~50mm处，有一焊接成60°的玻璃排水管，斜接与接收器平行的直管，管长150~200mm，直径12~14mm，排水管到接收器的距离为45~50mm。回流冷凝器内管长400~450mm，直径9~10mm，套管

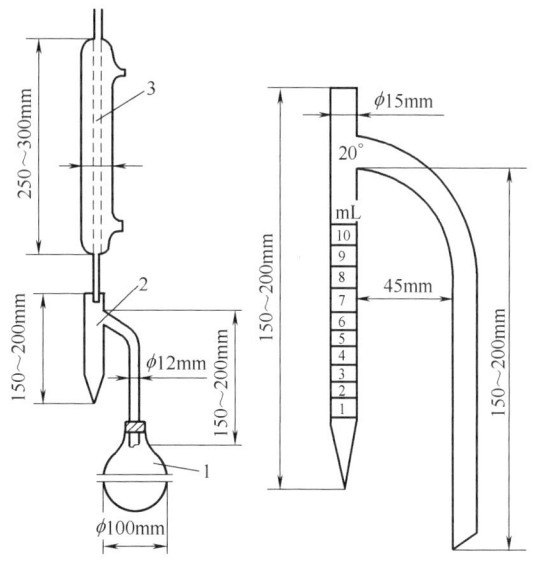

图5-1　水分测定仪
1—圆底烧杯　2—凝气接收器　3—回流冷凝器

长 250~300mm，直径 40~50mm。

甲苯（沸点约 110℃，分析纯）或二甲苯（沸点约 130~140℃，分析纯）。

c. 测定步骤。准确称取试样约 5g，放入烧瓶内，加入 100mL 甲苯，摇荡，使试样湿润，混合均匀后将仪器各部分紧紧连接好，放于密闭的电热板或沙浴上，缓慢加热到沸腾。甲苯蒸气与水蒸气同时被凝于冷凝管。当冷凝的混合液回流通过收集管时，水即被收集于刻度管中，而过剩的甲苯继续流回加热瓶内。

蒸馏时的回流速度，开始每秒约 2 滴。如此蒸馏进行 2h，停止加热。再待 5min 后，冷凝管内壁上的水滴停止流动，用经过甲苯洗过的铜丝清除附着在冷凝管内壁上的水球，再从冷凝管上端加入 20mL 热甲苯冲洗管壁及铜丝，即可拆开仪器。

待收集管内的液体冷却至室温，用铜丝将附着在管壁上的水珠拨至底部，读取收集管内水分的容积，准确至 0.01mL。

d. 计算。根据式（5-3）计算水分含量 W（%）：

$$W = (V/m) \times 100\% \tag{5-3}$$

式中　V——收集管内水的体积（mL）；

　　　m——试样质量（g）。

思 考 题

1. 测试皮革试样的水分及挥发物的目的及意义是什么？
2. 测试皮革试样的水分及挥发物的方法主要有哪些？它们之间有什么不同？

5.4　二氯甲烷萃取物的测定

（1）意义。二氯甲烷萃取物是指能用二氯甲烷（四氯化碳）从革中萃取出来的物质（脂肪和其他可溶物），其中主要是油脂。制革过程中，存在于脂肪细胞内的天然油脂的绝大部分已被去除，为了提高成品的柔韧性、弹性、丰满程度及增加革的耐磨性和防水性能，需要加入一定量的油脂。各种油脂对不同的有机溶剂溶解程度不同，我国国家标准规定皮革以二氯甲烷为萃取溶剂，所得数据以二氯甲烷（四氯化碳）萃取物对试样重的百分率表示。不同品种的革都应符合国家标准中规定的二氯甲烷萃取物的含量范围，因而该测定项目对于检验加脂工序和鉴定成品质量具有很大意义。

（2）原理。本方法采用了轻工行业标准《QB/T 2718—2018　皮革　化学试验　二氯甲烷萃取物的测定》中的索氏抽提法。以二氯甲烷（四氯化碳）为溶剂，称量一定量的试样用脱过脂的滤纸筒装好放在索氏脂肪抽出器中。用二氯甲烷（四氯化碳）浸泡，试样中的油脂等物质溶解到溶剂中，同时抽提底瓶中的溶剂被加热沸腾，溶剂蒸汽从提取器的粗管上口进到冷凝器，遇冷凝结为液滴，滴回到提取器中又浸取试样，当提取器中接受的溶剂逐渐增多，稍超过回流虹吸管的高度时，立即回流到抽取瓶中去，瓶中溶剂继续加热，并不断冷却滴到提取器中，这样经过反复萃取，直到革样中的油脂等物全部被抽提出来。最后蒸去抽提瓶中溶剂，将残渣烘干恒重即得。

（3）测定仪器及试剂。索氏抽提器；适用的滤纸筒；可调节为（102±2）℃的烘箱；

水浴锅或可控温电炉；新蒸馏的二氯甲烷（沸点33~40℃）；二氯甲烷。

（4）测定步骤。将全套仪器洗净、烘干，恒重抽提瓶。精称5~10g的试样，装在已经用溶剂浸润1~2h后的干滤纸筒内，筒的上下两端均以一层薄的脱脂棉盖好，紧挨试样处加垫一层滤纸片，将纸筒放入抽提管中，控制试样在抽提管中的高度不超过虹吸管的高度，注入溶剂，将全套仪器连接好，先打开冷凝水，然后开始加热进行抽提。虹吸管的回流速度以8~12min回流一次为标准，总回流次数至少30次，总抽提时间4~5h。多脂革或毛皮为6h，经检查油脂抽干净为止。最后一次当溶剂全部回流到抽提瓶中后，将抽提管中的试样取出存放，然后将抽提瓶中的溶剂与萃取物的混合液继续加热，使瓶中溶剂尽量升至抽提管中，依次倾出收回，待瓶内溶剂将尽时，将抽提瓶放入（102±2）℃的烘箱内，烘4h后，取出在干燥器中冷却，称重，复烘1h，再称重，直至两次重量差不超过0.01g，或总烘干时间为8h。

（5）计算。二氯甲烷萃取物含量（%）按式（5-4）计算：

$$二氯甲烷萃取物含量 = \frac{瓶和萃取物质量(g) - 瓶质量(g)}{试样质量(g)} \times 100\% \tag{5-4}$$

允许误差：两次平行试验结果，相差不得超过试样重量的0.2%。

（6）注意事项

① 用电热器加热时，应防止由于过热现象而使油脂变质，影响测定结果。最好使用可调电炉或用水浴加热，但要防止水浴中蒸汽逸出在抽提器上冷凝而由瓶颈渗流入瓶内或虹吸管内，烘干时被油脂封闭不易烘干至恒重。

② 抽提过程中，回流冷凝器上滴下的溶剂，应滴在滤纸筒的中央，不可滴在纸外，以便与试样充分接触达到充分萃取的目的。在整个抽提过程中应严格控制回流速度，以便在统一操作条件下进行比较。

③ 抽提瓶在抽提或蒸发过程中，应保持清洁，以免影响重量。

④ 将试样封于滤纸筒中时，要将样品压紧一些，否则在抽提样块及革屑时它们将浮在溶剂中，而影响测定结果。

（7）讨论

① 石油醚只能溶解纯油脂，而不能溶解油脂中的非皂化物，这是它的优点。其缺点是对硫酸化油的油脂抽提量只能达到三分之一，不能溶解蓖麻油，并且能溶解革中的硫及铬皂。此外，沸点为40~70℃，易燃，操作不安全，使用时应注意防火。

② 乙醚除溶解油脂外，还能溶解少量磷脂肥皂及氯化钠，因此测得结果偏高。沸点84.6℃，易燃，与石油醚一样不安全，使用时也应特别注意防火。

③ 三氯甲烷除能溶解油脂外，还能溶解磷脂及胆固醇，不燃，但有麻醉性。

④ 四氯化碳除能溶解油脂外，还能将革中90%的硫酸化油溶解，也能溶解部分涂饰剂，不燃。

思 考 题

1. 测试皮革中油脂含量的目的及意义是什么？
2. 如何检测加脂剂的应用效果？

3. 如何检验各种类型脱脂剂的脱脂效果？

5.5 硫酸盐总灰分和硫酸盐水溶物灰分的测定

革试样经过高温600~800℃的灼烧后，有机物质完全分解挥发，所剩余的矿物质残渣叫总灰分。试样的灰分来自生皮组织中所含的很少量的无机盐（大约不到1%），以及生产过程中引入的无机盐，如浸水浸灰、脱灰未尽、浸酸、填充、涂饰等，尤其是无机鞣制时带入的铬、铝、锆、铁等化合物。灰分又分硫酸盐总灰分，水溶性灰分和硫酸盐水不溶性灰分三种类型。硫酸盐水溶性灰分与不溶性灰分的总和是总灰分，它是由试样不经过水溶物抽提，直接进行的灼烧灰化而得。试样经过水溶物抽提，所得的抽提液经蒸干、灼烧所得的残渣是水溶性灰分，实际上是指成品中可溶于水的无机盐。将经过抽提水溶物后的革样再灼烧灰化的残渣就是革中不溶于水的无机盐即不溶性的灰分。它也可以由总灰分减去水溶性灰分计算而得。本实验中关于硫酸盐总灰分和硫酸盐水溶物灰分的测定主要采用了轻工行业标准QB/T 2719—2005。

通过测定灰分可以帮助检查工艺过程中如脱灰、鞣制、填充、涂饰等操作是否正确。因为铬鞣革在浸酸鞣制及中和时带来的中性盐，应该通过彻底洗涤，从革中尽量除去。一般铬鞣革除去鞣性矿物质约含Cr_2O_3 4%之外，其他矿物质不应当多于2%，即铬鞣革总灰分在6%左右；植鞣革的硫酸盐总灰分应在2%以下，否则，成品在贮藏时，革的粒面上要出现霜状矿物结晶。而测定不溶性灰分的目的是计算革（植鞣或结合鞣革）中结合鞣质的含量。

5.5.1 硫酸盐总灰分的测定

（1）仪器。高温炉：能保持温度接近而不超过800℃；坩埚：上过釉的30mL瓷坩埚（或铂的及石英坩埚）。

（2）测定。预先将坩埚在800℃灼烧，冷却，称重，再灼烧至恒重。

称取试样2~5g，准确到0.001g，放在已恒重的坩埚中，将盖微开。先将坩埚在电炉上以小火焰加热，使试样缓缓炭化，以免发生炭球或与坩埚融熔粘结的现象，待无炭烟时，用1mol/L硫酸彻底润湿。低温加热，至三氧化硫的烟消失，强烈加热。然后放在800℃高温炉中灼烧到灰化完全。在干燥器中冷却称重。重复加酸、加热、冷却、称重，至两次重量不变，即作为恒重。

（3）计算。按式（5-5）计算样品中硫酸盐总灰分（%）：

$$硫酸盐总灰分 = \frac{坩埚和灰分质量(g) - 坩埚质量}{试样重} \times 100\% \qquad (5-5)$$

允许误差：两次平行测定结果之差，不得超过所取试样质量的0.1%。

（4）注意事项

① 如加热到800℃仍得不到无炭残渣，可用10%硝酸铵润湿，再加热至炭粒消失。

② 如加入硝酸铵后，还不能完全灰化，可用蒸馏水萃取坩埚内溶物经无灰滤纸过滤，滤液加入坩埚内，炭渣与滤纸一起灰化，再进行干燥灼烧，直至最后将炭除去，在干燥器

中冷却、称重。

③ 多脂革的硫酸盐总灰分，先除去二氯甲烷萃取物后，再按以上方法测定。

5.5.2 硫酸盐水不溶物灰分的测定

(1) 仪器。高温炉：同硫酸盐总灰分测定要求；坩埚：30~50mL 的瓷坩埚。

(2) 测定步骤。将测定水溶物后的试样，全部装入已恒重的瓷坩埚内，小火烘干后按测定硫酸盐总灰分的方法操作。

(3) 计算。按式（5-6）计算硫酸盐水不溶物灰分含量 W（%）：

$$W = \frac{m_1}{m} \times 100\% \tag{5-6}$$

式中　m——测定二氯甲烷萃取物时所取的试样质量（g）；

m_1——灰分质量（g）。

允许误差及注意事项，同硫酸盐总灰分的测定

思 考 题

1. 硫酸盐总灰分和硫酸盐水溶物灰分的定义分别是什么？
2. 测试皮革中硫酸盐总灰分和硫酸盐水溶物灰分的目的和意义是什么？
3. 测试皮革中硫酸盐总灰分和硫酸盐水溶物灰分的过程中需要注意哪些事项？

5.6 水溶物、水溶无机物、水溶有机物的测定

在植物鞣剂和铬植结合及矿物盐鞣制的皮革中，含有一些可被水溶出的有机和无机的物质，这些物质的总量即为水溶物，它主要包括未被结合的有机鞣质、填充剂、可溶性皮质及矿物盐类等。水溶物的硫酸盐分为水溶无机物，总水溶物与水溶无机物的差称为水溶有机物。水溶物在革内主要具有填充作用，尤其在植物鞣制的底革中，应保持一定的含量。一般含水溶物 12%~18% 时革坚固耐磨而紧实，若含量太低，革显得扁薄空松（在受湿热时，水溶物的溶出，会使皮革变空虚丧失使用价值）。而含量过高，说明结合鞣质减少。革变得死板无弹性，吸水性增加，革的身骨、可弯曲性、抗水性、透气性和耐磨性能都要受到未结合沉积物质的不良影响。铬鞣革的水溶物很少，一般不作计量。

测定水溶物是在规定的时间内，用一定量的水保持一定的温度萃取已脱脂的革样，再将萃取液蒸干，按重量法测定其百分含量。萃取条件对测定结果影响很大，同一试样，在不同的温度，萃取速度以及 pH 等操作条件下测定所得结果也不一样，为了提高测定的可比性，应严格按照统一的规定条件进行分析操作。本方法主要参考了标准《QB/T 2721—2018 皮革 化学试验 水溶物、水溶无机物和水溶有机物的测定》。

5.6.1 水溶物的测定（振荡法）

(1) 测定仪器。保温瓶：650~750mL；漏斗；锥形瓶；振荡器：旋转式（50±10）次/min；移液管：50mL；蒸发皿：50mL（银或玻璃的）；水浴锅；烘箱；无灰滤纸。

(2) 测定方法。将测定二氯甲烷萃取物后的试样残渣,在洁净的纸上摊开,待溶剂挥发散尽后,将其装入保温瓶内,注入500mL蒸馏水,保持瓶内水温(22.5±2.5)℃,将塞塞紧,放在振荡器上振荡2h,取下保温瓶,摇匀,立即用无灰滤纸过滤,弃去开始的50mL滤液,继续过滤(残渣全部倒在无灰滤纸上,留待测定不溶性灰分用)。吸取冷却至室温的50mL滤液,注入已恒重的蒸发皿内,置水浴或电热板上蒸干,然后放入(100±2)℃的烘箱内烘2h,移入干燥器中冷却30min,称重。复烘1h,再冷却,称重,直至两次重量之差不大于2mg即达恒重。此重量为蒸发皿和水溶物残渣重。在全部干燥和恒重过程中,要注意水溶物残渣的飞散(总干燥不超过8h)。

(3) 计算。按式(5-7)计算水溶物含量(%):

$$水溶物含量 = \frac{蒸发皿和残渣质量(g) - 蒸发皿质量(g)}{测定二氯甲烷萃取物时试样质量(g) \times \frac{50}{500}} \times 100\% \tag{5-7}$$

两份平行测定结果相差不得超过原始样品重的0.2%。

(4) 注意事项

① 若滤液浑浊,应吸取100mL注入烧杯中,加入1g高岭土混匀,在32折滤纸上反复过滤至滤液澄清,然后吸取50mL滤液放入蒸发皿中,烘干至恒重。其他操作同前。

② 高岭土的规格应符合下列条件:

a. 以1g高岭土和100mL蒸馏水混合振荡,悬浮液的pH应在4~6,即遇甲基橙不显红色,遇溴甲酚紫不显深紫色。

b. 以1g高岭土和100mL 0.01mol/L醋酸溶液混合,振荡1h后过滤,蒸发,烘干滤液,残渣不大于0.001g。并要求高岭土中不含碱性物质。

c. 高岭土以200目筛过,筛上剩余物不得超过0.5%。因为大的颗粒表面积小,吸附杂质能力差。

d. 高岭土中不得含有铁质。因铁质与水溶物中的鞣质相作用,生成单宁酸铁,影响测定结果。

若不符合以上要求,应用10%盐酸煮2h,然后用蒸馏水洗去可溶物,干燥,粉碎以达到要求。

5.6.2 水溶物的测定(萃取器法)

(1) 仪器。水溶物萃取器;50mL玻璃或银蒸发皿。

(2) 测定方法。

① 准备:将已测定过二氯甲烷萃取物的样品,在洁净的纸上摊开(注意不要使样品损失和落入灰尘、杂质),待溶剂挥发散尽后,将样品松散地装入已垫有一薄层脱脂棉的水溶物抽提管内,上面再盖一层脱脂棉。

② 萃取:在萃取管内注入蒸馏水浸没试样,在温度16~22℃下静置过夜约16~18h,然后将萃取管与盛有(45±2)℃蒸馏水的瓶相连,一同浸在装有温度计,并接能保持水温为(45±2)℃的恒温水浴中;待各个温度计都保持(45±2)℃时,即开始萃取。在萃取过程中,萃取管内的液面高于试样以保持充分的浸渍。用干燥的500mL的容量瓶收集萃取液并保证2h内萃取500mL的流速(控制每分钟约55~66滴),萃取结束后,再用干燥的

试管或小烧杯接取一部分萃取液,待瓶内萃取液冷却至室温时,以此液补充至刻度,摇匀备用。萃取管内的试样留作测定不溶性灰分。

③ 蒸发:萃取后的溶液,应当日按下述情况进行蒸发。

a. 萃取液澄清时,用移液管吸取 50mL,注入已恒重的蒸发皿内,放于水浴或电热板上,在防止灰尘落入的情况下,慢慢蒸干。

b. 萃取液浑浊时,应吸取 100mL 注入烧杯中,加入 1g 高岭土使其混合,在 15cm 直径的分析滤纸上反复过滤,直至滤液澄清为止,然后吸收澄清液 50mL 蒸干,操作如前。

④ 称重:经蒸发至干的沉淀与蒸发皿,放在烘箱内,于 100~105℃下烘 3~4h,移入干燥器内冷却,称重,复烘 1~2h,如此重复操作直至两次重量相差不大于 0.001g,即为恒重。

(3) 计算。同样按式 (5-8) 计算水溶物含量 (%)。

(4) 注意事项

① 严格控制蒸馏水的温度在 (45±2)℃,勿使抽提时温度忽高忽低。

② 用于接取抽提液的容量瓶,应事先自然干燥。

③ 蒸发浓缩抽提液时,勿使灰尘落入,更不能把黏稠状浓缩抽提液蒸焦、炭化,遇此情况应吸液重作。

④ 在抽提管内的革样用蒸馏水浸泡以及抽提,革样间不能有气泡,若有气泡可用细玻璃棒插入样间,使气泡上升而引出,玻璃棒上的残液,用少量蒸馏水洗入抽提管中。

5.6.3 水溶无机物、水溶有机物的测定

(1) 原理。将测水溶物的残渣在 800℃的温度下进行硫酸化和灰化并测出水溶无机物,两者测定结果的差即水溶性有机物。

(2) 测定仪器及试剂。高温炉:能保持 800℃;1mol/L 的硫酸溶液。

(3) 测定步骤。用正好足够量的 1mol/L 硫酸彻底润湿在蒸发皿里的残渣,并在低火焰上慢慢加热直到看不见三氧化硫浓烟为止。加热直到红热,最好在 800℃的高温炉中加热 15min。在干燥器中冷至室温,尽快称重。重复加酸、加热、冷却和称重,直到重量差不超过 2mg 为止。记录最后重量。

(4) 计算。按照式 (5-8) 计算水溶无机物含量 (%):

$$水溶无机物含量 = \frac{m_1}{m_2} \times \frac{500}{50} \tag{5-8}$$

式中 m_1——50mL 滤液残渣被硫酸化和灼烧后的质量 (g);

m_2——样品质量 (g);

$\frac{500}{50}$——蒸发时在 500mL 总量中移取 50mL 滤液。

按照式 (5-9) 计算水溶有机物含量 (%):

$$水溶有机物(\%) = 总水溶物(\%) - 水溶无机物(\%) \tag{5-9}$$

两次平行测定的结果的差不得超过样品原始重量的 1.0%,如超过应重新测定。

(5) 注意事项

① 如果水溶无机物的含量小于皮革重量的 2.0%,滤液的用量可增加到 100mL 或

200mL。如果测得的结果少于0.1%，则需采用100mL或200mL的滤液。

② 温度超过800℃，由于某些无机盐的挥发，可能会使残渣的重量受到损失，因此小心控制炉温，使其最高温度不超过800℃是非常重要的。

5.6.4 讨论

在植鞣革中的可溶物，是未结合的鞣质和非鞣质，而鞣质与皮胶原之间的相互作用是很复杂的，有自由态、吸附态、凝结态以及化学键结合。前两者均容易被水洗去，胶体鞣质因失去稳定平衡在胶原纤维间凝结态结合的鞣质，在长期洗涤下也能被水洗去。鞣质与多肽链以共价、电价和氢键的结合，因形式不同，其稳定性不同，其中只有胶原肽链上的—NH—基与鞣质的羟基以共价结合的鞣质（K-NH-T）不能被水洗去。而以电价键与多肽键结合的鞣质虽比氢键结合的稳定，但在长期洗涤下仍能被水洗去。因结合情形不同，其稳定程度也各异。

测定植鞣革的水溶物在不同萃取条件下所得结果是不一致的，因此，在测定这项指标时必须严格遵守操作规程，严格控制萃取温度、时间和萃取方式。

植物鞣革的水溶物含量与鞣制后期鞣液的浓度、温度、鞣制方式及填充情况有很大关系；它对革的可弯曲性、吸水性、透水性、透气性及耐磨性都有影响，因此水溶物含量是一项重要指标。一般植物鞣革的水溶物为18%左右。

思 考 题

1. 测定皮革中水溶物、水溶无机物和水溶有机物的目的及意义是什么？
2. 测定皮革中水溶物的方法主要有哪些？它们之间的区别是什么？
3. 皮革中水溶物、水溶无机物和水溶有机物的测定过程中，需要注意哪些事项？

5.7 含氮量和皮质的测定

皮质是指革中的皮蛋白质，它是原料皮经过加工以后保留下来的蛋白质（胶原），因而测定皮质就可初步了解加工工艺方案是否正确。各种革的皮质含量变化范围很大，一般底革含皮质37%~40%，面革50%~65%。如果皮质含量太低，说明生皮在制造过程中酸、碱、酶以及机械等作用过强，皮质损失过多。若皮质含量过高，成革显得生硬，说明鞣料结合不够。

皮质测定的传统方法是先用凯氏定氮法测出革的含氮量，然后乘以系数5.62，得出皮蛋白质的总量。

5.7.1 行业标准分析方法（凯氏定氮法 QB/T 2722—2005）

（1）方法原理。皮革试样与浓硫酸及催化剂（铜或汞）共热分解，生成NH_4HSO_4消解液，与浓碱作用成强碱性，加热分解生成游离的氨，氨被硼酸溶液吸收后生成$(NH_4)_2B_4O_7$，以甲基红及次甲基蓝为混合指示剂，以硫酸标准溶液滴定之。

① 皮蛋白质的消解过程。浓H_2SO_4在338℃以上分解产生氧，使有机物氧化，生成

CO_2 和水，反应过程如式（5-10）~式（5-12）所示：

$$H_2SO_4 \xrightarrow{\Delta} SO_2\uparrow + H_2O + O_2\uparrow \tag{5-10}$$

$$C + O_2 \rightarrow CO_2 \tag{5-11}$$

$$2H_2 + O_2 \rightarrow 2H_2O \tag{5-12}$$

以甘氨酸代表皮蛋白质（因在胶原中甘氨酸较其他氨基酸含量高，约占26%）与硫酸反应如式（5-13）所示：

$$NH_2CH_2COOH + H_2SO_4 \rightarrow CO_2\uparrow + NH_3\uparrow + C\downarrow + SO_2\uparrow + 2H_2O \tag{5-13}$$

其中过量的硫酸将游离的氨生成铵盐，如式（5-14）所示：

$$NH_3 + H_2SO_4 \rightarrow NH_4HSO_4 \tag{5-14}$$

在消解过程中加入少量 $CuSO_4$ 或 Hg、HgO 及 Se 等催化剂以加速反应。

反应速度与温度有关。反应过程中，加入硫酸钾来提高溶液的沸点，使反应温度升高。浓硫酸的沸点因水分含量而异，一般硫酸的浓度在96~98%，沸点在290~330℃，但消解时生成水使沸点降低，从而导致消解不完全。加入硫酸钾后，反应过程如式（5-15）所示：

$$K_2SO_4 + H_2SO_4 \rightarrow 2KHSO_4 \tag{5-15}$$

硫酸氢钾可使溶液温度升高到338℃。

② 蒸馏过程

a. 氨的释出。如反应式（5-16）和式（5-17）所示：

$$NH_4HSO_4 + NaOH \rightarrow NH_4OH + Na_2SO_4 + H_2O \tag{5-16}$$

$$NH_4OH \rightarrow NH_3\uparrow + H_2O \tag{5-17}$$

加入碱量越多对反应越有利，所加碱量一部分用来中和消解液中的硫酸，另一部分使铵盐在碱性溶液中分解，一般加碱量为反应需要量的10倍即可。碱是否加足可依溶液的颜色来判断。加碱后溶液的颜色从淡绿色转变为淡蓝色并发生沉淀，有时可变成黑色，其反应如式（5-18）和式（5-19）所示：

$$CuSO_4 + 2NaOH \rightarrow Cu(OH)_2\downarrow（淡蓝色）+ Na_2SO_4 \tag{5-18}$$

$$Cu(OH)_2 \rightarrow CuO_2（黑色）+ H_2O \tag{5-19}$$

b. 氨的吸收。所生成的氨被硼酸吸收，反应过程如式（5-20）所示：

$$2NH_3 + 4H_3BO_3 \rightarrow (NH_4)_2B_4O_7 + 5H_2O \tag{5-20}$$

c. 铵盐的滴定。反应过程如式（5-21）所示：

$$(NH_4)_2B_4O_7 + H_2SO_4 + 5H_2O \rightarrow (NH_4)_2SO_4 + 4H_3BO_3 \tag{5-21}$$

用强酸滴定弱碱：$[B(OH)_4]^-$ 是 H_3BO_3 的共轭碱，而 H_3BO_3 溶液酸性极弱（$Ka = 5.8\times10^{-10}$），则 $H_2BO_3^-$ 的离解常数（且在终点时都转变为 H_3BO_3 的形式）如式（5-22）所示：

$$K_b = K_w/K_a = 10^{-14}/(5.8\times10^{-10}) = 1.72\times10^{-5} \tag{5-22}$$

因 $cK_b > 10^{-8}$，符合强酸滴定弱碱的条件，所以此硼酸铵是可以用强酸来滴定的。

指示剂的选择：在终点时溶液中的组成为 $(NH_4)_2SO_4$、H_3BO_3、H_2O。其中 $(NH_4)_2SO_4$ 有弱酸性反应（因为 NH_4^+ 有小部分离解成氨及氢离子，即 $NH_4^+ + H_2O = H_3O^+ + NH_3$，但它的酸性远小于 H_3BO_3 所产生的酸，H_3BO_3 的存在不但抑制了 NH_4^+ 的水解，而且决定了滴定终点的pH，滴定至终点时，溶液的硼酸大约降低至0.1mol/L，此时有式（5-23）：

$$[H^+] = \sqrt{cK_a} = \sqrt{0.1 \times 5.8 \times 10^{-10}} = 7.6 \times 10^{-8}$$
$$pH = 5.1 \tag{5-23}$$

所以应选用变色范围在 pH=5 左右的指示剂。甲基红变色的 pH 范围是 4.4（红）~ 6.2（黄），在指示剂变色时恰好把滴定终点包括进去了，所以用它比较合适。但甲基红变色时有橙色过渡，仍不易观察，为了使变色敏锐便于观察选用混合指示剂，即将惰性染料次甲基蓝和甲基红混合配用，前者不受 pH 影响，在溶液中一直保持蓝色，当溶液为碱性时，黄加蓝混合为绿色，当为酸性时，红加蓝混合为紫色，这样，终点时由绿变紫便很容易观察了。

电位滴定法判断终点：传统滴定用的是指示剂变色来判断终点，而电位滴定法，根据滴定过程中电位突变来判断滴定终点的。进行电位滴定时，在待测溶液中插入一只指示电极和一只参比电极，组成一个工作电池。随着滴定剂（即硫酸标准溶液）的加入，由于发生化学反应，待测离子的浓度不断发生变化，因而指示电极的电位发生相应的变化。在等当点（pH=5.1）附近离子浓度发生突变，引起电位的突跃。因此测量工作电池电动势的变化，就可以确定滴定终点。该方法常用于全自动凯氏定氮仪的滴定。

电位滴定法的优点：电位滴定法常比指示剂确定终点的滴定方法更准确些，但是比较费时。而自动电位滴定法，采用计算机进行复杂的电位势的计算，达到简便快速的要求。

（2）测试仪器。凯氏定氮瓶：150mL；微量定氮器；锥形瓶：250mL；滴定管；容量瓶：100mL；移液管：25mL；小漏斗；电炉：具有调节温度的装置；

（3）测试试剂

① 0.05mol/L 硫酸或 0.1mol/L 盐酸标准溶液，经碳酸钠的标准溶液准确标定。

② 3%硼酸溶液（应不含硼砂，接近于 0.5mol/L）硼酸在冷水内略溶，在热水中可溶，在水蒸气内易挥发，故可溶解在热蒸馏水中，但注意浓度的变化。

③ 浓硫酸：化学纯，相对密度 1.84。

④ 氢氧化钠 50%溶液：称 500g 工业用 NaOH，配成 1000mL 溶液，不需标定。

⑤ 硫酸铜：化学纯，白色粉末状（无水硫酸铜）。

⑥ 硫酸钾（或无水硫酸钠）：化学纯。

⑦ 混合指示剂：0.125g 甲基红及 0.0825g 次甲基蓝，溶于 100mL 90%乙醇中。或用甲基橙指示剂。

（4）测试步骤。准确称取 0.5~1g 试样用小块滤纸包好，放入 150mL 凯氏烧瓶内，依次加入硫酸钾 3~5g、无水硫酸铜 0.1~0.5g 和浓硫酸 15~20mL。瓶口插一小漏斗，将瓶斜置在电炉上加热，开始调节为小火缓缓加热，瓶颈斜度要小，瓶经常摇动，因在强烈受热时 NH_3 可能被氧化使结果降低。待大量泡沫消除后可提高温度，使革样消解，瓶颈斜度可放大（约 60°），瓶内反应物由黑褐色变黄，最后得到完全透明而无黑点的液体（约需 2~8h），静置冷却至 50℃时，将液体全部移入 100mL 容量瓶中，用水洗净凯氏烧瓶，洗液一并转入容量瓶内，最后冷却至室温，用水定容，摇匀。吸取 25mL 试液移入微量定氮器的蒸馏瓶中，安装全套定氮器，使各个接口处严密连接，以防止蒸馏时氨气逸散，在冷凝器的下端放置一个 250mL 的锥形瓶，瓶内盛 50mL 硼酸溶液，加混合指示剂 2~3 滴，并使冷凝器下端刚浸入液面。做好一切准备工作后，将 20mL 50%氢氧化钠浓溶液从蒸馏瓶上端的漏斗慢慢注入瓶内，务必使试液呈强碱性，并在蒸馏过程中保持强碱性；迅速将盖塞好，然后通入蒸汽，蒸出的氨沿冷凝管流到硼酸液内而被吸收，蒸馏约20~30min，待液面沸腾将到瓶颈时，表示氨被全部蒸出，这时将冷凝管下端移出液面，继续蒸1~2min，即可停止蒸馏，用蒸馏水冲洗冷凝管下端；洗液一并收集在硼酸吸收液中。将锥形瓶移开，用0.05mol/L硫酸标准溶液滴定至呈微紫色时即为终点。

测定皮质时所用试剂中可能含有少量的氮，如H_2SO_4可能含有NO、HNO_3等。蒸馏水中也可能溶有NH_3及铵盐，所以必须做空白试验加以校正。空白试验：用蔗糖1g代替革样，依上法进行全部操作。

（5）计算。按式（5-24）计算皮革中皮质含量W（%）：

$$W = \frac{(V_1 - V_0) \times c \times 2 \times 0.014 \times 5.62}{m \times \frac{25}{100}} \times 100\% \tag{5-24}$$

式中 m——样品质量（g）；

V_1——滴定所耗0.05mol/L硫酸标准溶液的体积（mL）；

V_0——空白试验所耗0.05mol/L硫酸标准溶液的体积（mL）；

c——硫酸标准溶液的浓度（mol/L）；

5.62——从含氮量换算为皮质含量的系数；

0.014——氮原子摩尔质量的0.001倍（g/mol）。

允许误差：两份平行测定结果相差不得超过试样质量的0.1%。

（6）注意事项

① 本方法对样品中含有其他含氮物质如某些固定剂、阳离子加脂剂和染料会使"皮质"的数值失真。如有这些材料存在，就不可能获得准确的"皮质"量。

② 消解皮质时，可加入少许石蜡或小玻璃珠，以免发生泡沫；如果用酒精灯加热，应先用小火焰，且火焰不能接触到凯氏烧瓶的液面以上的部位。加热时可用石棉板挖一个大小合适的圆孔，将凯氏瓶置于圆孔上进行加热。

③ 消解液移入容量瓶后，须用蒸馏水将凯氏瓶洗净，洗涤时每次以少量水多次洗涤为原则，最后用甲基红指示剂检查不显红色为止。

④ 蒸馏前，应做好一切准备工作，并使仪器严密连接，因大部分NH_3在开始蒸馏的3~4min逸出，所以稍不留意会使结果不准。

⑤ 蒸馏时，溶液必须是强碱性。蒸馏后取1mL废液，溶于50mL水中，用酚酞指示剂检查应呈红色。

⑥ 测定皮质前，应检查样品中是否会有铵盐。检查方法为：称取5g样品，于100mL的锥形瓶中，加50~70mL蒸馏水及0.5g氧化镁，加热至沸腾，在逸出的蒸汽上，以硝酸亚汞浸润的滤纸检查，如果滤纸变黑，表示有铵盐存在。

如确定样品中有铵盐存在后，可称取5g样品加60mL蒸馏水和0.5g氧化镁，按上法进行蒸馏、滴定。计算样品中铵盐所相当的皮质含量，从总皮质量减去此数，以校正皮质的准确含量。

5.7.2 快速法（硒素甲醛法）

本法是以硒素为催化剂，能使消解速度加快且消解液无色。用甲基红为指示剂，以氢氧化钠中和多余的硫酸，然后加入中性甲醛，使由皮质消解而来的铁盐变成六次甲基四胺并放出相当量的硫酸，用氢氧化钠标准溶液滴定之。从而可计算出氮的含量并换算为皮质。

① 硒素有催化作用的原因是溶解的硒变为硒酸和硒酐，反应过程如式（5-25）所示：

$$SeO_2+H_2O\rightarrow H_2SeO_3 \tag{5-25}$$

这些化合物都是强氧化剂。

② 加甲醛的滴定反应过程如式（5-26）和式（5-27）所示：

$$2(NH_4)_2SO_4+6HCHO\longrightarrow (CH_2)_6N_4+6H_2O+2H_2SO_4 \tag{5-26}$$

$$H_2SO_4+2NaOH\longrightarrow Na_2SO_4+2H_2O \tag{5-27}$$

（1）测试试剂。硒素：化学纯；浓硫酸；硫酸钾：化学纯；甲醛（25%溶液）：将40%甲醛溶液稀释15%，即取出63mL 40%甲醛加水稀释至100mL，加甲基红指示剂5~6滴，用0.1mol/L氢氧化钠中和至红色变黄；氢氧化钠：10%溶液；甲基红指示剂；酚酞指示剂。

（2）分析步骤。精确称取样品1g于350mL凯氏瓶中，注入15mL浓硫酸，加热约15min。稍冷加入硫酸钾10g及硒素1~2小粒，继续加热至溶液呈无色透明为止（约1h）。冷却，将溶液定量地移入100mL容量瓶中，用蒸馏水定容，充分摇匀，吸取此溶液10mL入250mL锥形瓶中，加甲基红2~3滴，再加10%氢氧化钠5~10mL，当将近中和时改用0.1mol/L氢氧化钠溶液滴定到终点，即红色恰转纯黄为止。加入12mL甲醛溶液（25%），充分混合，此时溶液立即变为红色，加入酚酞指示剂2~3滴，以0.1mol/L氢氧化钠标准溶液滴定，细心观察，溶液颜色由红变为浅黄色，然后又变为微红色，即为终点。

（3）计算。根据式（5-28）计算皮质含量W（%）：

$$W=[(V\times c\times 0.014\times 5.62)/(m\times 10/100)]\times 100\% \tag{5-28}$$

式中 V——滴定时所耗0.1mol/L氢氧化钠标准溶液体积（mL）；

m——样品质量（g）；

c——氢氧化钠标准溶液的浓度（mol/L）；

5.62——皮质换算系数；

0.014——氮原子摩尔质量的0.001倍（g/mol）。

（4）注意事项

① 中和时用碱不能过量，因碱能使铁盐分解而损失氮，使结果偏低；同时亦不可用碱不足，否则结果偏高。

② 铬鞣革在消解中，因三价铬形成不溶于硫酸的化合物，而使消解液内有绿色沉淀存在，因此在消解时，只要没有黑色物存在消解即告完成。但在滴定前应过滤，否则影响终点的判断，且大量沉淀的三价铬的化合物也能消耗一部分氢氧化钠，以致结果偏高。

③ 本法只能用Se为催化剂，因在中和时不产生沉淀而对于以铜、汞为催化剂的消解液不适用，因为中和时会生成$Cu(OH)_2$或$Hg(OH)_2$。

5.7.3 全自动凯氏定氮仪

（1）测试仪器。全自动凯氏定氮仪通常由消解仪和蒸馏仪配套而成，消解仪的主要技术指标包括消解样品的数量、消解最高温度、加热方式以及是否带有全自动废气吸收装置；蒸馏仪分为半自动、联机配套式全自动操作和整机内置式全自动操作几种型号，其中半自动蒸馏仪要求手动滴定，而联机配套式全自动操作蒸馏仪可以自动加液、蒸馏、滴定、计算、打印记录，滴定仪外联，滴定结束后，自动排空废液；而整机内置式全自动操作蒸馏仪可以实现自动加液、蒸馏、滴定、计算、打印记录，滴定仪内置，滴定结束后，自动排空废液，内存测定数据10000个。可联自动进样器。

（2）测试试剂。0.1g皮革样品；3.0g硫酸钾；0.2g硫酸铜；10mL浓硫酸；40mL 30%硼酸溶液；25%~30% NaOH 溶液；0.1mol/L硫酸标准溶液；5mL水；反应时间180s。

（3）测试步骤。检测原理为：取样、消化、蒸馏、滴定、计算。

① 消解步骤

a. 加样品0.1g，K_2SO_4 3g，$CuSO_4$ 0.1g，浓硫酸10mL（如果第一天称样，则不要加硫酸）。

b. 打开电源开关，检查设置的消解温度（385℃，时间200min，按START键，机器预加热，看见READY后，然后按RUN。

c. 按STOP键，不停机，等温度降到60℃后停机，把消化管抬高，离开加热器，冷却。

② 蒸馏步骤。蒸馏器内水选用蒸馏水，备有自动加热与补液装置。自动控制蒸馏水加热产生蒸汽，对已消解的样品进行蒸馏。将消解过程中产生的硫酸铵转化成氨并与硼酸反应生成硼酸氨铵。

全部采用自动化控制，自动控制过程包括：样品蒸馏控制，加碱量控制，蒸汽流量控制，蒸馏时间控制，自动报警控制，残余物排出开关控制，滴定自动控制，计算自动由计算器打印结果。

（4）注意事项

① 能够适用于各种不同食品的蛋白质含量测定，对于黏稠易发泡的样品：如蛋白质溶液、牛奶、啤酒等液体样品，可通过特殊的加液漏斗滴加过氧化氢作为催化剂，进行消解。因为高温消解，对天然有机物的消解比较彻底，可用于土壤、肥料等含氮量的测定，亦有用于元素分析仪测定样品的前处理，一般均认为效果很好。

② 如果测定结果不稳定，需要多重复几次实验。

③ 仪器需要定期用标准试剂进行校准，以保证实验结果的准确性。

④皮革中的蛋白质含量计算结果，需要除去皮革的水分含量，换算成以绝干物质重为基准的报告值。

思 考 题

1. 含氮量与皮质的定义分别是什么？它们之间有什么关系？
2. 测定皮革的含氮量与皮质含量的方法一共有哪些？它们之间的区别在哪里？
3. 不同方法在测定皮革的含氮量与皮质含量时，应注意的事项有哪些？

5.8 鞣透度、革质及结合鞣质的计算

（1）定义

① 结合鞣质。植物鞣革中与皮胶原结合且不溶于水的鞣质。

② 革质。皮质和它所结合的鞣质的总和。
③ 鞣透度。每 100 份皮质所结合的鞣质份数。
（2）计算
① 结合鞣质。按式（5-29）计算结合鞣质含量（%）。

$$\text{结合鞣质含量}=100\%-\text{水分及其他挥发物含量}-\text{二氯甲烷萃取物含量}-\text{皮质含量}-\text{水不溶性灰分含量}-\text{水溶物含量} \quad (5\text{-}29)$$

② 革质。按式（5-30）计算革质含量（%）。

$$\text{革质含量}=\text{皮质含量}+\text{结合鞣质含量} \quad (5\text{-}30)$$

③ 鞣透度（鞣制系数）。按式（5-31）计算鞣透度（%）。

$$\text{鞣透度}=[\text{结合鞣质含量}/\text{皮质含量}]\times 100\% \quad (5\text{-}31)$$

计算结果数据只保留一位小数。鞣透度的结果，保留整数。

（3）注意事项。鞣透度、革质及结合鞣质的计算方法依据标准 QB/T 2723—2005，仅适用植物鞣革。

（4）讨论。植物鞣革的结合鞣质含量至今还没有方法直接求出，只能用革的总的化学组成减去其他各项组分，由所得差数计算而得。所以化学分析中各项组分的确定，直接影响结合鞣质的计算结果，而其中水溶物的含量是结合鞣质的决定因素。在水溶物中其他可溶物含量一定的情况下，含有的未结合鞣质越多，水溶物含量就越多，相应地结合鞣质就越少。反之未结合鞣质越少，结合鞣质就越多。结合鞣质的多少可以说明鞣制的时间、鞣制方法是否正确。

鞣透度的高低受皮质含量和结合鞣质含量两个因素的制约。在皮质含量一定时，鞣透度越高说明鞣制效果好。但如果在皮革加工过程中，皮质损失太多，而降低了皮质含量，相应地会造成鞣制系数虚假地提高，这也并不能说明鞣制就好。所以不能把它作为评定皮革的唯一依据，而必须综合各种性能全面衡量。植物鞣制底革的鞣制系数一般在 60% 以上，牛轮带革为 50% 以上。

思 考 题

1. 鞣透度、革质及结合鞣的定义分别是什么？
2. 鞣透度、革质及结合鞣质的计算方法是否适用于铬鞣革？
3. 影响鞣透度高低的因素主要有哪些？

5.9 三氧化二铬含量的测定

铬鞣革的含铬量是一项重要指标，成革的丰满性、柔软度、弹性、收缩温度等都与三氧化二铬含量有密切关系。对于革的纤维结构紧实，内部纤维束分散适度的革，其 Cr_2O_3 量在 3%~5% 时，一般其物理性质都较好，若 Cr_2O_3 含量太低，则革显得空松扁薄，经不起长期的折叠弯曲。通常铬鞣面革含铬量不低于 4.0%。铬鞣毛皮皮板中 Cr_2O_3 含量的高低对其质量也有直接影响，如果皮板中 Cr_2O_3 含量过高，皮板收缩程度增大，延伸性差；含量过低，皮板显得死板、扁薄、耐温差、收缩温度低。

革及毛皮皮板中三氧化二铬的测定，目前采用的方法较多，有容量法、比色法等，但都有如下三个步骤：第一步分解革中有机物质，即用高温灰化（称干法消化）或强酸消解（湿法消化），使有机物质变成二氧化碳、水而挥发，剩下残留物中有三价铬及其他矿物鞣剂和中性盐等。

第二步用氧化剂将三价铬氧化为六价铬，所用氧化剂有氯酸钾、过氧化钠、溴酸钾、过氯酸、硝酸钾等。

第三步用碘量法（或其他氧化还原法）将六价铬还原为三价铬进行测定。

根据所用的氧化剂不同，方法各有特点。过氧化钠法（以 Na_2O_2 化剂）准确性较高，但手续繁杂，需使用镍坩埚，试验费用高，近年来几乎被氯酸钾法（以氯酸钾作氧化剂）所代替，此法手续简便、快速，易于掌握，准确性也高，使用瓷坩埚融熔即可。但氯酸钾是强氧化剂，灰化要完全，不可残存炭粒，否则在氧化时容易引起爆炸。过氯酸法是用湿法氧化，手续简单迅速，但是消化不完全时易引起爆炸，操作时必须特别小心。国际标准《ISO/DIS5398：1986 皮革氧化铬的测定》采用过氯酸法，我国轻工行业标准 QB/T 2720—2018 也采用过氯酸法及熔融法，QB/T 5313—2018 光度法、QB/T 5314—2018 原子吸收光谱法；目前实验操作采用最多的是标准 QB/T 5315—2018 中规定的电感耦合等离子体-发射光谱法（ICP-OES）。

5.9.1 氯酸钾法

（1）原理。先将试样灰化，然后用氯酸钾，在融熔状态下，将三价铬氧化成六价铬，过量的氯酸钾在高温下被分解，然后碘量法测定六价铬的含量。反应过程如式（5-32）~式（5-36）所示：

① 熔融氧化和过氯酸分解

$$Cr_2O_3+5KClO_3 \rightarrow 2K_2CrO_4+KCl+5O_2\uparrow+2Cl_2\uparrow \tag{5-32}$$

$$KClO_3 \rightarrow 2KCl+3O_2\uparrow \tag{5-33}$$

② 溶液的酸化

$$2K_2CrO_4+2HCl \rightarrow K_2Cr_2O_7+2KCl+H_2O \tag{5-34}$$

③ 加碘化钾

$$K_2Cr_2O_7+6KI+14HCl \rightarrow 2CrCl_3+3I_2+8KCl+7H_2O \tag{5-35}$$

④ 用硫代硫酸钠溶液滴定

$$2Na_2S_2O_3+I_2 \rightarrow 2NaI+Na_2S_4O_6 \tag{5-36}$$

（2）测试仪器。瓷坩埚或瓷蒸发皿；碘量瓶；漏斗；滴定管；电炉。

（3）测试试剂。氯酸钾（化学纯）：研成粉末，在80℃烘箱中烘4h后待用；1∶1盐酸溶液；碘化钾：10%的溶液或固体碘化钾；0.1mol/L的硫代硫酸钠标准溶液；淀粉指示剂：称取1g可溶性淀粉，用少量蒸馏水调匀，然后边搅拌边加入100mL沸腾的蒸馏水中，再煮沸2~3min使溶液透明，加入0.1g碘化汞作防腐剂。

（4）测试步骤。精确称取样品0.5g（对于低铬鞣样品，可称1.0~1.5g样品）放入瓷坩埚或瓷蒸发皿内，先低温慢慢炭化，待无炭烟而呈灰绿色时冷却2~3min，将氯酸钾粉末约1g均匀的盖满灰分，先用小火加热慢慢转动坩埚，使之均匀熔化，待全部呈黄色时，用大火加热至干（600℃下灼烧10min）。将氧化好的样品冷却15min，把坩埚放在漏斗上，下面以碘量瓶承接。用蒸馏水溶解坩埚中的熔融物并洗涤坩埚和漏斗数次，全部倒入碘量瓶中，然后加入 1:1 盐酸溶液 10mL 和 10% 的碘化钾溶液 10mL，摇匀后塞住瓶塞置暗处 5min，用 0.1mol/L 的硫代硫酸钠标准溶液滴定至溶液呈稻草黄色时加入淀粉指示剂 1~2mL，继续滴定至蓝色消失变为翠绿色即为终点。记录所耗硫代硫酸钠的体积。

（5）计算

成品中三氧化二铬含量（%）按式（5-37）计算。

$$Cr_2O_3含量 = [(c \times V \times 152)/6 \times m \times 1000)] \times 100\% \quad (5-37)$$

式中　c——硫代硫酸钠标准溶液的浓度（mol/L）；

V——滴定所耗硫代硫酸钠标准溶液的体积（mL）；

152——三氧化二铬的摩尔质量（g/mol）；

m——样品质量（g）。

两份试验所得结果之差，不超过原始试样质量的 0.1%。

（6）注意事项

① 氯酸钾是一种强氧化剂，与各种易燃物（硫、磷、有机物等）混合后，受到冲击即猛烈爆炸，因此革样必须灰化完全，不能留有炭粒（灰化时灰分中不能留有亮点），否则操作中易引起爆炸。

② 氧化后易有爆炸物留于坩埚外面及盖上，溶解洗涤时必须十分仔细，先将盖放在漏斗上用蒸馏水洗净，再将坩埚冲洗干净，洗涤液一并入锥形瓶里，否则带来很大误差。

5.9.2　过氯酸法

（1）原理。灰化后的试样用过氯酸氧化，将三价铬变为六价铬，然后再用碘量法测定。反应过程如式（5-38）和式（5-39）所示：

$$Cr_2O_3 + 2HClO_4 \rightarrow 2CrO_3 + H_2O + Cl_2\uparrow + 2O_2\uparrow \quad (5-38)$$

$$Cr_2O_3 + H_2O \rightarrow H_2CrO_4 \quad (5-39)$$

（2）测试仪器和试剂。玻璃漏斗；玻璃珠；碎瓷片；60%~70% 的过氯酸（单独使用过氯酸氧化皮革易引起爆炸，应将过氯酸和硫酸配制成混合酸，5~7g 过氯酸铵可以代替 60%~70% 的过氯酸）；85% 的磷酸；10% 碘化钾溶液或颗粒状碘化钾；1% 淀粉溶液（新制备的，或配制好后加入一些碘化汞）；0.1mol/L 的硫代硫酸钠标准溶液；300mL 具有磨口玻璃塞的锥形瓶或凯氏烧瓶。

（3）测定方法。将 1~5g 试样的灰分放在 300mL 锥形瓶（或凯氏烧瓶）中，加入 5mL 浓硫酸和 10mL 60%~70% 过氯酸，放在铁丝网上用中等火焰加热至沸，在瓶口插上小漏斗以防溶液溅出，同时瓶内水分能蒸发。当混合物开始转变为橙黄色立即将火焰减小，在溶液颜色完全改变后，再慢慢加热 2min，在空气中短时间冷却后，迅速将锥形瓶放入冷水浴中冷却，将此冷却后的溶液稀释到 200mL。为了除去生成的氯，再煮沸约 10min，并放碎瓷片以防止爆沸（玻璃珠不足以阻止冲撞），在重新冷却后，加入 15mL 85% 纯磷酸（以掩蔽存在的铁离子）。再加入 10% 的碘化钾溶液 20mL（或相当重量的颗粒状碘化钾），在暗处放置 5min，用 0.1mol/L 的硫代硫酸钠标准溶液滴定至溶液呈稻草黄色时加入淀粉指示剂 1~2mL，继续滴定至蓝色消失变为翠绿色即为终点。记录所耗硫代硫酸钠的毫升数。

（4）计算。成品中三氧化二铬含量同样按式（5-37）计算。

（5）注意事项

① 试剂过氯酸一般在60%~70%时稳定，若浓度高于85%就会立即爆炸。

② 不要用电炉直接加热，需隔石棉板。加过氯酸后若加热出现干枯现象，须重做。

③ 过氯酸应作危险品看待，贮藏时特别注意。

5.9.3 熔融法

（1）原理。将试样灰化完全，其中的铬盐（Cr_2O_3）用熔融混合剂，使三价铬变为六价铬，再用碘量法测定六价铬的含量。

（2）测试仪器和试剂。坩埚或蒸发皿；200mL或500mL具有磨口塞的锥形瓶；漏斗和过滤器；熔融混合剂：合适的熔融混合剂是等份的无水碳酸钠、碳酸钾和四硼酸钠，或单独使用氯酸钾为熔剂；浓盐酸（相对密度1.18）；10%碘化钾溶液或1g粒状的碘化钾；1%淀粉溶液；0.1mol/L硫代硫酸钠标准溶液。

（3）分析步骤。精确称取1~5g样品，将样品按"硫酸盐总灰分和硫酸盐水不溶物灰分"的测定方法得到的灰分，再加入2~3倍量的熔融混合剂，并用一根铂金丝或细的玻璃棒很好地混合。先将坩埚在酒精喷灯上慢慢加热，然后用较强火焰加热约30min（也可在调节到800℃的高温炉中加热）。冷却后，将坩埚放入盛有100~150mL沸腾蒸馏水的烧杯内并将烧杯放在水浴锅上加热直到熔融物完全溶解为止。将此溶液过滤到锥形瓶中。用热蒸馏水彻底洗涤滤纸。小心用盐酸中和滤液，然后加入过量的酸。让混合物冷却到室温，加入20mL 10%碘化钾溶液或2g颗粒状的碘化钾，在暗处放置5min。

（4）计算。成品中三氧化二铬含量按式（5-37）计算得到。

思 考 题

1. 测试皮革中三氧化二铬含量的目的及意义是什么？
2. 测试皮革中三氧化二铬含量的方法有哪些？它们有什么不同？
3. 用不同方法测试三氧化二铬含量的过程中，需要注意的事项有哪些？

5.10 三氧化二铝含量的测定

革和毛皮皮板中Al_2O_3的含量是成品内在质量的一个衡量标准。测定成品中Al_2O_3的方法有重量法、络合滴定法、比色法。其中铬天青S比色法操作简便，易于掌握，准确性也高。

5.10.1 重量法

（1）原理。先将试样灰化，然后加熔剂熔融，热水溶解熔融物为铝酸化合物（如有铬存在则形成铬酸盐），加氯化铵产生氢氧化铝沉淀（铬化合物在溶液中）。过滤、灼烧、称重，从而计算三氧化二铝的含量。

（2）测试试剂。无水碳酸钠：化学纯；氯酸钾：化学纯；碳酸钾：化学纯；氯化铵：

化学纯；硝酸铵：2%溶液。

（3）分析步骤。精确称取样品2~3g，使之灰化（铂坩埚中），加入2g熔融剂（15份碳酸钠、5份碳酸钾和1份氯酸钾研磨混合均匀），用铂金丝混合均匀，在高温炉中熔融，再加1g熔剂，如热20min，冷却。如含有铬则出现纯黄色的熔块。将铂坩埚置于250mL烧杯内，用热水溶化熔块，并加热煮沸片刻，如有沉淀需过滤（若发现滤渣显绿色，则需用少量熔剂与滤渣在铂坩埚中依前法处理）。洗净滤纸，将洗液及滤液收集于400mL烧杯内，加入2~3g氯化铁，煮沸至无氨味为止。溶液中出现白色絮状沉淀，用无灰滤纸倾泻法过滤，然后再用热的2%硝酸铵溶液洗涤至无氯根为止。如滤液现黄色，可将洗液及滤液移入500mL容量瓶中，进行三氧化二铝含量的测定，将沉淀及滤纸置于已恒重的铂坩埚中烘干、炭化、灼烧、冷却、称重，直至恒重。

（4）计算。按式（5-40）计算三氧化二铝的含量（%）。

$$Al_2O_3 含量 = (m_1/m_2) \times 100\% \tag{5-40}$$

式中 m_1——灼烧残渣质量（g）；

m_2——样品质量（g）。

两份平行测定结果相差不得超过原始试样重的0.1%。

（5）注意事项

氢氧化铝易在沉淀时吸附盐类，使结果偏高，因此可溶于稀盐酸，然后再以氨水沉淀。

5.10.2 络合滴定法（YS/T 445.4—2019）

（1）原理。将试样灰化除去有机物质，再将残渣用碱熔融配制成分析溶液用CDTA或EDTA进行络合滴定以测定铝含量。

（2）测试试剂。六次甲基四胺：化学纯；熔融剂：碳酸钾和氯酸钾以7:6摩尔比混合；浓盐酸：相对密度1.18；氢氧化钠；氨水：1:1；0.05mol/L EDTA溶液（或0.05mol/L CDTA溶液）：将18.6g EDTA溶解在200mL蒸馏水中，加100mL 1mol/L氢氧化钠溶解并稀释到1000mL（用前须标定）；0.03mol/L氯化锌溶液；二甲酚橙指示剂：0.1%水溶液。

（3）测试步骤

称取试样约2g于坩埚中在不超过500℃的温度下灰化，加灰分重3~5倍量的熔融剂于灰分内，用铂金丝混合均匀。加热到800℃，当熔融物已成为均匀状态时（约30min），冷却，放入盛有足量的热蒸馏水的高型烧杯中，水量应盖坩埚，使熔融物溶解，必要时可加热。

过滤除去铁和锆，用蒸馏水彻底洗涤漏斗，将滤液和洗涤液收集于烧杯中，用盐酸酸化使铝溶液在pH1~3范围内，将酸化过的溶液煮沸除去二氧化碳，冷却，将上述溶液移入100mL容量瓶中，稀释至刻度配成分析溶液。

吸取含Al_2O_3 20~30mg的分析溶液于250mL烧杯中，加入25mL 0.05mol/L EDTA（或0.05mol/L CDTA）溶液，此时溶液应保持在pH2.5~3.0，煮沸3~5min，冷却，加氢氧化钠溶液调节pH为5.5。加六次甲基四胺2g，加入几滴二甲酚橙指示剂，用0.05mol/L氯化锌标准溶液滴定至溶液的颜色由黄转变为红色即为终点。

(4) 计算。按式 (5-41) 计算三氧化二铝的含量 (%)。

$$Al_2O_3 含量 = [(25 \times c_{EDTA} - V_{ZnCl_2} \times c_{ZnCl_2} \times 0.051/(m_{样} \times V_{容}/V_{样})] \times 1000\% \quad (5-41)$$

(5) 注意事项

① 铝和 EDTA 或 CDTA 络合要在 pH2.5~3.0 的范围进行，CDTA：Al 的比例需 2~3 倍才能定量地形成 1：1 络合物。

② 铬对测定无干扰（Cr^{6+}），但浓度大于 $\frac{1}{60}$ mol/L 时，会使终点的观察发生困难，可进行稀释克服。

③ 为了便于判断终点，可使用对比溶液。

5.10.3 铬天青 S 直接比色法 (YS/T 445.4—2019)

(1) 原理。试样经混酸消解后，在醋酸钠—醋酸缓冲溶液中，铝与铬天青 S 在 pH 为 5.8 时生成铬天青 S—铝的紫红色络合物，其色随铝的浓度增加而加深。该法对铝的选择性较高，操作简便、快速，但线性范围不大。

(2) 测试试剂

① 铬天青 S 显色剂 (0.08% 的乙醇水溶液)：称分析纯铬天青 S 0.4000g，溶于少量水中，转移至 500mL 容量瓶中，加 250mL 无水乙醇，再用蒸馏水稀释至刻度。

② 铝标准溶液：称取硫酸铝 $Al_2(SO_4)_3 \cdot 18H_2O$ 1.2340g 溶于水中，加 1：1 盐酸 2mL，转移至 1000mL 容量瓶中，用水稀释至刻度。该溶液浓度为 0.1000mg/mL。

吸取上述溶液 5mL 于 100mL 容量瓶中，用水稀释至刻度配制成 5g/mL (Al) 标准液。

③ 缓冲溶液 (pH5.8)：称取无水醋酸钠 70g，溶于水后，加冰醋酸 9mL，用水稀释至 1000mL 摇匀待用。

(3) 绘制标准曲线。吸取含 5g/mL (Al) 标准溶液分别为 0.0, 1.0, 2.0, 3.0, 4.0, 5.0mL 于六个 50mL 容量瓶中，其含铝量分别为 0.0, 5.0, 10.0, 15.0, 20.0, 25.0g。

然后分别加入显色剂 5mL，再加缓冲溶液 15mL，用水稀释至标线，充分摇匀后测其吸光度 E 值。最大吸收波长为 540nm，比色皿厚度 1cm，灵敏度 1。以未加样品而只加显色剂和缓冲溶液的空白液调仪器零点。

用吸光度 E 和重量 W (g) 作标准曲线，以备测样品时使用。

(4) 样品测定。准确称取样品 0.5g 左右，于干燥的 150mL 锥形瓶中，加浓硫酸 5mL，浓硝酸 1~2mL，低温小心加热，稍稍摇动，待革样消解，棕色气体 NO_2 冒完，溶液由棕色转为透明无色或绿色（当有铬存在时）溶液，取下冷却，将消解液转移至 200mL 容量瓶中，用蒸馏水洗涤锥形瓶数次，并将洗液全部转入容量瓶中，冷至室温，用蒸馏水定容至标线，摇匀。

吸取 1mL 于 50mL 容量瓶中，加入显色剂 5mL，再加缓冲溶液 15mL，用蒸馏水稀释至标线，充分摇匀后测其吸光度 E 值。最大吸收波长为 540nm，比色皿厚度 1cm，灵敏度 1。

以未加样品而只加显色剂和缓冲溶液稀释至标线的溶液作空调零点，在分光光度计上测吸光度。

(5) 计算。根据测得的吸光度在 E—W 工作曲线上查出铝量，用式 (5-42) 对三氧化二铝含量（%）进行计算。若样品中铝含量较高，可适当稀释后再进行测定。

$$Al_2O_3 含量 = [(m_1 \times 102)/(m_0 \times 10^6 \times 54 \times V_2/V_1)] \times 100\% \quad (5-42)$$

式中　m_0——样品质量（g）；

　　　m_1——标准曲线上查得的铝质量（g）；

　　　102——三氧化二铝的摩尔质量（g/mol）；

　　　54——1mol 三氧化二铝中铝的摩尔质量（g/mol）；

　　　V_1——稀释总体积（mL）；

　　　V_2——显色时吸取稀释液的体积（mL）。

（6）注意事项

① 消解过程中如溶液为棕黑色不转透明，可取下冷却，补加浓硝酸 1mL，再加热至 NO_2 冒完，溶液呈透明（淡黄色或绿色），否则需再加 1mL 浓硝酸直至消解完全。若出现混浊，可继续小火加热，即会慢慢转至透明。

② 钛、铍、铬、钒、氟等元素有干扰，铬、钒在 1% 以下影响可忽略。

思　考　题

1. 测试皮革中三氧化二铝含量的目的及意义是什么？
2. 测试皮革中三氧化二铝含量的方法有哪些？它们有什么不同？
3. 用不同方法测试三氧化二铝含量的过程中，需要注意的事项有哪些？

5.11　甲醛含量的测定

对于甲醛鞣制的毛皮，皮板中甲醛含量的多少，直接影响成品的内在质量。本试验皮革中甲醛含量测定方法采用碘量法，目前国家标准有高效液相色谱法（GB/T 19941.1—2019）和分光光度法（GB/T 19941.2—2019），其中高效液相色谱法在实际应用中使用较多。

（1）原理。将皮板中的甲醛采用蒸馏的方法分离出来，冷凝，并收集起来。然后在碱性条件下，以过量的碘将甲醛氧化，生成甲酸钠和碘化氢，再在酸性条件下用硫代硫酸钠回滴过量的碘，从而算出甲醛含量、化学反应方程式如式（5-43）和式（5-44）所示：

$$HCHO + NaOH + I_2 \rightarrow HCOONa + 2HI \quad (5-43)$$

$$I_2 + 2Na_2S_2O_3 \rightarrow Na_2S_4O_6 + 2NaI \quad (5-44)$$

（2）测试试剂。0.05mol/L 碘标准溶液；0.1mol/L 硫代硫酸钠标准溶液；0.5mol/L 硫酸溶液；1mol/L 氢氧化钠溶液；1% 淀粉指示剂。

（3）测试步骤。准确称取试样 2g 置于凯氏烧瓶中，连接定氮气球和分液漏斗，并装好冷凝管，由分液漏斗加入 8mL 0.5mol/L 硫酸和 17mL 蒸馏水，煮沸蒸馏，由分液漏斗不断地滴入蒸馏水，收集约 300mL 蒸出液（约 1h），盛入 500mL 碘量瓶中。准确加入 25 或 50mL 0.05mol/L 碘标准溶液及 1mol/L 氢氧化钠溶液 15mL，5min 后，加入 40mL 0.05mol/L 硫酸，再经 5min 后，以 0.1mol/L 硫代硫酸钠标准溶液滴定至溶液呈淡黄色时，加入约 1mL 淀粉指示剂，继续滴至蓝色消失为止。

同时不加试样做空白。

(4) 计算。按式（5-45）计算甲醛含量（%）。

$$甲醛含量 = [c \times (V_0 - V_1) \times 0.3004 / (2 \times m)] \times 100\% \tag{5-45}$$

式中　c——硫代硫酸钠标准溶液的浓度（mol/L）；

　　　V_0——空白试验硫代硫酸钠标准溶液的耗量（mL）；

　　　V_1——测试验硫代硫酸钠标准溶液的耗量（mL）；

　　　m——试样质量（g）；

　　　0.3004——$\frac{1}{100}$甲醛的摩尔质量（g/mol）。

思 考 题

1. 测试毛皮中甲醛含量的目的及意义是什么？
2. 测试毛皮中甲醛含量的原理是什么？

5.12 硫酸盐含量的测定

皮革在生产过程中，采用了芒硝，还有明矾、铬盐内的硫酸盐，因此，有必要测定其硫酸盐含量。成品中硫酸盐含量多少也直接影响成品的内在质量。

(1) 原理。用氯化钡将硫酸根沉淀，用重量法测定硫酸钡的含量。

(2) 测试试剂。0.1mol/L 磷酸二氢钠溶液；6mol/L 盐酸溶液；1%氯化钡溶液。

(3) 测试步骤。精确称取样品约 1g 置于 250mL 容量瓶中，加入 200mL 磷酸二氢钠溶液在沸水中浸 2h 并不时搅动。取出冷却，加水至刻度，摇匀。在干滤纸上过滤，弃去最初滤出的滤液 20~25mL，吸取滤液于烧杯中，加 5mL 6mol/L 盐酸，煮沸，趁热滴加 1%氯化钡溶液。充分搅拌，让沉淀静置 3h 以上，然后用无灰滤纸过滤、洗涤、烘干、灼烧、称重。

(4) 计算。按式（5-46）计算硫酸盐的含量（%）。

$$硫酸盐含量(以 SO_3 计) = [(硫酸钡重 \times 0.343)/(试样重 \times 200/250)] \times 100\% \tag{5-46}$$

式中　0.343——将硫酸钡换算成 SO_3 的系数。

思 考 题

1. 测试皮革中硫酸盐含量的目的及意义是什么？
2. 测试皮革中硫酸盐含量的原理是什么？

5.13 氯化物含量的测定

皮革在生产过程中加入了许多氯化钠，成品中氯化物的含量对其质量有一定影响。过多的氯化钠会在皮面上形成盐霜。

(1) 原理。以硝酸银溶液沉淀氯离子，然后用硫氰酸铵滴定过量的硝酸银，而计算出氯化物的含量。

（2）测试试剂。硝酸：10%溶液；硝酸银：0.1mol/L 标准溶液；硫氰酸铵：0.1mol/L 标准溶液；铁铵矾指示剂：铁铵矾饱和溶液中加入数滴浓硝酸至溶液棕色消失为止。

（3）测试步骤。精确称取 2g 样品，置于 250mL 容量瓶中，加入硝酸溶液 100mL，放置过夜。次日如革消解不完全，将瓶放入沸水中至完全消解。如为加速消解，不放置过夜，可将样品置于锥形瓶中，加硝酸后，立即加热，在瓶口装上回流冷却器，使样品完全消解，然后倾入容量瓶中。于容量瓶中加入 50mL 0.1mol/L 硝酸银标准溶液，混合均匀后继续加热，直至氯化银的沉淀凝结，上层溶液呈透明为止。然后冷却容量瓶，加水至标线，摇均。吸取 100mL 含过量的硝酸银的澄清液（吸取有困难，可用干滤纸过滤），以 0.1mol/L 硫氰铵标准溶液滴定，用铁铵矾作指示剂至呈红色为止。

（4）计算。试样中氯化物含量（%）以 NaCl 的百分含量表示，并按式（5-47）计算：

$$氯化钠含量 = \frac{(c_1V_1 - 2.5c_2V_2) \times 58.5}{m \times \frac{100}{250} \times 1000} \times 100\% \tag{5-47}$$

式中　c_1——硝酸银标准溶液的浓度（mol/L）；

　　　V_1——硝酸银标准溶液的体积（mL）；

　　　c_2——硫氰酸铵标准溶液的浓度（mol/L）；

　　　V_2——硫氰酸铵标准溶液的体积（mL）；

　　　2.5——容量瓶体积和取样液体积之比；

　　　58.5——氯化钠的摩尔质量（g/mol）；

　　　m——革样的质量（g）。

思 考 题

1. 测试皮革中氯化物含量的目的及意义是什么？
2. 测试皮革中氯化物含量的原理是什么？

5.14　pH 的测定

（1）概述。革试样浸出液的 pH 称为革的 pH，先测定革试样浸出液的 pH，然后将浸出液稀释 10 倍后再测稀释液的 pH，两者的差值称为稀释差。

正常的革都含有一定量的酸，而呈酸性，如植物鞣革中 pH 为 3.5~5.5。铬鞣革中的 pH 为 4.5~5.5。

成革品质的优劣与其酸度有关，若测得 pH 低于 3.5，说明革中酸过多，革不耐储存。革中的酸分为有机酸和无机酸两种，无机酸对革纤维的腐蚀较有机酸大，不仅使革的各种强度下降，而且革不耐储存。因此在评定成革质量时不仅需要确定革中含酸量的多少，还应确定革中的酸是以有机酸为主还是以无机酸为主。确定的方法先测定革样浸出液的 pH，然后再测稀释差。由于无机酸在稀释 10 倍后 pH 应上升一个单位，而有机酸的差值要小得多，如醋酸稀释 10 倍以后，pH 只增加 0.5 个单位。pH 的高低一定程度上反映了酸的多少，而稀释差的大小则反映了酸的种类的比例。如果革的浸出液 pH 在 3.5~4，且抽出液的 pH 与稀释后的 pH 之差大于 0.7，则可认为革中是以破坏性较大的无机酸为主。革不耐储存。

国家标准规定各种类别的皮革均应该测定 pH，植物鞣革或铬植结合鞣革 pH 低于 4 或高于 10，应测定稀释差。目前皮革 pH 的测定主要采用轻工行业标准 QB/T 2724—2018。

（2）测试仪器和试剂。pH 计（测定范围 0~14pH 单位，刻度 0.05pH 值单位）；容量瓶（100mL）；移液管（10mL）；烧杯（100mL）；碘量瓶（250mL）；振荡器（振荡频率应调节至（50±10）次/min）；天平（准确至 0.05g）；缓冲剂（校正电极用的标准缓冲液）；试验用水（pH 在 6~7 之间，在 20℃时电导率不大于 2×10^{-4} S/cm）。

（3）测试方法

① 制备革样萃取液。称取（5±0.1）g 试样于碘量瓶中，于（20±2）℃条件下加入（100±1）mL 的水。用手摇荡 30s，试样均匀润湿后，塞上塞子在振荡器上振荡 6h。取下，倾取萃取液。如萃取液呈泥浆状，倾取有困难时，可将其通过清洁、干燥、无吸附力的稀网过滤（如尼龙布或粗的烧结玻璃漏斗）或离心分离。

若试样油脂含量过高，应先将油脂萃取后再测 pH。

② pH 测定。用低于或高于预测 pH 的两种标准缓冲溶液，来标定 pH 计，两种缓冲液的读数应准确至 0.02pH 单位之内。

再将革萃取液温度调至（20±1）℃，用 pH 计测定萃取物的 pH。一旦读数稳定，立即记录读数，准确到 0.05pH 单位。读数应在电极放入萃取液中浸泡 30~60s 内读取。

③ 稀释差的测定。吸取萃取液 10mL 于 100mL 容量瓶中，以水稀释到刻度，用约 20mL 的此稀释液，洗涤电极，然后用上述两种标准缓冲溶液标定过的 pH 计，测定稀释液的 pH，测定数据与萃取液 pH 的差即为稀释差。

思 考 题

1. 测试皮革 pH 的目的及意义是什么？
2. 不同鞣剂鞣制皮革的 pH 是否一致？为什么？

5.15 合成鞣剂中鞣质含量的测定（QB/T 38406—2019）

（1）原理。室温下，将酸化的合成鞣剂溶液与不溶的共聚物进行混合，共聚物可吸附鞣剂中的多酚，通过检测合成鞣剂与吸附用共聚物混合前后的溶液干物质含量，得到的差值即为可吸附组分含量。

（2）测试仪器。分析天平，精度 0.1mg；干燥烘箱，通风式，温度能控制在（105±2）℃；磁力搅拌器；pH 计，装有合适的复合电极，精确度为 0.1；不锈钢盘，或铝盘，用于蒸发水溶液；干燥器，装有干燥剂；滤膜，直径 50mm，孔径 0.45μm，或者合适的滤纸；玻璃烧杯，1000mL 和 500mL；容量瓶，500mL；移液管，50mL。

（3）测试试剂。水，试验用水应符合 GB/T 6682—2008 中三级水的规定；交联的、不可溶的乙烯基咪唑/乙烯基吡咯烷酮聚合物，粉末状；甲酸溶液，质量分数 50%；明胶；氯化钠；明胶溶液，将约10g明胶和约100g氯化钠溶解于1000mL水中。

(4) 测试步骤

① 分析用合成鞣剂溶液的制备。按规定称取一定量的合成鞣剂（粉末状合成鞣剂称取1.3g~1.7g；液体状合成鞣剂称取2.7~3.3g）至1000mL烧杯中，精确至0.1mg，并记录其质量（m），加入约400mL（35~40℃）的温水，搅拌至合成鞣剂溶解均匀，然后将溶液冷却至（23±1）℃。搅拌时，逐滴加入50%甲酸溶液调节pH至2.0~2.3。定量转移溶液到500mL容量瓶中，用水定容至刻度。所获得的鞣剂溶液用于后续的测试步骤。对每个待测合成鞣剂，同时制备平行鞣剂溶液。

② 绝干物质含量的测定（重复测定）。对洁净、干燥的不锈钢盘称重。用移液管移取50mL鞣剂溶液至不锈钢盘中，在合适的加热板上或在80~90℃的烘箱中小心地使水蒸发近干。然后将不锈钢盘放入（105±2）℃的烘箱中烘至恒重。取出不锈钢盘放在干燥器中冷却约2h后称重。

③ 非鞣质含量（即不可吸附组分含量）的测定。在500mL烧杯中加入（40.0±0.1）g不溶的乙烯基咪唑/乙烯基吡咯烷酮聚合物和（300±1）g鞣剂溶液，搅拌悬浮液约30min，然后静置约90min。如果上层水相不澄清，可以在速度约为3000r/min的离心机中离心15min。然后用孔径0.45μm的滤膜或者合适的滤纸（没有过滤膜的情况下）过滤上层水相，获得不少于130mL的滤液。

在装有约5mL滤液样品的烧杯中加入约2mL明胶溶液，若振荡后，溶液保持澄清，则说明滤液中不存在鞣剂。若产生沉淀或浑浊，则滤液中有残留鞣剂，应使用更多（大于40g）的乙烯基咪唑/乙烯基吡咯烷酮聚合物重复上述程序，直到测试溶液变澄清为止。

经检验滤液中不含鞣质后，则重复进行上述试验，收集本次试验全部滤液，用于非鞣质含量的测定。称重洁净、干燥的不锈钢盘。用移液管移取50mL滤液至不锈钢盘中，在合适的加热板上或在80~90℃的烘箱中小心地使水蒸发近干。然后将不锈钢盘放入（105±2）℃的烘箱中烘至恒重。取出不锈钢盘放在干燥器中冷却约2h后称重。

(5) 计算

① 绝干物质含量的计算。按照式（5-48）计算绝干物质的含量。

$$w_1 = \frac{(m_1-m_2) \times 10 \times 100\%}{m} \quad (5\text{-}48)$$

式中 w_1——绝干物质含量（%），精确至0.1%；

m_1——不锈钢盘和绝干物质的总质量（g）；

m_2——不锈钢盘的质量（g）；

m——称取的合成鞣剂的质量（g）。

② 非鞣质含量的计算。按照式（5-49）计算非鞣质含量：

$$w_2 = \frac{(m_3-m_4) \times 10 \times 100\%}{m} \quad (5\text{-}49)$$

式中 w_2——非鞣质含量，%，精确至0.1%；

m_3——不锈钢盘和非鞣质含量的总质量（g）；

m_4——不锈钢盘的质量（g）；

m——称取的合成鞣剂的质量（g）。

③ 鞣质含量的计算。按照式（5-50）计算鞣质含量（即可吸附组分含量）：

$$w = w_1 - w_2 \tag{5-50}$$

式中　w——鞣质含量（%），精确至 0.1%；

　　　w_1——绝干物质含量，%；

　　　w_2——非鞣质含量，%。

平行双份测定，两次结果的算术平均值作为最终结果，结果保留一位小数。

思 考 题

1. 测试合成鞣剂中鞣质含量的意义是什么？
2. 合成鞣剂中鞣质含量的测试原理是什么？

第6章 成品革中化学限量物质的分析

6.1 皮革及其制品中禁用偶氮染料的测定

偶氮染料是世人公认的有毒、有害的致癌物质，不仅严重污染环境，而且会危害人体健康。在皮革加工生产过程中，如果不注意处理，会使这些物质残留在皮革中的量过高。与人体接触后，就会发生迁移。长期接触、积累，最终危害人体健康。目前，欧共体、日本、特别是德国已经对本国生产的皮革、从国外进口的皮革及其制品中的此类物质的含量进行严格控制，不合格的产品严禁生产、进口和销售，美国也制定了相应的法规。我国对出口到这些国家和地区的皮革及其制品也进行了严格控制。此外，我国的纺织、建材、环保等行业对偶氮染料在其产品中的含量都有严格的控制和要求，以保护生态环境，保护人体健康。针对国际上对皮革、毛皮中偶氮染料含量的限制日益加强，为更好地与国际接轨，打破国外发达国家的技术壁垒，我国皮革工业标准化技术委员会也已制定相应的国家标准，以促进我国皮革工业的发展和进步，和国际接轨，保护消费者的人身安全和健康。皮革及其制品中偶氮染料的测定现行国家标准为 GB/T 19942—2019。

（1）原理。皮革、毛皮试样经"脱脂"后置于一个密封的系统，温度为70℃，在柠檬酸盐（柠檬酸—氢氧化钠）缓冲液（pH=6）中用连二亚硫酸钠处理，将还原裂解产生的禁用芳香胺，用硅藻土液-液分配柱提取，在碱性条件下，用叔丁基醚提取还原分解出来的芳香胺，经浓缩、净化、定容后，用气-质联用仪（或气相色谱-氮磷检测器）和高效液相色谱-二极管阵列检测器定量对芳香胺进行测定。

（2）测试仪器。高效液相色谱仪，配有二极管阵列检测器；气相色谱仪，配有质谱检测器（或氮-磷检测器）；恒温水浴，温度控制在（70±2）℃；超声波水浴；旋涡混合器；旋转蒸发器；具塞三角烧瓶，100mL；具塞试管，50mL；鸡心瓶，100mL，具有标准磨口。移液管，1mL，2mL，5mL，10mL；提取柱，20~2.5cm（内径）玻璃柱，下端具有活塞，能控制流速，尖端处塞少许玻璃棉，然后加入20g硅藻土，轻击玻璃柱，使装填结实；具塞刻度离心管，5mL；离心机，5000r/min。

（3）测试试剂。甲醇，HPLC淋洗剂；正己烷；正戊烷；二氯甲烷；5mol/L氢氧化钠甲醇溶液；1mol/L氢氧化钠水溶液；1mol/L盐酸溶液；硅藻土，在600℃灼烧4h，冷却后贮于干燥器内备用。

乙醚：取50mL乙醚，加100mL 5%硫酸亚铁溶液振摇，弃去水层，于全玻璃装置中重蒸馏，收集33.5~34.5℃馏分；

200mg/mL连二亚硫酸钠溶液：将20g连二亚硫酸钠溶解在经煮沸并冷却的蒸馏水中，稀释至100mL，用时新鲜配制；

pH=6的柠檬酸-氢氧化钠缓冲液：将12.526g柠檬酸和6.320g氢氧化钠溶于1000mL水中；芳香胺标准品，已知成分的24种禁用芳香胺（表6-1），纯度≥97%；

芳香胺标准溶液：准确称取适量芳香胺标准品，用二氯甲烷配制成浓度为 0.5mg/mL 的标准储备液，使用时，根据需要再用二氯甲烷配制成适当浓度的标准工作液。

十一钨硅酸钾（$K_8SiW_{11}O_{39}$）：称取 91.08g $Na_2WO_4 \cdot 2H_2O$ 和 7.37g $Na_2SiO_3 \cdot 9H_2O$ 放入大烧杯中，加入 150mL 热水溶解，将大烧杯置于电磁搅拌器上，在加热和搅拌的同时，逐滴加入 98mL 4mol/L HCl，然后放在电炉上，盖上表面皿，加热，微沸 1h。过滤，滤液中加入 37.5g KCl 固体，快速搅拌，产生白色沉淀，用玻璃砂芯漏斗抽滤，固体再次结晶。用 100mL 沸腾的水溶解结晶，冷却后析出结晶，抽滤。再次用 70mL 沸腾的水溶解结晶，冷却析出结晶后，抽滤。用乙醇洗涤结晶三次（每次用乙醇 20mL）；再用乙醚洗涤结晶三次（每次用乙醚 20mL；最后使残留的有机溶剂挥发至干，即得十一钨硅酸钾。

0.05mol/L 十一钨硅酸钾溶液：称取 1.5g 十一钨硅酸钾，用 10mL 热水溶解，边振摇边向溶液中滴加数滴 1mol/L HCl 溶液加快溶解，pH 应在 4.0 左右。放置后，如析出结晶，则应弃掉结晶物。

表 6-1　　　　　　　　　　　　24 种禁用芳香胺名称

化学文摘编号	芳香胺名称
92-67-1	4-氨基联苯（4-Aminodiphenyl）
92-87-5	联苯胺（Benzidine）
95-69-2	4-氯邻甲苯胺（4-Chloro-o-toluidine）
91-59-8	2-萘胺（2-Naphthylamine）
97-56-3	邻氨基偶氮甲苯（o-Aminoazotoluene）
99-55-8	2-氨基-4-硝基甲苯（2-Amino-4-nitrotoluene）
106-47-8	对氯苯胺（p-Chloroaniline）
615-05-4	2,4-二氨基苯甲醚（2,4-Diaminoanisole）
101-77-9	4,4′-二氨基二苯甲烷（4,4′-Diaminodiphenylmethane）
91-94-1	3,3′-二氯联苯胺（3,3′-Dichlorobenzidine）
119-90-4	3,3′-二甲氧基联苯胺（3,3′-Dimethoxybenzidine）
119-93-7	3,3′-二甲基联苯胺（3,3′-Dimethylbenzidine）
838-88-0	3,3′-二甲基-4,4′-二氨基二苯甲烷（3,3′-Dimethyl-4,4′-Diaminodiphenylmethane）
120-71-8	3-氨基对甲基甲醚（p-克利酊）（p-Cresidine）
101-14-4	4,4′-次甲基-双-(2-氯苯胺)[4,4′-Methylene-bis-(2-Chloroaniline)]
101-80-4	4,4′-二氨基二苯醚（4,4′-Oxydianiline）
139-65-1	4,4′-二氨基二苯硫醚（4,4′-Thiodianiline）
95-53-4	邻甲苯胺（o-Toluidine）
95-80-7	2,4-二氨基甲苯（2,4-Toluylenediamine）
137-17-7	2,4,5-三甲基苯胺（2,4,5-Trimethylaniline）
90-04-0	邻甲氧基苯胺（邻氨基苯甲醚）（2-Anisidine）
95-68-1	2,4-二甲基苯胺（2,4-Xylidine）
87-62-7	2,6-二甲基苯胺（2,6-Xylidine）
60-09-03	4-氨基偶氮苯（4-aminoazobenzene）

（4）测试步骤

① 脱脂。称取试样 1.0g 于 100mL 三角烧瓶中，加入 20mL 正己烷，盖上塞子，置于 40℃ 的超声波水浴中处理 20min，滗掉正己烷，注意不要损失试样。再用 20mL 正己烷按同样方法处理一次。脱脂后的试样在敞口的玻璃容器中置于通风柜中放置过夜，挥干正己烷。

② 还原。待试样中的正己烷完全挥干后,将试样转移到50mL试管中,加入17.0mL预热至(70±5)℃的缓冲液,盖上塞子,轻轻振摇使试样湿润,然后将其置于已预热到(70±2)℃的水浴中加热(25±5)min。加入1.5mL连二亚硫酸钠溶液,盖上塞子,摇匀,继续在水浴中加热(10±1)min,再加1.5mL连二亚硫酸钠溶液,盖上塞子,摇匀,并加热(10±1)min,取出。反应器用冷水尽快冷却至室温。

③ 液-液萃取。经还原处理的全部反应溶液小心转移到提取柱中(用一根玻璃棒将纤维物质尽量挤干),静止15min后,加5mL乙醚和1mL 5mol/L氢氧化钠甲醇溶液于留有试样的反应容器里,旋紧盖子,充分振摇后立即将溶液转移到提取柱中(如试样严重结块则用玻棒将其捣散),待液体吸附于柱上后,分别用15mL、20mL乙醚两次冲洗反应容器和试样,每次洗涤后,将液体完全转移到柱中,最后直接加40mL乙醚到提取柱中(每次均需待提取柱中洗脱液流完之后再加乙醚,控制流速2~4mL/min)。洗脱液收集在鸡心瓶中,鸡心瓶中事先加入4滴十一钨硅酸钾溶液和4滴盐酸溶液。

④ 浓缩、净化、定容。将鸡心瓶置于超声水浴中超声混匀,然后于(35±2)℃真空(500mbar±100mbar)旋转浓缩至有机相近干,残留的乙醚用缓慢气流吹干。沿瓶壁加入2.5mL正戊烷,振荡、离心后,用吸管吸去正戊烷层。再用2.5mL正戊烷洗涤一次,用吸管吸去正戊烷层,残余的正戊烷用缓慢气流吹干。往鸡心瓶内加入8滴氢氧化钠水溶液,将鸡心瓶倾斜、旋转,使瓶壁碱化。沿瓶壁加入1mL二氯甲烷,盖上盖子,旋转鸡心瓶洗涤瓶壁,再将鸡心瓶直立起来,振摇提取(防止二氯甲烷挥发,可用冰水降温)。离心后,吸去上层水相,下层有机相待测(不能及时测定的样液应冷冻保存)。

⑤ 标准工作液的处理。取1mL合适浓度的芳香胺标准工作液(浓度尽量与样液芳香胺浓度接近),加入17.0mL预热至(70±2)℃的缓冲溶液中,不加试样,除脱脂过程外,用与试样同样的方法进行处理和分析[因不含试样,可省略加热湿润样品的(25±5)min],计算峰面积,该峰面积用于计算样品中芳香胺的含量。

⑥ 色谱测定

a. 高效液相色谱/DAD检测器测定。色谱柱:ODS—Hypersil,250mm×4mm×5μm,或相当者。流动相:A:甲醇;B:0.575g磷酸二氢铵+0.7g磷酸氢二钠,溶于1000mL水中。流量:0.8mL/min。

梯度淋洗程序见表6-2:

表6-2　　　　　　　　　　　梯度淋洗程序

时间/min	流动相A/%	流动相B/%
0	15	85
45	80	20
46	15	85

进样量:20μL。柱温:25℃。检测波长:240nm、280nm、305nm。鉴别:保留时间和紫外光谱。定量:峰面积,外标法。

b. 气相色谱/质谱测定。色谱柱:毛细管柱,HP-5MS,30mm×0.25mm×0.25μm,或相当者。载气:氮气,纯度99.999%。流量:1mL/min。进样量:2μL。进样方式:不分流进样。进样口温度:250℃。质谱接口温度:280℃。离子源温度:230℃。四级杆温度:

150℃。离子化方式：E1。离子化能量：70ev。质量扫描范围：50~280amu。鉴别：保留时间和质谱图。

⑦ 测定低限。本方法测定低限小于30mg/kg。

⑧ 回收率。取1mL浓度为30μg/mL的芳香胺标准工作液（邻氨基偶氮甲苯和2-氨基-4-硝基甲苯除外），按"色谱测定"处理，计算峰面积。

另取1mL浓度为30μg/mL的芳香胺标准工作液于洁净干燥的鸡心瓶中，加入4滴十一钨硅酸钾，4滴盐酸溶液和8滴氢氧化钠溶液，盖上盖子，振摇后离心，弃去水相。有机相用高效液相色谱测定，计算峰面积。

根据以上两个峰面积计算回收率，回收率应满足下列最低要求：

2,4-二氨基苯甲醚回收率应大于20%；邻甲苯胺及2,4-二氨基甲苯回收率应大于59%；其余各芳香胺回收率应大于70%。

注：邻氨基偶氮甲苯和2-氨基-4-硝基甲苯在本方法中被还原为邻甲苯胺和2,4-二氨基甲苯，因此回收率中不包含这两种芳香胺。

(5) 计算。芳香胺的含量通过试样溶液和标准工作液中各个芳香胺组分的峰面积进行计算，计算公式如式（6-1）所示：

$$X_i = \frac{A_i - c_s \times V_i}{A_s \times m} \tag{6-1}$$

式中 X_i——试样中芳香胺i的含量（mg/kg）；

A_i——试样中芳香胺i的峰面积；

A_s——芳香胺i标准工作液按色谱测定后的峰面积；

c_s——芳香胺i标准工作液的浓度（μg/mL）；

V_i——试样液最终定容体积（mL）；

m——试样质量（g）。

试验结果保留小数点后一位。

(6) 讨论。本方法与德国标准DIN 53316—1997不同之处是，在定容前增加了"净化"过程。

由于皮革和毛皮样品中存在大量杂质，而这些杂质的色谱峰分布范围广，几乎覆盖整个色谱图，与被测组分的分离显得很困难，有时被测组分的色谱峰完全被杂质峰覆盖，不仅严重影响了定性、定量结果的准确性，而且大量杂质积滞留在色谱柱上，严重降低了柱效，缩短色谱柱的寿命，污染质谱离子源。因此，本方法使用十一钨硅酸钾对样液进行净化，取得了良好效果。其基本原理是：十一钨硅酸钾在酸性条件下能选择性地与芳香胺结合，形成不溶于有机相的化合物而保留于酸性的水相中，用正戊烷洗涤，去除大量有机杂质。最后，使水相碱化，芳香胺被重新释放出来，用二氯甲烷提取并定容。

实验证明，利用十一钨硅酸钾对样液进行净化，净化效果较为理想，定性和定量结果的准确性有较大提高，而对被测组分的影响较小，检测低限和回收率均能达到德国标准DIN 53316—1997的要求。

思 考 题

1. 目前禁用的偶氮染料主要有哪些？

2. 测试皮革及其制品中偶氮染料的原理是什么？

3. 为了提高测试结果的准确性，对皮革及其制品中偶氮染料的提取和测试过程中，应该注意哪些事项？

6.2 致敏性分散染料的测定

致敏性分散染料是指某些会引起人体或动物的皮肤、黏膜或呼吸道过敏的染料。人体吸入性的过敏主要集中于呼吸道和黏膜，部分活性染料（可分为颗粒状和液状）可造成此类致敏。目前致敏染料共发现 27 种。在国际生态纺织品标准 Oeko-Tex Standard 100 的 2008 版中，将其中的 20 种致敏性分散染料列为生态纺织品的监控项目，规定产品中含量不得超过 0.006%，见表 6-3 中 1#~20#，并增加了另外两种致敏染料，21# 和 22#。这些染料广泛应用于造纸、皮革、染色等工业。欧盟于 2002 年 5 月推出的 Eco-Label 标签标准规定：该标准所列出的 17 种染料（比 Oeko-Tex Standard 100 少了 3 种：C.I. 分散蓝 1、C.I. 分散棕 1 和 C.I. 分散黄 3），并规定当染色纺织品的耐汗渍色牢度（酸性和碱性）低于 4 级时，不得使用。我国也出台国家标准 GB/T 18885—2020，禁止致敏性分散染料的使用。实际上，在很多国际贸易中，致敏性分散染料都是客户要求的必检项目，而且其要求限量还更为苛刻，远低于政府的法规要求。因此，检测致敏性分散染料是非常重要的。皮革中致敏性分散染料的测定方法主要采用国家标准 GB/T 30398—2013。

表 6-3　　22 种禁用致敏染料

编号	染料英文名称	染料中文名称	CAS No.
1#	Disperse Blue 1	分散蓝 1	2475-45-8
2#	Disperse Blue 3	分散蓝 3	2475-46-9
3#	Disperse Blue 7	分散蓝 7	3179-90-6
4#	Disperse Blue 26	分散蓝 26	3860-63-7
5#	Disperse Blue 35	分散蓝 35	12222-75-2
6#	Disperse Blue 102	分散蓝 102	69766-79-6
7#	Disperse Blue 106	分散蓝 106	12223-01-7
8#	Disperse Blue 124	分散蓝 124	61951-51-7
9#	Disperse Brown 1	分散棕 1	23355-64-8
10#	Disperse Orange 1	分散橙 1	2581-69-3
11#	Disperse Orange 3	分散橙 3	730-40-5
12#	Disperse Orange 37/36	分散橙 37/36	13301-61-6
13#	Disperse Red 1	分散红 1	2872-52-8
14#	Disperse Red 11	分散红 11	2872-48-2
15#	Disperse Red 17	分散红 17	3179-89-3
16#	Disperse Yellow 1	分散黄 1	119-15-3
17#	Disperse Yellow 3	分散黄 3	2832-40-8
18#	Disperse Yellow 9	分散黄 9	6373-73-5
19#	Disperse Yellow 39	分散黄 39	12236-29-2
20#	Disperse Yellow 49	分散黄 49	54824-37-2
21#	Disperse Yellow 23	分散黄 23	6250-23-3
22#	Disperse Orange 149	分散橙 149	85136-74-9

(1) 原理。样品经甲醇在70℃的超声波浴中萃取40min，萃取后用高效液相色谱-二级管阵列检测法（HPLC-DVD）对萃取液进行定性、定量测定。

(2) 测试仪器。带旋盖（有聚四氟乙烯垫片）的管状硬质玻璃提取器，50mL；可控温的超声波浴，输出功率420W，频率40kHz，控温精度为±2℃；玻璃注射器；聚四氟乙烯薄膜过滤头，0.45μm；硅胶60TLC，规格20cm×20cm；高效液相色谱仪，配有二极管阵列检测器（HPLC-DVD）；红外分光光度计。

(3) 测试试剂。甲醇，HPLC级；乙腈，HPLC级；四氢呋喃；正己烷；甲苯；0.01mol/L CH_3COONa 溶液；0.01mol/L CH_3COONH_4 溶液；200mg/L 单组分标准储备溶液。

(4) 溶液的配制。配制5mg/L标准中间溶液（用于HPLC-DVD）A组和B组。

A组：从分散蓝1、分散蓝35、分散蓝106、分散蓝124、分散红1、分散红11、分散黄3、分散黄9、分散橙1、分散橙3、分散橙37/76、分散棕1的单组分标准储备溶液中各移取2.5mL置于同一个100mL容量瓶中，用甲醇溶液定容至刻度，此溶液的浓度为5mg/L标准中间溶液（用于HPLC-DVD），有效期为3个月。

B组：从分散蓝3、分散蓝7、分散蓝26、分散蓝102、分散红17、分散黄1、分散黄39、分散黄49的单组分标准储备溶液中各移取2.5mL置于同一个100mL容量瓶中，用甲醇溶液定容至刻度，此溶液的浓度为5mg/L标准中间溶液（用于HPLC-DVD），有效期为3个月。

(5) 测试步骤

① 样品的制备和萃取。取样品剪成0.5cm×0.5cm的碎片，混匀。称取1.0g试样（精确至0.01g），置于提取器中。往提取器中准确加入10mL甲醇，旋紧盖子，将提取器置于70℃的超声波浴中萃取30min，冷却至室温后，用0.45μm聚四氟乙烯薄膜过滤头将萃取液注射过滤至样品瓶中，用HPLC-DVD进行定量分析测定。根据需要可用甲醇将过滤后的萃取液进一步稀释，达到仪器所需测定的浓度。

② HPLC-DVD分析条件。由于测试结果取决于所使用的仪器，因此不可能给出色谱分析的普遍参数。采用下列参数已被证明是合适的。

 a. 色谱柱。Alltima C_{18}，5μm，4.6mm×250mm或相当者；
 b. 流速。1mL/min；
 c. 柱温。50℃；
 d. 检测器。DAD；
 e. 检测波长范围。200~700nm；
 f. 定量波长。450nm，420nm，640nm，570nm；
 g. 进样体积。20μL；
 h. 流动相。A：甲醇；B：0.005mol/L磷酸氢二钠-磷酸二氢钠缓冲液（pH=6.6）；
 i. 梯度淋洗程序。见表6-4。

③ HPLC-DAD定性、定量分析。分别取20μL试样溶液和标样（配制的标准中间溶液）进行HPLC-DAD分析测定，在规定的检测波长下，通过比较试样与标样出现色谱峰的相对保留时间以及紫外-可见光谱进行定性，外标法定量分析（表6-5、表6-6）。

表 6-4　　　　　　　　　　　　梯度淋洗程序

时间/min	流动相 A/%	流动相 B/%	递变方式
0	90	10	—
15	90	10	—
30	55	45	线性
50	55	45	—
60	0	100	线性
70	0	100	—
75	90	10	线性
90	90	10	—

表 6-5　　　　A 组致敏性分散染料标样 HPLC/DVD 方法的相对保留时间

出峰序号	相对保留时间/min	染料名称	DVD 检测波长/nm
1	5.224	分散蓝 1	640
2	10.501	分散红 11	570
3	14.722	分散黄 9	420
4	21.041	分散蓝 106	640
5	23.946	分散橙 3	420
6	24.745	分散黄 3	420
7	26.255	分散棕 1	450
8	29.328	分散红 1	450
9	31.072	分散蓝 35	640
10	33.990	分散蓝 124	570
11	44.066	分散橙 37/36	420
12	41.173	分散橙 1	420

表 6-6　　　　B 组致敏性分散染料标样 HPLC/DVD 方法的相对保留时间

出峰序号	相对保留时间/min	染料名称	DVD 检测波长/nm
1	6.269	分散蓝 7	640
2	10.109	分散蓝 3	640
3	12.311	分散蓝 102	640
4	13.544	分散黄 1	420
5	17.270	分散红 17	450
6	26.780	分散黄 39	420
7	29.547	分散蓝 26	640
8	33.152	分散黄 49	450

④ 薄层色谱分析（TLC）及红外光谱（IR）定性确认分析：需要时可用 TLC 及 IR 法对定性结果进行确认，方法如下：

根据 HPLC-DAD 分析结果，将被怀疑存在的单组分染料标样与试样萃取液一起，直接在硅胶 60TLC 板上点样，点样处离硅胶板底边 2.5cm，点与点之间的距离为 2cm，标样的浓度应与试样萃取液的浓度相似。TLC 展开剂：甲苯、四氢呋喃、正己烷（体积比为 5∶1∶1）。比较试样与标样的比移值（R_f）进行定性确认分析。在条件许可的情况下，可将相应的斑点刮下，用甲醇溶解，通过适当的制样方式进行 IR 光谱分析，得到定性确认结果。

（6）结果计算。本方法测定结果以各种致敏性分散染料的含量分别表示，计算方法如式（6-2）所示：

$$X_i = \frac{A_i \times c_i \times V \times F}{A_{is} \times m} \tag{6-2}$$

式中 X_i——试样中致敏性分散染料 i 的含量，mg/kg；

　　　A_i——试样萃取液中致敏性分散染料 i 的峰面积（或峰高）；

　　　A_{is}——标准工作溶液中致敏性分散染料 i 的峰面积（或峰高）；

　　　c_i——标准工作溶液中致敏性分散染料 i 的浓度（mg/L）；

　　　V——试样萃取液的体积（mL）；

　　　F——稀释因子；

　　　m——试样质量（g）。

计算结果表示至个位数。本测定的测定底限为 5mg/kg。

思 考 题

1. 目前禁用的致敏性分散染料主要有哪些？
2. 测试皮革及其制品中致敏性分散染料的原理是什么？
3. 为了提高测试结果的准确性，对皮革及其制品中致敏性分散染料的提取和测试过程中，应该注意哪些事项？

6.3 致癌染料的测定

21世纪，随着人们对健康和环保要求的不断提高，纺织品对人体健康和环境保护方面的影响越来越受到人们的关注，而其中纺织品所用染料的致癌性更是人们关注的焦点。染料的致癌性是指某些染料对人体或动物体引起肿瘤或癌变的性能。目前，致癌染料可分为两类，一类是指部分偶氮类染料在还原条件下裂解产生致癌芳香胺；另一类是指未经裂解、还原等化学反应，而是直接与人类和动物接触即诱发产生肿瘤或癌变的染料，本测定所指的属于第二类致癌染料。该类染料在欧盟指令 1999/43/EC 和欧盟委员会的纺织品标签 Eco-label（欧盟 2002/371/EC 决议）中规定禁止销售和使用 9 种致癌染料，具体见表 6-7。国际环保纺织协会每年颁布一次的生态纺织品标准，2008 版 Oeko-Tex Standard 100 规定，此 9 种致癌染料在纺织品中的限量为不得超过 50mg/kg。在 2015 版中，对 9 种致癌染料的规定已经改为不得使用。在 2016 版中，又新增加了 5 种，分别是，碱性蓝 26、碱性紫 3、碱性绿 4、有机染料颜料红 104 以及颜料黄 34。可见，国外对于致癌染料的限制已经愈发的严格。由于有机颜料的不溶解特性，很难用常规方法进行检测。因此，本文针对除新增加的染料之外的致癌染料进行分析测定。

表 6-7　　　　　　　　　　禁用的致癌染料

编号	染料英文名称	染料中文名称	CAS No.
1#	Acid Red 26	酸性红 26	3761-53-3
2#	Basic Red 9	碱性红 9	569-61-9
3#	Basic Violet 14hCl	碱性紫 14	632-99-5
4#	Direct Black 38	直接黑 38	1937-37-7

续表

编号	染料英文名称	染料中文名称	CAS No.
5#	Direct Blue 6	直接蓝 6	2602-46-2
6#	Direct Red 28	直接红 28	573-58-0
7#	Disperse Blue 1	分散蓝 1	2475-45-8
8#	Disperse Orange 11	分散橙 11	82-28-0
9#	Disperse Yellow 3	分散黄 3	2832-40-8
10#(新)	Basic Blue 26	碱性蓝 26	2580-56-5
11#(新)	Basic Green 4	碱性绿 4	2437-29-8
12#(新)	Basic Violet 3	碱性紫 3	548-62-9

(1) 原理。样品经甲醇在 70℃ 超声波浴中提取、滤膜过滤后，采用具有二极管阵列检测器的高效液相色谱（HPLC-DAD）测定和确证，参照标准 GB/T 30399—2013 要求，用 HPLC-DAD 外标法（即以待测成分的对照品作为对照物质，相对比较以求得样品含量）定量分析。

(2) 测试仪器。实验所用仪器：高效液相色谱仪—二极管阵列检测器；可控温超声波仪器，70℃ 时控温精度为±2℃；管状硬质玻璃提取器，50mL，带旋盖（有聚四氟乙烯垫片）；聚乙烯或聚丙烯注射器，2mL；聚四氟乙烯薄膜过滤头：0.45μm；分析天平。

(3) 测试试剂。乙腈，HPLC 级；甲醇，HPLC 级；5% 氨水溶液；去离子水；0.0025mol/L 磷酸二氢四丁基铵溶液：用 5% 氨水调节 pH 至 7.5；200μg/mL 单组分标准储备甲醇溶液；混合标准溶液：分别移取一定体积的 9 种致癌染料的标准储备溶液，置于同一个棕色容量瓶中，用甲醇定容至刻度，摇匀。混合标准溶液的浓度可根据实际需要配制。

(4) 分析步骤

① 样品的准备。称取剪碎的试样 1.0g（精确至 0.01g）置于玻璃提取器中，加入 10mL 甲醇，旋紧盖子，将提取器置于 70℃ 的超声波浴中超声萃取 40min，冷却至室温后，滤膜过滤，用 HPLC-DAD 测定和确证，外标法定量。

② 标准工作溶液的制备。将混合标准溶液用甲醇溶液配制一系列合适浓度的标准工作溶液。

③ HPLC-DAD 分析条件。由于测定结果与使用的仪器和条件有关，因此不可能给出色谱分析的普遍参数。采用下列参数已被证明对测试是合适的。

a. 色谱柱。ZORBAX Eclipse XDB，4.6mm×250mm×5μm，或相当者；

b. 柱温。50℃；

c. 检测波长。200~900nm；

d. 定量波长。380nm，450nm，500nm，540nm，590nm；

e. 流动相。A：0.0025mol/L 磷酸二氢四丁基铵溶液；流动相 B：乙腈；

f. 进样量。20μL；

g. 梯度洗脱程序：见表 6-8。

④ HPLC-DAD 测定。分别取 20μL 试样和标准工作液进行 HPLC-DAD 分析，通过比较试样和标样在规定的检测波长处色谱峰的保留时间以及紫外可见进行定性，以外标法定量。

表 6-8　　　　　　　　　　　　　　梯度洗脱程序

时间/min	流动相 A/%	流动相 B/%	递变方式
0	80	20	线性
35	0	100	线性
40	0	100	线性

（5）计算。本方法测定结果以各种致癌染料的检测结果分别表示，计算方法同式（6-2）。计算结果保留到个位数。本方法的测定低限为 5mg/kg。

思 考 题

1. 目前禁用的致癌染料主要有哪些？
2. 测试皮革及其制品中致癌染料的原理是什么？
3. 为了提高测试结果的准确性，对皮革及其制品中致癌染料的提取和测试过程中，应该注意哪些事项？

6.4　皮革及其制品中游离甲醛的测定

目前皮革制品中甲醛含量的测定有高效液相色谱法（GB/T 19941.1—2019）、分光光度法 GB/T 19941.2—2019）和甲醛释放量法 GB/T 19941.3—2019），本方法主要引用了分光光度法。

（1）原理。在一定的温度及条件下，皮革、毛皮成品中结合不牢的甲醛会自由释放出来被 0.1%十二烷基磺酸钠溶液萃取吸收，萃取液用乙酰丙酮显色，甲醛的浓度与显色色度成正比，用分光光度计对显色液比色，测定其甲醛含量。

（2）试剂。0.1%十二烷基磺酸钠溶液（1g 十二烷基磺酸钠溶于 1000 mL 水中）；乙酰丙酮溶液（纳氏试剂）：在 1000mL 容量瓶中加入 150g 乙酸铵，用 800mL 蒸馏水溶解，然后加 3mL 冰乙酸和 2mL 乙酰丙酮，用蒸馏水稀释至刻度，用棕色瓶保存在暗处；乙酸铵溶液：乙酸铵 150g+冰乙酸 3mL，溶于 1000 mL 水中；双甲酮（5,5-二甲基-1,3 环己二酮），5g，溶于 1000 mL 水中。

注：双甲酮不易溶于纯水中，这种情况下可先用少量乙醇溶解，再用蒸馏水稀释至 1000 mL。

（3）测试仪器。碘量瓶（或带盖三角瓶），250mL；容量瓶，50mL、250mL、500mL、1000mL；移液管，1mL、5mL、10mL、25mL、50mL 单标移液管；量筒，10mL、50mL；50mL 滴定管；150mL 三角烧瓶；2 号玻璃漏斗式滤器；试管及试管架；分光光度计，波长 412nm。恒温水浴锅，(40±2)℃；天平，精确至 0.001g。

（4）甲醛原液的标定。含量 1500μg/mL 的甲醛原液必须精确地标准化，以便做一精确的工作曲线用于比色分析中。具体过程如下：

移取 50mL 亚硫酸钠入三角瓶中，加百里酚酞指示剂 2 滴，如需要，加几滴硫酸直至蓝色消失。移取 10mL 甲醛原液至瓶中，蓝色将再出现，用硫酸滴定至蓝色消失，记录用酸体积。1mL 0.01mol/L 硫酸相当于 0.6mg 甲醛。由此可根据式（6-3）计算甲醛浓度（μg/mL）。

$$甲醛浓度 = \frac{硫酸用量(mL) \times 0.6 \times 1000}{甲醛原液用量(mL)} \tag{6-3}$$

(5) 甲醛标准曲线的绘制

① 制备甲醛标准溶液及标准溶液的稀释

a. 制备甲醛标准溶液：用移液管吸取 3mL 甲醛原液至 1000mL 容量瓶中，用蒸馏水定容到刻度。此溶液为甲醛标准溶液，浓度约为 6μg/mL。

b. 标准溶液的稀释：用移液管分别吸取 3mL，5mL，10mL，15mL，20mL，25mL 的甲醛标准液至 6 个 50mL 容量瓶中，用蒸馏水定容到刻度。

② 显色并测试溶液吸光度。从上述 6 种甲醛标准稀释液中，各吸取 5mL 至 6 个不同的 25mL 锥形瓶中，各加入 5mL 乙酰丙酮溶液，盖上盖子摇匀，在 40℃ 的水溶液中轻轻振荡 3min，在避光条件下冷却到室温。以 5mL 蒸馏水和 5mL 乙酰丙酮混合液做空白实验，在 412nm 波长处测定各个溶液的吸光度。

③ 绘制标准曲线。以甲醛的浓度为横坐标（x）、吸光度为纵坐标（y），绘制标准曲线。计算工作曲线如式（6-4）所示，此曲线用于所有测量值。

$$y = a + kx \tag{6-4}$$

(6) 测试步骤

① 精确称取试样 2g（精确至 0.1mg），放入 100mL 的锥形瓶中，加入 50mL 已预热到 40℃ 的十二烷基磺酸钠溶液，盖紧塞子，在（40±0.5）℃ 的水浴中轻轻振荡烧瓶（60±2）min。温热的萃取液立即通过真空玻璃纤维过滤器过滤到锥形瓶中，密闭在锥形瓶中的滤液被冷却至室温（18~26℃）。

注：如果甲醛含量太低，增加试样量至 2.5g，以确保测试的准确性。

② 用单标移液管吸取 5mL 过滤后的萃取液和 5mL 蒸馏水放于不同的试管中，分别加 5mL 乙酰丙酮溶液，摇匀。

③ 把试管放在（40±2）℃ 的水浴中显色（30±5）min，然后取出，常温下放置（30±5）min，用 5mL 蒸馏水加等体积的乙酰丙酮溶液作空白对照，用 10mm 的吸收池在分光光度计 412nm 波长处测定吸光度。

注：如果预期从毛皮上萃取的甲醛量超过 500mg/kg，或试验采用 5∶5 比例计算值超过 500mg/kg 时，将萃取液稀释整数倍，使之吸光度在工作曲线的范围中（在计算结果时，要考虑稀释因素，原液直接测试时稀释倍数为 1）。

④ 考虑到试样溶液的不纯或褪色，取 5mL 试样溶液放入另一试管，加入 5mL 蒸馏水代替乙酰丙酮溶液，按照步骤③处理后测量此溶液的吸光度，用蒸馏水作对照。平行测定三次。

注：将已显现出的黄色暴露于阳光下一定时间会造成褪色，如果显色后，在强烈阳光下试管读数有明显延迟（例如 1h），则需要采取措施保护试管，比如用不含甲醛的遮盖物遮盖试管。否则，若需要延迟读数，颜色可稳定一段时间（至少过夜）。

⑤ 双甲酮确认试验。如果怀疑吸收不是来自甲醛，而是使用例如有颜色的试剂，按照以下方法用双甲酮进行一次确认试验。

取 5mL 试样溶液放入一试管（必要时稀释），加入 1mL 双甲酮乙醇溶液并摇动，把试管放入（40±2）℃ 的水浴中（10±1）min，加 5mL 乙酰丙酮溶液摇动，继续放入（40±2）℃

的水浴中（30±5）min，然后取出试管，室温下放置（30±5）min。以蒸馏水做空白对照实验，在412nm处测定吸光度。若吸光度小于0.05，则不存在使乙酰丙酮显色的物质。

（7）计算。按式（6-5）计算皮革及其制品中游离甲醛的含量。

$$x=\frac{(A_1-A_2)\times V\times V_1}{kmV_2} \tag{6-5}$$

式中 x——样品中的游离甲醛含量（mg/kg）；

A_1——样品萃取液与乙酰丙酮显色后的吸光度；

A_2——样品萃取液的吸光度；

V——萃取液的体积（mL）；

V_1——显色反应的溶液体积（mL）；

V_2——从萃取液中吸取的体积（mL）；

k——标准曲线斜率（mL/kg）；

m——样品的质量（g）。

思 考 题

1. 测试皮革及其制品中游离甲醛的原理是什么？
2. 为了提高测试结果的准确性，对皮革及其制品中游离甲醛的提取和测试过程中，应该注意哪些事项？

6.5 皮革及其制品中含氯苯酚的测定

皮革及其制品中含氯苯酚的测定现行国家标准为GB/T 22808—2021。

（1）原理。将试样通过蒸汽蒸馏法进行处理，采用正己烷对试样馏出液进行萃取，同时用乙酸酐对萃取液中的含氯苯酚（CP）进行乙酰化处理，利用带有电子捕获检测器（ECD）或质量选择检测器（MSD）的气相色谱仪（GC）对其进行检测，外标法定量，并通过内标法进行校准。

（2）测试试剂。含氯苯酚（CP）混合标准溶液，每种含氯苯酚的浓度均为100μg/mL，溶于丙酮中。四氯邻甲氧基苯酚（TCG）标准溶液（内标物），100μg/mL，溶于丙酮中，熔点118℃~119℃。硫酸溶液，1mol/L；正己烷；碳酸钾，K_2CO_3；乙酸酐，$C_4H_6O_3$；无水硫酸钠；三乙胺；丙酮。

（3）测试仪器。气相色谱仪（GC），带有ECD或MSD；分析天平，精度为0.0001g；蒸汽蒸馏装置；振荡器，振荡频率≥200r/min；容量瓶，50mL、500mL；锥形瓶，100mL、500mL；分液漏斗，250mL；巴斯德吸管、刻度移液管或合适的自动移液器；带有滤纸的过滤器，直径125mm。

（4）测试步骤

① 蒸汽蒸馏。准确称取1.0g试样（精确至0.0001g）置于蒸汽蒸馏装置中，加入20mL硫酸溶液和100μL TCG标准溶液，对其进行蒸汽蒸馏。用装有5g K_2CO_3 的500mL锥形瓶作为接收器收集馏出液。待蒸馏出约450mL馏出液时，将其转移至500mL容量瓶

中，用去离子水洗涤锥形瓶，洗涤液并入 500mL 容量瓶，并用去离子水定容。若蒸馏时溶液过度沸腾，宜降低蒸馏温度。

② 和乙酰化。移取 100mL 馏出液至 250mL 分液漏斗中，加入 20mL 正己烷，0.5mL 三乙胺和 1.5mL 乙酸酐。将分液漏斗置于振荡器上振荡反应 30min，振荡频率≥200r/min。待两相分离后，将有机相转移至 100mL 锥形瓶中，并在水相中加入 20mL 正己烷，将其置于振荡器中进行二次萃取（30min）。合并有机层，并将其在 100mL 锥形瓶中用无水硫酸钠静置脱水约 10min。

用带有滤纸的过滤器将有机层全部过滤至 50mL 容量瓶中，并用正己烷洗涤滤渣，洗涤液并入 50mL 容量瓶中，用正己烷定容至刻度。通过气相色谱仪对溶液进行分析。

③ 乙酰化 CP 和 TCG 混合标准溶液的制备

a. 用于回收率试验的 CP 和 TCG 标准溶液的衍生化。移取 100μL 的 CP 标准溶液和 100μL 的 TCG 标准溶液，置于蒸汽蒸馏装置中，并加入 20mL 硫酸溶液。用与处理试样相同的方法处理 CP/TCG 标准混合溶液。回收率应高于 90%。

b. 含氯苯酚混合标准溶液的衍生化（外标溶液）。移取 20μL 的 CP 标准溶液和 20μL 的 TCG 标准溶液，加入至 30mL 浓度为 0.1mol/L 的 K_2CO_3 溶液中，进行衍生化，最后将有机层转移到 50mL 容量瓶中，用正己烷定容至刻度。GC 分析时，每种含氯苯酚的浓度为 0.04μg/mL。

注：该浓度适用于 CP 浓度为 5mg/kg 或含量更高的试样。对于 CP 含量较低的试样，可按比例减少外标溶液的浓度。

（5）测定

a. 色谱条件。色谱柱：毛细管柱，HP-608，30m×0.53mm×0.5μm；载气：氮气，纯度>99.99%，10mL/min；色谱柱温度：200℃；进样口温度：220℃；检测器温度：250℃。

b. 色谱测定。将标准工作溶液、样液分别进样，进样量 2μL，进行测试。

（6）计算。将试样溶液的峰面积与同时进样的标准溶液的峰面积进行比较，通过式 (6-6) 计算试样中 CP 的含量，结果精确至 0.1mg/kg：

$$w_{CP} = \frac{A_{CP-S} \times c \times A_{TCG-St} \times V \times \beta}{A_{CP-St} \times A_{TCG-S} \times m} \tag{6-6}$$

式中　w_{CP}——试样中的 CP 含量，单位为毫克每千克（mg/kg）；

A_{CP-S}——试样溶液的峰面积；

A_{CP-St}——CP 标准溶液的峰面积；

A_{TCG-S}——试样溶液中内标物（TCG）的峰面积；

A_{TCG-St}——标准溶液中内标物（TCG）的峰面积；

c——标准溶液中含氯苯酚的浓度，单位为微克每毫升（μg/mL）；

m——试样质量，单位为克（g）；

V——试样溶液的最终定容体积，单位为毫升（mL）；

β——稀释倍数。

思　考　题

1. 含氯苯酚对人体有哪些危害？

2. 测试皮革及其制品中含氯苯酚的原理是什么？

3. 为了提高测试结果的准确性，对皮革及其制品中含氯苯酚的提取和测试过程中，应该注意哪些事项？

6.6 皮革及其制品中六价铬含量的测定

Cr（Ⅵ）是世界各国环境监测必测元素之一。近年来人类的环保意识不断增强，绿色消费的呼声日益强烈，世界各国对皮革及其制品有害物质的控制要求越来越严格。特别是美国和一些欧盟国家作出了更为严格的规定：一般要求残留在皮革中 Cr（Ⅵ）的含量低于 10mg/kg，欧盟则要求低于 3mg/kg。国内各生产厂家、出口商等也极为重视对 Cr（Ⅵ）含量的严格控制。我国也即将在皮革领域强制性国家标准中加入六价铬的限制要求。目前皮革制品中六价铬含量的测定主要有分光光度法（GB/T 22807—2019）和光谱法（GB/T 38402—2019），其中分光光度法的测试内容如下：

（1）DPC 分光光度法测定 Cr（Ⅵ）的原理。用 pH 在 7.5~8.0 的磷酸盐缓冲液萃取皮革试样中的可溶性六价铬，需要时，可用脱色剂除去对试验有干扰的物质。滤液中的六价铬用 DPC（1，5-二苯卡巴肼）分光光度法测定。DPC 系 Diphenylcarbazide（二苯碳酰二肼）的缩写形式，是一种苯基荧光酮类有机显色试剂。在酸性介质条件下能被六价铬氧化生成苯肼羰基偶氮苯，同时六价铬本身被还原成三价铬。新生态的三价铬具有很强的络合能力，与苯肼羰基偶氮苯络合生成一种紫红色络合物。显色稳定后，用分光光度计在其最大吸收波长处，测其溶液的吸光度，与标准曲线相对照，以确定六价铬的含量。其中 Cr（Ⅵ）在酸性条件下反应，生成紫红色络合物，用分光光度法在 540nm 处测定。

萃取条件对本方法的试验结果有直接的影响，用不同的萃取条件（萃取剂、pH、萃取时间等）得到的结果与本方法得到的结果没有可比性。

（2）测试仪器。机械振荡器（做水平环行振荡，频率为 50~150 次/min）；锥形瓶（250mL，具磨口塞）；导气管和流量计；带玻璃电极的 pH 计（读数精确至 0.1 单位）；容量瓶（25mL、100mL、1000mL）；移液管（0.5mL、1.0mL、2.0mL、5.0mL、10.0mL、20.0mL、25.0mL）；分光光度计或滤光光度计（波长 540nm）；石英比色皿（厚度为 2cm，或其他厚度适合的比色皿）；脱色柱，玻璃或聚丙烯小柱，内径约 3cm，装有适当的脱色剂，如 PA 脱色剂（约 4g）。

（3）测试试剂

① 实验用水：除非另有说明，在分析中仅使用确认为分析纯的试剂和蒸馏水或去离子水或相当纯度的水。

② 0.1mol/L 磷酸氢二钾缓冲液（$K_2HPO_4·3H_2O$）：将 22.8 磷酸氢二钾（相对分子质量 228）溶解在 1000mL 蒸馏水中，用磷酸将 pH 调至 8.0±0.1，再用氩气或氮气排出空气。

③ 显色剂 1,5-二苯卡巴肼溶液：称取 1,5-二苯卡巴肼 1.0g，溶解在 100mL 丙酮中，加 1 滴乙酸，使其呈酸性。

注：已配好的 1,5-二苯卡巴肼溶液保存在棕色瓶中，在 4℃时遮光存放，有效期 14d。溶液出现明显变色（特别是粉红色）时不能再使用。

④ 7∶3 磷酸溶液（H_3PO_4）：将浓度为 85%、密度为 1.71g/mL 的磷酸 700mL，用蒸

馏水稀释至1000mL。

⑤ 重铬酸钾（$K_2Cr_2O_7$）标准品：在（102±2）℃下干燥（16±2）h。

⑥ 0.1mg/mL 六价铬标准储备液：称取 0.2829g 重铬酸钾（$K_2Cr_2O_7$），用蒸馏水溶解、转移、洗涤、定容到1000mL 容量瓶中。

⑦ 0.1μg/mL 六价铬标准溶液：用移液管移取 10mL 六价铬标准储备液至 1000mL 容量瓶中，用磷酸氢二钾缓冲液稀释至刻度，每 1mL 该溶液含有 1μg 铬。

⑧ 氩气（或氮气，最好是氩气）：不含氧气，纯度至少为 99.998%。

注：用氩气代替氮气，因其相对密度大，开启时不易向上逸出；而氮气相对密度比空气小，容易逸出容器。

⑨ 待分析用皮革。

（4）试样制备

① 取样

a. 标准部位取样。皮革：按 QB/T 2706—2005 的规定进行；毛皮：按 QB/T 1267—2012 的规定进行。

b. 非标准部位取样。采用随机取样方式，样品应具有代表性，并在试验报告中详细记录取样情况。

② 制备。皮革：按 QB/T 2716—2018 的规定进行；毛皮：按 QB/T 1272—2012 的规定进行，剪切过程中应避免损伤毛被，保持毛被完好。尽可能干净地除去样品上面的胶水、附着物，将试样混匀，装入清洁的试样瓶内待测。

（5）测试步骤

① 称取剪碎的试样（2±0.01）g，精确至 0.001g。

② 用移液管吸取 100mL 排去空气的磷酸盐缓冲液，置于 250mL 锥形瓶中，插入导气管（导气管不得接触液面），往锥形瓶中通入不含氧气的氩气（或氮气），流量（50±10）mL/min，时间 5min，加入试样，盖好磨口塞，放在振荡器上萃取 3h±5min。

注：适当调节振动器的频率和振幅，使悬浮在溶液中的试样做顺畅的圆周运动，应避免使试样黏附在液面上方的瓶壁上。

③ 萃取 3h 后，检查溶液的 pH，应在 7.5～8.0，如果超出这一范围，则需要重新调整称样质量进行测定。

萃取结束后，立即将锥形瓶中的溶液通过玻璃小柱过滤至玻璃烧瓶中，并盖好瓶塞。

④ 测定萃取液中六价铬的含量。用移液管移取过滤后所得的溶液 10mL，置于一个 25mL 容量瓶中，用缓冲液稀释至该容量瓶容积的四分之三处，加入 0.5mL 磷酸溶液，然后再加入 0.5mL 二苯卡巴肼溶液，用缓冲液稀释至刻度并混匀。静止（15±5）min，用 2cm 比色皿测量该溶液 540nm 处相对于空白溶液的吸光度，该吸光度记作 A_1。

同时用移液管移取另外 10mL 溶液，置于一个 25mL 容量瓶中，除不加二苯卡巴肼溶液外，其余按上述步骤操作，用相同方法测量吸光度，并记作 A_2。

⑤ 空白溶液。取一个 25mL 容量瓶，加入缓冲液至容量瓶的四分之三处，加入 0.5mL 磷酸和 0.5mL 二苯卡巴肼溶液，用缓冲液稀释至刻度并混匀，该溶液应每天配制并置于黑暗处。

⑥ 校准。校准溶液用六价铬标准溶液制备，校准溶液中铬的含量应覆盖测量的范围。

校准溶液配制在 25mL 容量瓶中。在 0.5～15mL 标准溶液的范围内，至少配制 6 个校准溶液，绘制一条合适的校准曲线。将一定量的标准溶液用移液管分别移入几个 25mL 的容量瓶中，每个容量瓶中加入 0.5mL 磷酸和 0.5mL 二苯卡巴肼溶液稀释至刻度，摇匀，静置（15±5）min。

用与测量试样相同的比色皿测量校准溶液在 540nm 处相对于空白溶液的吸光度。用六价铬浓度（μg/mL）对吸光度绘制校准曲线，六价铬浓度为 X 轴，吸光度为 Y 轴。

注：多个实验室表明，2cm 比色皿是最合适的，上述标准溶液是供 2cm 比色皿测试用的。在某些情况下，可能适合用更长或更短光程的比色皿，这时应注意确保校准曲线的范围在光度计的线性测量范围内。

⑦ 基体的影响

a. 基体的影响。测定回收率的重要性在于可提供有关影响试验结果的基体效应的信息。

移取溶液 10mL，加入合适体积的六价铬标准溶液，使得六价铬的量接近于原萃取液中六价铬的量的二倍（±25%）。添加的六价铬标准溶液的浓度的选择方法是：添加六价铬标准溶液后溶液的最终体积不超过 11mL。加入六价铬标准溶液后的溶液用与试样相同的方法处理（吸光度记作 A_1 和 A_2）。吸光度应在校准曲线的范围内，否则减少移取体积重做，回收率应大于 80%。

b. 脱色剂的影响。移取一定体积的六价铬标准溶液至 100mL 容量瓶中，使得该溶液中六价铬的量与试样中六价铬的量相当。用缓冲液稀释至刻度。

用与试样萃取液相同的方法处理该溶液，并用相同方法测量该溶液中六价铬的含量，与计算结果相比较，如果样品未检出六价铬，那么该溶液的浓度应为 6μg/100mL。回收率应大于 90%。如果回收小于或等于 90% 则该脱色材料不适合本方法。

（6）计算

① 六价铬含量的计算。按式（6-7）计算样品中的六价铬含量（X）。

$$X=\frac{(A_1-A_2)\times V_0\times V_2}{V_1\times m\times F} \tag{6-7}$$

式中　X——样品中可溶性六价铬含量（以样品实际质量计算）（mg/kg）；

　　　A_1——加二苯卡巴肼的试样溶液的吸光度；

　　　A_2——不加二苯卡巴肼的试样溶液的吸光度；

　　　V_0——萃取液体积（mL）；

　　　V_2——V_1 稀释后的体积（mL）；

　　　V_1——试样萃取液移取的体积（mL）；

　　　m——称取试样的质量（g）；

　　　F——校准曲线斜率（Y/X）（mL/μg）。

② 以绝干质量计算的样品中六价铬含量的换算。按式（6-8）计算出以绝干质量计算的样品中的六价铬含量。

$$X_{Cr(VI)dry}=X_{Cr(VI)}\times D \tag{6-8}$$

式中　$X_{Cr(VI)dry}$——以绝干质量计算的样品中六价铬含量（mg/kg）；

　　　$X_{Cr(VI)}$——样品中可溶性六价铬含量（以样品实际质量计算）（mg/kg）；

D——转换成绝干质量的换算系数。$D=100/(100-\omega)$，ω 为按 QB/T 2717—2005 测得的样品中的挥发物含量（%）。

③ 回收率。按式（6-9）计算六价铬的回收率：

$$R = \frac{(A_{1s}-A_{2s})-(A_1-A_2)}{\rho \times F} \tag{6-9}$$

式中　R——回收率（%）；

　　　A_{1s}——加二苯卡巴肼溶液，六价铬标准溶液的试样溶液的吸光度；

　　　A_{2s}——不加二苯卡巴肼溶液，加六价铬标准溶液的试样溶液的吸光度；

　　　A_1——二苯卡巴肼溶液的试样溶液的吸光度；

　　　A_2——不加二苯卡巴肼溶液的试样溶液的吸光度；

　　　ρ——添加的六价铬含量（μg/mL）；

　　　F——校准曲线斜率（mL/μg）。

④ 结果表示。六价铬含量应注明以样品实际质量为基准，还是以样品绝干质量计算为基准，用 mg/kg 表示，修约至 0.1mg/kg。当发生争议或仲裁试验时，以绝干质量为准。挥发物用%表示，修约至 0.1%。

以两次平行试验结果的算术平均值作为结果，两次平行试验结果的差值与平均值之比应小于 10%。

本方法检测限为 3mg/kg。如果检测到的六价铬含量超过 3mg/kg，应将测试溶液与标准溶液的紫外光谱相比较，以判定阳性结果是否由干扰物质引起的。

思　考　题

1. 六价铬对人体有哪些危害？
2. 测定皮革及其制品中六价铬含量的原理是什么？
3. 为了提高测试结果的准确性，在皮革及其制品中六价铬的提取和测试过程中，应该注意哪些事项？

6.7　重金属含量的测定

重金属多指铅、镉、镍、铬、钴、铜、锑、砷、汞等具有较强毒性的金属，它对人体的危害很大，在人体内能和蛋白质及酶等发生相互作用，使它们失活，也可能在人体的某些器官中累积，造成慢性中毒。其中镉和铅的生物毒性显著，具有一定的致癌、致畸、致突变作用。镉的少量摄入便会引起严重的中毒症状，导致肾损伤和骨损害。铅在机体中的含量超过一定浓度时，对机体的骨髓造血系统和神经系统造成损伤，并且具有积累性。铜在人体多项生理活动中发挥着重要的作用，但铜在机体内的所占比值必须保持正常，铜摄取过多可导致血红蛋白变性，进而影响机体的生理状况。而重金属对儿童的损害尤为严重，因为儿童对重金属的吸收能力远高于成人。皮革中重金属来源于生产过程中所用的各种原材料。鉴于重金属对环境及人体的严重危害，世界各国对产品中重金属含量都进行了严格限定。目前皮革中金属含量的国家标准测定方法分为两个，分别为 GB/T 22930.1—

2021 可萃取金属和 GB/T 22930.2—2021 金属总量。

6.7.1 可萃取金属的测定

（1）原理。皮革试样经酸性人工汗液萃取，萃取液经过滤、酸化后通过电感耦合等离子体发射光谱仪（ICP-OES），电感耦合等离子体质谱仪（ICP-MS），原子吸收光谱仪（AAS）或原子荧光光谱仪（AFS）测定萃取液中的金属浓度，计算出试样中可萃取金属的含量。

（2）测试试剂。硝酸，质量分数为 60%~70%；L-组氨酸盐酸盐-水合物 $C_6H_9O_2N_2 \cdot HCl \cdot H_2O$；氯化钠；二水合磷酸二氢钠，$NaH_2PO_4 \cdot 2H_2O$；氢氧化钠溶液，0.1mol/L；金属元素标准储备液，每种金属元素的质量浓度为 1000mg/L；金元素（Au）溶液，溶于盐酸或高锰酸钾中，1000μg/L；盐酸，质量分数为 37%。

（3）测试设备。烘箱，可控温至（102±2）℃；分析天平，精度 0.1mg；滤膜和支架，水系，孔径为 0.45μm；过滤装置，玻璃纤维（GFC）或膜式过滤器；容量瓶，50mL、100mL、1000mL；具塞锥形瓶，250mL；锥形瓶；水浴，可控温至（37±2）℃，带有水平振荡器或定轨振荡器；电感耦合等离子体发射光谱仪（ICP-OES），带氢化物发生器；火焰或石墨炉原子吸收光谱仪（AAS），带氢化物发生器，空心阴极灯、氧化亚氮燃烧器头或高固体氧化亚氮燃烧器头；电感耦合等离子体质谱仪（ICP-MS）；原子荧光光谱仪（AFS），用于汞含量的测定。

（4）测试步骤

① 酸性人工汗液的制备按 GB/T 3922 的规定进行。该溶液应现配现用，溶液组分见表 6-9。

表 6-9　　　　　　　　　　酸性人工汗液的组分

组分	质量浓度/(g/L)
L-组氨酸盐酸盐-水合物	0.5
氯化钠	5
二水合磷酸二氢钠	2.2
用 0.1mol/L 的 NaOH 溶液调节溶液 pH 为(5.5±0.1)	

② 试样的萃取。用分析天平准确称取 2g 试样（精确至 0.001g）于 250mL 具塞锥形瓶中，用移液管移取 100mL 酸性人工汗液至锥形瓶中，然后将其置于（37±2）℃的水浴中振荡（240±5）min。将萃取液先用过滤装置过滤，然后再通过滤膜对滤液进行过滤。

③ 空白试验。为控制试剂污染可能对结果造成的影响，有必要进行空白试验。用等量的酸性人工汗液代替试样。加入锥形瓶中，按②进行操作。

④ 样品测定

a. ICP-OES 法。以已知浓度的金属元素溶液作参比，在每种金属元素的特定波长处用 ICP-OES 对②制备的试样萃取液进行分析，并按照与试样萃取液相同的测定条件分析空白试验溶液。

b. ICP-MS 法。以已知浓度的金属元素溶液作参比，在每种金属元素的特征离子质量处用 ICP-MS 对②制备的试样萃取液进行分析，并按照与试样萃取液相同的测定条件分析空白试验溶液。

c. AAS 法。以已知浓度的金属元素溶液作参比，用合适的空心阴极灯通过 AAS 对②制备的试样萃取液中的金属含量进行分析，并按照与试样萃取液相同的测定条件分析空白试验溶液。

d. AFS 法。以已知浓度的含汞溶液作参比，用 AFS 对②制备的试样萃取液中的汞含量进行分析，并按照与试样萃取液相同的测定条件分析空白试验溶液。

（5）计算与结果表示

通过式（6-10）计算各金属元素的质量分数（以试样干重计），结果精确至 0.1mg/kg：

$$w_x = \frac{(w_{x.i} - w_{x.b})}{m} \times V_1 \times F_d \times \frac{100}{100-\delta} \quad (6-10)$$

式中　w_x——试样中可萃取的金属元素含量，单位为毫克每千克（mg/kg）；

$w_{x.i}$——仪器分析得出的试样萃取液中的金属元素含量，单位为毫克每千克（mg/kg）；

$w_{x.b}$——仪器分析得出的空白试验溶液中的金属元素含量，单位为毫克每千克（mg/kg）；

m——试样质量，单位为克（g）；

V_1——萃取时加入的酸性人工汗液的体积，单位为毫升（mL）；

F_d——酸化时的稀释倍数；

δ——按 QB/T 2717 或 QB/T 1273 测得的试样中的挥发物含量（%）。

按式（6-11）计算各金属元素的质量分数（以试样脱脂后的绝干质量计）：

$$w_{x-d} = \frac{(w_{x.i} - w_{x.b})}{m} \times V_1 \times F_d \times \frac{100}{100-A} \quad (6-11)$$

式中　w_{x-d}——试样中可萃取的金属元素含量，单位为毫克每千克（mg/kg）；

$w_{x.i}$——仪器分析得出的试样萃取液中的金属元素含量，单位为毫克每千克（mg/kg）；

$w_{x.b}$——仪器分析得出的空白试验溶液中的金属元素含量，单位为毫克每千克（mg/kg）；

m——试样质量，单位为克（g）；

V_1——萃取时加入的酸性人工汗液的体积，单位为毫升（mL）；

F_d——酸化时的稀释倍数；

A——按 QB/T 2718 或 QB/T 1276 测得的试样中的油脂含量（%）。

6.7.2　金属总量的测定

（1）原理。皮革或毛皮试样经三元酸混合液（酸消解法）或微波消解仪（微波消解法）完全消解，残渣用水溶解后通过电感耦合等离子体发射光谱仪（ICP-OES），电感耦合等离子体质谱仪（ICP-MS），原子吸收光谱仪（AAS）或原子荧光光谱仪（AFS）测定金属浓度，计算得出试样中的金属总量。

（2）测试试剂。硝酸，质量分数为60%~70%；硫酸，质量分数为98%；高氯酸，质量分数为60%~70%；三元酸混合液，将硝酸、硫酸和高氯酸按照体积比为3∶1∶1混合；金属元素标准储备液，每种金属元素的质量浓度为1000mg/L；盐酸，质量分数为37%。

（3）测试设备。烘箱，可控温至（102±2）℃；分析天平，精度0.1mg；加热器，用于加热凯氏烧瓶，带有排烟装置；过滤装置，玻璃纤维（GFC）或膜式过滤器；凯氏烧瓶，1L 长颈，带有回流冷凝器；真空过滤系统，用于膜式过滤器；磁力搅拌器；玻璃珠等。

(4) 测试步骤

① 试样消解液的制备

a. 酸消解法。用分析天平称取 1g 试样（精确至 0.001g）于凯氏烧瓶中，用量筒加入 10~20mL 三元酸混合液，并放入几颗玻璃珠。在烧瓶颈部放置一个漏斗或溅水球，加热至沸腾，并保持沸腾状态至消解完全（二氧化氮的红色蒸气消失），停止加热。若试样未消解完全，将烧瓶冷却后再加入 10mL~20mL 的三元酸混合液，重复上述步骤。

测定试样中的铅、钡含量时，应单独进行消解过程。

注：对于高挥发性金属含量的测定，确保开放的酸消解过程不会造成元素的损失。冷却后，将残余物用 30mL 水溶解，并将其转移至 100mL 容量瓶中（必要时可过滤）。用 30mL 水充分洗涤烧瓶及漏斗，并将洗涤液全部转移至容量瓶中，用水定容。用等量的三元酸混合液代替试样，按上述操作进行空白试验。

b. 微波消解法。试样消解液也可通过微波消解法或其他合适的方法制备，若使用该方法，试样的称取量调整为 0.1~1.0g，精确至 0.001g。

② 样品测定（同 6.7.1）

(5) 计算与结果表示

通过式 (6-10) 计算各金属元素的质量分数（以试样干重计）。

按式 (6-11) 计算各金属元素的质量分数（以试样脱脂后的绝干质量计）。

思 考 题

1. 常见的重金属都有哪些？它们会对人体产生哪些危害？
2. 测试皮革及其制品中重金属含量的原理是什么？
3. 为了提高测试结果的准确性，在重金属的萃取和测试过程中应该注意哪些事项？

6.8 有机锡化合物的测定

有机锡化合物是锡和碳元素直接结合形成的金属有机化合物，可用作催化剂、稳定剂（如二甲基锡、二辛基锡、四苯基锡）、农用杀虫剂、杀菌剂（如二丁基锡、三丁基锡、三苯基锡）及日常用品的涂饰和防霉剂等。近年来，随着对有机锡化合物研究的深入，它所具有的损害神经系统、破坏免疫系统和致畸变等危害性逐渐为人所知，世界各国对日用消费品的有机锡化合物污染问题也越来越重视。自 2009 年 7 月，欧盟正式限制对消费产品中有机锡化合物使用，欧盟在所用消费品中限制使用三丁基锡和三苯基锡（自 2010 年 7 月）、二丁基锡和二辛基锡化合物（自 2012 年 1 月），商品中锡含量小于 0.1%。国际环保纺织协会 2016 版 Oeko-Tex Standard 100 中新增了 10 种有机锡化合物，并对纺织品中的有机锡化合物限量做了明确的规定。目前皮革中有机锡化合物的测定方法采用了国家标准 GB/T 22932—2008。

(1) 原理。用酸性汗液萃取试样，在 pH 为 (4.0±0.1) 的酸度下，以四乙基硼化钠为衍生试剂，正己烷为萃取剂，对萃取液中的二丁基锡（DBT）和三丁基锡（TBT）直接萃取衍生化。用气相色谱-质谱仪（GC-MS）测定，外标法定量。

(2) 测试仪器和试剂

① 仪器：气相色谱-质谱仪；恒温水浴振荡器，可控温度（37±2）℃，振荡频率可达60次/min；漩涡振荡器，振荡频率可达2200r/min；离心机，转速可达2000r/min；分析天平，精确至0.1mg。

② 试剂：正己烷；乙酸钠；冰乙酸；四乙基硼酸钠。

(3) 溶液的配制

① 酸性汗液：按照GB/T 3922—2013的规定配制酸性汗液，试液应现配现用。

② 乙酸钠缓冲溶液：1mol/L乙酸钠溶液，用冰乙酸调至pH=（4.0±0.1）。

③ 2%四乙基硼酸钠：称取0.2g四乙基硼酸钠于10mL棕色容量瓶中，加水定容至刻度。此溶液不稳定，宜现用现配，配制时宜尽可能隔绝空气。

④ 有机锡标准溶液：各有机锡标准储备溶液用纯度≥99%的有机锡标准物质配制，浓度以有机锡阳离子浓度计，配制方法如下。

1mg/mL 三丁基锡储备溶液：准确称取氯化三丁基锡标准品（$C_{12}H_{27}SnCl$）0.112g，用少量甲醇溶解后，转移至100mL容量瓶中，用水稀释至刻度。

1mg/mL 二丁基锡储备溶液：准确称取氯化二丁基锡标准品（$C_8H_{18}SnCl$）0.130g，用少量甲醇溶解后，转移至100ml容量瓶中，用水稀释至刻度。

注：有机锡标准储备溶液宜保存在棕色试剂瓶中，4℃条件下保存期为6个月。

⑤ 有机锡混合标准溶液：分别移取一定体积的三丁基锡标准储备溶液和二丁基锡标准储备溶液置于同一个棕色容量瓶中，用水稀释至刻度，摇匀。混合标准溶液的浓度可根据实际需要配置。

(4) 测试步骤

① 样品前处理萃取。称取约4.0g试样放入150mL具塞三角烧瓶中，加入80mL酸性汗液，塞紧塞子后，轻轻摇动使样品充分浸湿，放入恒温水浴振荡器中，设置温度为（37±2）℃、频率为60次/min，振荡60min。然后冷却至室温。

② 样品前处理衍生化。用移液管准确量取萃取液20mL加入50mL具塞试管中，再加入2mL乙酸盐缓冲溶液，充分震荡摇匀。然后依次加入2mL四乙基硼酸钠溶液和2mL正己烷，用漩涡振荡器振荡15min。静置分层后，吸出上层有机相，置于离心管中，在2000r/min的条件下，离心5min，取上层清液供GC-MS分析用。

③ 标准工作曲线的制作。准确吸取浓度为1、5、25、100μg/mL的混合标准溶液1mL，分别置于4个50mL具塞试管中，加入酸性汗液至总体积为20mL，进行衍生化。所得溶液按GC-MS测定条件测定、以有机锡浓度为横坐标，以峰面积为纵坐标，绘制工作曲线。

④ 气相色谱-质谱测定

a. GC-MS分析条件。由于测试结果与使用的仪器和条件有关，因此不可能给出色谱分析的普遍参数，可参考采用下列参数：

色谱柱：DB-5MS，30m×0.25mm×0.25μm，或相当者；色谱柱温度：初始温度70℃，以20℃/min的速度升温至280℃，保持3min；进样口温度：270℃；色谱-质谱接口温度：270℃；离子源温度：230℃；四级杆温度：150℃；电离方式：EI，能量70eV；数据采集：SIM；载气：氦气，纯度≥99.999%，流量1.0mL/min；进样方式：分流，分流比1∶10；进样量：1μL。

b. GC-MS 测定。将净化后的试样溶液用 GC-MS 测定，对照标准工作曲线计算有机锡的浓度。试样溶液中有机锡的响应值在仪器检测的线性范围内，以保留时间和选择离子的丰度比定性，峰面积定量。

（5）计算。试样中有机锡含量按式（6-12）计算。

$$X_i = \frac{\rho_i \times V_i \times 4}{m} \tag{6-12}$$

式中　X_i——试样中的有机锡化合物含量（mg/kg）；
　　　ρ_i——从标准曲线中计算出的有机锡的浓度（μg/mL）；
　　　V_i——试样最终定容的体积（mL）；
　　　m——试样的质量（g）。

按式（6-13）计算绝干质量试样中有机锡化合物的含量 X_{i-dry}（mg/kg）。

$$X_{i-dry} = X_i \times D \tag{6-13}$$

式中　D——转换成绝干质量的换算系数。

有机锡含量应注明是以试样实际质量为基准，还是以试样绝干质量计算为基准，用 mg/kg 表示，修约至 0.1mg/kg。当发生争议或仲裁实验时，以绝干质量为准。挥发物用%表示，修约至 0.1%。

两次平行实验结果的差值与平均值之比应不大于 10%，以两次平行实验结果的算术平均值为结果。

思　考　题

1. 有机锡化合物的定义是什么？它们主要会对人体产生哪些危害？
2. 测试皮革及其制品中有机锡含量的原理是什么？
3. 为了提高测试结果的准确性，在有机锡的萃取和测试过程中应该注意哪些事项？

6.9　邻苯二甲酸酯及其盐的测定

邻苯二甲酸酯类化合物又称酞酸酯（缩写为 PAEs），俗称塑化剂，是目前最普遍使用的增塑剂。至 2015 年其全球产量已经达到几百万吨，并且将会继续增长。工业中将 PAEs 等作为增塑剂加入高聚体中促进塑料制品的加工，通过对高聚体分子的内部改性来增加最终产物的弹性和韧性，被广泛地应用在各种各样的产品中。由于邻苯二甲酸酯类物质与聚烯烃类高聚物化合物分子之间以氢键或范德华力连接，随着时间的推移邻苯二甲酸酯会慢慢从产品中溢出，进入空气、土壤、水源乃至食物中，通过呼吸、饮食和皮肤接触进入人体，在人体和动物体内发挥着类似雌性激素的作用，可干扰内分泌，是一类环境激素。可以模拟体内的天然荷尔蒙，从而干扰并影响正常身体的调节机能，具有致癌、致畸等突变作用，对人体构成危害。世界各国对塑料产品中添加邻苯二甲酸酯进行了禁止和限定。其中 Oeko-Texo Standard 100 对纺织品种邻苯二甲酸酯类 PVC 增塑剂总量的限定值为不大于 0.1%（1000mg/kg），并且在 2016 版中，新增加了邻苯二甲酸二己酯，并做了相应的规定；欧盟执行的指导标准 2005/84/EC 指令中规定，所用玩具及育儿物品中限制使用邻苯二甲酸二辛酯（DEHP）、邻苯二甲酸二丁酯（DBP）、邻苯二甲酸丁酯（BBP）、邻苯二甲酸二正辛酯（DNOP）、邻苯二甲酸二异癸酯（DIDP）、邻苯二甲酸二异壬酯（DINP），且它们的含量均不得超过 0.1%。我国已将邻苯二甲酸酯（DMP）、邻苯二甲酸二丁酯（DBP）、邻苯二甲酸二正辛酯（DNOP）列入我国环境优先污染物黑名单中。目前皮革中邻苯二甲酸酯及其盐的测定方法国家标准正在修订征求意见，本方法采用了国家标准 GB/T 22931—2008。

（1）原理。试样用三氯甲烷超声波萃取后，萃取液经氧化铝层析柱净化、定容，用气相色谱-质谱联用仪（GC-MS）测定，外标法定量。

（2）测试仪器。气相色谱-质谱联用仪；旋转蒸发仪；超声波发生器（工作频率 50kHz）。分析天平（精确至 0.1mg）。

（3）试剂和材料。三氯甲烷（重蒸备用）；正己烷（重蒸备用）；丙酮（重蒸备用）；丙酮正己烷洗脱液：10mL 丙酮和 100mL 正己烷混合配制；氧化铝：层析用中性氧化铝，100~200 目，105℃ 干燥 2h，置于干燥器中冷却至室温，每 100g 中加入约 2.5mL 水降活，混匀后密封，放置 12h 后使用；氧化铝层析柱：在直径约 1cm 的玻璃层析注底部塞入一些脱脂棉，干法装入氧化铝约 2cm 高，轻轻敲实后备用。6 种邻苯二甲酸酯类增塑剂标准品（纯度≥98%）。

（4）溶液的配制

① 6 种邻苯二甲酸酯类的标准储备溶液：分别准确称取适量的每种邻苯二甲酸酯类增塑剂标准品，用正己烷分别配制成浓度为 1mg/mL 的标准储备液。

② 混合标准溶液：根据需要再用正己烷将标准储备溶液稀释成适当浓度的混合标准溶液。

（5）分析步骤

① 氧化铝活性实验。取氧化铝层析柱先用 5mL 正己烷淋洗，然后将 1mL 混合标准溶液加入层析柱中，用 30mL 正己烷分多次淋洗，弃去淋洗液。再用 30mL 丙酮正己烷洗脱液分多次洗脱，收集洗脱液于 100mL 平底烧瓶中，于旋转蒸发仪中（65±5）℃低真空浓缩至近干，缓氮气流吹干，准确加入 1mL 正己烷溶解残渣。

② 萃取。称取约 1.0g 试样，置于 100mL 具塞三角烧瓶中，加 20mL 三氯甲烷，于超声波仪中常温萃取 15min。将萃取液用定性滤纸过滤至圆底烧瓶中，残渣再用相同方法萃取两次，合并滤液。滤液于旋转蒸发仪中（65±5）℃低真空浓缩至近干，加入 2mL 正己烷溶解残渣。

③ 净化。取氧化铝层析柱，先用 5mL 正己烷淋洗，然后将样品萃取液加入层析柱中，用少量 1mL 正己烷洗涤容器，洗涤液并入层析柱中。用 30mL 正己烷分多次淋洗，弃去淋洗液。再用 30mL 丙酮正己烷洗脱液分多次洗脱，收集洗脱液于 100mL 平底烧瓶中，于旋转蒸发仪中（65±5）℃低真空浓缩至近干，缓氮气流吹干，准确加入 1mL 正己烷溶解残渣，供气相色谱-质谱测定和确证。

④ 标准工作曲线的制作。将混合标准溶液用正己烷逐级稀释成适当浓度的系列工作液，按气相色谱-质谱分析条件测定，以增塑剂浓度为横坐标，以峰面积为纵坐标，绘制工作曲线。

⑤ 分析测定

a. 气相色谱-质谱测定

色谱柱：DB-5MS，30m×0.25mm×0.25μm；色谱柱温度：初始温度90℃，以20℃/min的速度升温至260℃，保持10min；进样口温度：270℃；色谱-质谱接口温度：270℃；离子源温度：230℃；四级杆温度：150℃；电离方式：EI，能量70eV；载气：氦气，纯度≥99.999%，流量1.0mL/min；进样方式：分流，分流比1:10。

b. GC-MS测定。将净化后的试样溶液用GC-MS测定，对照标准工作曲线计算增塑剂的浓度。试样溶液中增塑剂的响应值在仪器检测的线性范围内，以保留时间和选择离子的丰度比定性，峰面积定量。

（6）计算。试样中增塑剂含量按式（6-14）计算：

$$X_i = \frac{\rho_i \times V_i}{m} \tag{6-14}$$

式中　X_i——试样中的增塑剂含量，mg/kg；
　　　ρ_i——从标准曲线中计算出的增塑剂的浓度（μg/mL）；
　　　V_i——试样最终定容的体积（mL）；
　　　m——试样的质量（g）。

按式（6-15）计算绝干质量试样中增塑剂的含量X_{i-dry}（mg/kg）：

$$X_{i-dry} = X_i \times D \tag{6-15}$$

式中　D——转换成绝干质量的换算系数。

两次平行实验结果的差值与平均值之比应不大于10%，以两次平行实验结果的算术平均值作为结果。增塑剂含量应注明是以试样实际质量为基准，还是以试样绝干质量计算为基准，用mg/kg表示，修约至0.1mg/kg。当发生争议或仲裁实验时，以绝干质量为准。挥发物用%表示，修约至0.1%。

两次平行实验结果的差值与平均值之比应不大于10%，以两次平行实验结果的算术平均值为结果。

思 考 题

1. 邻苯二甲酸酯及其盐会对人体产生哪些危害？
2. 邻苯二甲酸酯及其盐一般在皮革生产过程中的哪些工序中引入，所起的作用是什么？
3. 测试皮革及其制品中邻苯二甲酸酯及其盐含量的原理是什么？
4. 为了提高测试结果的准确性，在邻苯二甲酸酯及其盐含量的萃取和测试过程中应该注意哪些事项？

6.10　可挥发性化学物质（VOC）的测定

关于VOC的定义有多种方式，例如美国ASTM D3960-98标准将VOC定义为任何能参加大气光化学反应的有机化合物；美国联邦环保署（EPA）将VOC定义除CO、CO_2、

H_2CO_3、金属碳酸盐和碳酸铵外任何参加大气光化学反应的碳化物;世界卫生组织(WHO)对 VOC 的定义为熔点低于室温而沸点在 50~260℃ 之间的挥发性有机化合物的总称。有关色漆和清漆通用术语的国际标准 ISO 46181—1998 和德国 DIN 55649—2000 标准对 VOC 的定义为原则上,在常温常压下,任何能自发挥发的有机液体或固体。同时,德国 DIN 55649—2000 标准在测定 VOC 含量时,又做了一个限定,即在通常压力条件下,沸点或初馏点低于或等于 250℃ 的任何有机化合物。总之,可挥发性有机污染物(VOC)是空气中普遍存在且组成复杂的一类有机污染物,常见的组分有碳氢化合物、苯系物、醇类、酮类、酚类、醛类、酯类、胺类、腈类等。

VOC 在太阳光和热的作用下能参与氧化氮反应并形成臭氧,臭氧导致空气质量变差并且是夏季烟雾的主要组分,在一定程度上也会导致光化学烟雾、二次有机气溶胶和大气有机酸的升高,可破坏臭氧层,是灰霾天气(PM2.5)形成的重要原因。VOC 很容易通过血液-大脑的障碍,从而导致中枢神经系统受到抑制,因此当 VOC 达到一定浓度时,会引起头痛、恶心、呕吐、乏力等症状,严重时甚至引起抽搐、昏迷,伤害肾脏、肝脏、大脑和神经系统,造成记忆力减退等严重后果。因此测定 VOC 显得尤为重要。

(1) 原理。采用烘箱法,通常条件下,在标准空气中调节后的样品,在一定条件下干燥至一定的时间,再置于标准空气中调节一定时间,样品在该过程中损失的质量即为其他挥发物的质量。

(2) 测试仪器。分析天平,精度为 0.1mg;烘箱,含有鼓风装置以保持箱内空气循环。

(3) 测试步骤

① 试样的制备。将样品平放,并处于充分的平展状态,沿宽度方向均匀裁取 10cm×10cm 的试样 3 块,然后将样品置于温度 (23±2)℃、相对湿度 (50±10)% 的标准环境中进行空气调节,时间不少于 24h。称量试样的质量 m_1。

② 分析测定。调节烘箱的温度至 (100±2)℃,然后将试样水平置于金属网或多孔板上,试样的间隔至少 2.5cm,处理 6h±10min。该过程中必须保持箱内空气循环,同时避免加热元件直接辐射试样。

取出试样,置于温度 (23±2)℃、相对湿度 (50±10)% 的标准环境中进行空气调节,时间不少于 24h。再次称量样品的质量 m_2。

(4) 计算。按式 (6-16) 计算挥发物 VOC 的含量。

$$\rho = \frac{m_1 - m_2}{S} \tag{6-16}$$

式中 ρ——挥发物的含量 (g/m²);
m_1——试样实验前的质量 (g);
m_2——试样实验后的质量 (g);
S——试样的面积 (m²)。

三个试样平行测定结果之间的相对标准偏差应小于 10%,结果以三个试样测定结果的算术平均值表示,应保留两位有效数字。

思 考 题

1. 可挥发性有机物的定义有哪些?它们之间有什么区别?

2. 可挥发性有机物会对人体造成哪些危害？
3. 测试可挥发性有机物的原理是什么？
4. 为了提高结果的准确性，在可挥发性有机物的测试过程中，应该注意哪些事项？

6.11 氯化石蜡的测定

氯化石蜡（CPs）是非常复杂的混合物，通常被分为几组，取决于初始材料的链长和最终产品的氯含量。按碳链长度分为短、中和长链的氯化石蜡三个组。皮革加脂剂使用长链氯化石蜡，但其中会含有微量短链氯化石蜡（SCCPs）副产品。短链氯化石蜡是一类含碳数在10~13的氯化程度各不相同的正构烷烃复杂混合物，按氯含量可以分为42%、48%、50%~52%、65%~75%四种，前三者为淡黄色黏稠液体，后者为黄色黏稠液体；SCCPs具有可变的黏性、阻燃性、低蒸气压、耐火性、低挥发性和电绝缘性等性质，早在第二次世界大战时期就用于军装的阻燃，现在常被用作金属加工润滑剂、油漆、橡胶、密封剂、阻燃剂及塑料添加剂等。SCCPs因其具有远距离环境迁移能力、高毒性、持久性和生物蓄积性等持久性有机污染物的特性而引起了广泛关注。2007年，由欧盟及其成员国向联合国环境规划署POPs审查委员会提交了将SCCPs作为POPs物质，并列入斯德哥尔摩公约的候选物质清单。关于SCCPs的限定，欧盟2002/45/EC指令禁止在金属加工和皮革涂饰剂中使用SCCPs，欧盟76/769/EEC指令附录Ⅰ中规定SCCPs浓度超过0.1%的物质不能投入市场。2015年3月欧盟对现行的塑料制品法规（EU）No10/2011进行升级，法规中进一步要求减少SCCPs的使用量。2015年11月欧盟又在《持久性有机污染物法规》中修订了对SCCPs的限制。因此，测定短链石蜡是非常重要的。本方法主要采用国家标准GB/T 38405—2019。

（1）原理。试样在规定条件下用正己烷超声萃取，萃取液经固相萃取洗脱后，用气相色谱-电子捕获负化学电离质谱联用仪（GC-ECNI-MS）分析测定。

（2）测试试剂。正己烷，色谱纯；二氯甲烷，色谱纯；内标物溶液，1,1,1,3,10,11-六氯十一烷，1000μg/mL，溶剂为正己烷；不同氯含量的SCCP（C_{10}~C_{13}）标准溶液，100μg/mL，溶剂为正己烷；SCCP标准溶液（50μg/mL，含氯59%），分别取533μL含氯55.5%的SCCP（C_{10}~C_{13}）标准溶液和467μL含氯63%的SCCP（C_{10}~C_{13}）标准溶液移入2mL容量瓶中，加入20μL内标物溶液，正己烷定容；氮气，纯度>99.9%；氦气，纯度>99.999%；甲烷，纯度>99.9995%。

（3）测试设备。分析天平，精度为0.1 mg；具塞玻璃反应器，20 mL，适用于正己烷萃取；超声波浴，有控温装置，超声频率100Hz；合适的移液装置，1mL~10mL；容量瓶，2mL；离心管，25 mL；具有真空装置的固相萃取系统和正相硅胶固相萃取柱，例如硅胶小柱（500 mg/6 mL），吸附材料为SiOH；聚四氟乙烯（PFTE）滤膜；气相色谱-电子捕获负化学电离质谱联用仪（GC-ECNI-MS）。

（4）测试步骤

① 试样萃取。用分析天平称取0.5 g试样于具塞玻璃反应器中，量取9.9mL正己烷和100μL内标物溶液加入待测试样中，60℃超声萃取（60±2）min。

② 洗脱。用正己烷预处理正相硅胶固相萃取柱，每100mg吸附剂使用2mL正己烷，

预处理后，萃取柱应保持湿润。将萃取溶液倒入萃取柱，收集洗脱液于离心管中。用5mL正己烷-二氯甲烷混合溶液（体积比50：50）冲洗萃取柱。洗脱液用氮气吹至近干，2mL正己烷定容，经PETE滤膜过滤后，通过GC-ECNI-MS分析。

③ 色谱分析

a. GC-MS分析条件。毛细管色谱柱：DB-5，25 m×0.25 mm×0.25 μm，或相当者；进样口温度：250℃；程序升温：初始温度120℃，12℃/min升温至300℃，保持5min；溶剂延迟：4min；色谱质谱接口温度：280℃；进样方式：不分流；载气：氦气；载气流量：1.2mL/min；进样体积：1μL；电离方式：CI，化学离子源（CI）气体：甲烷；CI阈值：40%；质量扫描范围：300m/z~500m/z；检测方式：选择离子监测（SIM）。

b. 定性定量信号值。SCCP及内标物质谱m/z信号值，1,1,1,3,10,11-六氯十一烷（364/362），SCCP（C_{10}~C_{13}）（347/349、361/363、375/377、389/391）。

c. 定性和定量分析。标准工作溶液和试样萃取溶液等体积穿插进样，按照上述色谱条件进行测试，通过比较试样与标样的保留时间、质谱图进行定性。确认试样中短链氯化石蜡呈阳性后，对标准工作溶液和试样萃取溶液进行分析，对短链氯化石蜡的整个流出峰进行积分，得到峰面积组合，根据组合峰面积与浓度的关系建立校正曲线，利用外标法进行定量计算。混合标准工作溶液和试样萃取溶液中短链氯化石蜡和内标物的响应值均应在仪器检测的线性范围内。

为了检查分析系统的线性，在每10个试样之后或序列末尾分析已知浓度的标准溶液作为参考标准。参考标准的测试结果偏差应在±20%以内，否则在重新进行分析之前，必须检查分析系统。

(5) 结果计算

根据GC-ECNI-MS分析结果，按照式（6-17）计算试样中SCCP的含量。

$$W = \frac{A \cdot C_s \cdot V}{A_s \cdot m} \cdot \frac{A_{is}}{A_i} \cdot \frac{C_i}{C_{is}} \tag{6-17}$$

式中　W——试样中短链氯化石蜡的含量，单位为毫克每千克（mg/kg），结果保留至小数点后一位；

　　　A——待测试样峰面积；

　　　A_s——标准工作溶液中SCCP的峰面积；

　　　C_s——标准工作溶液中SCCP的浓度，单位为微克每毫升（μg/mL）；

　　　V——总体积，单位为毫升（mL）；

　　　m——试样质量，单位为克（g）；

　　　A_{is}——标准工作溶液中内标物的峰面积；

　　　A_i——试样中内标物的峰面积；

　　　C_i——试样中内标物的浓度，单位为微克每毫升（μg/mL）；

　　　C_{is}——标准工作溶液中内标物的浓度，单位为微克每毫升（μg/mL）。

思　考　题

1. 氯化石蜡主要包括哪几类？它们对人体健康有哪些危害？

2. 测定皮革及其制品中氯化石蜡的原理是什么？

3. 为了提高测试结果的准确性，在氯化石蜡的萃取和测试过程中，应该注意哪些事项？

6.12 全氟辛烷磺酰基化合物的测定

全氟辛烷磺酰基化合物（PFOS）是全氟化合物的代表性物质，也是其前驱体和衍生物类产品在环境中最稳定的转化产物，是目前氟化有机物当中使用数量最多的全氟化表面活性剂，因自身优异的物理化学性能，被广泛应用在纺织、化工、炊具、制造等领域。PFOS 具有典型的难降解性（其半衰期大于 40 年）、生物累积性和内分泌毒性的特点，已引起世界各国的关注。另外，PFOS 还具有广泛的分布迁移性，其踪迹已遍及水体、沉积物和生物体内，特别是作为饮用水源的地表水和地下水，均有 PFOS 的踪迹。在 2009 年召开的《斯德哥尔摩公约》第 4 次缔约方大会就将 PFOS 列为被禁止使用的有机污染物之一。欧盟 2006/122/EC 指令对其进行了限制，限量值小于 500mg/kg。目前皮革中全氟辛烷磺酰基化合物的测定国家标准为 GB/T 36929—2018（正在修订中），本方法采用了检验检疫行业标准 SN/T 2449—2010。

（1）原理。样品中甲基叔丁基醚和四丁基硫酸氢铵水溶液经超声萃取后，将有机相萃取液浓缩，定容后用液相色谱-质谱联用仪进行定性、定量分析。

（2）测试试剂。甲基叔丁基醚；四丁基硫酸氢铵；甲醇，色谱纯；乙酸铵，纯度≥98%；全氟辛烷磺酸标准品，纯度≥98%；滤膜，0.2μm 有机相。

（3）仪器和装置。高效液相色谱-质谱/质谱联用仪；分析天平（感量 0.1mg）；超声波萃取仪；氮吹仪。

（4）溶液的配制

① 0.5mol/L 四丁基硫酸氢铵水溶液。准确称取 16.98g 四丁基硫酸氢铵溶于 100mL 水中。

② 全氟辛烷磺酸标准储备液。准确称取适量全氟辛烷磺酸标准品，用甲醇配制成浓度为 10mg/L 的标准储备液。

③ 全氟辛烷磺酸标准溶液。准确称取适量全氟辛烷磺酸标准储备液，用甲醇稀释，配制成一系列不同浓度的标准溶液。

（5）测试步骤

① 样品的制备。将样品剪碎成小于 0.5cm×0.5cm，备用。

② 样品的前处理。准确称取 1~2g 样品（精确至 0.01g）于比色管中，依次加入 5mL 四丁基硫酸氢铵水溶液和 20mL 甲基叔丁基醚。将比色管置于超声波萃取仪中超声萃取 1h，超声萃取后取出比色管，静置分层后，吸出上层有机相，再分别用 5mL 甲基叔丁基醚萃取下层水相 2 次，合并有机相。将上述有机相用氮吹仪浓缩至近干后，用甲醇定容至 5~10mL，最后用 0.2μm 尼龙滤膜过滤后待上机测定。

③ 样品的测定条件

a. 液相色谱-质谱条件。色谱柱：C_{18} 反相柱，4.6m×150mm×5μm，或相当者；柱温：30℃；流动相：甲醇+2mmol/L 乙酸铵水溶液（90+10）等度洗脱；流速：0.6mL/min；进样量：10μm；电离方式：电喷雾离子源（ESI）；扫描方式：负离子扫描；采集方式:质谱多反应监测 MRM(m/z 为 499~80,499~99);定性离子对:m/z 为 499~80 和 499~99;定量离子对:m/z 为 499~80。

b. 其他质谱条件。电离电压(IS):-3000V;离子源温度(TEM):550℃;气帘气压力(CUR):10;雾化气压力(GS1);50;辅助气压力(GS2):60;锥孔电压力(DP):-70V;Q0 入口电压:(EP):-10V;碰撞能量:(CE):-50eV。

④ 液相色谱-质谱/质谱测定。将配制好的一系列标准溶液和处理好的样品提取液吸取到样品瓶中,按照上述液相色谱-质谱/质谱测定仪器条件采用自动进样器进行测定,并绘制标准工作曲线。

不加样品做空白实验。

(6)计算。用数据处理软件中的外标法(或绘制标准工作曲线),得到测定液中待测组分的浓度,按式(6-18)计算试样中全氟辛烷磺酸的含量。

$$X = \frac{(\rho_s - \rho_0)V}{m} \tag{6-18}$$

式中　X——试样中待测组分的含量(mg/kg);

ρ_s——由标准工作曲线所得的试样中待测组分的含量(mg/L);

ρ_0——由标准工作曲线所得的空白试液中待测组分的含量(mg/L);

V——试样的定容体积(mL);

m——试样的质量(g)。

(7)检测低限。本方法的测定低限为 0.025mg/kg。

(8)回收率和精密度。本方法的回收率为 95%~105%,相对标准偏差为 0.02%~1.40%。

思 考 题

1. 全氟辛烷磺酰基化合物的定义是什么?它们对人体主要有哪些危害?
2. 全氟辛烷磺酰基化合物一般在皮革的生产过程中的什么工序引入,主要起什么作用?
3. 测试皮革及其制品中全氟辛烷磺酰基化合物含量的原理是什么?
4. 为了提高测试结果的准确性,在全氟辛烷磺酰基化合物的萃取和测试过程中,应该注意哪些事项?

6.13　富马酸二甲酯含量的测定

富马酸二甲酯(DMF)又称反丁烯二酸二甲酯,俗名霉克星 1 号和防霉保鲜剂,在常温下可升华,易溶于乙醇、乙腈、乙酸乙酯等有机溶剂,微溶于水,是一种气氛型防腐剂,具有广谱高效的抗菌特性,对 30 多种霉菌、酵母菌和细菌都有很好的抑菌效果,广泛应用于食品、化妆品、烟草、皮革和纺织品中。但研究表明,富马酸二甲酯易水解生成甲醇,对人体的眼睛、皮肤有刺激作用,长期接触会发生皮肤过敏甚至溃烂,经食道吸入可能会对人体肠道、内脏产生腐蚀性损害,特别是对儿童的成长发育造成极大伤害。2012 年 5 月 15 日,欧盟发布政府公报颁布指令(EU)No 412/2012,正式批准将富马酸二甲酯(DMF)加入 REACH 法规附件 XVⅡ(对某些危险物质、混合物、物品在制造,投放市场和使用过程中的限制）物质清单第61项，限定此后欧盟市场上流通的产品或产品零件中富马酸二甲酯（DMF）的含量不应超过0.1mg/kg。随后，欧盟委员会2009/251/EC指令禁止在消费品中使用生物杀灭剂富马酸二甲酯和含有富马酸二甲酯的产品投入市场。我国卫生部发布的第二批食品中可能违法添加的非食用物质名单中，富马酸二甲酯被明令禁止在食品中添加。目前皮革中富马酸二甲酯含量的测定主要采用国家标准GB/T 26702—2011。

（1）原理。在超声波作用下，用乙酸乙酯萃取出试样中的富马酸二甲酯，萃取液经净化后，用气相色谱-质谱检测，外标法定量。

（2）测试仪器。分析天平（精度0.1mg）；具塞锥形瓶（100mL）；容量瓶（25mL）；梨形烧瓶（150mL）；超声波提取器；旋转蒸发仪或氮吹仪；有机滤膜（0.45μm）；气相色谱/质谱联用仪。

（3）测试试剂。乙酸乙酯（色谱纯）；中性氧化铝小柱（6mL，1g填料）；无水硫酸钠（使用前在400℃下处理4h，在干燥器中冷却，备用）；富马酸二甲酯标准品（纯度≥99%）。

（4）溶液的配制

① 富马酸二甲酯标准储备溶液。称取富马酸二甲酯标准品约0.02g于具塞容量瓶中，用乙酸乙酯溶解并定容至刻度，摇匀，作为标准储备溶液。

② 工作标准溶液。用乙酸乙酯逐级稀释标准储备液，配制成浓度分别为0.1、0.2、0.5、1、2、5μg/mL的工作标准溶液，于0~4℃冰箱中保存备用。

（5）测试步骤

① 样品前处理，萃取。用分析天平称取约5g的试样，将试样置于具塞锥形瓶中，加入40mL乙酸乙酯，在超声波提取器中萃取15min（频率15kHz，控制温度35℃以下）后，将具塞锥形瓶中的萃取液经滤纸过滤到梨形烧瓶（或氮吹仪）中，再加入15mL乙酸乙酯于具塞锥形瓶中，摇动1min，使试样于乙酸乙酯充分混合，并将滤液过滤到梨形烧瓶（或氮吹仪管）中；最后加入10mL乙酸乙酯于具塞锥形瓶中，重复上述操作，合并滤液。

② 样品前处理，浓缩。可用下述两种之一浓缩萃取液：

a. 旋转蒸发浓缩。在45℃以下，用旋转蒸发仪将梨形烧瓶中萃取液浓缩至约1mL。

b. 氮吹仪浓缩。在50℃以下，用氮吹仪将氮吹仪管中的萃取液浓缩至约1mL。

③ 净化。实验前，往中性氯化铝小柱上添加5mm厚的无水硫酸钠，再用约5mL的乙酸乙酯将中性氧化铝小柱润湿，待用。

用吹管将浓缩后的萃取液注入中性氧化铝小柱内，流出液收集到5mL容量瓶中；用少量乙酸乙酯多次洗涤梨形烧瓶（或氮吹仪管），洗涤液依次注入中性氧化铝小柱内，流出液合并收集于该容量瓶中，并用乙酸乙酯定容至刻度，摇匀后用聚酰胺滤膜过滤制成试样（若容量瓶中的溶液浑浊，用离心方法分离后再取上层清液过滤），用气相色谱-质谱联用仪测试。

④ 气相色谱/质谱联用仪测定

a. 工作参数。设定的参数应保持色谱测定时被测组分与其他组分能够得到有效的分离，由于测试结果取决于所使用的仪器，下面给出的参数可参考使用。

色谱柱：DB-5MS柱，30m×0.25mm×0.25um；进样口温度：250℃；色谱-质谱接口

温度：280℃；进样方式：不分流进样，1min 后开阀；载气：氦气，纯度≥99.999%；控制方式：恒流，流速 1.0mL/min；色谱柱温度：初温 60℃，以 5℃/min 的速度升温至 100℃，再以 25℃/min 升至 280℃，保持 10min；进样量：1μL；电离方式：EI；扫描方式：选择离（SIM）或全扫描（Scan）；四级杆温度：150℃；离子源温度：230℃；溶剂延迟时间：3min。

b. 气相色谱-质谱分析及阳性结果确证。根据试样中富马酸二甲酯的含量情况，选取 3 种或以上浓度相近的标准工作溶液，标准工作溶液和试液中富马酸二甲酯的响应值均应在仪器的线性范围内。在上述气相色谱/质谱条件下，富马酸二甲酯的保留时间约为 6.5min。

如果试液与标准工作溶液的总离子流色谱图中，在相同保留时间有色谱峰出现，则根据富马酸二甲酯的特征离子碎片及其对比进行确证。

定性离子（m/z）：113.85，59（具丰度比为 100∶60∶30）；

定量离子（m/z）：113。

⑤ 空白实验。除不加试样外，按上述分析步骤测定。

（6）计算。按式（6-19）计算富马酸二甲酯的含量：

$$X = \frac{(\rho_s - \rho_0)V}{m} \tag{6-19}$$

式中　X——试样中富马酸二甲酯的含量（mg/kg）；

ρ_s——由标准工作曲线所得的试样中富马酸二甲酯的含量（mg/L）；

ρ_0——由标准工作曲线所得的空白试液中富马酸二甲酯的含量（mg/L）；

V——试样的定容体积（mL）；

m——试样的质量（g）。

以两次平行实验结果的算术平均值作为结果，精确至 0.1mg/kg。

（7）回收率、检出限和精密度。在阴性样品中添加适量标准溶液，然后按上述分析步骤进行分析，富马酸二甲酯的回收率为 80%~120%。本方法的检出限为 0.1mg/kg。平行实验测定结果的绝对差不超过算术平均值的 10%。

思 考 题

1. 富马酸二甲酯对人体主要有哪些危害？
2. 富马酸二甲酯一般在皮革生产过程中的什么工序引入，主要起什么作用？
3. 测试皮革及其制品中富马酸二甲酯含量的原理是什么？
4. 为了提高测试结果的准确性，在富马酸二甲酯的萃取和测试过程中，应该注意哪些事项？

6.14　二甲基甲酰胺含量的测定

二甲基甲酰胺是一种性能优良的有机溶剂，在皮革上主要用于水性聚氨酯涂饰剂的合成和涂饰用溶剂，在水性聚氨酯乳液合成过程中，适量 DMF 的加入不仅可以降低预聚体的黏度，有利于搅拌，还能使最终的成膜平滑。然而，因DMF具有的生殖毒性以及其可能的致癌性，欧洲化学品管理局于2012年将DMF列入第八批REACH法规高度关注物质清单，规定其在商品中的质量分数不得高于0.1%，否则需要履行注册、通报、授权等义务；国际环保纺织协会制订的标准（Oeko—Tex Standard 100）也要求DMF在皮革、纺织品中的质量分数不得超过0.1%。我国也自2006年1月1日起，将DMF列入国家突发公共卫生事件监测的毒物名单。此外，我国轻工行业推荐标准《服装用聚氨酯合成革安全要求》中规定服装用聚氨酯合成革一级品中DMF含量应≤30mg/kg，二级品应≤100mg/kg。目前皮革中二甲基甲酰胺含量的测定主要采用国家标准GB/T 38401—2019。

（1）原理。在超声波作用下，用甲醇萃取出试样中的二甲基甲酰胺，将萃取液通过膜过滤净化处理后用气相色谱-质谱联用仪（GC-MS）测定，外标法定量。

（2）测试仪器。分析天平（精度0.1mg）；超声波发生器（有控温装置）；可密封的萃取瓶（100mL）；有机滤膜（0.45μm）；气相色谱仪（配有质量选择检测器MSD）。

（3）测试试剂。甲醇（色谱纯）；二甲基甲酰胺标准品（纯度≥99.5%）；标准储备溶液：称取适量的二甲基甲酰胺标准品，用甲醇配制成浓度为100μg/mL的标准储备溶液；标准工作溶液：根据需要，用甲醇将标准储备溶液稀释至适当浓度的标准工作溶液。

（4）测试步骤

① 取样

a. 标准部位取样。皮革：按QB/T 2706—2005的规定进行；毛皮：按QB/T 1267—2012的规定进行，取样过程应避免毛被损失，保持毛被完好。

b. 非标准部位取样。如果不能从标准部位取样（如鞋、服装），应在可利用面积内的任意部位取样，试样应具有代表性，并在试验报告中注明。

② 试样的制备。皮革按QB/T 2716—2018的规定进行，毛皮按QB/T 1272—2012的规定进行。

③ 分析液的测定。称取1.0g的试样（精确至0.1mg），置于100mL萃取瓶中，准确加入25mL甲醇，密封后置于超声波发生器中萃取1h，萃取过程中温度不超过50℃。萃取液冷却至室温后，经滤膜过滤后，用GC-MS进行测定。

④ 气相色谱-质谱（GC/MS）条件。条件如下所示：

a. 气相色谱条件。进样系统：不分流；载气：氦气；进样量：1μL；毛细管色谱柱：极性毛细管色谱柱，如DB-WAX或相当者；气体流量：1.0mL/min；进样温度：200℃；色谱质谱接口温度：230℃；柱温：50℃保持1min，10℃/min升温至120℃，保持2min，20℃/min升温至200℃，保持5min。

b. 质谱条件。电离方式：EI；电离能量：70eV；检测方式：选择离子监测SIM，m/z=73；质量扫描范围：50~150amu；离子源温度：230℃；四级杆温度：150℃；溶剂延迟：3min。

⑤ 标准工作曲线制作。用甲醇配制不少于5个浓度在0.2~20.0μg/mL范围内的二甲基甲酰胺标准工作溶液，滤膜过滤后用GC-MS进行测定。根据峰面积和浓度的对应关系，绘制标准工作曲线。

⑥ 测定结果阳性确证。根据分析液中被测量物含量情况，配制浓度相近的标准工作溶液，按照⑤操作，分别对标准工作溶液与分析液等体积参插进样测定。响应值均应在仪

器检测的线性范围内。

（5）计算

① 二甲基甲酰胺含量的计算。按式（6-20）计算试样中二甲基甲酰胺的含量。

$$X_D = \frac{\rho_i \times V}{m} \times \beta \tag{6-20}$$

式中　X_D——试样中二甲基甲酰胺的含量（mg/kg），精确至 0.1mg/kg；

　　　ρ_i——从工作曲线中查得的二甲基甲酰胺含量（μg/mL）；

　　　V——定容体积（mL）；

　　　m——试样质量（g）；

　　　β——稀释倍数，标准规定条件下为 1。

② 试样中二甲基甲酰胺含量（以绝干质量计）的换算。按式（6-21）计算试样中二甲基甲酰胺的含量（以绝干质量计）。

$$X_{D\text{-}dry} = X_D \times D \tag{6-21}$$

式中　$X_{D\text{-}dry}$——试样中二甲基甲酰胺的含量（以绝干质量计）（mg/kg），精确至 0.1mg/kg；

　　　D——换算系数，可由式（6-22）计算得到：

$$D = \frac{100}{100 - w_v} \tag{6-22}$$

式中　w_v——按 QB/T 1273—2012 或 QB/T 2717—2018 测得的试样中的挥发物含量（%）。

思 考 题

1. 二甲基甲酰胺对人体主要有哪些危害？
2. 二甲基甲酰胺一般在皮革生产过程中的什么工序引入，主要起什么作用？
3. 测试皮革及其制品中二甲基甲酰胺含量的原理是什么？
4. 为了提高测试结果的准确性，在二甲基甲酰胺的萃取和测试过程中，应该注意哪些事项？

6.15　防霉剂含量的测定

皮革的防霉抗菌性一直是皮革产品最主要的质量指标之一，为了防止皮革及革制品发霉，通常的办法是在制革铬鞣、染色、加脂等工序中加入防霉剂，也有在涂饰过程中使用的。但随着皮革防霉剂的种类越来越多，不乏其中一些会对人体和环境造成危害，早在 2010 年欧盟便对皮革及鞋类中的富马酸二甲酸酯进行了限量要求，LEATHER STANDARD by OEKO-TEX 标准也对多种防霉剂有着明确的限量要求。目前皮革中防霉剂含量的测定主要采用国家标准 GB/T 38403—2019。

（1）原理。在超声波作用下，用乙腈萃取出试样中的防霉剂，将萃取液经过滤膜净化处理后，进行液相色谱-紫外（HPLC-UV）测定。

（2）测试仪器。分析天平（精度 0.1mg）；超声波发生器（工作频率 40kHz）；具塞锥形瓶（100mL）；有机滤膜（0.45μm）；液相色谱仪（配有紫外检测器或其他合适的检测器)。

(3) 测试试剂。水(HPLC 测试用水应符合 GB/T 6682—2008 中一级水的规定,其他试验用水应符合 GB/T 6682—2008 中三级水的规定);乙腈(色谱纯);无水硫酸钠(使用前在 400℃下烘干 4h,然后在密闭的干燥器中保存);TCMTB、PCMC、OPP、OIT 标准品(TCMTB、OIT 纯度≥99.7%,PCMC、OPP 纯度≥99.5%),相关信息见表 6-10;标准储备溶液:分别称取适量的 4 种标准品,用乙腈配制成浓度为 100mg/L 的混合标准储备溶液;标准工作溶液:根据需要,用乙腈将标准储备溶液稀释至适当浓度的标准工作溶液。

表 6-10　　四种防霉剂的中英文名称、CAS 号等相关信息表

中文名称	英文名称	化学文摘号(CAS No.)	化学结构式	化学分子式	相对分子质量
苯噻氰; 2-(硫氰酸甲基硫基)苯并噻唑; 2-(氰硫基甲硫基)苯并噻唑	thiocyanic acid, 2-(Thiocyanatomethylthio) benzothiazole, 2-(benzothiazolylthio) methyl ester, 英文缩写为:TCMTB	21564-17-0		$C_9H_6N_2S_3$	238.3
邻苯基苯酚; 邻羟基联苯; 2-羟基联苯	ortho-phenyl phenol, o-phenyl phenol, 2-phenyl phenol, 英文缩写为:OPP	90-43-7		$C_{12}H_{10}O$	170.2
对氯间甲酚; 4-氯-3-甲基苯酚; 4-氯间甲酚	4-Chloro-3-methylphenol; 4-Chloro-m-cresol; -Methyl-4-chlorophenol; 英文缩写为:PCMC	59-50-7		C_7H_7ClO	142.6
辛噻酮; N-辛基异噻唑啉酮; 辛基异噻唑啉酮;	Octhilinone; 2-Octyl-2H-isothiazol-3-one; kathonsp70; kathonlppreservative; micro-chekskane; 英文缩写为:OIT	26530-20-1		$C_{11}H_{19}NOS$	213.3

(4) 测试步骤

① 取样。皮革:按 QB/T 2706—2005 规定进行;毛皮:按 QB/T 1267—2012 规定进行,取样过程应避免毛被损失,保持毛被完好。

如果不能从标准部位取样（如鞋、服装），应在可利用面积内的任意部位取样，试样应具有代表性，并应在试验报告中注明。

② 试样的制备。皮革按 QB/T 2716—2018 的规定进行；毛皮按 QB/T 1272—2012 的规定进行。

蓝湿革、白湿革等非成革取样前应先按 QB/T 1272—2012、QB/T 2716—2018 的规定进行干燥。

③ 萃取。称取（1±0.01）g 试样（精确至 0.1mg），混入约 5g 的无水硫酸钠，加入 100mL 锥形瓶中；准确加入 20mL 乙腈，加塞后置于超声波发生器中，在室温下超声萃取（60±5）min，超声功率为 80%，萃取过程中应控制萃取温度不超过 35℃；萃取液经滤膜过滤，进行 HPLC 测试。

④ 液相色谱仪（HPLC）分析。流速：1.0mL/min；色谱柱：XDB C18（5μm×250mm×4.6mm），带预柱；紫外检测波长：280nm；柱温：30℃；进样体积：10μL；流动相：等梯度洗脱，水：乙腈 = 30：70（V/V）。

⑤ 标准工作曲线制作。制备至少 6 组浓度为 0.5~10.0mg/L 的标准工作溶液，经滤膜过滤后进行 HPLC 测定。根据峰面积和浓度的对应关系，分别绘制四种防霉剂的标准曲线。

（5）计算

① 防霉剂含量的计算。按式（6-23）试样中防霉剂的含量进行计算。

$$x = \frac{\rho_i \times V}{m} \times \beta \tag{6-23}$$

式中　x——试样中防霉剂的含量（mg/kg），精确至 0.1mg/kg；

　　　ρ_i——从工作曲线中查得的防霉剂含量（μg/mL）；

　　　V——定容体积（mL）；

　　　m——试样质量（g）；

　　　β——稀释倍数，标准规定条件下为 1。

② 试样中防霉剂含量（以绝干质量计）的换算。按式（6-24）计算试样中防霉剂的含量（以绝干质量计）。

$$x_D = x \times D \tag{6-24}$$

式中　x_D——试样中防霉剂的含量（以绝干质量计）（mg/kg），精确至 0.1mg/kg；

　　　D——换算系数，可由式（6-25）计算得到。

$$D = \frac{100}{100 - w_v} \tag{6-25}$$

式中　w_v——按 QB/T 1273—2012 或 QB/T 2717—2018 测得的试样中的挥发物含量（%）。

思 考 题

1. 防霉剂一般在皮革生产过程中的什么工序引入，主要起什么作用？
2. 测试皮革及其制品中防霉剂含量的原理是什么？
3. 为了提高测试结果的准确性，在防霉剂的萃取和测试过程中，应该注意哪些事项？

6.16 多环芳烃含量的测定

多环芳烃（polycyclic aromatic hydrocarbons，PAHs）是指分子中含有两个或两个以上苯环的碳氢化合物的总称。PAHs的化学性质稳定，在环境中能持久残留，容易在生物体内蓄积；是最早被发现具有致癌、致畸和致突变等风险的有机物之一，也是迄今为止数量最多的一类致癌物，目前已发现的致癌性多环芳烃及其衍生物高达400多种，此外PAHs还具有光诱导毒性、急性毒性、慢性毒性等毒性。早在1976年，美国环保署（EPA）公布的129种优先控制的水环境污染物中，就有16种是多环芳烃类化合物（表6-11）。20世纪80年代，EPA又将这16种PAHs列入优先控制的有毒有机污染物黑名单中。截至目前，欧盟化学管理局（ECHA）列出的197种高度关注物（SVHC）中，有7种为PAHs。我国也将萘、荧蒽、苯并[a]芘、茚并[1,2,3-cd]芘、苯并[b]荧蒽、苯并[g,h,i]苝和苯并[k]荧蒽7种多环芳烃化合物列入水中优先控制污染物名单。在皮革产品中，PAHs并非有意引入，而是作为杂质，在皮革染色、加脂和涂饰等工序中，随所使用的染料、加脂剂和溶剂等化学品一起进入到皮革。目前皮革中多环芳烃含量的测定主要采用国家标准GB/T 36946—2018。

表6-11 16种多环芳烃清单

序号	中文名称	英文名称	化学文摘编号（CAS）
1	萘	Naphthalene	91-20-3
2	苊烯	Acenaphthylene	208-96-8
3	苊	Acenaphthylene	83-32-9
4	芴	Fluorene	86-73-7
5	菲	Phenanthrene	85-01-8
6	蒽	Anthracene	120-12-7
7	荧蒽	Fluoranthene	206-44-0
8	芘	Pyrene	129-00-0
9	苯并[a]蒽	Benzo[a]anthracene	56-55-3
10	䓛	Chrysene	218-01-9
11	苯并[b]荧蒽	Benzo[b]fluoranthene	205-99-2
12	苯并[k]荧蒽	Benzo[k]fluoranthene	207-08-9
13	苯并[a]芘	Benzo[a]pyrene	50-32-8
14	茚苯[1,2,3-cd]芘	Indeno[1,2,3-cd]pyrene	193-39-5
15	二苯并[a,h]蒽	Dibenzo[a,h]anthracene	53-70-3
16	苯并[g,h,i]芘（二萘嵌苯）	Benzo[g,h,i]perylene	191-24-2

（1）原理。试样用超声波提取，提取液经旋转蒸发浓缩后，由硅胶固相萃取柱净化，定容，用配有质量选择检测器的气相色谱仪（GC/MSD）测定，采用选择离子监测模式，外标法定量。

（2）测试仪器。气相色谱-质谱联用仪（配有质量选择检测器）；超声波发生器（工作频率为40kHz或45kHz）；恒温水浴真空旋转蒸发仪（控温精度为±2℃）；固相萃取装置；分析天平（感量为0.1mg）；氮吹仪；提取器（100mL锥形瓶，或相当者）；150mL

平底烧瓶；有机滤膜，0.45μm。

（3）测试试剂

① 二氯甲烷，色谱纯。

② 正己烷，色谱纯。

③ 丙酮，分析纯。

④ 萃取液，正己烷-丙酮混合液（体积比1∶1）。

⑤ 洗脱液，正己烷-二氯甲烷（体积比3∶2）。

⑥ 16种多环芳烃标准物质：纯度不低于99.0%或已知含量。

⑦ 16种多环芳烃标准储备溶液的配制：分别准确称取适量16种多环芳烃标准物质，用正己烷溶解稀释，配制成浓度为1000mg/L的标准储备溶液。

⑧ 16种多环芳烃混合标准工作溶液的配制：准确移取适量标准储备溶液，用正己烷配成浓度约为100mg/L的混合标准工作溶液，再根据需要配制成其他浓度的标准工作溶液，至少5个浓度点。

⑨ 硅胶固相萃取柱，规格为500mg/3mL，或相当者。使用之前用5mL正己烷预淋洗，使之保持润湿。

⑩ 氮气，纯度≥99.99%。

（4）取样和试样的制备

① 取样

a. 标准部位取样。按QB/T 2706—2005的规定进行。

b. 非标准部位取样。如果不能从标准部位取样（如直接从鞋、服装上取样），应在可利用面积内的任意部位取样，样品应具有代表性，并在试验报告中详细记录取样情况。

② 试样的制备。按QB/T 2716—2018的规定进行。

（5）测试步骤

① 萃取。准确称取1.0g剪碎的样品，精确到0.1mg。放入提取器中，加入30mL萃取液，密闭后置于超声波发生器中，超声30min，冷却至室温。将萃取液完全转移至150mL平底烧瓶中；再用30mL萃取液重复超声提取一次。合并以上萃取液，在35℃水浴中减压旋转蒸发至近干（不应蒸干）。加入2mL正己烷溶解样液，待净化处理。

② 净化。用5mL正己烷活化硅胶小柱，并保持润湿。将样液转移至已活化的硅胶小柱，再用2mL正己烷洗涤平底烧瓶并转移至硅胶小柱。控制流速为0.5滴每秒，弃掉以上过柱液，然后用5mL洗脱液进行洗脱，收集洗脱液，用氮吹仪缓慢吹至近干，用正己烷定容至2.0mL，用0.45μm滤膜将样液过滤至进样小瓶中，待气相色谱-质谱分析。

（6）测定

① 气相色谱-质谱分析参考条件。由于测试结果取决于所使用的仪器，因此不可不给出仪器的普遍参数。采用以下参数已被证明对测试是可行的：

色谱柱：DB-5MS 石英毛细管柱，30m（长度）×0.25mm（内径）×0.25μm（膜厚），或相当者；升温程序：初始柱温50℃，保持1min，以25k/min升温至250℃，再以8k/min升温至310℃，保持5min；进样口温度：280℃；色谱-质谱接口温度：280℃；四级杆温度：150℃；离子源温度：230℃；载气：氦气，纯度≥99.999%；流速：1.0mL/min；电离方式：EI；电离能量：70eV；测定方式：选择离子监测；进样方式：不分流进样；

进样量：1μL；溶剂延迟：4min。

② 气相色谱-质谱定性及定量分析。按上述分析条件对16种多环芳烃混合标准工作溶液及待测液进行测定。如果待测液中的色谱峰保留时间与标准工作溶液相近，且待测液中目标化合物的选择离子丰度比与标准工作溶液的丰度比一致，则可判定待测液中存在目标化合物，外标法定量。

在上述气相色谱-质谱条件下，16种多环芳烃的保留时间、定量、定性离子及丰度比见表6-12。

表6-12　　　　　16种多环芳烃的保留时间、定量、定性离子及丰度比

序号	物质名称	保留时间	特征碎片离子(amu)		丰度比
			定量	定性	
1	萘	5.632	128	102,127,129	100：7.5：12.6：10.9
2	苊烯	7.547	152	76,151,153	100：7.5：19.3：12.9
3	苊	7.758	153	76,152,154	100：14：47.9：95.4
4	芴	8.400	166	139,165,167	100：7.2：91.1：13.2
5	菲	9.581	178	152,176,179	100：8.6：18.4：15.1
6	蒽	9.657	178	152,176,179	100：7.0：17.7：15.3
7	荧蒽	11.152	202	101,200,203	100：9.4：19.8：17.3
8	芘	11.524	202	101,200,203	100：10.8：20：17.3
9	苯并[a]蒽	13.942	228	114,226,229	100：9.2：25.6：19.5
10	䓛	14.052	228	113,226,229	100：8.6：28.1：19.6
11	苯并[b]荧蒽	16.878	252	126,250,253	100：11：22.3：21.6
12	苯并[k]荧蒽	17.598	252	125,250,253	100：11.9：21.7：21.8
13	苯并[a]芘	17.750	252	126,250,253	100：11.8：22.6：21.7
14	茚苯[1,2,3-cd]芘	21.002	276	138,274,277	100：17.0：20.0：23.7
15	二苯并[a,h]蒽	21.121	278	139,276,279	100：15.3：26.6：24.1
16	苯并[g,h,i]苝	21.722	276	138,274,277	100：18.5：20.8：23.6

③ 空白试验。除不加试样外，均按上述步骤进行空白试验。

（7）计算。按式（6-26）计算样品中多环芳烃含量（计算结果需将空白值扣除）：

$$X_i = \frac{C_i \times V}{m} \tag{6-26}$$

式中　X_i——样品中多环芳烃的含量（mg/kg）；

C_i——从标准曲线中查得的样液中多环芳烃的含量（mg/L）；

V——样液最终定容体积（mL）；

m——最终样液体积所代表的样品质量（g）。

思　考　题

1. 多环芳烃的定义是什么？它们对人体主要有哪些危害？
2. 多环芳烃一般在皮革生产过程中的什么工序引入，有什么办法可以避免？
3. 测试皮革及其制品中多环芳烃含量的原理是什么？
4. 为了提高测试结果的准确性，在多环芳烃的萃取和测试过程中，应该注意哪些事项？

第7章 皮革防霉性能的分析检测

霉菌是一种多细胞微生物，是形成分枝菌丝的真菌统称，由孢子和菌丝组成。孢子是非常小的霉菌繁殖体，飘浮在空气中随风传播。霉菌分布广、繁殖快、适应性强且易变异，是危害织物的主要生物因素之一。在我国，霉变现象时有发生，造成纤维织物、食品、日化产品、电子元器件等受损，改变其物理化学性能并降低使用寿命。霉菌在生长过程中散发出的霉味及分泌的毒素对人体健康也有不良影响，可引起神经系统内分泌紊乱、皮肤病、致癌致畸、生殖障碍等疾病。

发霉是皮革及其制品最常见的质量问题，皮革中的碳水化合物、蛋白质、脂肪等营养物质为霉菌的生长提供了较有利的条件。轻度的霉变影响皮革的外面，严重的霉变可降低皮革的物理-机械性能，因此皮革的防霉性能测试是判定皮革质量的重要技术指标。皮革上的霉菌种类随皮革种类及所处的气候及环境条件的差异而不同。皮革中的霉菌种类较多，主要以曲霉、青霉为主，其中曲霉中以黑曲霉和黄曲霉为主，因此进行防霉性能测试时，应对霉菌菌体进行认真筛选，尽可能覆盖皮革中常见的霉菌。本方法针对皮革防霉性能的分析检测主要采用轻工行业标准 QB/T 4199—2011。

（1）原理。将霉菌接种于待检样品上，在规定条件下培养一定时间后，观察样品表面霉菌生长情况，然后判断样品的防霉性能。

（2）测试仪器。恒温培养箱［可控温度（25±1）℃］；冰箱（控温温度 0~5℃）；生物安全柜（二级）；电热干燥器；生物光学显微镜（放大倍数 5~50 倍）；压力蒸汽灭菌器（5L）；电子天平（精度 0.01g）；离心机（2000r/min，能控制温度至-5℃）；振荡器（振荡频率 50~150r/min）；培养皿（三分格，直径 100mm）；模刀（圆形，内直径 25mm）；医用胶带。

（3）样品的制备

① 对照样品

a. 选用生黄牛皮，按照常规制革工艺加工至皮革，加工过程所采用的化工材料均不含杀菌剂及防霉剂。用模刀取样，样品经 40W 紫外灯照射 30min 后密封，冷冻保存备用（-20~-10℃），得到阴性对照样品 A。

b. 称取阴性对照样品 A，浸泡于 5 倍量的含苯噻氰（TCMTB）水溶液中（苯噻氰的质量分数为 0.5%），24h 后取出，水平放置于生物安全柜中，自然晾干。用模刀取样，密封，冷冻保存备用（-20~-10℃），得到阳性对照样品 B。阳性对照样品中苯噻氰（TC-MTB）的含量在 250~350mg/kg。

c. 阴性对照样品、阳性对照样品各两个，测试前将对照样品从冰箱中取出，解冻至室温。

② 测试样品。用模刀切取三个测试样品，其中两个为测试样品 C，另一个为备用样品，按照 QB/T 2707—2018 进行空气调节。

（4）培养基和试剂

① 格林氏溶液配制。格林氏溶液组分见表 7-1。

表 7-1　　　　　　　　　　　　格林氏溶液的组分

组分	用量	组分	用量
水（新煮沸后冷却至室温）	1000mL	$CaCl_2$	0.11~0.12g
NaCl	6.5~7.5g	$NaHCO_3$	0.20~0.22g
KCl	0.09~0.14g		

② 培养基的配制

a. 孟加拉红培养基。按表 7-2 规定进行配制，加热溶解后，用 0.1mol/L NaOH 溶解调 pH 至 7.0~7.2，分装后置于压力蒸汽灭菌锅内，121℃灭菌 15min。

表 7-2　　　　　　　　　　　　孟加拉红培养基的组分

组分	用量	组分	用量
水（新煮沸后冷却至室温）	900mL	琼脂	20.0g
1/3000 孟加拉红溶液	100mL	氯霉素	0.1g
蛋白胨	5.0g	KH_2PO_4	1.0g
葡萄糖	10.0g	$MgSO_4 \cdot 7H_2O$	0.5g

b. 斜面培养基。取蛋白胨 10.0g、牛肉膏 3.0g、氯化钠 5.0g、琼脂 20.0g，加入 1000mL 蒸馏水，加热溶解并搅拌，煮沸 1min，加入至直径 15mm 的试管中（不超过体积的 1/5），置于压力蒸汽灭菌锅内，121℃灭菌 15min。冷却至 60℃时，摆斜面。

c. 润湿剂。选择 N-甲基乙磺酸、吐温 80、二辛磺化丁二酸钠三种试剂中的任意一种，制成含 0.05%润湿剂的水溶液，调节 pH 至 6.0~6.5，置于压力蒸汽灭菌器内，121℃灭菌 15min。

(5) 检测用菌种的准备

① 检测用菌种。检测用菌种见表 7-3，防霉性能测试应在具有生物安全防护的霉菌实验室进行。

表 7-3　　　　　　　　　　　　检测用菌种

序号	菌种名称	菌种编号	序号	菌种名称	菌种编号
1	黄曲霉	ATCC 10836	5	橘灰青霉	ATCC 16025
2	黑曲霉	ATCC 6275	6	变幻青霉	ATCC 32333
3	大毛霉	ATCC 48559	7	马氏拟青霉	ATCC 10525
4	产黄青霉	ATCC 9179	8	绿色木霉	IFO 31137

② 菌种培养和保藏。准备 8 个斜面培养基，将 8 类菌种分别单独接种，放入恒温培养箱，在温度 (25±1)℃下培养 7~14d 后，在 2~10℃的条件下储藏，作为保藏菌，有效期 3 个月。

③ 孢子悬浮液的制备。在培养好的菌种中加入 10mL 含有 0.05%润湿剂水溶液。

用灭菌接种针轻轻刮取培养物的表面，使孢子呈游离状态，轻轻摇动孢子悬浮液，使其分散开，然后将悬浮液轻轻倒入含有玻璃珠的锥形瓶中。

将装有孢子悬浮液的锥形瓶放在振荡器中，振荡 2~3h，使孢子群完全分散开，然后用纱布过滤以除去菌丝，得到孢子悬浮液。

按照 GB/T 4789.15—2010 的规定，用生理盐水调节混合孢子悬浮液浓度，利用血球计数板计数，使悬浮液中孢子浓度为 (5±0.2)×10^5CFU/mL。

重复上面制备孢子悬浮液的操作,将 8 种霉菌分别制成孢子悬浮液,然后将 8 种孢子悬浮液混合在一起,充分震荡使其均匀分散,得到混合霉菌孢子悬浮液。

④ 霉菌活性控制。无菌培养皿中注入孟加拉红培养基,厚度 3~6mm,凝固后备用(48h 内使用)。

剪取直径 25mm 的圆形无菌滤纸,放在已凝固的培养基上,用装有新制备的混合霉菌孢子悬浮液的喷雾器,将孢子悬浮液充分均匀地喷在培养基和滤纸上。在温度 28℃、相对湿度 90% 的条件下,培养 7d,滤纸上应明显有霉菌生长,否则应重新制备混合霉菌孢子悬浮液。

(6) 样品测试

① 取三分格培养皿两个,在每个培养皿的三分格外壁分别贴好 A、B、C 标签,A 为阴性对照样品,B 为阳性对照样品,C 为测试样品,平行测定。

② 将滤纸折叠好,剪去尖角后放入培养皿中,用移液管称取少量无菌水使滤纸润湿。

③ 将两组样品分别放入两个培养皿中对应的分格内,粒面(使用面)向上。

④ 从冰箱中取出混合霉菌孢子悬液,冷至室温后,移取约 1mL 的混合霉菌孢子悬液放入 1mL 离心管中,在温度 10~15℃、转速 2000r/min 的条件下,离心 20min,待用。

⑤ 用无菌移液器小心移除上层清液,加入 0.25mL 格林氏溶液稀释、混匀霉菌孢子。

⑥ 在培养皿中每个样品的中央部位各加入 10μL 的混合霉菌孢子悬液,然后用医用胶带密封培养皿,防止污染。

⑦ 将培养皿置于 (25±2)℃、饱和湿度的培养皿中,连续培养 28d。

(7) 等级评价

每隔 7d 用 50 倍光学显微镜检查霉菌生长情况,检查 4 次(检查时间共 28d)。第一次检查时如果发现阴性测试样品 A 上无霉菌生长,则该次测试无效,应重新用孢子接种,然后培养。

根据对照样品、测试样品的霉菌生长情况进行判定,应符合表 7-4 规定。

表 7-4　　　　　　　　　样品测试表面生长情况及等级

等级	样品测试表面霉菌生长情况			等级说明
	阴性对照样品 A	阳性对照样品 B	测试样品 C	
1 级	霉菌生长明显	无霉菌生长	无霉菌生长	具有防霉性
2 级	霉菌生长明显	无霉菌生长	霉菌生长明显,面积≤1/3	防霉性较差
3 级	霉菌生长明显	无霉菌生长	霉菌生长明显,面积>1/3	无防霉性
无效重做	样品 A 表面无霉菌生长,或样品 B 表面有霉菌生长,或两个平行样品的之差不超过 1 检查时,如果测试结果达到 3 级,可随时停止测试			

思 考 题

1. 引发皮革霉变的原因主要有哪些?
2. 对皮革及其制品进行防霉性能测试时,常用的霉菌菌种有哪些?
3. 除了上述方法外,还有哪些可以测试皮革及其制品的防霉性能?

第8章 皮革成品的观感检验

8.1 皮革材质鉴别

皮革材质的鉴别方法主要采用显微镜法（GB/T 38408—2019）。基于此方法，目前已形成18种皮革材质感官鉴别标准样品（GSB 16-4078—2022），包括黄牛皮革、小牛皮革、水牛皮革、绵羊皮革、山羊皮革等。

（1）术语和定义

皮革（Leather）：天然纤维结构大致完整的生皮，经过鞣制成为不易腐烂的材料。

粒面（Grain）：动物皮经过加工去掉毛和表皮后的最外层。

粒面（皮）革（Grain leather）：带有粒面（层）的皮革。

注：粒面革（头层革）包括全粒面革、轻磨面革、修饰面革和正绒面革等。

剖层（皮）革（Split leather）：由肉面层纤维构成，且不带粒面层的皮革。

再生革（Leather fibre board）：将鞣制后的皮革以物理或化学的方法粉碎或分解至小块、颗粒、粉末等形状，然后以此为主要原料采用压合、胶粘、贴合等工艺制成的具有类似皮革的片状或板状材料。

（2）原理。依据不同种类动物皮革的组织结构特征差异，通过显微镜观察皮革表面和纵截面组织纤维的显微结构，鉴别皮革材质。

（3）测试仪器和试剂

① 仪器：光学显微镜（上光源，放大倍数至少20倍，具有拍摄或图片显示功能）；刀片或冷冻组织切片机，或类似组织切片机；

② 试剂：丙酮、乙醇或适当溶剂。

（4）取样及试样制备

① 在具有明显动物组织结构特征的部位切取试样。

② 试样制备。

裁取合适大小试样3块。

试样A：用于观察表面，必要时可用丙酮、乙醇或适当溶剂清除试样表面的涂层；

试样B：用于观察纵截面组织结构，切割过程中应确保刀片的切边垂直于试样表面；

试样C（必要时）：用于测定涂层厚度。

③ 鉴别过程。将试样A表面向上平放于显微镜下，对其表面进行观察；将试样B纵截面向上平放于显微镜下，对其纵截面组织结构进行观察。结合表面和纵截面的特征，与参考样品或图谱进行比对鉴别分析，从而确认皮革材质。

对于涂层或移膜层较厚的试样，还可按GB/T 22889—2021的规定测定试样C的涂层或移膜层的厚度及其占总厚度的百分比，出具鉴别结果。

（5）结果鉴别与表示

① 结果鉴别。根据试样组织结构特征、粒面结构形态和纵截面结构形态等特征，鉴

别皮革的动物种类。当试样 A 在显微镜下可清楚观察到粒面，或试样 B 可观察到致密的粒面层特征时，可鉴别为粒面（皮）革，否则为剖层（皮）革。

一些动物皮革的组织结构特征、表面和纵截面结构如下所示：

a. 绵羊皮革。组织结构特征：毛孔细小，毛囊口与粒面倾斜且呈不规则扁圆形，排成长列，分布均匀，无乳头突起，粒面光滑致。粒面层内胶原纤维束细，编织疏松。在粒面层和网状层交界处有大量脂腺组织，呈明显分界线，位于毛根底部。

绵羊皮革的粒面结构和纵截面结构形态分别如图 8-1 和图 8-2 所示。

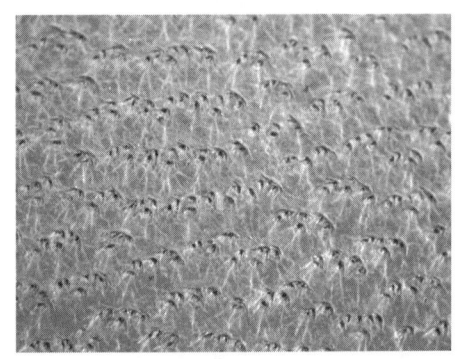
图 8-1 绵羊皮革的粒面结构形态图

图 8-2 绵羊皮革的纵截面结构形态图

b. 山羊皮革。组织结构特征：毛囊口呈扁圆形，略粗大，多以 3~5 个为一组，呈一字形或略弯曲排列，成覆瓦形粒纹，粒面细致。粒面层与网状层的分界线不明显。粒面层内胶原纤维束较细，编织紧密；网状层胶原纤维束比粒面层较粗，纤维编织较紧密。

山羊皮革的粒面结构和纵截面结构形态分别如图 8-3 和图 8-4 所示。

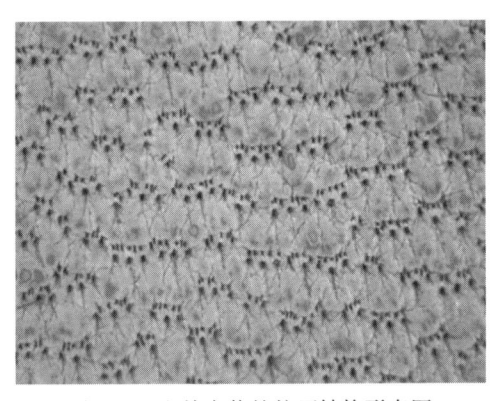
图 8-3 山羊皮革的粒面结构形态图

图 8-4 山羊皮革的纵截面结构形态图

c. 牛皮革。组织结构特征：黄牛皮革毛孔细小，毛囊口呈圆形，多而细密，大小基本一致，呈不规则点状排列，粒面平滑细致；粒面层较薄，胶原纤维束细小，编织较紧密；网状层胶原纤维束粗壮，下层编织较疏松。

黄牛皮革的粒面结构和纵截面结构形态分别如图 8-5 和图 8-6 所示。

d. 猪皮革。组织结构特征：毛孔近似圆形，大小基本一致，乳头突起明显，毛孔排列疏松且粗大，多为三根一组呈"品"字形排列，粒面粗糙，断面可见贯穿真皮层的粗毛孔，毛囊呈倾斜地贯穿整个革身。

猪皮革的粒面结构和纵截面结构形态分别如图 8-7 和图 8-8 所示。

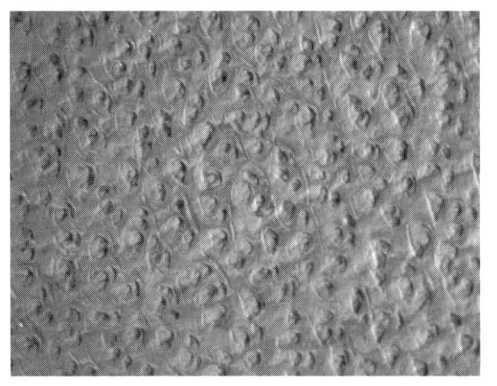

图 8-5 黄牛皮革的粒面结构形态图

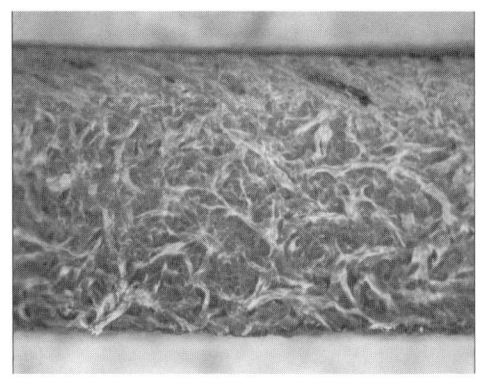

图 8-6 黄牛皮革的纵截面结构形态图

图 8-7 猪皮革的粒面结构形态图

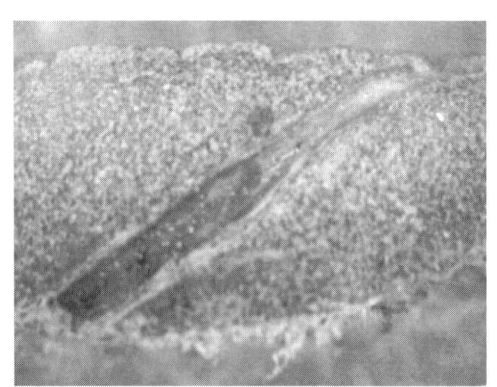

图 8-8 猪皮革的纵截面结构形态图

e. 鹿皮革。组织结构特征：针毛毛孔多以三根为一组，成一字形排列，绒毛毛孔紧紧围绕针毛毛孔周围，与针毛毛孔分界明显。粒面层与网状层分界明显，粒面层较厚，层中纤维束细，趋于水平走向，网状层中纤维束较粗，纵横交错，编织比较疏松。

鹿皮革的粒面结构和纵截面结构形态分别如图 8-9 和图 8-10 所示。

f. 袋鼠皮革。组织结构特征：毛孔细且密，近椭圆形，大小基本一致，成簇成排。纤维束细，编织紧密，粒面层较厚，与网状层分界不明显。

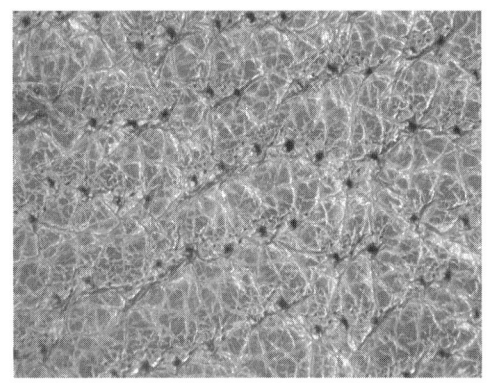

图 8-9 鹿皮革的粒面结构形态图

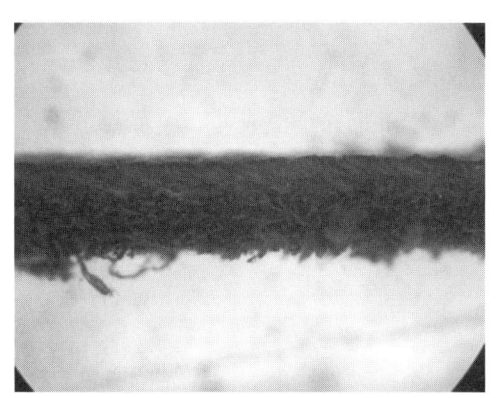

图 8-10 鹿皮革的纵截面结构形态图

袋鼠皮革的粒面结构和纵截面结构形态见图 8-11 和图 8-12。

图 8-11　袋鼠皮革的粒面结构形态图

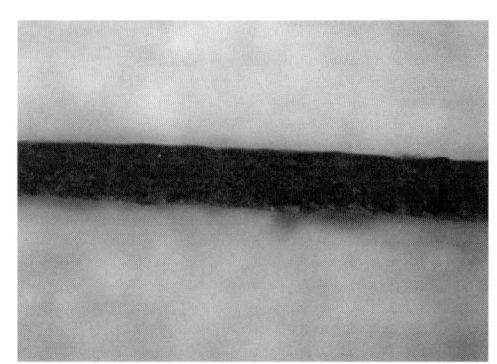

图 8-12　袋鼠皮革的纵截面结构形态图

当试样的主要纤维为皮革纤维，但组织结构出现非天然皮革纤维的排列规则时，可鉴别为再生革。再生革、聚氯乙烯合成革和聚氨酯合成革三种合成材料的纵截面结构形态分别如图 8-13、图 8-14、图 8-15 所示。

② 结果表示

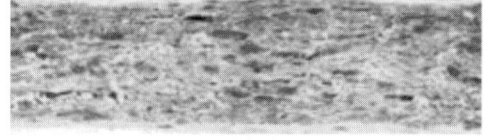

图 8-13　再生革的纵截面结构形态图

a. 按 QB/T 2262—1996 中的分类和命名给出皮革的规范名称，动物名称后加革或皮革，如：牛皮革、牛头层（皮）革、牛剖层（皮）革。

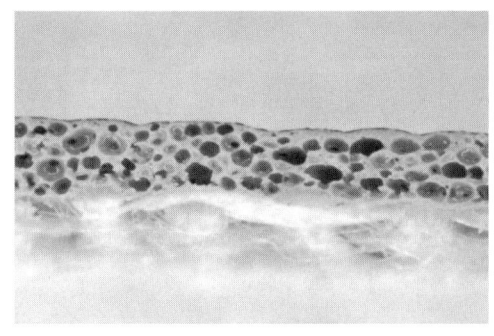

图 8-14　聚氯乙烯合成革的纵截面结构形态图

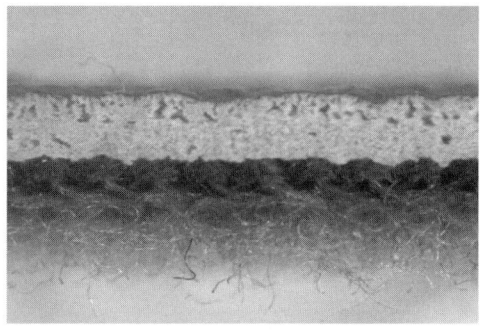

图 8-15　聚氨酯合成革的纵截面结构形态图

b. 若表面涂饰层或移膜厚度超过试样总厚度的 1/3，可不再鉴别皮革部分的动物种类，结果直接出具"超厚涂饰革"或"超厚移膜革"；必要时给出涂层或移膜层厚度及其占总厚度的百分比。

思　考　题

1. 不同物种皮革表面和纵截面组织纤维有什么不同？
2. 如何快速鉴别真皮革和合成革？

8.2 皮革成品缺陷的测量和计算

（1）缺陷的定义

① 伤残

a. 原料皮的伤残：如颈皱、伤疤、癣癫、鞭花、鞍伤、虻眼、虻底、虱疔、划伤、菌伤、痘疤、血管腺、凸包、干裂、烙印等。

b. 屠宰和加工过程的伤残：如剥伤、孔洞、折裂、砂眼、夹油伤、钩捆伤、烫伤等。

c. 制革生产过程的伤残：如片皮伤、伸展伤、打光伤、熨伤、推平和钉板伤、滚压伤、削匀时削成孔洞或削得不平、磨伤、铲软伤、去肉伤等机械伤。此外由于化学处理控制不好或微生物侵蚀所造成的浸水伤和酶鞣伤等。

② 管皱。指粒面层与网状层中间纤维松弛的现象，呈现在革的粒面上有粗大皱纹者。感官检验法如下：

a. 皮辊革，皮圈革，篮、排、足球革：将革面向内弯折90°时，出现粗纹者。如在弯折时出现的皱纹不大，当放平后仍能消失者，不作为管皱。

b. 植鞣外底革：革面向内围绕5cm直径圆柱体，弯曲180°，当放平后，革面出现显著皱纹而不消失者。

c. 植鞣轮带革：革面向内围绕3cm直径圆柱体，弯曲180°，当放平后，革面出现显著皱纹而不消失者。

③ 松面。革的粒面层松弛现象。将面向内弯折90°时，粒面呈现皱纹，将革放平后皱纹虽消失，但仍留有明显的皱纹痕迹者。感官检查法：将革搓纹，在1cm距离内有六个或六个以下的皱纹时即作为松面；皱纹在六个以上时，不作为松面。

④ 裂面。革经弯折，或折叠强压，粒面层出现裂纹的现象。感官检验法如下：

a. 正鞋面革，皮圈革，篮、排球革：将革面向外四重折叠，以拇指与食指强压折叠处，革面产生裂痕者。

注：拇指与食指强压点至革四重折叠后的尖端距离：小于1.4mm厚的革为1cm；1.4~1.8mm厚的革为1.5cm；大于1.8mm的革为2cm。

b. 手缝足球革：将革面向外二重折叠，垫以食指，再四重折叠时，革面产生裂痕者。

c. 皮辊革：将革面向外四重折叠，以拇指与食指强压折叠处，革面产生裂痕者。但背革臀部革以折叠尖端为圆心的10cm^{2}范围内，如其裂纹不超过五处，且长度不超过1cm者，不作为裂面。

d. 植鞣外底革和植鞣轮带革：在温度（20±3）℃、相对湿度（65±5）%的恒温恒湿条件下，革面向外围绕3cm直径圆柱体弯曲180°时，革面产生裂痕者。

⑤ 龟纹。制革生产时操作不当造成的缺陷，在革面不松的情况下，呈现粗大的皱纹，虽经整理，仍不能消失者。

⑥ 折纹。革面的折痕，虽经滚压或推平，而成革用手仍能摸出不平的皱纹。

⑦ 露鬃眼、露底。绒面革底绒不紧密，目测可以看到底层显光亮现象或猪绒革绒毛分散鬃眼扩大有显著的毛孔凹陷现象。正鞋面革用手拉伸时，底色外露者。

⑧ 两层。原皮在加工保管或制革生产过程中，由于皮的中层发生腐烂而形成两层

现象。

⑨ 生心。鞣制时，鞣剂渗透不够所造成的缺陷，表现革的切口断面色泽不匀，中间浅淡，严重者中层呈一条胶体状。如遇生心不明显而有怀疑时，应切取横断面厚约 0.1~1.5mm，长度不小于 20mm 的试样，放入盛有 20%乙酸的试管中，浸放 30min，取出试样，在光线充足处观察，试样中心不得有膨胀的透明条痕。

⑩ 僵硬。纤维没有分离好或鞣制不良，致革身扁平板硬，正面革、球革、绒面革、皮辊皮圈革在搓揉时感觉死板，植鞣外底革的革身无弹性，呈木板状。

⑪ 脱色。面革以干的细布在革面上任一部位顺方向擦五次，有严重掉色现象即为脱色。

⑫ 裂浆。面革将革面向外四重折叠，用指紧压后，涂饰层发生裂缝者。

⑬ 麻粒。猪面革毛孔三角区纤维分散不好，手摸有粗糙感者。

⑭ 粗绒。绒面革的绒毛粗糙，由于制革过程中机械或化学作用不当而造成。例如在磨绒、滚绒或浸水、浸灰、酶软过程中产生。

⑮ 绒毛不匀。绒面革各部位绒毛有明显差异者。

⑯ 水花。修饰面革在熨皮过程中出现凹下的斑点。服装革、植鞣底革、栲里革、大油革、绒面革水洗不当出现水印者。

⑰ 涂层脱落。修饰面革涂层以专用胶布粘着后，能拉下胶布脱落者。

⑱ 色花。除苯胺效应外，同一张革面颜色深浅不一致有显著差别者。面革、球革、皮辊、皮圈革上常有的如盐斑、油花、毛根不净和刷色或喷涂饰剂不匀所造成的缺陷。铬鞣绒面革有油花、影花、搭花；植鞣外底革和轮带革的色花有黄白色花斑，反鞣后的黑花、发霉后的黑斑。

⑲ 小毛、毛根。革的粒面上遗留的小毛或猪革网状层中留有毛根，并横穿革面露出毛尖者。

⑳ 粗面。革在加工过程中，由于膨胀不够或涂饰不好，造成革面各部位明显粗糙者。

以上皮革外观缺陷已形成国家标准样品（GSB 16-1662—2003）。

（2）缺陷的种类。缺陷依其外形特征分为三种。

① 线型缺陷

可按线的长短来测量的缺陷，如裂纹、划伤、剥伤等。

② 面型缺陷

可按面积大小来测量的缺陷，如龟纹、伤疤、菌伤、孔洞和聚集的虻眼、痘疤、裂痕、严重的血管腺、色花、烙印、胯骨痕等。

③ 聚集型缺陷

多种缺陷彼此相距不超过 7cm 所形成较大面积的缺陷，如分散的虻眼或虱疔和两种以上的缺陷邻聚在一起的。

（3）缺陷面积的测量和计算。测量成革缺陷的范围，应按下列规定进行：

① 牛面革、猪面革、羊面革。凡计量的面积都应计算缺陷，重复的缺陷，只计算一项较大的。

② 植鞣黄牛、水牛、猪外底革，黄牛轮带革，半背或全背、肩背外底革，半背或全背轮带革。应按原来革的周边以内的面积为范围。

③ 半张外底革。应将距肩腹部革边 4cm 处的部位划除，其余部位上的缺陷均须测量计算。重复的缺陷只计算一次较大的。愈合的伤残或推压平的皱折纹不妨碍使用的不作为缺陷。

④ 手缝蓝、排、足球革。应将板牙印的周围部位划除，其余部位上的缺陷均须测量计算，重复的缺陷只计算一项较大的。

（4）测量和计算缺陷的规定

① 线型缺陷面积。按缺陷长度乘 2cm 计算，如线型曲折不便按此计算时，则按包括此线型的最小矩形面积计算。

② 面型缺陷的面积。缺陷的宽度在 2cm 以上时，应以包括此缺陷的实际面积计，但在羊面革和猪面革面型缺陷中，如两个或两个以上的缺陷相距不超过 5cm 者，划为一项面型缺陷，如相距大于 5cm 者，则分别计算。

③ 聚集型缺陷面积。按包括此缺陷范围的最小矩形面积的 1/2 计算。当计算线型与线型，或面型与线型交叉而成的聚集型缺陷面积时，其交叉部位彼此相距 7cm 以内者，按聚集型缺陷面积计；7cm 以外的部位，仍按线型缺陷计。羊面革和猪面革不计算此项缺陷。

（说明：此规定的根据是国标 GB/T 4692—2008）

（5）缺陷面积的测量和计算的发展。制鞋的主要工序是在优质皮革原料上排放和切割各种鞋样部件，但是由于皮革表面不可避免地存在各种各样的缺陷，如划伤、虫咬以及疤痕等，在排样前必须检测和定位缺陷，从而使鞋样的排放和切割避开缺陷。长期以来制鞋业中的排样和切割工序主要依靠手工实现，因光照条件、工人经验不同以及情绪、体力等因素变化的影响，容易造成排样和切割效率低下，因此实现排样和切割的自动化是很必要的，而自动化排样和切割的实现很大程度上依赖于皮革缺陷的自动检测和定位。我国在这方面的研究较少，起步也较晚，目前处于理论研究完善和实际应用尝试阶段。主要存在以下问题，由于受环境温度、照度变化的影响，皮革检测条件的一致性差；由于系统数据运算量较大，检测准确性与实时性是制约技术发展的瓶颈；大尺寸皮料检测准确性；缺陷检测与排样切割模块无缝连接。

思 考 题

1. 皮革的缺陷一共可以分为几类？

2. 目前我国皮革厂大多还是通过人工进行皮革缺陷检测和分级，有没有可能实现皮革缺陷的自动化检测和分级？

附　录

附录一　常用标准溶液的配制

（1）氢氧化钠标准溶液

$$c(\text{NaOH}) = 1\text{mol/L}$$
$$c(\text{NaOH}) = 0.5\text{mol/L}$$
$$c(\text{NaOH}) = 0.1\text{mol/L}$$

① 配制。称取100g氢氧化钠，溶于100mL水中，摇匀，注入聚乙烯容器中，密闭放置至溶液清亮。用塑料管虹吸表1规定体积的上层清液，注入1000mL无二氧化碳的水中，摇匀。

表1　配制不同浓度NaOH标准溶液所需用的NaOH饱和溶液的体积

$c(\text{NaOH})/(\text{mol/L})$	NaOH饱和溶液体积(mL)
1	52
0.5	26
0.1	5

② 标定

a. 测定方法。称取下述规定的量于105~110℃烘至恒重的基准邻苯二甲酸氢钾，称准至0.0001g，溶于表2中规定体积的无二氧化碳的水中，加2滴酚酞指示液（10g/L），用配制好的氢氧化钠溶液滴定至溶液呈粉红色，同时做空白试验。

表2　用于测定不同浓度NaOH标准溶液所需要的基准邻苯二甲酸氢钾的质量和无二氧化碳的水体积

$c(\text{NaOH})/(\text{mol/L})$	基准邻苯二甲酸氢钾质量/g	无二氧化碳的水体积/mL
1	6	80
0.5	3	80
0.1	0.6	50

b. 计算。氢氧化钠标准溶液物质的量浓度按式（1）计算：

$$c(\text{NaOH}) = \frac{m}{(V_1 - V_2) \times 0.2042} \tag{1}$$

式中　$c(\text{NaOH})$——氢氧化钠标准溶液的物质的量浓度（mol/L）；

　　　m——邻苯二甲酸氢钾的质量（g）；

　　　V_1——氢氧化钠溶液的用量（mL）；

　　　V_2——空白试验氢氧化钠溶液的用量（mL）；

　　　0.2042——与1.00mL氢氧化钠标准溶液［$c(\text{NaOH}) = 1.000\text{mol/L}$］相当的以克表示的邻苯二甲酸氢钾的质量。

③ 比较

a. 测定方法。量取 30.00~35.00mL 表 3 中规定浓度的盐酸标准溶液，加 50mL 无二氧化碳的水及 2 滴酚酞指示液（10g/L），用配制好的氢氧化钠溶液滴定，近终点时加热至 80℃，继续滴定至溶液呈粉红色。

表 3　用于测定不同浓度 NaOH 标准溶液所需要的 HCl 标准溶液的浓度

$c(\text{NaOH})/(\text{mol/L})$	$c(\text{HCl})/(\text{mol/L})$	$c(\text{NaOH})/(\text{mol/L})$	$c(\text{HCl})/(\text{mol/L})$
1	1	0.1	0.1
0.5	0.5		

b. 计算。氢氧化钠标准溶液浓度按式（2）计算：

$$c(\text{NaOH}) = \frac{V_1 c_1}{V} \tag{2}$$

式中　$c(\text{NaOH})$——氢氧化钠标准溶液的物质的量浓度（mol/L）；

V_1——盐酸标准溶液的用量（mL）；

c_1——盐酸标准溶液的物质的量浓度（mol/L）；

V——氢氧化钠溶液的用量（mL）。

（2）盐酸标准溶液

$$c(\text{HCl}) = 1\text{mol/L}$$
$$c(\text{HCl}) = 0.5\text{mol/L}$$
$$c(\text{HCl}) = 0.1\text{mol/L}$$

① 配制。量取表 4 中规定体积的饱和盐酸溶液，注入 1000mL 水中，摇匀。

表 4　配制不同浓度 HCl 标准溶液所用饱和 HCl 溶液体积

$c(\text{HCl})/(\text{mol/L})$	饱和 HCl 溶液(mL)	$c(\text{HCl})/(\text{mol/L})$	饱和 HCl 溶液(mL)
1	90	0.1	9
0.5	45		

② 标定

a. 测定方法。称取表 5 中规定的量于 270~300℃ 灼烧至恒重的基准无水碳酸钠，称准至 0.0001g 溶于 50mL 水中，加 10 滴溴甲酚绿-甲基红混合指示液，用配制好的盐酸溶液滴定至溶液由绿色变为暗红色，煮沸 2min，冷却后继续滴定至溶液再呈暗红色。同时做空白试验。

表 5　用于测定不同浓度 HCl 标准溶液所需要的基准无水碳酸钠质量

$c(\text{HCl})/(\text{mol/L})$	基准无水碳酸钠质量(g)	$c(\text{HCl})/(\text{mol/L})$	基准无水碳酸钠质量(g)
1	1.6	0.1	0.2
0.5	0.8		

b. 计算。盐酸标准溶液浓度按式（3）计算：

$$c(\text{HCl}) = \frac{V_1 c_1}{V} \tag{3}$$

式中　$c(\text{HCl})$——盐酸标准溶液的物质的量浓度（mol/L）；

V_1——氢氧化钠标准溶液的用量（mL）；

c_1——氢氧化钠标准溶液的物质的量浓度（mol/L）；

V——盐酸溶液的用量（mL）。

（3）碳酸钠标准溶液

$$c\left(\frac{1}{2}Na_2CO_3\right) = 1\,mol/L$$

$$c\left(\frac{1}{2}Na_2CO_3\right) = 0.1\,mol/L$$

① 配制。称取表6中规定量的无水碳酸钠，溶于1000mL水中，摇匀。

表6　　　　配制不同浓度 Na_2CO_3 标准溶液所需用的无水碳酸钠的量

$c\left(\frac{1}{2}Na_2CO_3\right)/(mol/L)$	无水碳酸钠(g)	$c\left(\frac{1}{2}Na_2CO_3\right)/(mol/L)$	无水碳酸钠(g)
1	53	0.1	5.3

② 标定

a. 测定方法。量取 30.00~35.00mL 下述配制好的碳酸钠溶液，加下述规定量的水，加10滴溴甲酚绿-甲基红混合指示液，用表7中规定浓度的HCl标准溶液滴定至溶液由绿色变为暗红色，煮沸2min，冷却后继续滴定至溶液再呈暗红色。

表7　　　用于测定不同浓度 Na_2CO_3 标准溶液所需水的体积和 HCl 的浓度

$c\left(\frac{1}{2}Na_2CO_3\right)/$(mol/L)	水体积(mL)	$c(HCl)/(mol/L)$	$c\left(\frac{1}{2}Na_2CO_3\right)/$(mol/L)	水体积(mL)	$c(HCl)/(mol/L)$
1	50	1	0.1	20	0.1

b. 计算。Na_2CO_3 标准溶液浓度按式（4）计算：

$$c\left(\frac{1}{2}Na_2CO_3\right) = \frac{V_1 c_1}{V} \quad (4)$$

式中　$c\left(\frac{1}{2}Na_2CO_3\right)$——碳酸钠标准溶液的物质的量浓度（mol/L）；

V_1——盐酸标准溶液的用量（mL）；

c_1——盐酸标准溶液的物质的量浓度（mol/L）；

V——碳酸钠溶液的用量（mL）。

（4）重铬酸钾标准溶液

$$c\left(\frac{1}{6}K_2Cr_2O_7\right) = 0.1\,mol/L$$

① 配制。称取5g重铬酸钾，溶于1000mL水中，摇匀。

② 标定

a. 测定方法。量取 30.00~35.00mL 配制好的重铬酸钾溶液 $\left[c\left(\frac{1}{6}K_2Cr_2O_7\right) = 0.1\,mol/L\right]$，置于碘量瓶中，加2g碘化钾及20mL硫酸溶液（20%），摇匀，于暗处放置10min。加150mL水，用硫代硫酸钠标准溶液 [$c(Na_2S_2O_3) = 0.1\,mol/L$] 滴定，近终点时加3mL淀

粉指示液（5g/L），继续滴定至溶液由蓝色变为亮绿色。同时做空白试验。

　　b. 计算。重铬酸钾标准溶液浓度按式（5）计算：

$$c\left(\frac{1}{6}\mathrm{K_2Cr_2O_7}\right)=\frac{(V_1-V_2)c_1}{V} \tag{5}$$

式中　$c\left(\dfrac{1}{6}\mathrm{K_2Cr_2O_7}\right)$——重铬酸钾标准溶液的物质的量浓度（mol/L）；

　　　　V_1——硫代硫酸钠标准溶液的用量（mL）；

　　　　V_2——空白试验硫代硫酸钠标准溶液的用量（mL）；

　　　　c_1——硫代硫酸钠标准溶液的物质的量浓度（mol/L）；

　　　　V——重铬酸钾溶液的用量（mL）。

（5）硫代硫酸钠标准溶液

$$c(\mathrm{Na_2S_2O_3})=0.1\mathrm{mol/L}$$

① 配制。称取 26g 硫代硫酸钠（$\mathrm{Na_2S_2O_3 \cdot 5H_2O}$）（或 16g 无水硫代硫酸钠）溶于 1000mL 水中，缓缓煮沸 10min，冷却。放置两周后过滤备用。

② 标定

a. 测定方法。称取 0.15g 于 120℃烘至恒重的基准重铬酸钾，称准至 0.0001g。置于碘量瓶中，溶于 25mL 水，加 2g 碘化钾及 20mL 硫酸溶液（20%），摇匀，于暗处放置 10min。加 150mL 水，用配制好的硫代硫酸钠溶液 [$c(\mathrm{Na_2S_2O_3})=0.1\mathrm{mol/L}$] 滴定。近终点时加 3mL 淀粉指示液（5g/L），继续滴定至溶液由蓝色变为亮绿色。同时做空白试验。

b. 计算。硫代硫酸钠标准溶液浓度按式（6）计算：

$$c(\mathrm{Na_2S_2O_3})=\frac{m}{(V_1-V_2)\times 0.04903} \tag{6}$$

式中　$c(\mathrm{Na_2S_2O_3})$——硫代硫酸钠标准溶液的物质的量浓度（mol/L）；

　　　　m——重铬酸钾的质量（g）；

　　　　V_1——硫代硫酸钠溶液的用量（mL）；

　　　　V_2——空白试验硫代硫酸钠溶液的用量（mL）；

　　　　0.04903——与 1.00mL 硫代硫酸钠标准溶液 [$c(\mathrm{Na_2S_2O_3})=0.1\mathrm{mol/L}$] 相当的以克表示的重铬酸钾的质量。

③ 比较

a. 测定方法。准确量取 30.00~35.00mL 碘标准溶液 [$c\left(\dfrac{1}{2}\mathrm{I_2}\right)=0.1\mathrm{mol/L}$]，置于碘量瓶中，加 150mL 水，用配制好的硫代硫酸钠溶液 [$c(\mathrm{Na_2S_2O_3})=0.1\mathrm{mol/L}$] 滴定，近终点时加 3mL 淀粉指示液（5g/L）继续滴定至溶液蓝色消失。

同时作水所消耗碘的空白试验：取 250mL 水，加 0.05mL 碘标准溶液 [$c\left(\dfrac{1}{2}\mathrm{I_2}\right)=0.1\mathrm{mol/L}$] 及 3mL 淀粉指示液（5g/L），用配制好的硫代硫酸钠溶液 [$c(\mathrm{Na_2S_2O_3})=0.1\mathrm{mol/L}$] 滴定至溶液蓝色消失。

b. 计算。硫代硫酸钠标准溶液浓度按式（7）计算：

$$c(\mathrm{Na_2S_2O_3})=\frac{(V-0.05)c_1}{V_1-V_2} \tag{7}$$

式中　$c(Na_2S_2O_3)$——硫代硫酸钠标准溶液的物质的量浓度（mol/L）；

　　　V_1——碘标准溶液的用量（mL）；

　　　c_1——碘标准溶液的物质的量浓度（mol/L）；

　　　V——硫代硫酸钠溶液的用量（mL）；

　　　V_2——空白试验硫代硫酸钠溶液的用量（mL）；

　　　0.05——空白试验中加入碘标准溶液的用量（mL）。

（6）碘标准溶液

$$c\left(\frac{1}{2}I_2\right)=0.1mol/L$$

① 配制

称取13g碘及35g碘化钾，溶于100mL水中，稀释至1000mL，摇匀，保存于棕色具塞瓶中。

② 标定

a. 测定方法。称取0.15g预先在硫酸干燥器中干燥至恒重的基准三氧化二砷，称准至0.0001g。置于碘量瓶中，加4mL氢氧化钠溶液$[c(NaOH)=1mol/L]$溶解，加50mL水，加2滴酚酞指示液（10g/L），用硫酸溶液$\left[c\left(\frac{1}{2}H_2SO_4\right)=1mol/L\right]$中和，加3g碳酸氢钠及3mL淀粉指示液（5g/L），用配制好的碘溶液$\left[c\left(\frac{1}{2}I_2\right)=0.1mol/L\right]$滴定至溶液呈浅蓝色。同时做空白试验。

b. 计算。碘标准溶液浓度按式（8）计算：

$$c\left(\frac{1}{2}I_2\right)=\frac{m}{(V_1-V_2)\times 0.04946} \tag{8}$$

式中　$c\left(\frac{1}{2}I_2\right)$——碘标准溶液的物质的量浓度（mol/L）；

　　　m——三氧化二砷的质量（g）；

　　　V_1——碘溶液的用量（mL）；

　　　V_2——空白试验碘溶液的用量（mL）；

　　　0.04946——与1.00mL碘标准溶液$\left[c\left(\frac{1}{2}I_2\right)=0.1mol/L\right]$相当的以克表示的三氧化二砷的质量。

③ 比较

a. 测定方法。准确量取30.00~35.00mL硫代硫酸钠标准溶液$[c(Na_2S_2O_3)=0.1mol/L]$，置于碘量瓶中，加150mL水，用配制好的碘溶液$\left[c\left(\frac{1}{2}I_2\right)=0.1mol/L\right]$滴定，近终点时加3mL淀粉指示液（5g/L），继续滴定至溶液蓝色消失。

同时作水所消耗碘的空白试验：取250mL水，加0.05mL配制好的碘溶液$\left[c\left(\frac{1}{2}I_2\right)=0.1mol/L\right]$及3mL淀粉指示液（5g/L），用硫代硫酸钠标准溶液$[c(Na_2S_2O_3)=0.1mol/L]$滴定至溶液蓝色消失。

b. 计算。碘标准溶液浓度按式（9）计算：

$$c\left(\frac{1}{2}I_2\right) = \frac{(V-V_2) \times c_1}{V_1 - 0.05}\tag{9}$$

式中　$c\left(\frac{1}{2}I_2\right)$——碘标准溶液的物质的量浓度（mol/L）；

　　　　V——硫代硫酸钠标准溶液的用量（mL）；

　　　　V_2——空白试验硫代硫酸钠标准溶液的用量（mL）；

　　　　c_1——硫代硫酸钠标准溶液的物质的量浓度（mol/L）；

　　　　V_1——碘溶液的用量（mL）；

　　　　0.05——空白试验中加入碘溶液的用量（mL）。

（7）草酸标准溶液

$$c\left(\frac{1}{2}C_2H_2O_4\right) = 0.1\text{mol/L}$$

① 配制。称取6.4g草酸 $C_2H_2O_4 \cdot 2H_2O$，溶于1000mL水中，摇匀。

② 标定

a. 测定方法。量取30.00~35.00mL配制好的草酸溶液$\left[c\left(\frac{1}{2}C_2H_2O_4\right) = 0.1\text{mol/L}\right]$，加100mL硫酸溶液（8+92），用高锰酸钾标准溶液$\left[c\left(\frac{1}{5}KMnO_4\right) = 0.1\text{mol/L}\right]$滴定，近终点时加热至65℃，继续滴定至溶液呈粉红色保持30s。同时做空白试验。

b. 计算。草酸标准溶液浓度按式（10）计算：

$$c\left(\frac{1}{2}C_2H_2O_4\right) = \frac{(V_1-V_2) \times c_1}{V}\tag{10}$$

式中　$c\left(\frac{1}{2}C_2H_2O_4\right)$——草酸标准溶液的物质的量浓度（mol/L）；

　　　　V_1——高锰酸钾标准溶液的用量（mL）；

　　　　V_2——空白试验高孟酸钾标准溶液的用量（mL）；

　　　　c_1——高锰酸钾标准溶液的物质的量浓度（mol/L）；

　　　　V——草酸溶液的用量（mL）。

（8）高锰酸钾标准溶液

$$c\left(\frac{1}{5}KMnO_4\right) = 0.1\text{mol/L}$$

① 配制。称取3.3g高锰酸钾，溶于1050mL水中，缓缓煮沸15min，冷却后置于暗处保存两周，以4号玻璃滤坩过滤于干燥的棕色瓶中。

注：过滤高锰酸钾溶液所使用的4号玻璃滤坩预先应以同样的高锰酸钾溶液缓缓煮沸5min，收集瓶也要用此高锰酸钾溶液洗涤2~3次。

② 标定

a. 测定方法。称取0.2g于105~110℃烘至恒重的基准草酸钠，称准至0.0001g。溶于100mL硫酸溶液（8+92）中，用配制好的高锰酸钾溶液$\left[c\left(\frac{1}{5}KMnO_4\right) = 0.1\text{mol/L}\right]$滴

定，近终点时加热至65℃，继续滴定至溶液呈粉红色保持30s。同时做空白试验。

b. 计算。高锰酸钾标准溶液浓度按式（11）计算：

$$c\left(\frac{1}{5}\text{KMnO}_4\right) = \frac{m}{(V_1 - V_2) \times 0.06700} \tag{11}$$

式中 $c\left(\frac{1}{5}\text{KMnO}_4\right)$——高锰酸钾标准溶液的物质的量的浓度（mol/L）；

m——草酸钠的质量（g）；

V_1——高锰酸钾溶液的用量（mL）；

V_2——空白试验高锰酸钾溶液的用量（mL）；

0.06700——与1.00mL高锰酸钾标准溶液$\left[c\left(\frac{1}{5}\text{KMnO}_4\right) = 0.1\text{mol/L}\right]$相当的以克表示的草酸钠的质量。

③ 比较

a. 测定方法。量取30.00~35.00mL配制好的高锰酸钾溶液$\left[c\left(\frac{1}{5}\text{KMnO}_4\right) = 0.1\text{mol/L}\right]$，置于碘量瓶中，加2g碘化钾及20mL硫酸溶液（20%），摇匀，于暗处放置5min。加150mL水，用硫代硫酸钠标准溶液$[c(\text{Na}_2\text{S}_2\text{O}_3) = 0.1\text{mol/L}]$滴定，近终点时加3mL淀粉指示液（5g/L），继续滴定至溶液蓝色消失。同时做空白试验。

b. 计算。高锰酸钾标准溶液浓度按式（12）计算：

$$c\left(\frac{1}{5}\text{KMnO}_4\right) = \frac{(V_1 - V_2)c_1}{V} \tag{12}$$

式中 $c\left(\frac{1}{5}\text{KMnO}_4\right)$——高锰酸钾标准溶液的物质的量的浓度（mol/L）；

V_1——硫代硫酸钠标准溶液的用量（mL）；

V_2——空白试验硫代硫酸钠标准溶液的用量（mL）；

c_1——硫代硫酸钠标准溶液的物质的量浓度（mol/L）；

V——高锰酸钾溶液的用量（mL）。

（9）硫酸亚铁铵标准溶液

$$c[(\text{NH}_4)_2\text{Fe}(\text{SO}_4)_2] = 0.1\text{mol/L}$$

① 配制。称取40g硫酸亚铁铵$[(\text{NH}_4)_2\text{Fe}(\text{SO}_4)_2 \cdot 6\text{H}_2\text{O}]$溶于300mL硫酸溶液（20%），加700mL水，摇匀。

② 标定

a. 测量方法。量取30.00~35.00mL配制好的硫酸亚铁铵溶液$\{c[(\text{NH}_4)_2\text{Fe}(\text{SO}_4)_2] = 0.1\text{mol/L}\}$，加25mL无氧水，用高锰酸钾标准溶液$\left[c\left(\frac{1}{5}\text{KMnO}_4\right) = 0.1\text{mol/L}\right]$滴定至溶液呈粉红色，保持30s。

b. 计算。硫酸亚铁铵标准溶液浓度按式（13）计算：

$$c[(\text{NH}_4)_2\text{Fe}(\text{SO}_4)_2] = \frac{V_1 c_1}{V} \tag{13}$$

式中 $c[(\text{NH}_4)_2\text{Fe}(\text{SO}_4)_2]$——硫酸亚铁铵标准溶液的物质的量浓度（mol/L）；

V_1——高锰酸钾标准溶液的用量（mL）；

c_1——高锰酸钾标准溶液的物质的量浓度（mol/L）；

V——硫酸亚铁铵溶液的用量（mL）。

注：本标准溶液使用前标定。

（10）乙二胺四乙酸二钠（EDTA）标准溶液

$$c(\text{EDTA}) = 0.1 \text{mol/L}$$
$$c(\text{EDTA}) = 0.05 \text{mol/L}$$
$$c(\text{EDTA}) = 0.02 \text{mol/L}$$

① 配制。称取表 8 规定量的乙二胺四乙酸二钠，加热溶于 1000mL 水中，冷却，摇匀。

表 8　　　　配制不同浓度 EDTA 标准溶液所需 EDTA 量

$c(\text{EDTA})/(\text{mol/L})$	$m(\text{EDTA})/\text{g}$	$c(\text{EDTA})/(\text{mol/L})$	$m(\text{EDTA})/\text{g}$
0.1	40	0.02	8
0.05	20		

② 标定

a. 测定方法。乙二胺四乙酸二钠标准溶液 [$c(\text{EDTA}) = 0.1\text{mol/L}$]：称取 0.25g 于 800℃灼烧至恒重的基准氧化锌，称准至 0.0001g。用少量水湿润，加 2mL 盐酸溶液（20%）使样品溶解，加 100mL 水，用氨水溶液（10%）中和至 pH7~8，加 10mL 氨-氯化铵缓冲溶液（pH 约 10）及 5 滴铬黑 T 指示液（5g/L），用配制好的乙二胺四乙酸二钠溶液 [$c(\text{EDTA}) = 0.1\text{mol/L}$] 滴定至溶液由紫色变为纯蓝色。同时做空白试验。

乙二胺四乙酸二钠标准溶液 [$c(\text{EDTA}) = 0.05\text{mol/L}$]、[$c(\text{EDTA}) = 0.02\text{mol/L}$]：称取表 9 规定的量于 800℃灼烧至恒重的基准氧化锌，称准至 0.0002g。用少量水湿润盐酸溶液（20%）至样品溶解，移入 250mL 容量瓶中，稀释至刻度，摇匀。量取 30.00~35.00mL，加 70mL 水，用氨水溶液（10%）中和到 pH 7~8，加 10mL 氨-氯化铵缓冲溶液（pH 约 10）及 5 滴铬黑 T 指示液（5g/L），用配制好的乙二胺四乙酸二钠溶液滴定至溶液由紫色变为纯蓝色。同时做空白试验。

表 9　　　　测定不同浓度 EDTA 标准溶液所需基准氧化锌的量

$c(\text{EDTA})/(\text{mol/L})$	基准氧化锌/g	$c(\text{EDTA})/(\text{mol/L})$	基准氧化锌/g
0.05	1	0.02	0.4

b. 计算。乙二胺四乙酸二钠标准溶液浓度按式（14）计算：

$$c(\text{EDTA}) = \frac{m}{(V_1 - V_2) \times 0.08138} \tag{14}$$

式中　$c(\text{EDTA})$——乙二胺四乙酸二钠标准溶液的物质的量浓度（mol/L）；

m——氧化锌的质量（g）；

V_1——乙二胺四乙酸二钠溶液的用量（mL）；

V_2——空白试验乙二胺四乙酸二钠溶液的用量（mL）；

0.08138——与 1.00mL 乙二胺四乙酸二钠标准溶液 [$c(\text{EDTA}) = 1.000\text{mol/L}$] 相当的以克表示的氧化锌的质量。

(11) 氯化锌标准溶液
$$c(ZnCl_2) = 0.1mol/L$$

① 配制。称取 14g 氯化锌，溶于 1000mL 盐酸溶液（0.5+999.5）中，摇匀。
② 标定

a. 测定方法。量取 30.00~35.00mL 配制好的氯化锌溶液 $[c(ZnCl_2)=0.1mol/L]$，加 70mL 水及 10mL 氨-氯化铵缓冲溶液（pH 约 10），加 5 滴铬黑 T 指示液（5g/L），用乙二胺四乙酸二钠标准溶液 $[c(EDTA)=0.1mol/L]$ 滴定至溶液由紫色变为纯蓝色。同时做空白试验。

b. 计算。氯化锌标准溶液浓度按式（15）计算：

$$c(ZnCl_2) = \frac{(V_1 - V_2)c_1}{V} \tag{15}$$

式中　$c(ZnCl_2)$——氯化锌标准溶液的物质的量浓度（mol/L）；
　　　V_1——乙二胺四乙酸二钠标准溶液的用量（mL）；
　　　V_2——空白试验乙二胺四乙酸二钠标准溶液的用量（mL）；
　　　c_1——乙二胺四乙酸二钠标准溶液的物质的量浓度（mol/L）；
　　　V——氯化锌溶液的用量（mL）。

(12) 硝酸铅标准溶液
$$c[Pb(NO_3)_2] = 0.05mol/L$$

① 配制。称取 17g 硝酸铅，溶于 1000mL 硝酸溶液（0.5+999.5）中，摇匀。
② 标定

a. 测定方法。量取 30.00~35.00mL 配制好的硝酸铅溶液 $c\{[Pb(NO_3)_2]=0.05mol/L\}$，加 3mL 冰乙酸及 5g 六次甲基四胺，加 70mL 水及 2 滴二甲酚橙指示液（2g/L），用乙二胺四乙酸二钠标准溶液 $[c(EDTA)=0.05mol/L]$ 滴定至溶液呈亮黄色。

b. 计算。硝酸铅标准溶液浓度按式（16）计算：

$$c[Pb(NO_3)_2] = \frac{V_1 c_1}{V} \tag{16}$$

式中　$c[Pb(NO_3)_2]$——硝酸铅标准溶液的物质的量浓度（mol/L）；
　　　V_1——乙二胺四乙酸二钠标准溶液的用量（mL）；
　　　c_1——乙二胺四乙酸二钠标准溶液的物质的量浓度（mol/L）；
　　　V——硝酸铅溶液的用量（mL）。

(13) 氯化钠标准溶液
$$c(NaCl) = 0.1mol/L$$

① 配制。称取 5.9g 氯化钠，溶于 1000mL 水中，摇匀。
② 标定

a. 测定方法。量取 30.00~35.00mL 配制好的氯化钠溶液 $[c(NaCl)=0.1mol/L]$，加 40mL 水及 10mL 淀粉溶液（10g/L），用硝酸银标准溶液 $c(AgNO_3)=0.1mol/L$ 滴定。用 216 型银电极作指示电极，用 217 型双盐桥饱和甘汞电极作参比电极。按 GB/T 9725—2007 中二级微商法之规定确定终点。

b. 计算。氯化钠标准溶液浓度按式（17）计算：

$$c(\text{NaCl}) = \frac{V_1 c_1}{V} \tag{17}$$

式中 $c(\text{NaCl})$——氯化钠标准溶液的物质的量浓度（mol/L）；

V_1——硝酸银标准溶液的用量（mL）；

c_1——硝酸银标准溶液的物质的量浓度（mol/L）；

V——氯化钠溶液的用量（mL）。

（14）硝酸银标准溶液

$$c(\text{AgNO}_3) = 0.1\text{mol/L}$$

① 配制。称取17.5g硝酸银，溶于1000mL水中，摇匀。溶液保存于棕色瓶中。

② 标定

a. 测定方法。称取0.2g于500～600℃灼烧至恒重的基准氯化钠，称准至0.0001g。溶于70mL水中，加10mL淀粉溶液（10g/L），用配制好的硝酸银溶液 $c(\text{AgNO}_3) = 0.1\text{mol/L}$ 滴定。用216型银电极作指示电极，用217型双盐桥饱和甘汞电极作参比电极。按GB/T 9725—2007中二级微商法之规定确定终点。

b. 计算。硝酸银标准溶液浓度按式（18）计算：

$$c(\text{AgNO}_3) = \frac{m}{V \times 0.05844} \tag{18}$$

式中 $c(\text{AgNO}_3)$——硝酸银标准溶液的物质的量浓度（mol/L）；

m——氯化钠的质量（g）；

V——硝酸银溶液的用量（mL）；

0.05844——与1.00mL硝酸银标准溶液 $[c(\text{AgNO}_3) = 0.1\text{mol/L}]$ 相当的以克表示的氯化钠质量。

③ 比较

a. 测定方法。量取30.00～35.00mL配制好的硝酸银溶液 $[c(\text{AgNO}_3) = 0.1\text{mol/L}]$，加40mL水、1mL硝酸，用硫氰酸钾标准溶液 $[c(\text{KCNS}) = 0.1\text{mol/L}]$ 滴定。用216型银电极作指示电极，217型双盐桥饱和甘汞电极作参比电极。按GB/T 9725—2007中二级微商法之规定确定终点。

b. 计算。硝酸银标准溶液浓度按式（19）计算：

$$c(\text{AgNO}_3) = \frac{V_1 c_1}{V} \tag{19}$$

式中 $c(\text{AgNO}_3)$——硝酸银标准溶液的物质的量浓度（mol/L）；

V_1——硫氰酸钾标准溶液的用量（mL）；

c_1——硫氰酸钾标准溶液的物质的量浓度（mol/L）；

V——硝酸银溶液的用量（mL）。

（15）高氯酸标准溶液

$$c(\text{HClO}_4) = 0.1\text{mol/L}$$

① 配制。量取8.5mL高氯酸，在搅拌下注入500mL冰乙酸中，混匀。在室温下滴加20mL乙酸酐，搅拌至溶液均匀。冷却后用冰乙酸稀释至1000mL，摇匀。

② 标定

a. 测定方法。称取0.6g于105～110℃烘至恒重的基准邻苯二甲酸氢钾，称准至

0.0001g。置于干燥的锥形瓶中,加入 50mL 冰乙酸,温热溶解。加 2~3 滴结晶紫指示液(5g/L),用配制好的高氯酸溶液 [$c(HClO_4) = 0.1mol/L$] 滴定至溶液由紫色变为蓝色(微带紫色)。

b. 计算。高氯酸标准溶液浓度按式(20)计算:

$$c(HClO_4) = \frac{m}{V \times 0.2042} \tag{20}$$

式中 $c(HClO_4)$——高氯酸标准溶液的物质的量浓度(mol/L);
m——邻苯二甲酸氢钾的质量(g);
V——高氯酸溶液的用量(mL);
0.2042——与 1.00mL 高氯酸 [$c(HClO_4) = 0.1mol/L$] 相当的以克表示的邻苯二甲酸氢钾的质量。

注:本溶液使用前标定。标定高氯酸标准溶液时的温度应与使用该标准溶液滴定时的温度相同。

(16)高铁氰化钾标准溶液

$$c\{K_3[Fe(CN)_6]\} = 0.1mol/L$$

① 配制。称取 32.93g $K_3[Fe(CN)_6]$,溶解于 1000mL 蒸馏水中,摇匀。

② 标定

a. 测定方法。吸取 $K_3[Fe(CN)_6]$ 标准溶液 25mL,加 3g 碘化钾及 1 滴水醋酸,再加 100g/L $ZnSO_4$ 溶液 100mL,用 0.1mol/L $Na_2S_2O_3$ 标准溶液滴定至淡黄色,加 3mL 淀粉溶液,继续滴定至蓝色消失,即为终点,同时做空白试验。

b. 计算。高铁氰化钾标准溶液的浓度,按式(21)计算:

$$c\{K_3[Fe(CN)_6]\} = \frac{(V_1 - V_0)c_1}{V_2} \tag{21}$$

式中 $c\{K_3[Fe(CN)_6]\}$——高铁氰化钾标准溶液的物质的量浓度(mol/L);
V_0——空白试验消耗 $Na_2S_2O_3$ 标准溶液的体积(mL);
V_1——滴定消耗 $Na_2S_2O_3$ 标准溶液的体积(mL);
c_1——$Na_2S_2O_3$ 标准溶液的物质的量浓度(mol/L);
V_2——吸取高铁氰化钾标准溶液的体积(mL)。

(17)锌标准溶液

$$c(Zn^{2+}) = 0.03mol/L$$

① 配制。称取基准物的纯锌粒,用 1:1 盐酸洗涤,再用水洗去盐酸,再用丙酮或无水乙醇冲洗,于 110℃烘数分钟。精确称取 0.95~1.0g 锌于 250mL 烧杯中,加 5~8mL 1:1 盐酸,必要时略加热,使锌完全溶解,移入 500mL 容量瓶中,用去离子水稀释至标线,摇匀。

② 计算。锌标准溶液浓度按式(22)计算:

$$c(Zn^{2+}) = \frac{m}{65.39 \times 0.5} \tag{22}$$

式中 $c(Zn^{2+})$——锌标准溶液的物质的量浓度(mol/L);
m——称取纯锌的质量(g);
65.39——Zn 的摩尔质量(g/mol);
0.5——容量瓶的容积(L)。

附录二 常用近似溶液的配制

（1）常用的酸溶液

① 醋酸 6mol/L：用 350mL 浓度 99.5% 的浓醋酸与 650mL 水混合；

② 盐酸 12mol/L：相对密度为 1.19 的化学纯盐酸；

③ 盐酸 6mol/L：用 12mol/L 盐酸与等体积水混合；

④ 硝酸 16mol/L：相对密度为 1.42 的化学纯硝酸；

⑤ 硝酸 6mol/L：用 16mol/L 硝酸 350mL 与 620mL 水混合；

⑥ 硫酸 18mol/L：相对密度为 1.84 的化学纯硫酸；

⑦ 硫酸 9mol/L：用 18mol/L 硫酸与等体积水混合；

⑧ 硫酸 3mol/L：用 9mol/L 硫酸与 2 倍水混合。

（2）常用的碱溶液

① 氨水 15mol/L：相对密度为 0.90 的化学纯氨水；

② 氨水 6mol/L：以 400mL 15mol/L 氨水与 600mL 水混合；

③ 氢氧化钾 6mol/L：用 350g 氢氧化钾加入足量水使成 1000mL；

④ 氢氧化钠 6mol/L：用 250g 氢氧化钠加入足量水使成 1000mL。

（3）特殊用途的标准溶液及试剂

① 铁铵矾标准溶液的配制：将 0.8634g 铁铵矾 $[NH_4Fe(SO_4)_2 \cdot 12H_2O]$ 溶于蒸馏水中，如显浑浊时，要加几滴盐酸直到溶液透明，然后稀释到 1000mL，此溶液每毫升含 0.1mg Fe。

用蒸馏水将此基本溶液稀释 10 倍，就配成铁铵矾标准溶液，该溶液 1mL 含 0.01mgFe。

② 醋酸铅试纸：30g/L 醋酸铅溶液沾湿试纸，在没有硫化氢的房间中晾干。

③ 3mol/L 碳酸钠溶液：溶解 320g 无水碳酸钠，加水稀释至 1000mL。

④ 饱和氯化钠溶液：取 40g 氯化钠配成 100mL 水溶液，如果溶液中有残余固体即达饱和状态，否则多加 1~2g 氯化钠。

⑤ 饱和醋酸铅溶液：称 50g $Pb(Ac)_2 \cdot 3H_2O$，加热蒸馏水溶解成 100mL 水溶液，冷至室温，如有不溶固体析出即达饱和。

⑥ 0.1mol/L 高锰酸钾溶液：取 15.5g 高锰酸钾，用水溶解成 1000mL 溶液。

（4）常用缓冲溶液。常用缓冲溶液的配制方法如表 10 所示。

表 10　　　　　　　　　　　常用缓冲溶液的配制方法

pH	配制方法
0	1mol/L HCl 溶液*
1	0.1mol/L HCl 溶液
2	0.01mol/L HCl 溶液
3.6	将醋酸钠 8g $NaAc \cdot 3H_2O$，溶于适量水中，加 6mol/L HAc 溶液 134mL，稀释至 500mL
4.0	将 60mL 冰醋酸和 16g 无水醋酸钠溶于 100mL 水中，稀释至 500mL
4.5	将 30mL 冰醋酸和 30g 无水醋酸钠溶于 100mL 水中，稀释至 500mL
5.0	将 30mL 冰醋酸和 60g 无水醋酸钠溶于 100mL 水中，稀释至 500mL

续表

pH	配制方法
5.4	将40g六次甲基四胺溶于90mL水中,加入20mL 6mol/L HCl溶液
5.7	将100g NaAc·3H$_2$O溶于适量水中,加6mol/L Hac溶液13mL,稀释至500mL
7	将77g NH$_4$Ac溶于适量水中,稀释至500mL
7.5	将66g NH$_4$Cl溶于适量水中,加浓氨水4.4mL,稀释至500mL
8.0	将50g NH$_4$Cl溶于适量水中,加浓氨水3.5mL,稀释至500mL
8.5	将40g NH$_4$Cl溶于适量水中,加浓氨水8.8mL,稀释至500mL
9.0	将35g NH$_4$Cl溶于适量水中,加浓氨水24mL,稀释至500mL
9.5	将30g NH$_4$Cl溶于适量水中,加浓氨水65mL,稀释至500mL
10	将27g NH$_4$Cl溶于适量水中,加浓氨水175mL,稀释至500mL
11	将3g NH$_4$Cl溶于适量水中,加浓氨水207mL,稀释至500mL
12	0.01mol/L NaOH溶液**
13	0.1mol/L NOH溶液

注:* 不能有Cl$^-$离子存在时,可用硝酸。** 不能有Na$^+$离子存在时,可用KOH溶液。

附录三 常用指示剂

(1)酸碱指示剂。常用酸碱指示剂的配制方法参见表11。

表11 常用酸碱指示剂的配制方法

名称	变色pH	颜色变化	配制方法
百里酚蓝(10g/L)	1.2~2.8 8.0~9.5	红~黄 黄~蓝	0.1g指示剂与4.3mL 0.05mol/L氢氧化钠溶液一起研匀,加水稀释成100mL
甲基橙(1g/L)	3.1~4.4	红~黄	0.1g甲基橙溶于100mL热水
溴酚蓝(1g/L)	3.0~4.6	黄~紫蓝	0.1g溴酚蓝与3mL 0.05mol/L氢氧化钠溶液一起研匀,加水稀释成100mL
溴甲酚绿(1g/L)	3.8~5.4	黄~蓝	0.1g溴甲酚绿与21mL 0.05mol/L氢氧化钠溶液一起研匀,加水稀释成100mL
甲基红(1g/L)	4.8~6.0	红~黄	0.1g甲基红溶于60mL乙醇中,加水至100mL
中性红(1g/L)	6.8~8.0	红~黄橙	0.1g中性红溶于60mL乙醇中,加水至100mL
酚酞(10g/L)	8.2~10.0	无色~淡红	1g酚酞溶于90mL乙醇中,加水至100mL
百里酚酞(1g/L)	9.4~10.6	无色~蓝色	0.1g指示剂溶于60mL乙醇中,加水至100mL
茜素黄R(1g/L)	10.1~12.1	黄~紫	0.1g茜素黄溶于100mL水中
混合指示剂			
甲基红—溴甲酚绿	5.1(灰)	红~绿	3份1g/L溴甲酚绿乙醇溶液与1份2g/L甲基红乙醇溶液混合
百里酚酞—茜素黄R	10.2	黄~紫	0.1g茜素黄和0.2g百里酚酞溶于100mL水中
甲酚红—百里酚蓝	8.3	黄~紫	1份1g/L甲酚红钠盐水溶液与3份1g/L百里酚蓝钠盐水溶液混合

（2）氧化还原指示剂。常用氧化还原指示剂的配制方法参见表12。

表12　常用氧化还原指示剂的配制方法

指示剂溶液的组成	变色点pH	颜色变化	备注
1份 1g/L 甲基橙水溶液 1份 2.5g/L 靛蓝二磺酸水溶液	4.1	紫~绿	在灯光下可以滴定；溶液保存棕色瓶中
1份 1g/L 溴甲酚绿钠盐水溶液 1份 2g/L 甲基橙水溶液	4.3	橙~蓝绿	pH=3.5黄色；4.05绿色；4.3浅绿
3份溴甲酚绿乙醇溶液 1份 2g/L 甲基红乙醇溶液	5.1	酒红~绿	颜色变化很显著
1份 2g/L 甲基红乙醇溶液 1份 1g/L 亚甲基蓝乙醇溶液	5.4	红紫~绿	pH=5.2红紫；5.4暗蓝； 5.6绿色；溶液保存棕色瓶中
1份 1g/L 溴甲酚绿钠盐水溶液 1份 1g/L 氯酚红钠盐水溶液	6.1	黄蓝~绿紫	pH=5.4蓝绿；5.8蓝色； 6.0蓝中带紫；6.2蓝紫
1份 1g/L 溴甲酚紫钠盐水溶液 1份 1g/L 溴百里酚蓝钠盐水溶液	6.7	黄~蓝紫	pH=6.2黄紫；6.6紫色；6.8蓝紫
1份 1g/L 中性红乙醇溶液 1份 1g/L 亚甲基蓝乙醇溶液	7.0	蓝紫~绿	pH=7.0蓝紫，溶液保存棕色瓶中
1份 1g/L 中性红乙醇溶液 1份 1g/L 溴百里酚蓝乙醇溶液	7.2	玫瑰~绿	pH=7.4暗绿；7.2浅红；7.0玫瑰色
1份 1g/L 酚红的50%乙醇溶液 2份 1g/L 氢萘蓝的50%乙醇溶液	7.3	黄~紫	pH=7.2橙色；7.4紫色； 放置后颜色逐渐褪去
1份 1g/L 溴百里酚蓝钠盐水溶液 1份 1g/L 酚红钠盐水溶液	7.5	黄~紫	pH=7.2暗绿；7.0浅紫；7.6深紫
2份 1g/LQ-萘酚酞乙醇溶液 1份 1g/L 甲酚红乙醇溶液	8.3	浅红~紫	pH=8.2浅紫；8.4深紫
1份 1g/L 酚酞乙醇溶液 2份 1g/L 甲基绿乙醇溶液	8.9	绿~紫	pH=8.8浅蓝；9.0紫色
1份 1g/L 百里酚蓝的50%乙醇溶液 3份 1g/L 酚酞的50%乙醇溶液	9.0	黄~紫	从黄到绿再到紫
1份 1g/L 酚酞乙醇溶液 1份 1g/L 百里酚酞乙醇溶液	9.9	无~紫	pH=9.6玫瑰色；10.0紫色
1份 1g/L 酚酞乙醇溶液 2份 2g/L 尼罗蓝乙醇溶液	10.0	蓝~红	pH=10紫色

（3）混合指示剂。常用混合指示剂的配制方法参见表13。

表13　常用混合指示剂的配制方法

名称	变色电位/V	颜色		配制方法
		氧化态	还原态	
二苯胺（10g/L）	0.76	紫	无色	1g二苯胺在搅拌下溶于100mL浓硫酸和100mL浓磷酸，贮于棕色瓶中
二苯胺磺酸钠（5g/L）	0.85	紫	无色	0.5g二苯胺磺酸钠溶于100mL水中，必要时过滤
邻菲罗啉硫酸亚铁（5g/L）	1.06	淡蓝	红	0.5g $FeSO_4 \cdot 7H_2O$ 溶于100mL水中 H_2O，加2滴硫酸，加0.5g邻菲罗啉
邻苯氨基苯甲酸（2g/L）	1.08	红	无色	0.2g邻苯氨基苯甲酸加热溶解在100mL 2g/L碳酸钠溶液中，必要时过滤
淀粉（10g/L）	—	—	—	1g可溶性淀粉，加少许水调成浆状，在搅拌下注入100mL沸水中，微沸2min，放置，取上层溶液使用（若要保持稳定，可在研磨淀粉时加入1mg HgI_2）

(4）沉淀及金属指示剂。常用沉淀及金属指示剂的配制方法参见表 14。

表 14　　　　　　　　　　　　常用沉淀及金属指示剂的配制方法

名称	颜色		配置方法
	游离态	化合物	
铬酸钾	黄	砖红	50g/L 水溶液
硫酸铁铵（40g/L）	无色	血红	$NH_4Fe(SO_4)_2 \cdot 12H_2O$ 饱和水溶液,加数滴浓硫酸
荧光黄（5g/L）	绿色荧光	玫瑰红	0.5g 荧光黄溶于乙醇,并用乙醇稀释至 100mL
铬黑 T	蓝	酒红	(1) 0.2g 铬黑 T 与 15mL 三乙醇胺及 5mL 甲醇中 (2) 1g 铬黑 T 与 100g 氯化钠研细、混匀
钙指示剂	蓝	红	0.5g 钙指示剂与 100g 氯化钠研细、混匀
二甲酚橙（5g/L）	黄	红	0.1g 二钾酚橙溶于 100mL 离子交换水中
K-B 指示剂	蓝	红	0.5g 酸性铬蓝 K 加 1.25g 萘酚绿 B,再加 25g 硫酸钾研细、混匀
磺基水杨酸	无	红	100g/L 水溶液
PAN 指示剂（2g/L）	黄	红	0.2gPAN 溶于 100mL 乙醇中
邻苯二酚紫（1g/L）	紫	蓝	0.1g 邻苯二酚紫溶于 100mL 离子交换水中

附录四　部分皮革及毛皮成品国家与行业标准（摘录）

1. 鞋面用皮革（摘自 QB/T 1873—2023）

（1）范围。本标准规定了鞋面用皮革的产品分类、要求、分级、试验方法、检验规则和标志、包装、运输、贮存。

本标准适用于用猪、牛、羊及其他动物皮,采用各种工艺、各种鞣剂鞣制加工制成的各种鞋面用皮革。软包袋用皮革可参照适用。

本标准不适用于移膜皮革。

（2）产品分类。鞋面用皮革产品分类见表 15。

表 15　　　　　　　　　　　　鞋面用皮革产品分类

	类别	牛、马、骡皮革	猪皮革	羊皮革	其他皮革
厚度/mm	一型	>1.5	>0.9		>1.5
	二型	1.3~1.5	0.6~0.9		1.0~1.5
	三型	<1.3	<0.6		<1.0

（3）技术要求

① 理化性能。应符合表 16 的规定。

表16　　　　　　　　　　　　鞋面用皮革理化性能指标

项目		类别		
		牛、马、骡、猪皮革	二型	三型
撕裂力/N	一型(≥)	50	20	30
	二型(≥)	36	15	18
	三型(≥)	30	13	12
规定负荷伸长率/%（规定负荷10N/mm²）		≤40		
涂层耐折牢度		正面革:50000次,无裂纹(山羊正面革20000次)		
崩裂高度(光面革)(mm)		≥7		
崩破强度(N/mm)		头层光面革:≥350;绒面革、剖层革:≥300（羊皮革:≥200）		
摩擦色牢度(级)	干擦(50次)	光面革≥4,绒面革≥3/4		
	湿擦(10次)	光面革≥4,绒面革≥2/3		
	无衬里鞋面革内表面	干擦≥4,湿擦≥3		
气味(级)		≤3		
收缩温度(℃)		≥90（非铬鞣鞋面革收缩温度>80℃,硫化鞋面用皮革收缩温度应>100℃）		
pH		3.5~6.0		
pH稀释差（当pH<4.0时,检验稀释差）		≤0.7		

② 感官要求

a. 全张革厚薄基本均匀,无油腻感,无异味。

b. 革身平整、柔软、丰满有弹性。不裂面、无管皱,主要部位不得松面。

c. 涂饰革涂饰均匀,涂层粘着牢固,不掉浆。绒面革绒毛均匀,颜色基本一致。

（4）分级。产品经检验合格后,根据全张革可利用面积的比例进行分级,应符合表17的规定。

表17　　　　　　　　　　　　分级

项目	等级			
	一级	二级	三级	四级
可利用面积(%)(≥)	90	80	70	60
整张革主要部位(皮心、臀背部)	无影响使用功能的伤残			—
可利用面积内允许轻微缺陷(%)(≤)	5			

注:轻微缺陷,指不影响产品的内在质量和使用,只略影响外观的缺陷,如轻微的色花、革面粗糙、色泽不均匀等。

（5）试验方法

① 理化性能

a. 撕裂强度。按QB/T 2711—2005的规定进行检验,按式（23）计算：

$$T=\frac{F}{t} \tag{23}$$

式中　T——撕裂强度,单位为牛顿每毫米（N/mm）；

F——试验时的最大力值,单位为牛顿(N);

t——试样撕裂一端的厚度(A点或B点),单位为毫米(mm)。

计算结果以平均值表示。

b. 规定负荷伸长率。按 QB/T 2710—2018 的规定进行。

c. 涂层耐折牢度。按 QB/T 2714—2018 的规定进行。

d. 崩裂高度和崩破强度。按 QB/T 2712—2005 的规定进行。

e. 摩擦色牢度。按 QB/T 2537—2001 进行检验,测试头质量:光面革 1000g,绒面革 500g。

f. 收缩温度。按 QB/T 2713—2005 的规定进行。

g. pH 和稀释差。按 QB/T 2724—2018 的规定进行。

② 感官要求。在自然光线下,选择能看清的视距,以感官进行检验。

(6) 检验规则

① 组批。以同一品种原料投产、按同一生产工艺生产出来的同一品种的产品组成一个检验批。

② 出厂检验

a. 产品出厂前应经过检验,检验合格并附有合格证方可出厂。

b. 检验项目。感官要求、崩裂高度。

c. 合格判定。感官要求应符合规定;崩裂高度检验中,3 张(片)全部合格,则判该批产品合格。如崩裂高度检验中出现不合格,则加倍取样对该项进行复验。复验中如有 2 张(片)及以上不符合该项的规定,则判该批产品不合格。

③ 型式检验。有下列情况之一者,应进行型式检验:

a. 原料、工艺、化工材料有重大改变时;

b. 产品长期停产(三个月)后恢复生产时;正常生产时,每半年至少进行一次;

c. 国家各级质量监督机构提出进行型式检验要求时。

抽样数量:从检验合格的产品中随机抽取 3 张(片)进行检验。

合格判定:

a. 单张(片)判定规则。耐折牢度、崩裂高度中如有一项不合格,或出现裂面、裂浆、严重异味等影响使用功能的缺陷,即判该张(片)不合格。要求中其他各项,累计三项不合格,则判该张(片)不合格。

b. 整批判定规则。在 3 张(片)被测样品中,全部合格,则判该批产品合格。如有 1 张(片)及以上不合格,则加倍取样 6 张(片)进行复验。6 张(片)中如有 1 张(片)及以上不合格,则判该批产品不合格。

(7) 标志、包装、运输、贮存。应符合 QB/T 2801—2010 的规定。

2. 服装用皮革(摘自 GB/T 42167—2022)

(1) 范围。本标准规定了服装用皮革的产品分类、要求、试验方法、检验规则和标志、包装、运输、贮存。

本标准适用于猪、牛、羊及其他动物皮,采用各种工艺、各种鞣剂鞣制加工制成的各种服装用皮革。软包袋用皮革可参照使用。

本标准不适用于手套用皮革。

(2) 产品分类。服装用皮革产品分类见表18。

表18　　　　　　　　　　　　服装用皮革产品分类

第一类	第二类	第三类	第四类
羊皮革	猪皮革	牛马骡皮革	剖层革及其他小动物皮革

(3) 技术要求

① 理化性能。应符合表19的规定。第一类、第二类、第三类皮革中，厚度不大于0.5mm的皮革，理化性能要求应符合第四类的规定。

表19　　　　　　　　　　　　服装用皮革理化性能指标

项目		类别		
		第一类	第二类和第三类	第四类
撕裂力/N(≥)		11	13	9
规定负荷伸长率/%(≤) (规定负荷5N/mm²)		25~60		
摩擦色牢度/级	干擦(50次)	光面革≥3/4,绒面革≥3		
	湿擦(10次)	光面革≥3,绒面革≥2/3		
收缩温度/℃(≥)		90		
pH		3.2~6.0		
稀释差(≤) (当pH<4.0时,检验稀释差)		0.7		

② 感官要求

a. 革身平整、柔软、丰满有弹性。

b. 全张革厚薄基本均匀，洁净，无油腻感，无异味。

c. 皮革切口与革面颜色基本一致，染色均匀，整张革色差不得高于半级。皮革无裂面，经涂饰的革涂层应粘着牢固、无裂浆，绒面革绒毛均匀。标识明示特殊风格的产品除外。

(4) 分级。产品经检验合格后，根据全张革可利用面积的比例进行分级，应符合表20的规定。

表20　　　　　　　　　　　　分级

项目	等级			
	一级	二级	三级	四级
可利用面积/%(≥)	90	80	70	60
整张革主要部位(皮心、臀背部)	不应有影响使用功能的伤残			—
可利用面积内允许轻微缺陷/%(≤)	5			

注：轻微缺陷，指不影响产品的内在质量和使用，只略影响外观的缺陷，如轻微的色花、革面粗糙、色泽不均匀等。

（5）试验方法

① 理化性能

a. 撕裂力。按 QB/T 2711—2005 的规定进行。

b. 规定负荷伸长率。按 QB/T 2710—2018 的规定进行。

c. 摩擦色牢度。按 QB/T 2537—2001 进行检验，测试头质量 500g。

d. 收缩温度。按 QB/T 2713—2005 的规定进行。

e. pH 和稀释差。按 QB/T 2724—2018 的规定进行。

② 感官要求。在自然光线下，选择能看清的视距，以感官进行检验。

（6）检验规则

① 组批。以同一品种原料投产、按同一生产工艺生产出来的同一品种的产品组成一个检验批。

② 出厂检验

a. 产品出厂前应经过检验，经检验合格并附有合格证方可出厂。

b. 检验项目。感官要求、摩擦色牢度。

c. 合格判定。感官要求应全部符合规定；色牢度检验中，3张（片）全部合格，则判该批产品合格。如色牢度检验中出现不合格，则加倍取样对该项进行复验。复验中如有2张（片）及以上不符合该项的规定，则判该批产品不合格。

③ 型式检验。有下列情况之一者，应进行型式检验：

a. 原料、工艺、化工材料有重大改变时；

b. 产品长期停产（三个月）后恢复生产时；

c. 国家质量监督机构提出进行型式检验要求时。

抽样数量：从经出厂检验合格的产品中随机抽取 3 张（片）进行检验。

合格判定：

a. 单张（片）判定规则。撕裂力、摩擦色牢度中如有一项不合格，或出现裂面、裂浆、严重异味等影响使用功能的缺陷，即判该张（片）不合格。要求中其他各项，累计三项不合格，则判该张（片）不合格。

b. 整批判定规则。在 3 张（片）被测样品中，全部合格，则判该批产品合格。如有 1 张（片）及以上不合格，则加倍取样 6 张（片）进行复验。6 张（片）如有 1 张（片）及以上不合格，则判该批产品不合格。

（7）标志、包装、运输、贮存。应符合 QB/T 2801—2010 的规定。

3. 家具用皮革（摘自 GB/T 16799—2018）

（1）范围。本标准规定了家具用皮革的要求、分级、试验方法、检验规则、标志、包装、运输和贮存。本标准适用于各种家具用皮革，不适用于移模皮革。

（2）技术要求

① 理化性能。应符合表 21 的规定。

表 21　　　　　　　　　　家具用皮革理化性能指标

项目		指标			
		涂层厚度≤25μm(含绒面革)		涂层厚度>25μm	
摩擦色牢度/级	干擦	50次	≥4	500次	≥4
	湿擦	20次	≥3	50次	≥3/4
	碱性汗液	20次	≥3	80次	≥3/4
耐光性/级		≥3/4		≥5	
涂层黏着牢度/(N/10 mm)		—		≥2.5	
耐折挠度(50000次)		—		无裂纹	
耐磨性(CS-10,500g,500r)		—		无明显损伤、剥落	
撕裂力/N		≥20			
气味/级		≤3			
pH		≥3.2			
pH稀释差(当pH<4.0时,检验稀释差)		≤0.7			
禁用偶氮染料(mg/kg)		≤30			
游离甲醛/(mg/kg)		≤75			
挥发性有机物(VOCs)/(mg/kg)		≤150			
可萃取的重金属/(mg/kg)	铅(Pb)	≤90			
	镉(Cd)	≤75			

② 感官要求

a. 全张革应厚薄基本均匀，无油腻感（油蜡革除外）。

b. 革身应平整、柔软、丰满有弹性。

c. 正面革应不裂面、无管皱，主要部位不得松面。涂饰革涂饰均匀，不掉浆，不裂浆。绒面革绒毛均匀，颜色基本一致。

(3) 分级。产品经过检验合格后，根据全张革可利用面积的比例进行分级，应符合表22的规定。

表 22　　　　　　　　　　分级

项目	等级			
	一级	二级	三级	四级
可利用面积/%(≥)	85	75	65	55
可利用面积内允许轻微缺陷面积%	≤5			

注：轻微缺陷指不影响产品的内在质量和使用，只略影响外观的缺陷，如轻微的色花、革面粗糙、色泽不均匀等。

(4) 试验方法

① 理化性能

a. 涂层厚度。如需测定涂层厚度，按 GB/T 22889—2021 进行检验。

b. 摩擦色牢度。按 QB/T 2537—2001 进行检验，光面革测试头质量：1000g，绒面革测试头质量：500g。

c. 碱性汗液。符合 QB/T 2464.23—1999 的规定，pH 为 8.0±0.1。

d. 耐光性。按 QB/T 2727—2017 中方法 3 的规定进行检验。

e. 涂层黏着牢度。按 GB/T 39452—2020 进行检验。

f. 耐折牢度。按 QB/T 2714—2018 进行检验。

g. 耐磨性。按 QB/T 2726—2005 进行检验，取样 3 个，磨轮：CS10，500g，500r。3 个试样全部符合要求，即为合格。

h. 撕裂力。按 QB/T 4198—2011 进行检验。

i. 气味。按 QB/T 2725—2005 进行检验。

j. pH 和稀释差。按 QB/T 2724—2018 进行检验。

k. 禁用偶氮染料。按 GB/T 19942—2019 进行检验，被禁芳香胺名称见 GB 20400—2006 附录 A。

l. 游离甲醛。按 GB/T 19941 进行检验。

m. 挥发性有机物（VOCs）。按 QB/T 5249—2018 进行检验。

n. 可萃取的重金属。按 GB/T 22930.1—2021 进行检验。

② 感官要求。在自然光线下，选择能看清的视距，以感官进行检验。

（5）检验规则

① 组批。以同一品种原料投产、按同一生产工艺生产出来的同一品种的产品组成一个检验批。

② 出厂检验。产品出厂前应经过检验，经检验合格并附有合格证方可出厂。

③ 型式检验。有下列情况之一者，应进行型式检验：原料、工艺、化工材料有重大改变时；产品长期停产（六个月）后恢复生产时；国家各级质量监督机构提出进行型式检验要求时；正常生产时，每半年至少进行一次型式检验。

a. 抽样数量。从经检验合格的产品中随机抽取 3 张（片）进行检验。

b. 合格判定。单张（片）判定原则。撕裂力、摩擦色牢度、耐折牢度、耐光性、耐磨性、涂层黏着牢度、气味、pH 和稀释差、禁用偶氮染料、游离甲醛、挥发性有机物、可萃取的重金属中如有一项不合格或出现裂面、裂浆等影响使用功能的缺陷，既判该张（片）不合格。要求中其他各项，累计 3 项不合格，则判该批产品不合格。

整批判定原则。在 3 张（片）被测样品中，全部合格，则判该批产品合格。如有 1 张（片）及以上不合格，则加倍取样 6 张（片）进行复验。6 张（片）中如有 1 张（片）及以上不合格，则判该批产品不合格。

（6）标志、包装、运输和贮存。应符合 QB/T 2801—2010 的规定。

4. 汽车装饰用皮革（摘自 QB/T 2703—2022）

（1）范围。本标准规定了汽车装饰用皮革的分类、要求、试验方法、检验规则和标志、包装、运输、贮存。本标准适用于各类汽车装饰用皮革，不适用于移膜皮革。

（2）产品分类。产品按照用途分为以下 3 类：

① 坐垫用皮革。用于座椅套、座/靠垫套；

② 方向盘用皮革。用于方向盘套、扶手套；

③ 其他装饰用皮革。用于装饰性衬板、里衬和仪表盘等。

(3) 技术要求

① 理化性能。应符合表 23 的规定。

表 23　　　　　　　　汽车装饰用皮革理化性能指标

序号	项目			指标		
				坐垫用皮革	方向盘用皮革	其他装饰用皮革
1	视密度/(g/cm³)			0.6~0.8		
2	抗张力/N		≥	160	200	160
3	撕裂力/N		≥	40	50	40
4	针孔撕裂力/N		≥	—	60	60
5	摩擦色牢度/级	干擦(2000 次)	≥	4/5		
		湿擦(500 次)	≥	4/5		
		碱性汗液	≥	4/5(100 次)	4/5(200 次)	4/5(100 次)
		乙醇(5 次)	≥	4/5		
		中性皂液(20 次)	≥	4/5		
6	常温耐折牢度(100000 次)			无裂纹	—	无裂纹
7	低温耐折牢度(-10℃,20000 次)			无裂纹	—	无裂纹
8	耐人造光色牢度/级		≥	4	4	—
9	耐磨性(CS-10,1000g)			1000 转涂层无明显损伤、剥落	2000 转涂层无明显损伤、剥落	—
10	涂层黏着牢度/(N/10mm)		≥	3.5	4.0	3.5
11	阻燃性/(mm/min)		≤	100		
12	雾化性能(重量法)/mg		≤	5		
13	气味/级		≤	3		
14	接缝抗疲劳强度/mm		≤	2		
15	pH		≥	3.5		
	pH 稀释差(当 pH<4.0 时,检验稀释差)		≤	0.7		
16	沾污性能/级		≥	4		
17	耐清洁性能/级		≥	4		
18	耐热性/级		≥	4		
19	耐湿热气候/级		≥	4		
20	禁用偶氮染料/(mg/kg)		≤	30		
21	游离甲醛/(mg/kg)		≤	20		
22	总有机物挥发量(TVOC)/(mg/kg)		≤	100		
23	重金属总量/(mg/kg)	铅	≤	1000		
		汞	≤	1000		
		镉	≤	100		
24	六价铬/(mg/kg)		≤	10		

② 感官要求

a. 全张革厚薄基本均匀，无油腻感，无异味。

b. 革身平整、柔软、丰满有弹性。

c. 正面革主要部位不裂面、无管皱，不应松面。涂饰革涂饰均匀，涂层粘着牢固，不掉浆，不裂浆。绒面革绒毛均匀，颜色基本一致。

(4) 试验方法

① 理化性能

a. 视密度。按 QB/T 2715 的规定进行。

b. 抗张力。按 QB/T 2710 的规定进行，采用大号试样进行检验，结果取所有试样测试结果的算术平均值。

c. 撕裂力。按 QB/T 2711 的规定进行，结果取所有试样测试结果的算术平均值。

d. 针孔撕裂力。按 GB/T 17928 的规定进行，结果取所有试样测试结果的算术平均值。

e. 摩擦色牢度。按 QB/T 2537 的规定进行，测试头负重：1000g。

f. 常温耐折牢度。按 QB/T 2714 的规定进行，只测试干态。

g. 低温耐折牢度。按 QB/T 2714 的规定进行，-10℃条件下测试，只测试干态。

h. 耐人造光色牢度。按 QB/T 2727—2017 中的曝晒方法五进行。

i. 耐磨性。按 QB/T 2726 的规定进行。

j. 涂层黏着牢度。按 GB/T 4689.20 的规定进行，只测试干态。

k. 阻燃性。按 QB/T 2729 的规定进行，平行试验 5 次，结果取 5 次试验的最大值。

l. 雾化性能。按 QB/T 2728—2005 中方法 B 质量法的规定进行。

m. 气味。按 QB/T 2725 的规定进行。

n. 接缝抗疲劳强度。按 QB/T 4874 的规定进行，试样的调节按 QB/T 2707 进行，取样数量为横纵两个方向各 3 组（每组 2 片）。

o. pH 和稀释差。按 QB/T 2724 的规定进行。

p. 沾污性能。按 QB/T 5253.1—2018 的规定进行，标准污布采用规格 1。

q. 耐清洁性能。按 QB/T 5248 的规定进行，采用皮革清洁剂（非离子表面活性剂 AEO9）进行试验。

r. 耐热性。按 QB/T 5250—2018 的规定进行，采用表 1 中 6H 热处理老化方法进行试验。

s. 耐湿热气候。按 QB/T 5250—2018 的规定进行，采用表 2 中 7D 湿热处理老化方法进行试验。

t. 禁用偶氮染料。按 GB/T 19942 的规定进行。

u. 游离甲醛。按 GB/T 19941.1 或 GB/T 19941.2 的规定进行，发生争议时以 GB/T 19941.1 的测试结果为准。

v. 总有机物挥发量。按 QB/T 5249 的规定进行。

w. 重金属总量。按 GB/T 22930 的规定进行。

x. 六价铬。按 GB/T 22807 或 GB/T 38402 的规定进行，发生争议时以 GB/T 38402 的测试结果为准。

② 感官要求

在自然光线下,目测检验。

(5) 检验规则

① 组批。以同一品种原料投产、按同一生产工艺生产出来的同一品质的产品组成1个检验批。

② 出厂检验

a. 通则。产品出厂前应经过检验,检验合格后方可出厂。

b. 检验项目。按照表24的规定进行。

表24　　　　　　　　　　　　　检验项目

序号	检验项目		型式检验	出厂检验		要求章条号	试验方法章条号
				逐张(片)检验	逐批检验		
1	视密度		▲	—	○	(3)①	(4)①a.
2	抗张力		▲	—	○	(3)①	(4)①b.
3	撕裂力		●	—	○	(3)①	(4)①c.
4	针孔撕裂力		▲	—	○	(3)①	(4)①d.
5	摩擦色牢度	干擦、湿擦	●	—	●	(3)①	(4)①e.
		其他	●	—	○		
6	常温耐折牢度		▲	—	○	(3)①	(4)①f.
7	低温耐折牢度		▲	—	○	(3)①	(4)①g.
8	耐人造光色牢度		●	—	○	(3)①	(4)①h.
9	耐磨性		●	—	○	(3)①	(4)①i.
10	涂层黏着牢度		●	—	○	(3)①	(4)①j.
11	阻燃性		●	—	●	(3)①	(4)①k.
12	雾化性能		●	—	○	(3)①	(4)①l.
13	气味		●	—	●	(3)①	(4)①m.
14	接缝抗疲劳强度		▲	—	○	(3)①	(4)①n.
15	pH和稀释差		▲	—	○	(3)①	(4)①o.
16	沾污性能		▲	—	○	(3)①	(4)①p.
17	耐清洁性能		▲	—	○	(3)①	(4)①q.
18	耐热性		▲	—	○	(3)①	(4)①r.
19	耐湿热气候		▲	—	○	(3)①	(4)①s.
20	禁用偶氮染料		●	—	○	(3)①	(4)①t.
21	游离甲醛		●	—	○	(3)①	(4)①u.
22	总有机物挥发量		●	—	○	(3)①	(4)①v.
23	重金属总量		●	—	○	(3)①	(4)①w.
24	六价铬		●	—	○	(3)①	(4)①x.
25	感官		●	●	—	(3)②	(4)②

注:●、▲必检项目(其中●为主要指标、▲为次要指标);○选测项目;—不检项目

c. 抽样数量。从感官合格的产品中随机抽取 3 张（片）进行检验。

d. 合格判定。感官不合格的产品应剔除；摩擦色牢度（干擦、湿擦）、阻燃性、气味检验中若有不合格项时，剔除不合格样品重新组批，加倍抽样复检不合格项，若复验项目全部合格，则判该批产品合格。

③ 型式检验

a. 有下列情况之一者，应进行型式检验：原料、工艺、化工材料有重大改变时；产品长期停产（6 个月）后恢复生产时；国家各级质量监督机构提出进行型式检验要求时；正常生产时，每年至少进行 1 次型式检验。

b. 检验项目。按照（5）②b. 中的表格的规定进行。

c. 抽样数量。从经检验合格的产品随机抽取 3 张（片）进行检验。

d. 合格判定

单张（片）判定原则。主要指标全部合格，并且次要指标不合格项累计不超过 2 项，判该张（片）合格。

整批判定原则。3 张（片）被测样品全部合格，则判该批产品合格。如有 1 张（片）及以上不合格，则加倍取样 6 张（片）进行复验。6 张（片）样品全部合格，判该批产品合格，否则判不合格。

5. 无铬鞣鞋面用皮革（摘自 QB/T 5796—2023）

（1）范围。本标准规定了无铬鞣鞋面用皮革的要求、分级，描述了相应的试验方法，规定了检验规则和标志、包装、运输、贮存的内容。本标准适用于各种无铬鞣鞋面用皮革的生产、检验、分级和销售，不适用于移模皮革的生产、检验、分级和销售。

（2）术语和定义。无铬鞣皮革 Chromium-free leather：生皮经不含铬盐的鞣剂鞣制成的总铬含量不大于 0.1%（以绝干样品中 Cr_2O_3 含量计）的皮革。

（3）技术要求

① 化学性能应符合 GB 20400 和表 25 的规定。

表 25　　　　　　　　　　　化学性能要求

项目		要求		
		A 类[a]	B 类[a]	C 类[a]
可分解有害芳香胺染料/(mg/kg)	≤		30	
游离甲醛/(mg/kg)	≤	20	75	150
六价铬/(mg/kg)	<		3	
五氯苯酚/(mg/kg)	≤		0.5	
总铬（以 Cr_2O_3 含量计）/%	≤		0.1	
pH 及 pH 稀释差	≥	3.2 当 pH≤4.0 时,测试 pH 稀释差≤0.7		

[a] 产品分类见 GB 20400

② 物理机械性能应符合表 26 的规定。

表26　　物理机械性能要求

项目		要求
撕裂力[a]/N ≥		10
涂层耐折牢度	表面涂层厚度不大于20μm的皮革	50000次(山羊革20000次),无裂纹
	表面涂层厚度大于20μm的皮革	头层革20000次,剖层涂饰革15000次,无裂纹
耐光性/级 ≥		2
崩裂高度[b](光面革)/mm ≥		7
崩裂力[b](光面革)/N ≥		20
摩擦色牢度[c](变色和沾色)级	表面涂层厚度≤20μm的皮革、绒面革	干擦(50次)≥3;湿擦(20次)≥3
	其他皮革	干擦(100次)≥3;湿擦(40次)≥3
收缩温度/℃		75
透水汽性[mg/(cm²*h)] ≥		0.8

[a] 取各试样测试结果的算术平均值。
[b] 崩裂是指试样表面出现小的撕裂(撕裂长度<0.5mm);取3个试样进行测试,结果取各测试结果的算术平均值。
[c] 无衬里鞋面革内表面摩擦色牢度(沾色)应满足:干擦(40次)≥3级;湿擦(40次)≥3级;碱性汗液(40次)≥2/3级。

③ 感官要求

a. 全张革厚度应基本均匀,革身应平整、柔软、丰满有弹性、无油腻感。

b. 革面应无裂面、无管皱。

c. 涂饰革涂饰应均匀,涂层黏着应牢固,不应掉浆、裂浆,绒面革绒毛应均匀,颜色应基本一致。

(4) 分级。产品经检验合格后,根据全张革可利用面积的比例进行分级,应符合表27的规定。

表27　　分级

项目	分级			
	一级	二级	三级	四级
可利用面积/% ≥	85	75	65	55
整张皮格主要部位(皮心,臀背部)	无影响使用功能的伤残		—	—
轻微缺陷[a]/% ≤	5			

[a] 不影响产品的内在质量和使用,只略微影响外观的缺陷,如轻微的色花、革面粗糙、色泽不均匀等。

(5) 试验方法

① 化学性能

a. 可分解有害芳香胺染料。按GB/T 19942的方法进行测定。

b. 游离甲醛。按GB/T 19941.1或GB/T19941.2的方法进行测定。

c. 六价铬。按GB/T 22807或GB/T38402的方法进行测定,以样品实际质量为基准计算结果。

d. 五氯苯酚。按GB/T 22808的方法进行测定。

e. 总铬。按 QB/T 5313、QB/T 5314 或 QB/T 5315 的方法进行测定，结果以试样的绝干质量计。当发生争议或仲裁时，以 QB/T 5315 的测试结果为准。

f. pH 及 pH 稀释差。按 QB/T 2724 的方法进行测定。

② 物理机械性能

a. 撕裂力。按 QB/T 2711 的方法进行测定。

b. 涂层耐折牢度。按 QB/T 2714 的方法进行测定，采用干态测试。

c. 耐光性。按 QB/T 2727—2017 中方法 3 的方法进行试验。

d. 崩裂高度和崩裂力。按 QB/T 2712 的方法进行测定。

e. 耐摩擦色牢度。按 GB/T 40920 的方法进行试验，测试头质量：光面革 1000g；绒面革、无衬里鞋面革内表面 500g。需测量表面涂层厚度的样品，按 GB/T22889 进行测定。

f. 收缩温度。按 QB/T 2713 的方法进行测定。

g. 透水汽性。按 GB/T 39369 的方法进行测定。

③ 感官要求。在适宜光线（自然光或日光灯）下，选择能看清的视距，进行感官检验。

（6）检验规则

① 组批。以同一批次原料皮投产、按同一生产工艺生产的同一品种的产品组成一个检验批。

② 出厂检验。产品出厂前应对感官进行逐件检验，经检验合格并附有合格证（检验标识）方可出厂。

③ 型式检验

a. 检验周期。正常生产时，每年至少进行 1 次型式检验，有以下情况之一者，应进行型式检验：原料、工艺、化工材料有重大改变时；产品长期停产（6 个月）后恢复生产时；国家质量监督机构提出进行型式检验要求时。

b. 抽样数量。从经检验合格的产品中随机抽取 3 张（片）进行检验。

c. 合格判定

单张（片）判定规则。化学性能、物理机械性能指标中若有 1 项不合格，或出现裂面、裂浆等影响使用功能的缺陷，即判该张（片）不合格；化学性能、物理机械性能指标全部合格，感官要求中不影响使用功能的缺陷累计超过 3 项，则判该张（片）不合格。

整批判定规则。3 张（片）被测样品全部合格，则判该批产品合格。若有 1 张（片）及以上不合格，则加倍取样 6 张（片）进行复验。复验全部合格，判该批产品合格，否则判该批产品不合格。

（7）标志、包装、运输、贮存。应符合 QB/T 2801—2010 的规定。

附录五　部分皮化材料轻工行业标准（摘录）

1. 制革用阴离子型加脂剂（摘自 QB/T 1330—2017）

（1）范围。本标准规定了制革用阴离子型加脂剂的产品分类、要求、试验方法、检验规则和标志、包装、运输、贮存。

本标准适用于以一种或几种油料（天然动植物油脂、矿物油、合成脂肪酸酯及其衍生物）为主要原料，经化学改性，再加入其他必要组分制备而成的制革用阴离子型加脂剂。

本标准不适用于制革用矿物油合成加脂剂。

（2）产品分类。产品按合成工艺和性能进行分类，可分为：硫酸化类皮革加脂剂、亚硫酸化类皮革加脂剂、磷酸化类皮革加脂剂和羧酸盐类皮革加脂剂。

（3）技术要求。技术要求应符合表28规定。

表28　　　　　　　　　　制革用阴离子型加脂剂技术要求

序号	项目	硫酸化类	亚硫酸化类	磷酸化类	羧酸化类	复合类
1	感官		油状液体或膏状体，无杂质，无异味			
2	水分/%（≤）		50			
3	pH	6.0~8.0	4.5~9.0	6.0~8.0	6.0~8.0	4.5~9.0
4	乳液稳定性 1:9稀释液（体积分数）		4h无浮油			
	10%硫酸铬钾溶液[a]（质量分数）		4h无浮油			
	10mmol/L硬水（体积分数）		2h无浮油			
	浸酸液（1.5%硫酸和10%氯化钠[b]）（质量分数）		4h无浮油			
5	烷基酚聚氧乙烯醚总量/（mg/kg）（≤）		100			
6	短链氯化石蜡总量/（mg/kg）（≤）		100			

[a][b] 铬初鞣、铬复鞣、复鞣填充工序中使用的加脂剂应检验这两项。

（4）试验方法

取样及测试通则：应符合QB/T 2412—1998中第3,4章的规定。

感官：称取样品10g，精确至0.1g，置于60mm×30mm玻璃称量瓶中，在自然光线下观察、嗅闻作出判断，做好记录。

水分：按QB/T 2158—1995中3.2进行检验。

pH：按QB/T 2158—1995中3.3进行检验。

乳化稳定性：按QB/T 2158—1995中3.4进行检验。

（5）检验规则

① 组批。以相同原料、相同工艺，一次性生产的产品为一批，按生产批次取样检验，每批取样不少于500g。

② 出厂检验

a. 产品出厂前必须逐批进行检验，检验合格方可出厂。

b. 检验项目：水分、pH、乳液稳定性（1:9稀释液）。

c. 合格判定：三项指标全部合格，视为合格。

③ 型式检验。有下列情况之一者，应进行型式检验：

a. 产品结构、工艺、材料有重大改变时；

b. 产品长期停产后恢复生产时；

c. 国家质量监督机构提出进行型式检验的要求时;

d. 生产正常时,每月进行一次型式检验。

抽样数量:每批产品随机抽取 3~5 个包装单位,每个包装取 150~200g。

合格判定:技术要求中各项指标全部合格,则判该产品合格。如有项目指标不合格,应重新加倍取样对不合格的项目进行复测。复测结果仍有项目指标不合格,则判该产品不合格。

(6) 标志、包装、运输、贮存

① 标志。每件包装上应涂刷或贴有牢固的标志,其内容包括:产品名称、型号、批号、生产日期、保质期、厂名、厂址、商标、净重、标准号,并加盖生产厂检验合格的标记或附合格证。

② 包装。产品均以清洁,无污染,密封性能好,便于运输的容器包装。

③ 运输。产品在装运时,应轻装轻卸,避免严重撞击,防止包装容器损坏造成渗漏,防曝晒、防冻、远离火源。

④ 储存

a. 产品应在通风阴凉的库房存放,储存温度为 5~35℃,防曝晒、防冻、远离火源。

b. 在原包装(原装、原封、原标记完好无异状)内的产品,按规定条件贮运,自生产之日起计,保质期半年。

2. 制革用丙烯酸树脂乳液(摘自 QB/T 1331—1998)

(1) 范围。本标准规定了制革用丙烯酸树脂乳液的产品分类、技术要求、试验方法、检验规则和标志、包装、运输、贮存。

本标准适用于以丙烯酸酯类单体为基料,经乳液聚合制成的阴离子型乳状液,主要作为制革工业中各种皮革用的硬性涂饰剂和软性涂饰剂。

(2) 产品分类。产品按丙烯酸薄膜拉伸强度进行分类,分为软性树脂、硬性树脂。

(3) 技术要求。技术要求应符合表 29 的规定。

表 29　　　　　　　　　　制革用丙烯酸树脂乳液技术要求

序号	项目	软性树脂	硬性树脂
1	外观	无机械杂质,无凝聚物的乳状液	
2	总固体/%(≥)	28	
3	pH	2.0~7.0	
4	溴液(g Br/100g)(≤)	2.5	3.0
5	5%氨水稳定性	不破乳	
6	树脂薄膜拉伸强度/MPa	<7	≥7
7	树脂薄膜断裂伸长率/%	—	350~800
8	树脂薄膜脆性温度/℃(≤)	—	-15

注:如软性树脂伸长率超过 800 时,拉伸强度小于 7,即停止测试,视为符合规定。

(4) 试验方法。取样及测试通则应符合 QB/T 2412—1998 第 3、4 章的规定。

(5) 检验规则

① 组批。以相同原料、相同工艺、一次性生产的产品为一批,按生产批次取样检验,

每批取样不少于500g。

② 出厂检验

a. 产品出厂前必须逐批进行检验，检验合格方可出厂。

b. 检验项目：表30中序号1，2，3，4，5。

c. 合格判定：五项指标全部合格，视为合格。

③ 型式检验。有下列情况之一者，应进行型式检验：

a. 产品结构、工艺、材料有重大改变时；

b. 产品长期停产后恢复生产时；

c. 国家质量监督机构提出进行型式检验的要求时；

d. 生产正常时，每月进行一次型式检验。

抽样数量：每批产品随机抽取3~5个包装单位，每个包装取150~200g。

合格判定：表30中序号2，3，4，5，6为主要项目，其余各项为次要项目。

检验结果如只有2项次要项目指标不合格，则判该产品合格。如有主要项目指标或3项次要项目指标不合格，应重新加倍取样，对不合格的项目进行复测。复测结果仍有主要项目指标或只有3项次要项目指标不合格者，则判该产品不合格。

（6）标志、包装、运输、贮存

① 标志。每件包装上应涂刷或贴有牢固的标志，其内容包括：产品名称、型号、批号、生产日期、保质期、厂名、厂址、商标、净重、标准号，并加盖生产厂检验合格的标记或附合格证。

② 包装。产品均以清洁，无污染，密封性能好，便于运输的容器包装。

③ 运输。产品在装运时，应轻装轻卸，避免严重撞击，防止包装容器损坏造成渗漏，防曝晒、防冻，远离火源。

④ 贮存

a. 产品应在通风阴凉的库房存放，储存温度为5~35℃，防曝晒、防冰、防潮、远离火源。

b. 在原包装（原装、原封、原标记完好无异状）内的产品，按规定条件贮运，自生产之日起计，保质期一年。

3. 制革用水乳型聚氨酯涂饰剂（摘自QB/T 2415—1998）

（1）范围。本标准规定了制革用水乳型聚氨酯涂饰剂的产品分类、技术要求、试验方法、检验规则和标志、包装、运输、贮存。

本标准适用于以异氰酸酯为基料，经自乳化制成的阴离子、阳离子水乳液，主要作为制革工业中猪、牛、羊等皮革涂饰剂。

（2）产品分类。产品按聚氨酯薄膜硬度进行分类，分为软性涂饰剂，中硬性涂饰剂和硬性涂饰剂。

（3）技术要求。技术要求应符合表30的规定。

表 30　　　　　　　　制革用水乳型聚氨酯涂饰剂技术要求

序号	项目		软性涂饰剂	中硬性涂饰剂	硬性涂饰剂
1	外观		无机械杂质,无凝聚物的乳状液		
2	总固体/%(≥)		17.0		
3	pH	阳离子	2.0~7.0		
4		阴离子	6.0~9.0		
5	薄膜硬度/邵氏 A(≥)		<40	40~50	>50
6	薄膜断裂伸长率/%		—	4.0	15.0
7	薄膜拉伸强度/MPa(≥)		—	500	300
8	薄膜脆性温度/℃(≤)		—	-30	-25

(4) 试验方法。取样及测试通则应符合 QB/T 2412—1998 中第 3、4 章的规定。

(5) 检验规则

① 组批。以相同原料、相同工艺，一次性生产的产品为一批，按生产批次取样检验，每批取样不少于 500g。

② 出厂检验

a. 产品出厂前必须逐批进行检验，检验合格方可出厂。

b. 检验项目：应检验附表 5-5 中序号 1，2，3。

c. 合格判定：3 项指标全部合格，视为合格。

③ 型式检验。有下列情况之一者，应进行型式检验。

a. 产品结构、工艺、材料有重大改变时；

b. 产品长期停产后恢复生产时；

c. 国家质量监督机构提出进行型式检验的要求时；

d. 生产正常时，每月进行一次型式检验。

(6) 标志、包装、运输、贮存

① 标志。每件包装上应涂刷或贴有牢固的标志，其内容包括：产品名称、型号（注明软、中硬、硬性）、批号、生产日期、保质期、厂名、厂址、商标、净重、标准号，并加盖生产厂检验合格的标记或附合格证。

② 包装。产品均以清洁，无污染，密封性能好，便于运输的容器包装。

③ 运输。产品在装运时，应轻装轻卸，避免严重撞击，防止包装物损坏造成渗漏，防曝晒，防冻，防潮，远离火源。

④ 贮存

a. 产品应在通风阴凉的库房存放，储存温度 5~35℃，防曝晒，防冻，防潮，远离火源。

b. 在原包装（原装、原封、原标记完好无异状）内的产品，按规定条件贮运，自生产之日起计，保质期一年。

参 考 文 献

［1］ 吴春华. 生物质化学分析与测试［M］. 北京：科学出版社，2023.
［2］ 戴红，王忠辉. 皮革生产及成品分析检测［M］. 四川：四川大学出版社，2018.
［3］ 国家质量监督检验检疫总局. 化学试剂标准滴定溶液的制备：GB/T 601—2002［S］. 北京：中国计量出版社，2002.
［4］ 全国玩具标准化技术委员会. 国家玩具安全技术规范：GB 6675—2003［S］. 北京：中国标准出版社，2003.
［5］ 国家质量监督检验检疫总局. 通用计量术语及定义：JJF 1001—2011［S］. 北京：中国质检出版社，2011.
［6］ 蒋建新. 生物质化学分析技术［M］. 北京：化学工业出版社，2013.
［7］ 宋先亮，许凤. 生物质化学［M］. 北京：中国水利水电出版社，2022.
［8］ 雷明智. 皮革分析检验［M］. 北京：高等教育出版社，2002.
［9］ 邸明伟，高振华. 生物质材料现代分析技术［M］. 北京：化学工业出版社，2010.
［10］ 丁绍兰. 革制品分析检验技术［M］. 北京：化学工业出版社，2003.
［11］ 王鸿儒. 制革专业实用英语［M］. 北京：中国轻工业出版社，2005.
［12］ 曾运航，张琦弦. 皮革及革制品品质检验［M］. 成都：四川大学出版社，2019.
［13］ 中国国家标准汇编：2008 年制定. 405. GB 22792—22901［M］. 北京：中国标准出版社，2009.
［14］ 林炜，桑军，俞凌云. 皮革化学品管理与风险筛查［M］. 北京：中国轻工业出版社，2023.
［15］ 刘世纯，戴文凤，张德胜. 分析化验工［M］. 北京：化学工业出版社，2004.
［16］ 邱德仁. 工业分析化学［M］. 上海：复旦大学出版社，2003.
［17］ 苗凤琴，于世林. 分析化学实验［M］. 北京：化学工业出版社，2006.
［18］ 龙彦辉. 工业分析［M］. 北京：中国石化出版社，2011.
［19］ 罗晓民，丁绍兰，周庆芳. 皮革理化分析［M］. 北京：中国轻工业出版社，2013.
［20］ 俞从正，丁绍兰，孙根行. 皮革分析检测技术［M］. 北京：化学工业出版社，2005.